"十三五"国家重点出版物出版规划项目

高等教育网络空间安全规划教材

区块链技术与实践

高　胜　朱建明　等编著

机 械 工 业 出 版 社

本书致力于系统地介绍区块链的核心关键技术与典型技术实践平台。首先宏观概述区块链的基础知识，包括演进历程、概念与技术特性、部署类型、体系架构和面临的技术挑战等；然后深入详解区块链的核心关键技术，包括密码学基础、网络协议、共识算法、智能合约等；最后介绍 3 个典型的区块链技术实践开源平台，包括比特币、以太坊、Hyperledger Fabric 等。

本书结构层次清楚、逻辑性强；详解通俗易懂、深入浅出；内容前沿性强、理论联系实践。此外，每章都配有习题，指导读者深入学习本章内容。

本书的读者对象是想系统性掌握区块链技术的人士，既可作为高等学校区块链工程、计算机、电子信息、网络空间安全及相关专业本科生、研究生的教材或参考书，也可供从事相关专业教学、科研工作的人员和工程技术人员参考。

本书配有授课电子课件，需要的教师可登录 www.cmpedu.com 免费注册，审核通过后下载，或联系编辑索取（微信：15910938545，电话：010-88379739）。

图书在版编目（CIP）数据

区块链技术与实践/高胜等编著 . —北京：机械工业出版社，2021.6（2025.1 重印）

"十三五"国家重点出版物出版规划项目　高等教育网络空间安全规划教材

ISBN 978-7-111-68485-5

Ⅰ . ①区…　Ⅱ . ①高…　Ⅲ . ①区块链技术-高等学校-教材

Ⅳ . ①TP311. 135. 9

中国版本图书馆 CIP 数据核字（2021）第 113387 号

机械工业出版社（北京市百万庄大街 22 号　邮政编码 100037）
策划编辑：郝建伟　　责任编辑：郝建伟　李晓波
责任校对：张艳霞　　责任印制：邓　博
北京盛通数码印刷有限公司印刷

2025 年 1 月第 1 版 · 第 6 次印刷
184mm×260mm · 18. 75 印张 · 463 千字
标准书号：ISBN 978-7-111-68485-5
定价：79. 00 元

电话服务　　　　　　　　网络服务
客服电话：010-88361066　　机 工 官 网：www.cmpbook.com
　　　　　010-88379833　　机 工 官 博：weibo.com/cmp1952
　　　　　010-68326294　　金 书 网：www.golden-book.com
封底无防伪标均为盗版　　机工教育服务网：www.cmpedu.com

高等教育网络空间安全规划教材
编委会成员名单

前　言

党的二十大报告中强调，要健全国家安全体系，强化网络在内的一系列安全保障体系建设。没有网络安全，就没有国家安全。筑牢网络安全屏障，要树立正确的网络安全观，深入开展网络安全知识普及，培养网络安全人才。

区块链已经成为构建信任的新技术基础设施，通过深度融合密码学、对等网络、共识算法、智能合约等技术进行集成创新，既实现了更广泛的社会协作，又极大降低了社会的信用成本。目前，区块链处于快速迭代更新发展阶段，深入赋能实体经济急需区块链核心关键技术的突破。2020 年 10 月，美国政府发布《关键和新兴技术国家战略》（National Strategy for Critical and Emerging Technologies）报告，将包括分布式账本技术（Distributed Ledger Technologies）在内的 20 种关键和新兴技术纳入优先发展和安全保护清单。我国在区块链领域也加快布局，2019 年 10 月 24 日，中共中央政治局就区块链技术发展现状和趋势进行了第十八次集体学习。会议强调要把区块链作为核心技术自主创新的重要突破口。2020 年 4 月，国家发展和改革委员会将区块链纳入新型基础设施中的信息基础设施范畴。2020 年 5 月，教育部印发《高等学校区块链技术创新行动计划》。2021 年 2 月，区块链被作为单独重点专项纳入"十四五"国家重点研发计划。截止到 2021 年 3 月，已超过 20 个省（自治区、直辖市）将区块链写入 2021 年政府工作报告。

落实到人才培养方面，2020 年 2 月，教育部公布的《普通高等学校本科专业目录（2020 年版）》中新增了"区块链工程"专业，专业代码为 080917T，隶属于计算机类，授予工学学士。2021 年 2 月，教育部公布 2020 年度普通高等学校本科专业备案和审批结果，共有 14 所院校备案"区块链工程"专业。2020 年 6 月，人力资源和社会保障部联合国家市场监督管理总局、国家统计局发布了 9 个新职业信息，其中包含区块链工程技术人员和区块链应用操作员。区块链工程技术人员是指从事区块链架构设计、底层技术、系统应用、系统测试、系统部署、运行维护的工程技术人员。区块链应用操作员是指运用区块链技术及工具，从事政务、金融、医疗、教育、养老等场景系统应用操作的人员。

中央财经大学信息学院的朱建明、高胜等组建的区块链团队于 2016 年 9 月在国内率先开设《区块链技术》课程，并随后为本科生开设《区块链与数字货币》课程。截至 2021 年 3 月，国内已有数十所高校开设了区块链相关课程。鉴于市场上大部分区块链的图书以普及区块链思想和阐述对产业变革的影响为主，朱建明教授组织团队成员编写了《区块链技术与应用》，并于 2018 年 1 月正式出版。随着区块链的加速演进，涌现出一些新技术和新方法，同时对技术实践的需求也进一步增强，于是作者从核心关键技术和典型实践平台等角度组织编写了本书。

本书凝聚了作者团队多年来教学和科研过程中所积累的素材与成果，致力于系统地介绍区块链的核心关键技术与典型技术实践平台，具有逻辑性强、详解通俗易懂、内容前沿性强等特点。全书共 8 章，每章都配有习题，指导读者深入学习本章内容。总体上，本书内容包括区块链基础知识、区块链核心关键技术、典型的区块链技术实践平台等模块。第 1 章为概述，宏观上介绍区块链基础知识，包括区块链的演进历程、概念、技术特性、部署类型、体系架构和面临的技术挑战，帮助读者从整体上认识区块链。以区块链体系架构为主线，第 2~5 章分别深入介绍区块链核心关键技术，包括区块链的密码学基础、网络协议、共识算法、智能合约等。第 6~8 章详解典型的区块链技术实践平台，包括比特币、以太坊和 Hyperledger Fabric 等。需要说明的是，区块链的核心关键技术和典型技术实践平台都处于不断演进和发展过程中，新技术和新方法将不断涌现以完善平台特性。本书力图介绍区块链的核心关键技术和典型技术实践平台的最新发展情况。

参与本书编写的人员有中央财经大学的高胜、朱建明、隋智源、朴桂荣和陈雨琪，中国科学院信息工程研究所的章睿、孙优和李兆轩，以及北京联合大学的丁庆洋。高胜规划设计了全书结构并进行了统一校验和审查。第 1 章由高胜编写，第 2 章由隋智源编写，第 3 章由丁庆洋编写，第 4 章由章睿和孙优编写，第 5 章由章睿和李兆轩编写，第 6 章由朴桂荣和朱建明编写，第 7 章由高胜编写，第 8 章由陈雨琪、朱建明和高胜编写。编者在完成本书过程中查阅了大量资料，包括专业书籍、学术论文、技术报告、技术博文、技术规范等内容。书中有部分引用内容较难查到原始出处，因而没有一一列举出所有参考文献，在此表示歉意和谢意。

本书得到了国家自然科学基金面上项目"基于区块链的数据交易安全模型及关键技术研究"（项目编号：62072487）、北京市自然科学基金面上专项项目"基于区块链的数据安全共享与隐私保护理论与方法研究"（项目编号：M21036）的支持。

由于区块链的发展尚处于初期阶段，其核心关键技术和典型技术实践平台正处于迭代更新发展过程中，因此本书的内容尚未做到完备和全面。此外，由于编写时间紧张加之作者水平有限，书中疏忽和不足之处在所难免，诚望广大读者批评指正。

作　者

目 录

第 1 章　区块链概述

2019 年 10 月 24 日，中共中央政治局就区块链技术发展现状和趋势进行第十八次集体学习。会议强调要把区块链作为核心技术自主创新的重要突破口，明确主攻方向，加大投入力度，着力攻克一批关键核心技术，加快推动区块链技术和产业创新发展。2020 年 4 月 20 日，国家发展和改革委员会将区块链同人工智能、云计算等一起纳入新技术基础设施范畴。区块链是一种分布式账本技术（Distributed Ledger Technology，DLT），在不依赖于可信第三方信用背书情况下实现双方点对点交易，克服了传统中心化架构内生性地受制于"基于信用的模式"问题，其应用已延伸至数字金融、物联网、智能制造、供应链管理、数字资产交易等领域。本章概述区块链的基本情况，包括区块链演进历程、有关概念、技术特性、部署类型、体系架构和面临的技术挑战等。

1.1　区块链演进历程

2008 年 10 月 31 日，中本聪（Satoshi Nakamoto）在密码朋克（Cypherpunk）邮件列表中发表了一篇名为"Bitcoin：A Peer-to-Peer Electronic Cash System"的文章，指出传统电子支付系统内生性地受制于"基于信用的模式"，提出了一种基于密码学原理而不基于信用的电子支付系统，使得交易双方在不依赖于可信第三方参与情况下实现点对点的直接支付。2009 年 1 月 3 日，中本聪上线了比特币系统，其设定比特币最小可以细分到小数点后 8 位（聪），每 10 分钟产生一个区块，初始每个区块发行 50 个比特币，每产生 21 万个区块（大约需要 4 年）后产量减半，因而比特币总量上限为 2100 万个。按照预定发行速度，所有比特币将会在 2140 年全部发行完毕。中本聪挖出了首个区块，即创世区块（Genesis Block），获得了首批 50 个比特币奖励。在比特币创世区块中，中本聪在 Coinbase 交易中留下了《泰晤士报》当天的头版文章标题"The Times 03/Jan/2009 Chancellor on brink of second bailout for banks"（2009 年 1 月 3 日，财政大臣正处于实施第二轮银行紧急援助的边缘）。

随着比特币系统的成功，作为比特币系统运行的底层支撑技术——区块链，已受到国内外政府部门、金融机构、科技企业、资本市场等广泛关注。本质上，区块链是创造信任的机器，被认为是继大型机、个人计算机、互联网、移动/社交网络之后计算范式的第五次颠覆式创新，是人类信用进化史上继血亲信用、贵金属信用、央行纸币信用之后的第四个里程碑。区块链技术是下一代云计算的雏形，有望像互联网一样彻底重塑人类社会活动形态，并实现从目前的信息互联网向价值互联网的转变。然而，区块链并不是单一信息技术，其涉及分布式账本、密码学、对等网络、分布式存储、共识算法、智能合约、经济激励等多种技术的组合创新，其演进历程大致可分为如下阶段。

1.1.1　技术起源

区块链是若干技术的组合创新，在技术起源期其所涉及的核心技术被逐渐提出并发展完善，这些积累的技术为早期加密货币的出现以及区块链的诞生奠定了坚实基础。

1. 分布式一致性

1980 年，Marshall Pease、Robert Shostak 和 Leslie Lamport 在 "Reaching agreement in the presence of faults" 中提出分布式计算领域的一致性问题，并在 1982 年发表的 "The Byzantine generals problem" 中将该问题定义为 "拜占庭将军问题"（Byzantine Generals Problem），即在网络通信可靠但可能存在拜占庭节点的分布式网络中，非拜占庭节点如何通过消息交互针对特定值达成一致性，其中拜占庭节点是指由于硬件故障、网络拥塞或断开或者恶意攻击出现的不可预料行为的节点。他们提出基于口头消息和基于签名消息来解决该问题，然而口头消息存在消息溯源困难，签名消息存在签名易伪造、可信度低等问题，使得该问题并没有得到较好地解决。

2. 密码算法

1976 年，Whitefield Diffie 和 Martin Hellman 在其题为 "New Directions in Cryptography" 的论文中提出了公钥密码思想，并给出了 Diffie-Hellman 密钥交换算法。该算法解决了对称密码体制中的密钥分发问题，使得通信双方可以通过公开信道安全地交换共享密钥，其安全性建立在离散对数问题的困难性之上。1978 年，Ron Rivest、Adi Shamir 和 Leonard Adleman 提出了 RSA 公钥密码体制，其安全性建立在大整数素因子分解的困难性之上。1979 年，Ralph C. Merkle 在其博士论文中首次描述了 Merkle-Damgard 结构。后来 Ralph C. Merkle 和 Ivan Damgård 独自证明了在使用合适填充模式并且压缩函数是防碰撞的情况下，那么对应的哈希函数也是防碰撞的。该结构后来被许多著名的哈希函数广泛使用，如 MD5、SHA-1 以及 SHA-2。随后，Ralph C. Merkle 提出了树形数据结构——Merkle 哈希树，每个叶子节点存储数据块哈希值，非叶子节点是其对应子节点串联字符串的哈希值，通过 Merkle 哈希树可有效验证数据块的存在性和完整性。1981 年，Leslie Lamport 提出了哈希链的概念，即每轮哈希函数的输入均为上一轮输出的哈希值，从而为数据提供完整性服务。1991 年，Stuart Haber 和 Scott Stronetta 提出了时间戳服务，通过对数字文件的时间戳进行哈希处理从而保证完整性和可追溯性。1985 年，Tather ElGamal 提出了 ElGamal 公钥密码体制，其安全性依赖于离散对数问题的困难性。同年，Neal Koblitz 和 Victor Miller 分别独自提出了椭圆曲线密码学（Elliptic Curve Cryptography，ECC），其是一种基于有限域上的椭圆曲线代数结构的公钥密码方法。ECC 中所有密码算法的安全性都依赖于椭圆曲线离散对数问题的困难性。相比 RSA 密码体制，ECC 使用较短的密钥来实现一定等级的安全性。1989 年，Claus-Peter Schnorr 提出了 Schnorr 签名算法（2012 年，Yannick Seurin 证明了 Schnorr 签名算法的安全性）。1991 年，美国国家标准与技术研究院（National Institute of Standards and Technology，NIST）提出将 Schnorr 和 ElGamal 签名算法的变种 DSA（Digital Signature Algorithm）用于其数字签名标准 DSS（Digital Signature Standard），并于 1994 年将其作为 FIPS 186 采用。1992 年，Scott Vanstone 提出了椭圆曲线数字签名算法 ECDSA（Elliptic Curve Digital Signature Algorithm）。ECDSA 是 ECC 和 DSA 的结合，整个签名过程与 DSA 类似，不一样的是签名中所采用的算法为 ECC。后来，由美国国家安全局（National Security Agency，NSA）设计，NIST 发布了一系列安全哈希算法 SHA（Secure Hash Algorithm），如 1993 年发布了安全哈希标准 SHA-0（FIPS PUB 180），但很快被撤回；1995 年发布了 SHA-1（FIPS PUB 180-1），其生成的摘要长度为 160 位，但被王小云等在 2005 年以不高于 2^{69} 次计算复杂度找到碰撞，后降低到 2^{63} 次；2001 年发布了 SHA-2（FIPS PUB 180-2），包括 SHA-256、SHA-384 和 SHA-

512，2004 年发布了修订的 SHA-2（FIPS PUB 180-3），增加了 SHA-224；2012 年发布了 SHA-3，将 Keccak 算法作为 SHA-3 的标准算法。

3. 对等网络

1999 年，Shawn Fanning 和 Sean Parker 创建了首个点对点（Peer to Peer，P2P）网络 Napster，用于提供免费 MP3 文件下载服务。与传统提供音乐下载的网站不同，Napster 不存储 MP3 文件但需要一个中枢目录服务器存储其他用户硬盘上的 MP3 文件索引。其改变了传统客户端/服务器（Client/Server，CS）的服务模式，后因遭到众多唱片公司控告侵犯版权而被迫关闭。2000 年，Nullsoft 公司的 Justin Franke 和 Tom Pepper 提出了完全分布式、非结构化的文件共享网络 Gnutella。Gnutella 改变了 Napster 网络架构，不再使用中枢目录服务器，转而将 Napster 提供的文件索引功能分布到所有参与节点中。每个联网计算机在功能上都是对等的，既是客户端同时又是服务器，所有资料都放在个人计算机上。用户只要安装了该软件，就将自己的计算机立即变成一台能够提供完整目录和文件服务的服务器，并会自动搜寻其他同类服务器，从而联成一个由无数计算机组成的超级服务器网络。传统网络的服务器和客户端在它的面前被重新定义，所以 Gnutella 被称为第一个真正的对等网络架构。2000 年，Jed McCaleb 和 SamYagan 创立了 EDonkey2000 网络。它由客户端和服务器端两个部分组成，可以工作在 Windows 和 Linux 等多种操作平台。EDeonkey2000 将网络节点分成服务器层和客户层，并且将文件分块以提高下载速度。它允许每个人都可以运行服务器端，文件索引服务器并不集中在一起的，而是由个人私有、遍布全世界，然后这些服务器被连接起来。由于人们在利用 P2P 软件的时候大多只愿"获取"，而不愿"共享"，因此 EDonkey 引入了强制共享机制，在客户端之间引入了信用制度来鼓励人们之间相互交换共享文件。2003 年，Bram Cohen 首次在 P2P Economics Workshop 上提出了 P2P 文件分发协议 BitTorrent，每个下载者在下载的同时不断向其他下载者上传已下载的数据。与 FTP 协议不同，BitTorrent 的特点是下载的人越多，下载速度越快。原因在于每个下载者都将已下载的数据提供给其他下载者下载，充分利用了用户的上载带宽。通过一定的策略保证上载速度越快，下载速度也越快。

4. 数据库技术

数据库技术从早期的网状结构、层次结构发展到基于严密关系代数基础的关系型结构。关系型数据库用简单的二维表格集存储真实世界的对象及其联系，有业界统一的结构化查询语言（Structured Query Language，SQL），如 Oracle、Sybase、SQL Server、Informix、MySQL、PostgreSQL 等。然而，随着海量数据爆发式增长，传统关系型数据库难以满足高并发读写、高可扩展性和高可用性等需求，从而催生了非关系型数据库 NoSQL（Not only SQL），其数据存储通常不需要固定的表格结构，也不存在表之间的连接操作。当前，典型的 NoSQL 数据库可分为键值对数据库，如 Redis、LevelDB 等；文档数据库，如 MongoDB、CouchDB 等；列存储数据库，如 HBase、Cassandra 等；图数据库，如 Neo4J、GraphBase 等；对象数据库，如 Db4o、Versant 等；XML 数据库，如 Berkely DB XML、BaseX 等。

5. 电子货币

1976 年，弗里德里希·冯·哈耶克（Friedrich Von Hayek）在其出版的经济学专著 "Denationalization of Money"（货币的非国家化）颠覆了正统的货币制度观念：既然在一般商品、服务市场上自由竞争最有效率，那为什么不能在货币领域引入自由竞争？哈耶克提出了一个革命性建议：废除中央银行制度，允许私人发行货币并自由竞争，这个竞争过程将会发现最好的货币。1983 年，David Chaum 提出了最早的电子货币理论，其利用基于 RSA 的盲签名协议构建了一个包括"银行-个人-商家"三方的匿名不可追踪的电子支付系统。David Chaum 在 1990 年成立了 DigiCash 公司，并研发了首个匿名化的电子货币系统 E-Cash。然而，由于 E-Cash 是一种以中心化为特征的电子货币，存在单点失效、性能瓶颈等问题，同时还面临匿名监管难、商业运维失策等问题，DigiCash 最终在 1998 年宣布破产。1997 年，Adam Back 提出了哈希现金（Hashcash），是一种用以限制垃圾电子邮件和拒绝服务攻击的工作量证明机制（Proof of Work，PoW）。即邮件发送方需要计算得到一个有效 Hashcash 戳记的哈希值（如前 20 位都是 0）来证明发送邮件的合法性，从而有效阻挡了垃圾电子邮件和拒绝服务攻击。1998 年，Wei Dai 提出了匿名的、分布式的电子现金系统 B-money，其利用 PoW 来发行货币。每笔交易都需要由发送方私钥签名并广播给全网所有节点，每个节点都会维护一个包含全网所有交易的账本，其中交易是通过合约来实现的，每个合约都需要有仲裁方参与。然而，B-money 停留在想法构思阶段，很多细节问题尚没有得到解决，例如未能解决"双花"问题；未能指出如何有效、安全地维护账本等。同年，Nick Szabo 提出了去中心化的数字货币 Bit Gold，利用参与节点的算力解决密码难题，并将答案发布到具有拜占庭错误容忍的网络中让其他节点验证。若大多数节点验证通过，则将该答案作为下一个困难问题的输入参数之一以开始计算下一个困难问题，从而形成一条不断增长的链条。然而，Bit Gold 也仅停留在理论阶段并未付诸实践。2004 年，Hal Finney 提出了可重复使用的工作量证明机制（Reusable Proof of Work，RPoW），用以解决 Adam Back 提出的 PoW 代币 Hashcash 不能被重复使用问题。具体地讲，RPoW 接收不可重复使用的 PoW 代币 Hashcash，作为回报系统产生一个由 RSA 签名、可在用户之间转移的 RPoW 代币。尽管从技术上来说每个代币只使用了一次，但对于用户来说，感觉却是可以连续使用的。然而，RPoW 系统需要一个可信服务器来存储用户所持有的代币，以解决"双花"问题。

1.1.2 区块链1.0：加密货币

区块链 1.0 以分布式账本为标志性技术，其主要应用集中在以比特币莱特币为代表的加密货币领域，实现支付、流通等货币职能。2020 年 12 月，CoinMarketCap 数据显示，当前市场上加密货币数量已超过 3500 种，市场总价值高达 5535 亿美元，其中市场份额占据排名前 3 位的是比特币 BTC（总市值约 3496 亿美元）、以太币 ETH（总市值约 655 亿美元）和瑞波币 XRP（总市值约 266 亿美元），共占整个市场份额超 79.8%。表 1-1 为若干加密货币特性比较。

表 1-1　若干加密货币特性比较

	时　间	目　的	总　量	出块时间	哈希函数	签名算法	共识算法
比特币	2008 年	去中心化货币系统	2100 万	10 min/块	SHA-256	ECDSA	PoW
莱特币	2011 年	修改比特币参数	8400 万	2.5 min/块	Scrypt	ECDSA	PoW
以太币	2013 年	内置智能合约	无上限	15 s/块	Keccak-256	ECDSA	PoS/PoW
瑞波币	2011 年	跨境支付	1000 亿	5 s/块	SHA-256	ECDSA/EdDSA	RPCA
点点币	2012 年	共识机制创新	无上限	10 min/块	SHA-256	ECDSA	PoS/PoW
达式币	2014 年	隐私增强	2200 万	2.5 min/块	X11	ECDSA	PoW
质数币	2013 年	应用创新	无上限	1 min/块	XPM 算法	ECDSA	PoW

总体而言，区块链1.0主要实现加密货币的转账和记账功能，其核心关键是记录交易的账本。目前世界大部分国家的通用记账方法是复式记账法，该方法在1494年由意大利数学家卢卡·帕乔利（Luca Pacioli）提出，其主要思想是对每笔交易都必须用相等的金额在两个或两个以上相互联系的账户中进行登记，全面系统地反映了经济业务内容和资金运动的来龙去脉。然而，复式记账法较为复杂，同时存在伪造、篡改等风险。利用区块链技术特性能有效保证复式记账过程的可信性。类比于普通账本，记录加密货币交易的账本可以划分为不同的粒度，其中交易、区块、区块链可分别看成是普通账本的一条记录、包括多条记录的一页，包含多页的完整账本。总体上，区块链1.0的典型特征以下。

1. 全网共享账本

在区块链网络中，每一个全节点都需要同步包含全网发生历史交易记录的完整、一致账本。对个别节点账本数据的篡改、攻击不会影响全网总账的安全性。此外，由于全节点是通过点对点的方式连接起来的，没有单一的中心化服务器，因此能有效抵御单点失效攻击，增强系统可靠性。

2. 块链式结构

区块链系统各节点通过一定的共识算法选取具有打包交易权限的区块节点，该节点需要将新区块的前一个区块的哈希值、当前时间戳、一段时间内发生的有效交易及其Merkle根哈希值等内容打包成一个区块，向全网广播。由于每一个区块都是与前一个区块通过密码学证明的方式链接在一起的，当区块链达到一定的长度后，要修改某个历史区块中的交易记录就必须将该区块之前的所有区块的交易记录及密码学证明进行重构，这是十分困难的。因此，通过块链式结构能够有效实现防篡改"特性"。

3. UTXO数据模型

支撑加密货币应用的区块链中的交易通常就是转账。每笔交易由交易输入和交易输出组成，若一笔交易中某项交易输出没有对应任何一笔交易的输入，则说明其为未花费交易输出（Unspent Transaction Output，UTXO）。UTXO是不可分割的，但每笔交易可将先前多个UTXO合并转账给另外多个钱包地址。通过查询所有UTXO可验证某笔交易是否存在"双花"攻击，而通过聚合某钱包地址的UTXO可计算其余额。每笔交易向前追溯可到源头的Coinbase交易，向后追溯可到UTXO。总之，每笔交易都会消耗已有的UTXO，并产生新的UTXO，加密货币的转账过程就是通过UTXO的变化完成的。

1.1.3 区块链2.0：智能合约

区块链2.0以支持图灵完备的智能合约为标志性技术，典型代表为以太坊、Hyperledger Fabric等。智能合约使得区块链具备了实现上层业务逻辑、承载部分垂直行业应用的能力，应用领域已超越数字货币衍生至股票、债券、期货、贷款、按揭、产权等数字资产交易，以及教育、医疗、工业、农业、司法、公益、社交、游戏等垂直行业。2013年，Vitalik Buterin引入智能合约概念提出了以太坊（Ethereum），实现了首个内置图灵完备编程语言的去中心化平台。以太坊的智能合约采用Solidity语言编写，部署在以太坊节点中。所有部署在以太坊上的智能合约都被编译成字节码，每次被调用才由运行在本地的以太坊虚拟机（Ethereum Virtual Machine，EVM）解释执行。以太坊的出现使得用户可以根据需求建立不局限于加密货币的去中心化应用（Decentralized Applications，DApps）。2015年，Linux基金会发起了Hyperledger开源区块链项目，旨在建立企业级商用区块链平台。Hyperledger发起了包括 Fabric、Sawtooth、Iroha、Burrow、Cello 等多个区块链项目，其中 Fabric 受到广泛关注。不同于比特币、以太坊等去中心化平台，Hyperleger Fabric 构建的是一种多中心化平台，只有经过许可的相关组织参与交易和维护过程。Hyperleger Fabric 的智能合约被称为链码（Chaincode），主要用来执行交易和访问状态数据，一般支持 Go、Java、Node.js 等语言编写。部署后的链码被打包成 Docker 镜像，每个节点基于该镜像启动一个新的 Docker 容器并执行合约中的初始化方法，然后等待被调用。总体上，区块链 2.0 的典型特征如下。

1. 智能合约

智能合约是一段能够按照事先定义的规则进行自我验证、自动执行的程序代码，同时运行在所有区块链参与节点上。外部应用通过调用智能合约来执行各种交易及访问区块链数据，其中交易数据被记录在区块链上，合约执行结果则被记录在状态数据库。除了交易的附加数据外，通过预言机（Oracles）可将外部可信数据源提供给智能合约，用以查询区块链外部世界状态或触发智能合约执行。

2. 沙箱环境

为保证智能合约执行结果的一致性、确定性和安全性，智能合约不能直接运行在区块链节点上，而必须运行在隔离的沙箱环境中。当前沙箱主要分为虚拟机和容器两类，保证合约代码在沙箱中执行时对合约使用资源进行限制和隔离，如不能访问 CPU、内存、时钟、网络、文件等不确定系统。相比于虚拟机，容器启动时间快、资源利用率高、占用空间小，但是需要容器编排工具进行管理。当前区块链所使用的虚拟机有 EVM、WASM、V8 等；采用的容器技术有 Docker、Kubernetes 等。

1.2 区块链有关概念

本节首先介绍区块链定义，然后辨析区块链与分布式账本、区块链与分布式数据库之间的关联关系。

1.2.1 区块链定义

目前，对区块链尚未形成统一公认的定义。2008 年，中本聪在密码朋克邮件列表中发布的论文只是以比特币为例阐述了区块链技术原理，但是全文并没有明确提出"Blockchain"，只出现了"Chain of Blocks"。2015 年，《经济学人》（The Economist）杂志在其封面刊登了一篇题为"The trust machine：The technology behind bitcoin could transform how the evonomy works"的文章，指出区块链的本质是制造信任的机器，既实现了更广泛的社会协作，又极大降低了社会的信用成本，其影响力远胜于加密货币。2016 年，工业和信息化部发布的白皮书从两个角度定义了区块链。

- 从狭义来讲，区块链是一种按照时间顺序将数据区块以顺序相连的方式组合成的一种链式数据结构，并以密码学方式保证不可篡改和不可伪造的分布式账本。
- 从广义来讲，区块链技术是利用块链式数据结构来验证与存储数据、利用分布式节点共识算法来生成和更新数据、利用密码学的方式保证数据传输和访问的安全、利用由自动化脚本代码组成的智能合约来编程和操作数据的一种全新的分布式基础架构与计算范式。

总体而言，区块链是一种由多方共同维护的共享总账，通过密码学、对等网络、共识算法、智能合约等多种技术的组合创新，创新性地构建了在互不信任的各方之间实现可信的信息/价值流通的新型计算范式，从技术上解决了传统集中式架构下账本可信性内生性地受制于基于信用模式所存在的问题。

1.2.2 区块链和分布式账本

分布式账本技术（Distributed Ledger Technology，DLT）是一种分布式记账方式，其底层账本是由所有用户共同负责记录和更新的。图1-1对比了传统集中式记账方式与分布式记账方式。具体地，传统集中式记账方式下记录交易数据的全量账本集中存储在清算机构，参与方需要访问清算机构才能获取完整交易数据。账本可信性完全依赖于清算机构信任背书。若清算机构被攻击或者失信，所存储的全量账本也就失去了可信性。分布式记账方式下记录交易数据的全量账本存储在互不信任的所有参与方，每个参与方均拥有包含完整交易数据的全量账本副本。任何一方想篡改账本均需要经过大部分参与方同意才有效，从而保证账本在不可信环境中的可信性。

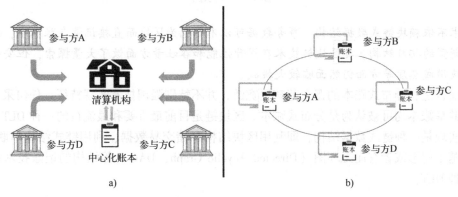

图1-1　传统集中式记账方式与分布式记账方式对比
a）传统集中式记账方式　b）分布式记账方式

2016年，英国政府首席科学顾问报告"Distributed Ledger Technology：beyond block chain"中指出 DLT 是一种超越区块链的技术，并指出分布式账本本质上是一种可以在多个站点、不同地理位置或多个机构组成的网络里进行分享的资产数据库。网络中所有参与者都可以获得一份唯一、真实账本的副本。对账本的任何改动都会在数分钟甚至数秒之内传播和同步其他备份账本中。账本里存储的资产可以是金融资产、法律资产、实体资产、电子资产等类型，其安全性和准确性由密码技术保证，通过公私钥和签名来控制谁可以在共享账本中做什么。根据网络达成共识的规则，账本中的记录可以由一个、多个或者所有参与者共同进行更新。

2018年，中国区块链技术和产业发展论坛发布的《中国区块链技术和应用发展研究报告（2018）》中给出了账本、分布式账本、区块链、分布式记账技术之间的关系，关系图如图1-2所示。

- 分布式账本是指以分布式的方式进行分享和同步的账本，DLT 是指赋能分布式账本运营和使用的技术。DLT 所依赖的基础技术是文件系统和数据库系统，这与传统集中式记账技术是相同的。但在账本的构建和应用方面更注重共识机制、智能合约、密码学等技术的应用，同时可按照去中心化或多中心化的技术架构实现账本的分享和同步。
- DLT 存在多种不同的技术实现方式，包括区块链技术和类区块链技术。区块链是一种分布式账本，其典型技术特征是通过块链式的数据结构实现分布式账本。类区块链技

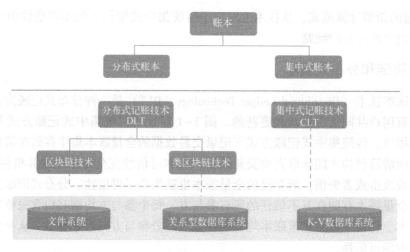

图1-2 关系图

术不依赖块链式数据结构，事务数据可以不打包为区块而直接记录在账本中，或采用新型的拓扑结构。类区块链技术在提升性能和吞吐量方面做了大量探索，但安全性和应用成熟度等方面仍然面临较大挑战。

总而言之，分布式账本的概念范畴更宽泛，并不特别强调技术实现特征。任何采用DLT实现的共享账本均可被认为是分布式账本。区块链是目前最重要和最流行的一种DLT，其强调技术实现是一种链式数据结构，即利用区块结构存储交易数据、利用链式结构串联区块。因此，基于树形或者有向无环图（Directed Acyclic Graph，DAG）等结构的记账技术都可认为是一种DLT。

1.2.3 区块链和分布式数据库

从数据库角度，区块链可以看作是一种以链式结构存储、以全量备份、节点自治等方式管理数据的分布式数据库技术。然而，与传统分布式数据库相比，区块链在多个方面仍然存在一定的差异性，详细比较见表1-2。

表1-2 区块链和分布式数据库比较

对 比 项	对 象	
	区 块 链	分布式数据库
功能价值	信任机器	存储访问
体系架构	多中心	主从式
数据操作	CR	CRUD
数据存储	全量式	部分复制
系统容错	BFT 容错	CFT 容错
编程范式	智能合约	存储过程
是否有数据库管理员	否	是

注：C（Create，创建），R（Read，读取），U（Update，更新），D（Delete，删除）。

- 功能价值。区块链本质上是构建信任的机器，即通过多种技术集成创新，实现在不依赖于第三方信用背书条件下互不信任的多方之间建立信任关系。分布式数据库是为了解决单机数据库存储容量、性能瓶颈等问题，实现海量数据高并发访问。

- 体系架构。为了提高效率和适应监管，当前区块链由完全去中心化朝着多中心化发展。区块链不存在数据库管理员，而是由多个中心节点共同管理，任何节点参与和退出都受到一定的控制。分布式数据库存在数据库管理员，是一种中心化的主从结构，即物理上分布式而逻辑上集中式的数据库系统。数据库管理员存储各局部数据库节点的地址和局部数据的模式信息，用以满足查询时的全局优化和调度需求。
- 数据操作。与传统数据库一样，分布式数据库支持 CRUD 等操作，但查询操作需要发送给各节点进行联合查询。区块链仅支持 CR 两个操作，即任何全节点能够独立查询区块链中存储的数据，但不支持更新和删除操作。任何新添加数据只能以新区块的形式存储到链上。正是这种受限数据操作使得区块链具有不可篡改、可追溯等特性。
- 数据存储。区块链采用全量式存储方式，即每个参与节点都需要在本地同步链上所有账本数据。分布式数据库则采用部分复制方式，即根据全局模式创建的局部模式对数据进行分片，每个参与节点存储所有账本数据分片后的数据副本及其元数据，其中元数据用来维护节点和数据分布信息以提高查询效率。
- 系统容错。分布式数据库通常假设系统中不存在恶意节点，一般只能实现 CFT（Crash Fault Tolerance）容错，即节点宕机或网络延时等错误；而区块链除此之外还可以容忍部分节点作恶情况，即 BFT（Byzantine Fault Tolerance）容错，保证在存在一定数量拜占庭节点情况下，仍然可以通过共识算法保证结果的活性和安全性。
- 编程范式。存储过程是一种经过预先编译、存储在数据库中、可重复调用的 SQL 语句集合。用户可以通过存储过程名字及参数（如果有）来调用执行。触发器是一个特殊的存储过程，其执行过程并不由程序调用而是由某个事件触发。在触发事件满足定义条件时，触发器中相应 SQL 语句会被执行。区块链中的这一过程是通过智能合约实现的，即当满足合约中实现定义的规则即可自动执行。不同的是，智能合约运行在沙箱环境中，不允许调用外部接口函数以保证数据一致性，并且智能合约一般采用 Solidity、Go、Java 等语言编写，尚不支持 SQL 语法。

1.3 技术特性

当前，互联网已经发展成为错综复杂的信息系统，信息碎片化、网络无序化、数据权属不清等问题导致互联网难以满足社会治理的新要求。区块链构建起技术驱动的新型信任范式，对完善互联网价值体系，营造规则主导的网络空间，促进社会治理结构扁平化、服务过程透明化、治理能力现代化具有重要意义，已成为赋能数字经济的新技术基础设施，推动"信息互联网"向"价值互联网"的转变。

1.3.1 多中心化

当前，对于区块链是去中心化还是多中心化存在诸多讨论。2017 年，Vitalik Buterin 在文章 "The Meaning of Decentralization" 中从架构、政治、逻辑这 3 个维度定义 "去中心化（Decentralization）"。
- 架构维度：一个系统由多少台物理计算机组成？任一时刻该系统可以容忍多少台这样的计算机宕机而不影响正常运行？
- 政治维度：有多少人或组织拥有组成系统的计算机的最终控制权？

● 逻辑维度：从这个系统所设计的接口和数据结构来看，它更像是一台完整的单一设备，还是更像一个由无数单位组成的集群？换句话说，若将这个系统分成均包含生产者和消费者的两部分，那么这两部分能继续作为独立单元完整地运行下去吗？

然而，Vitalik Buterin 仅讨论了去中心化，并没有分析它与分布式（Distribution）之间的关系。图 1-3 所示为区块链网络结构，当前区块链网络结构主要有中心化、多中心化和去中心化这 3 类。值得注意的是大部分文章将图 1-3b 称为去中心化（Decentralization），而将图 1-3c 称为分布式（Distribution）。这其实是源于 1964 年美国兰德公司的 Paul Baran 发表的 "On Distributed Communications" 报告，其将网络拓扑划分为中心化（星型）和分布式（网格或网状），分别对应图 1-3a 和图 1-3c。通过混合星型和网状这两种网络拓扑结构所形成的层级式网络拓扑结构被定义为去中心化（Decentralization），如图 1-3b 所示。可见，报告中图 1-3b 被定义的去中心化介于图 1-3a 被定义的完全中心化和图 1-3c 被定义的完全去中心化之间，故而将图 1-3b 定义为多中心化更为合适。

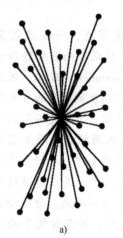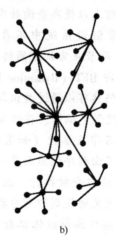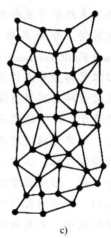

a)   b)   c)

图 1-3　区块链网络结构
a）中心化　b）多中心化　c）去中心化

具体而言，以 HydraChain 为代表的私有链大多是中心化，如图 1-3a 所示。中心化是指网络完全依赖于中心节点，存在单点失效的高风险。以 Hyperledger Fabric、Quorum 为代表的联盟链则大多是多中心化，如图 1-3b 所示，多中心化是指网络并不总是依赖于单个节点，然而破坏一定量的中心节点也会影响整个网络。以比特币、以太坊等为代表的公有链大都是完全去中心化，如图 1-3c 所示，去中心化是指网络中所有节点都是对等的，任何节点出现故障不会影响整个网络的正常运行。

1.3.2　去中介化

中介是指一种以向客户提供中介代理服务的机构，其本身并不能直接提供相应的服务和物品，但是能够替客户寻找并安排这些服务和物品以供选择，如租售房产中介、保险代理商等。基于中介信任模式是商业贸易和社会活动的基础，通过选定可信中介使得互不信任的多方能够在信息不对称条件下进行互动。然而，该模式建立在对中介的信任基础上，存在信任成本高、中介不可信等问题。区块链作为技术驱动的信任机器，使得互不信任的多方在信息不对称情况下实现去中介化信任，即不再需要中介进行信任背书实现点对点价值传输。

1.3.3　透明性

区块链的透明性主要体现在交易数据透明性和交易规则透明性上，其中交易数据透明性是指全量节点会同步区块链上所有交易数据，并且任何参与节点可以通过交易地址、交易哈希或者区块高度查询到每笔交易数据的详细信息。交易规则透明性是指智能合约和共识算法都是公开的，由所有参与节点共同维护。智能合约经过编译后会以交易形式部署在区块链所有参与节点。参与节点都会独立验证每笔交易数据，并通过共识算法进行交叉验证，保证数据一致性。此外，区块链项目代码也应该是公开透明的，通常区块链底层代码会被托管到开源平台，如 GitHub，Gitee。

1.3.4　可靠性

区块链的可靠性主要反映在部分参与节点失效后系统仍然能够正常运行的能力。区块链是由多个中心化节点构成的分布式网络，每个全量节点都会同步区块链上所有交易数据，具有提供完整服务的能力。若区块链中一定比例的节点出现故障，如 Hyperledger Fabric 中出现问题的节点数量比例不高于所有节点数量的 1/3，并不会影响交易正常执行、共识达成以及区块上链等过程。在区块链可靠性测试方面，可以通过停掉区块链中若干记账或验证节点，检查交易执行、共识达成及区块上链等过程的正确性。

1.3.5　不易篡改性

区块链是一种 DLT，账本由全网参与节点共同存储和维护，数字签名、链式结构、共识算法等确保了区块中交易数据难以否认、难以篡改和难以伪造等特性。哈希函数和数字签名保证了交易的不易篡改性与不可否认性。共识算法确保要伪造或篡改交易数据需要获取大部分节点的同意，少量恶意节点伪造或篡改交易数据很难通过大多数诚实节点的验证，例如，比特币、以太坊等公有链中恶意节点需要拥有全网 50% 以上的算力才有可能篡改或伪造区块中的交易数据。此外，链式结构的强关联性使得伪造或篡改所有区块中的交易数据形成新链条所要付出的成本更高、难度更大，进一步增强了区块链的难以篡改和难以伪造等特性。

1.3.6　可追溯性

区块链的可追溯性主要反映交易数据具有被审计的能力。区块链采用带有时间戳的区块结构存储交易数据，区块按照生成时间戳的顺序形成链式结构。通过给区块增加时间戳能有效证明包含这些交易数据的区块是在这个时间点生成的，确保区块中交易数据的存在性。通过形成的链式结构能有效审计任意一笔交易从当前状态到源头之间的整个流转情况，确保区块链的可追溯性。

1.4　部署类型

根据参与方式和开放程度的不同，区块链部署类型可分为：公有链（Public Blockchain）、联盟链（Consortium Blockchain）和私有链（Private Blockchain）。若按照准入控制的不同，区块链部署类型可分为：许可链（Permissioned Blockchain）和非许可链（Permissionless Blockchain），其中许可链是指参与节点需要事先经过认证授权获得许可，未经许可的节点是无法接入的，因此联盟链和私有链被统称为许可链，公有链则被称为非许可链。表1-3为区块链不同部署形式对比分析。

表1-3 区块链不同部署形式对比分析

对 比 项	部 署 形 式		
	非许可链	许 可 链	
	公有链	联盟链	私有链
参与者	任何人	机构联盟	机构内部
网络结构	去中心化	多中心化	中心化
信任机制	全网背书	联盟背书	机构背书
记账节点	全网节点	联盟预先选定	机构内自定
共识算法	PoW类/PoS类	BFT类/CFT类	BFT类/CFT类
权限控制	无	联盟控制	机构控制
激励机制	需要	可选	不需要
突出优势	信用的自建立	效率和成本优化	透明和可追溯
应用场景	加密货币	B2B交易	审计
典型平台	比特币、以太坊	Hyperledger Fabric、Quorum	HydraChain

1.4.1 公有链

公有链又称为非许可链，是完全去中心化的区块链，如图1-4所示。

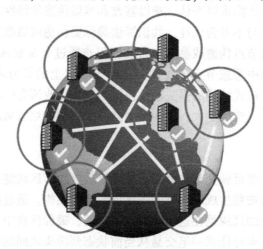

图1-4 公有链

公有链典型特点如下。
- 任何人通过联网计算机均可以随时随地接入公有链，读取或下载链上任意数据，无须注册、认证和授权等管控过程。
- 公有链中所有节点地位平等，任一节点均可以发起交易、参与区块链共识等过程。
- 公有链大多采用PoW类或PoS类共识算法，全网节点都可以参与竞争记账权，算力值高的或者权益值大的节点能以较高概率获得记账权。
- 为保证公有链的安全稳定，需要大量节点提供数据冗余并且参与交易验证和区块共识等过程，因而需要代币奖励机制激励节点参与竞争记账。
- 公有链主要应用于加密货币领域，典型平台有比特币、以太坊等。

1.4.2 联盟链

联盟链是由若干机构组成利益相关的联盟共同参与维护的多中心化区块链，如图1-5所示。其中典型联盟有由金融机构组成的 R3 区块链联盟、开源区块链联盟 Hyperledger 等。

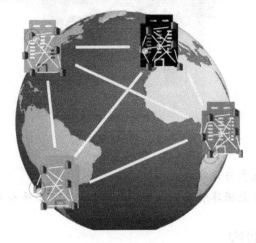

图1-5 联盟链

联盟链主要特点如下。
- 联盟链提供成员注册、认证、授权、监控、审计等功能，只有经过联盟授权的机构才能加入或退出联盟链，其中每个机构可运行一个或者多个节点。
- 联盟链中共识过程由联盟预先选定的节点控制，其他参与节点仅能发送交易而不能参与记账过程，因而激励机制是可选的，并且大多采用 BFT 类或者 CFT 类共识算法以提高交易性能和吞吐量。
- 联盟链中数据读取权限可根据应用场景来决定对外开放的程度，可以完全对外开放，也可以被限定为联盟机构内部。
- 联盟链适合不同机构间的交易、结算等 B2B 场景，典型平台有 Hyperledger Fabric、Quorum 等。

1.4.3 私有链

私有链是指节点的写入权限由某个机构控制、读取权限不对外开放或者进行某种程度限制的中心化区块链，如图1-6所示。

私有链主要特点如下。
- 私有链可看作是一个机构内部的公有链。从机构外部视角，私有链是中心化的；从机构内节点视角，私有链是去中心化的。
- 私有链的共识验证过程被严格限制在机构内部。私有链中节点数量、通信带宽、验证规则等都是可控的，并且大多采用 BFT 类或者 CFT 类共识算法，因而数据处理速度和读写吞吐量高。
- 私有链中参与记账的节点本身就是完成机构所要求的任务，因而是不需要通过奖励机

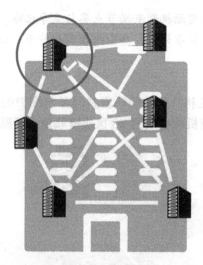

图 1-6　私有链

制来激励每个节点参与记账的。

● 私有链适合应用于数据库管理、数据审计等领域,典型平台有 HydraChain。

1.5　区块链体系架构

区块链是密码学、对等网络、分布式存储、共识算法、智能合约等多种技术的组合创新。尽管区块链参考架构尚不统一,但大都包含账本模型、网络通信、数据存储、共识算法、智能合约等基础性技术服务模块。现有企业在不同模块上进行了不同程度的创新实践,给出了各自企业级商用参考架构。

在现有各种区块链参考架构基础上,本书重新组织了区块链体系架构,如图 1-7 所示。区块链体系架构包括数据层、网络层、共识层、激励层、合约层和应用层。各层之间相互协同,共同打造技术驱动的信任机器,其中数据层、网络层、共识层是基本层次,激励层一般只在公有链中设计,联盟链和私有链可以不包括该层。

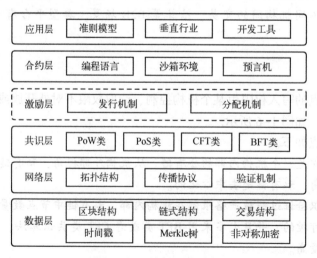

图 1-7　区块链体系架构

1.5.1 数据层

数据层主要定义了区块结构、链式结构和交易结构，通过密码技术保证交易数据安全性。区块链通过链式结构链接以时间戳顺序打包的区块结构，实现交易数据的不易篡改性。针对不同应用场景，不同区块链平台的数据层略有差异。

区块链结构图如图1-8所示，区块是区块链的基本单元，通常由区块哈希值或者区块高度进行标识。每个区块都包含区块头和区块体，其中区块头记录当前区块的元数据，并通过区块哈希形成链式结构，区块体用来存储交易数据。区块头中的时间戳表示区块生成时间，即在某个特定时间点已经存在的、完整的、可验证的数据。区块一般以文件或数据库形式存储在本地节点，其中文件存储更利于以日志形式的追加操作，而数据库存储更便于实现查询操作，大多采用效率较高的 NoSQL 数据库，如 LevelDB、CouchDB 等。比特币区块链、Hyperledger Fabric 以文件形式存储区块数据，索引数据存储形式是基于键值对（Key-Value，KV）的数据库，如 LevelDB；以太坊的区块链与索引都存储在 KV 数据库中。

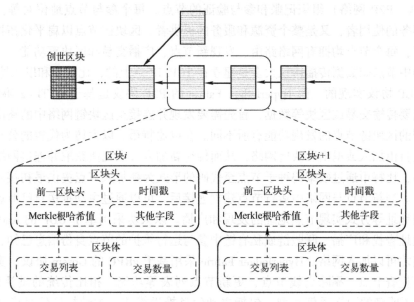

图1-8　区块链结构图

交易是区块链中传输的基本数据结构，所有经过验证但尚未打包进区块的有效交易都会被临时存储在节点的交易池中。交易池存储在节点本地内存而不是硬盘中，不同节点的内存大小、启动时间等差异性导致交易池中存储待打包的交易集合可能是不同的。获得记账权的节点会将交易池中的若干交易打包进区块并广播给其他节点验证。为了快速验证某个区块中交易数据的存在性和完整性，通常采用 Merkle 树组织交易数据生成 Merkle 根哈希。每个叶子节点为分组交易数据的哈希值，非叶子节点为其子节点串联起来的哈希值，按照此规则迭代最终生成的树根即为 Merkle 根哈希。通过 Merkle 树只需要根据待验证交易的叶子节点到 Merkle 根路径上的直接分支即可实现简单支付验证（Simplified Payment Verification，SPV），判断区块中某笔交易的存在性和完整性。因此，SPV 比较适合用于构建轻客户端或者轻电子钱包。当前比特币采用二叉 Merkle 树，即将交易数据两两分组哈希迭代生成 Merkle 根哈希；以太坊采用融合 Merkle 树和 Patricia 树的 Merkle Patricia 树，Hyperledger Fabric 采用的是多叉 Merkle Bucket 树。

为满足用户安全性和所有权验证需求，用户通过非对称加密生成公私钥对，其中公钥用来标识用户身份的交易地址以实现匿名性，私钥用来签名交易数据以证明数据的完整性和不可否认性。数字签名算法主要包括数字签名和签名验签两个具体操作。通常，数字签名操作指签名者用私钥对交易数据哈希进行处理生成数字签名值；签名验签操作指验证者利用签名者的公钥校验所生成数字签名值的有效性。区块链中常用的数字签名算法包括 RSA、ECDSA、SM2 等。区块链公私钥一般由钱包进行存储管理，其中私钥最为重要。丢失私钥意味着用户失去了对应账户余额的使用权。当前需要设计安全高效的用户密钥备份、管理或托管机制，以保证私钥的安全性。

1.5.2 网络层

网络层主要定义了区块链节点网络拓扑结构、区块或交易等数据传播协议和验证机制。区块链的节点具有分布式、自治性、开放自由进出等特性，因而区块链采用对等网络（Peer-to-Peer Network，P2P 网络）组织记账和参与验证的节点。每个参与节点地位对等，既可以作为资源和服务的使用者，又是整个资源和服务的提供者。区块链节点以扁平化拓扑结构相互连通和交互，每个节点均拥有网络路由、发现新节点、广播交易和区块等功能。

区块链中节点间数据传播协议大多是建立在 TCP/IP 之上的，比特币和以太坊的 P2P 协议是基于 TCP 协议实现的，而 Hyperledger Fabric 的 P2P 协议是基于 HTTP/2 协议实现的。任一新节点要传输交易或区块等数据，首先需要发现并连接至区块链网络中的路由节点。不同部署类型的区块链节点的发现功能有所不同。在以比特币、以太坊为代表的公有链中，任何节点都是自由加入或退出区块链网络，从而使得新加入节点无法获取并连接网络中可靠的节点。通常，比特币通过硬编码种子节点至代码的形式为新加入节点提供最初接入网络的入口节点地址。当新节点与网络中运行节点建立连接后，可以通过主动推送自己节点地址或拉取其他节点地址等方式实现节点地址的发现和广播。以太坊采用基于 UDP 的 Kademlia 协议进行路由地址查找和广播。联盟链或私有链中参与运行维护的节点身份信息已知，经过准入认证的节点才可以加入网络。Hyperledger Fabric 采用基于 gRPC 的 Gossip 协议，实现新节点发现、循环检查节点、剔除离线节点、更新节点列表等功能。相比传统的洪泛路由算法，Gossip 提供了明确的网络通信类型，包括主动信息推送模式、主动拉取信息模式、混合模式等。

在区块链网络中，节点时刻监听网络中广播的数据。当接收到邻居节点发来的新交易和新区块时，其首先会验证这些交易和区块是否有效，如检查区块数据结构、交易语法、输入输出、数字签名等。只有通过验证的交易和区块才会被处理，如新交易被放入待打包的交易池，同时继续向邻居节点转发；若没有通过验证，则立即丢弃，从而保证无效交易和区块不会在区块链网络继续传播。

1.5.3 共识层

共识层主要保证在不可信的网络环境下账本数据全网存储的一致性。区块链共识一般可分为 PoW 类、PoS 类、CFT 类、BFT 类等。PoW 类共识是指通过节点能力证明获得记账权的共识及其改进算法。参与节点利用各自拥有的物理或虚拟资源，如计算资源、存储资源等相互竞争来完成某项难以解决但易于验证的任务，最快完成该任务的节点将获得打包交易的记账权，如 Nakamoto、Bitcoin-NG、PoUW 等共识。为解决 PoW 类共识存在的资源浪费、可扩展性差等问题，PoS 类共识是根据节点所拥有资产的多少决定获得记账权概率的共识及其改进算法。拥有资产越多，获得记账权的概率就越大，如 PPCoin、PoSV（Proof of Stake Velocity）等共识。CFT 类共识大多是传统分布式一致性算法，只考虑节点或网络的崩溃故障（Crash Fault）条件下如何对特定数据达成意见一致性，如 Raft、Paxos、Kafka 等共识算法。BFT 类共识则考虑在存在拜占庭节点情况下如何对特定数据达成意见一致性，是解决拜占庭容错问题的传统分布式一致性算法及其改进共识，如 PBFT、BFT-SMaRt、Tendermint 等。

通常，PoW 类和 PoS 类中大多数共识算法可被认为是概率性确定共识（Probabilistic Finality Consensus），即当前有效区块被更新到区块链上存在一定概率被撤销，在此之后添加的有效区块越多，被撤销的概率就越低。例如，比特币交易在至少 6 个区块被确认后，被撤销的概率将变得非常低。CFT 类和 BFT 类中大多数共识算法可被认为是绝对性确定共识（Absolute Finality Consensus），即一旦交易被包含在区块中并添加到区块链上，该交易就会被立即视为最终确定。在这种情况下，记账节点会先提出一个区块，而这个区块必须获得参与节点中足够多的认可，才能更新到区块链上。

总体上，区块链共识过程可分为如下步骤。

1）记账节点选择。记账节点负责打包交易进区块，而如何从所有参与节点中选出记账节点是共识过程的重要环节。通常，参与节点需要完成一定的任务或具备某种条件才能够成为记账节点。选择记账节点应当考虑公平性、可靠性和安全性。现有共识算法采用不同的方法选择记账节点，例如 PoW 依赖于算力值、PoS 依赖于权益值、Algorand 依赖于可验证随机函数（Verifiable Random Function，VRF）等。

2）区块生成。选出的记账节点按照一定策略将交易池中未确认的交易打包进区块，并将新区块广播给全网所有参与者验证。打包策略通常会综合考虑区块容量、交易费用、交易等待时间等多种因素，是影响区块链性能的重要因素。

3）区块验证。参与节点在收到记账节点发来的新区块后，将验证区块和交易的有效性，例如记账权限、区块数据结构、区块中交易语法、数字签名、输入输出关系等。只有获得一定比例参与节点的认可，该区块才会被作为有效区块放在区块链尾部，从而形成一条从创世区块到最新区块高度的完整链条。

4）区块上链。对于概率性共识，在某个周期内可能存在若干记账节点生成多个合法区块，从而使得主链产生分叉。需要根据共识算法规定的主链判别标准选择其中一条有效的分支作为主链。例如比特币中采用最长链原则（Longest Chain Rule），即将累计了最多难度值的分支，一般是将包含最多区块的那条链选作主链，节点只有将新产生的区块更新至主链上才能获得奖励。以太坊使用最重子树原则 GHOST（Greedy Heaviest-Observed Sub-Tree）作为其主链判别标准，即在区块链出现分叉时，计算每个分叉所有子区块的个数作为该分叉的"重量"，将"重量"最大的分叉作为主链。

1.5.4 激励层

激励层主要定义经济激励的发行机制和分配机制。根据区块链的部署类型特点，一般需要在去中心化的公有链中设计激励层，对于多中心化的联盟链和中心化的私有链可以不需要设计激励层。公有链中激励层设计的主要目标是保证参与节点价值分配的合理性和激励相容性，通过合理有效的分配机制实现各参与节点的利益最大化，并且能够有效激励更多节点参与，从而保证公有链的稳定性和可持续运行。

发行 Token 是公有链常见的经济激励。Token 在计算机网络中被译为令牌，用来表示执行某些操作的权利。区块链中的 Token 一般被译为代币或者通证，表现为货币、股份、债券、积分、使用权等多种形式，其发行机制可分为如下形式。

(1) 单 Token 发行机制

部分公有链只发行一种 Token，发行总量可以是有上限的或无上限的。

- 发行总量有上限。比特币将总量约为 2100 万个币全部奖励给记账节点，这样的公有链相对较少。大部分公有链背后都有开发团队，通常会将 Token 分为 3 部分，一部分留给项目团队、一部分留给投资者、剩下的一部分奖励给记账节点。为了激励早期用户参与、促进社区持续发展、提升 Token 价格，奖励给记账节点的 Token 会随着区块高度的增加呈衰减趋势直到发放完毕，同时为了防止同期大量 Token 流入市场冲击价格，早期衰减不宜过快。通常，发行总量有上限的公有链可以调整的参数有：Token 总量、项目团队/投资人/记账节点等利益群体分配比例、每个区块由系统奖励的数量以及衰减周期等。
- 发行总量无上限。项目团队根据每个区块的奖励设置一定的通胀率，使得系统能够自动发行 Token。通常，发行总量无上限的公有链可以调整的参数有：Token 初始总量、项目团队/投资人/记账节点等利益群体分配比例、每个区块由系统奖励的数量/通胀率以及由于通胀而新发行的 Token 奖励给利益相关方的比例。目前以太坊和 EOS 都采用这种发行机制。

(2) 双 Token 发行机制

在区块链中，只有价格稳定的 Token 才可以被当作体系内的"货币"使用。因此，部分区块链采用类似"股份+货币"的双 Token 发行机制，即"Token+稳定币"，一种 Token 用于社区激励，另一种 Token 被设计为稳定币。通常稳定币的实现方式如下。

- 锚定法定货币。通过中心化机构采用足额法定货币存款作为抵押物，保证 Token 稳定。例如 2015 年 Tether 公司基于比特币发行的锚定美元的 USDT，2018 年 Gemini 公司和 Paxos 公司分别基于以太坊发行的锚定美元的 Gemini Dollar（GUSD）和 Paxos Standard（Pax）。
- 锚定加密货币。通过加密货币进行超额抵押来保证 Token 稳定。例如 2017 年 MakerDAO 发行的锚定以太币的去中心化抵押稳定币 Dai。
- 算法控制。没有抵押物，完全通过算法来主动调整供需关系，自动增发或者回收以实现市场供求平衡和 Token 稳定。例如 Basis 项目发行的锚定美元的稳定币 BAC（Basis Cash），理论上 1BAC = 1 美元。BAC 的稳定性是通过 BAB（Basis Bond）和 BAS（Basis Share）实现的。

在依赖算力挖矿的公有链中，全网的高算力使得大部分节点只凭借自身算力极难获得挖矿收益，其中挖矿收益=区块奖励+交易费。因此大部分节点倾向于加入一些矿池，通过贡献各自的算力进行联合挖矿。矿池通过聚合分散的算力能以较高概率获得挖矿收益，并按照一定规则将挖矿收益分配给贡献算力的节点。目前收益分配机制有十多种，比较常见的分配机制如下。

- PROP（Proportional）机制。在扣除一定矿池手续费后，矿池根据各节点贡献的算力按比例分配区块奖励。

- PPLNS（Pay Per Last N Shares）机制。在扣除一定矿池手续费后，矿池根据各节点在最后一段时间内提交的 N 个算力里面贡献的算力占比来分配区块奖励。PPLNS 机制中各节点收益受矿池挖出区块数量的影响，波动性较大，并且具有一定时滞性。
- PPS（Pay Per Share）机制。在扣除一定矿池手续费后，矿池根据各节点在矿池里面贡献的算力占比来分配固定的区块奖励，而不管矿池实际能挖到的区块数量。PPS 机制将节点收益风险转嫁给矿池，通常收取的矿池手续费较高，但节点收益固定并且实时性较好。
- PPS+（Pay Per Share Plus）机制。PPS+是在 PPS 基础上，将打包所有区块获得的交易费也按照各节点在矿池里面贡献的算力占比进行分配。由于交易费受矿池挖到区块数量的影响，因而各节点收益实际为固定区块奖励和动态交易费之和。
- FPPS（Full Pay Per Share）机制。FPPS 是在 PPS 基础上，根据各节点在矿池里面贡献的算力占比分配预估的固定交易费。与 PPS+不同的是，预估的交易费是固定的，与矿池实际能挖到的区块数量无关。

除此之外，还有 SOLO、DGM（Double Geometric Methord）、SMPPS（Shared Maximum Pay Per Share）、RSMPPS（Recent Shared Maximum Pay Per Share）、ESMPPS（Equalized Shared Maximum Pay Per Share）等机制。

1.5.5 合约层

合约层主要定义了智能合约的编程语言、沙箱环境以及预言机。智能合约本质上是一段运行在安全环境的计算机程序，具有事件驱动、规则预置、状态感知、强制执行、不易篡改等特点。需要说明的是，智能合约里面的"智能"不是人工智能的"智能"，并且智能合约的"合约"也不是法律合约，因而，为了避免造成误解，Hyperledger Fabric 将智能合约称为链码。

不同区块链设计机制的差异性导致智能合约开发、部署和运行机制有所不同。总体而言，智能合约生命周期可简单概括为合约创建、合约开发、合约部署、合约执行、合约升级和合约销毁。需要说明的是，部署上链的智能合约是不可篡改的，这里所说的合约升级和合约销毁是以新区块重新部署上链，详细过程将在第 5 章进行介绍。

以比特币为代表的加密货币大多使用非图灵完备的脚本（Script）实现转账和支付等交易过程。比特币脚本语言是一种基于堆栈、类 Forth 逆波兰式、缺少状态、非图灵完备的编程语言。其由不同功能的操作码（Opcode）构成，包括常量操作（如 OP_0、OP_1NEGATE）、流控制（如 OP_IF、OP_NOTIF）、栈操作（如 OP_DUP、OP_SWAP）、比较操作（如 OP_EQUAL、OP_EQUALVERIFY）、算术操作（如 OP_ADD、OP_SUB）、密码操作（如 OP_HASH160、OP_CHECKSIG）、锁定时间操作（如 OP_CHECKLOCKTIMEVERIFY、OP_CHECKSEQUENCEVERIFY）等。可见比特币脚本是非图灵完备的，所包含的操作码除了有条件的流控制以外，并没有循环、条件跳转以及其他复杂的流控制操作。正因如此，比特币脚本才能保证加密货币交易的安全性，防止因操作失误或恶意攻击等导致死循环或其他类型的逻辑炸弹。

2015 年，Vitalik Buterin 领导团队开发了内置图灵完备编程语言的以太坊区块链，从而将区块链应用从加密货币领域延伸至不同垂直行业。以太坊区块链的智能合约采用语法类似于 JavaScript 的 Solidity 语言编写。早期其还支持过语法类似于 Python 的 Serpent 语言和语法类似于 C 语言的 Mutan 语言，目前已经不再维护了。Solidity 是一种面向合约的静态类型语言，具有图灵完备性。除了支持强类型、继承、库和用户自定义类型外，Solidity 还具有其独特性，如支持 Memory（内存型）和 Storage（持久型）数据存储方式，定义了合约地址数据类型 Address、支付操作关键字 Payable，支持回滚的异常机制，严格控制的可见性等。一般采用基于浏览器的集成开发环境 Remix 来编写和编译 Solidity 程序。通过编译器将写好的智能合约翻译成字节码，然后以交易形式部署到以太坊区块链上，最后由 EVM 解释执行。值得说明的是，这些字节码并不能访问 EVM 宿主机的网络系统、文件系统和其他进程，合约之间也只能有限地调用。

不同于比特币和以太坊，由 Linux 基金会负责维护、IBM 牵头开发的联盟链 Hyperledger Fabric 的智能合约（通常被称为链码）可以利用 Go、Java、Node.js 等具有图灵完备的高级语言进行开发。Hyperledger Fabric 由多个组织构成，每个组织运行一个或多个 Peer 节点。部署时链码会被打包成 Docker 镜像，每个 Peer 节点基于该镜像启动一个 Docker 容器并执行链码初始化方法，然后等待被调用。从 Hyperledger Fabric v1.0 开始，链码分为系统链码（System Chaincode）和用户链码（User Chaincode），对比分析见表 1-4。

表 1-4　系统链码和用户链码对比分析

对 比 项	链 码 类 型	
	系 统 链 码	用 户 链 码
链码源码	无 main 函数	有 main 函数
运行空间	Peer 节点进程	Docker 容器
调用方式	进程内部调用	网络调用
编程语言	Go 语言	Go、Java、Node.js
启动参数	内置	动态输入
通信方式	Go 的通道机制	网络
背书策略	无	有
升级方式	同 Peer 节点一起升级	单独升级

- 系统链码是一种特殊的链码，作为 Peer 节点进程的一部分运行，用来实现系统功能，包括配置系统链码（Configuration System Chaincode，CSCC）、生命周期系统链码（Lifecycle System Chaincode，LSCC）、查询系统链码（Query System Chaincode，QSCC）、背书系统链码（Endorsement System Chaincode，ESCC）、验证系统链码（Validation System Chaincode，VSCC）等。
- 用户链码是用来实现用户应用业务逻辑的功能代码。开发者将编写好的用户链码部署到 Hyperledger Fabric 的 Peer 节点，并由 Docker 容器提供执行环境。Peer 通过调用 Docker API 来创建和启动链码运行的 Docker 容器。Docker 容器启动后通过 gRPC 协议与相应 Peer 节点建立连接，之后 Peer 节点通过调用链码执行交易和记账，其中交易执行由背书节点的链码负责、记账功能则由记账节点负责。更多关于链码与 Peer 节点交互的内容将在第 8 章中进行介绍。

通常，用户链码的生命周期包括打包（package）、安装（install）、实例化（instantiate）、升级（upgrade）等操作，具体如图 1-9 所示。首先通过 package 命令对编写好的链码进行打包，并通过 signpackage 命令对打包的文件进行签名。然后通过 install 命令

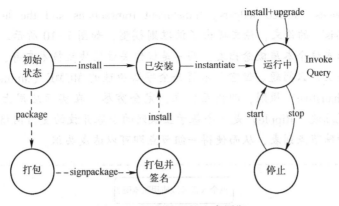

图 1-9　用户链码的生命周期

将已编写完成的链码安装在 Fabric 的 Peer 节点中，并通过 instantiate 命令对已安装的链码进行实例化。在实例化过程中，链码会被编译并打包成 Docker 镜像，然后在通道（channel）上启动一个 Docker 容器，以实现链码与通道的绑定。在实例化的交易执行过程中，需要验证链码的实例化策略以确保实例化交易执行的合法性。当实例化成功后，链码即处于激活状态，时刻监听并接收交易请求。每个链码只能被实例化一次，在实例化的时候调用 Init 函数实现链码部署操作，之后可以在任一安装该链码的 Peer 节点上运行。最后 Peer 节点可以通过调用 Invoke 函数进行交易处理或者调用 Query 函数进行交易查询。链码可以在安装后的任何时间更新升级，升级过程与部署链码过程类似。若链码需要升级，需要通过 install 命令将待升级的链码安装到正在运行该链码的 Peer 节点上，安装时需要注明比先前版本更高的版本号；并向安装了新链码的 Peer 节点发送 upgrade 命令进行更新。值得注意的是，在升级过程中链码会调用 Init 函数更新或者重新实例化任何值，因而需要注意避免在链码升级过程中重新设置状态。start 命令和 stop 命令分别用来启动和停止链码，在 Hyperledger Fabric v1.4 中该功能暂时还没有得到实现。

由于智能合约运行在封闭的沙盒环境中，因此难以与链外世界进行交互，从而降低了区块链和智能合约的实用性。预言机（Oracle）就是为智能合约提供可信的链外数据源，用以触发智能合约执行相应操作，从而为区块链与外部世界之间建立一道可信的数据网关。由于智能合约无法主动获取链外数据，当其触发条件的链外数据时，就需要预言机为其提供数据服务。通常，预言机是通过智能合约实现的。若节点需要其数据服务，只需要在自己编写的智能合约中调用该智能合约相关方法即可。

1.5.6　应用层

应用层主要定义区块链应用的准则模型、垂直行业及开发工具等。通过 Web 前端技术、移动开发技术等开发工具设计友好的图形化接口，服务于不同垂直行业中区块链落地应用开发。

当前很多垂直行业都尝试引入区块链技术以期优化产业结构、赋能数字经济、提升行业竞争力。然而，并不是所有领域都适合用区块链。现有研究从不同角度就是否需要区块链给出了不同的决策模型，具体如下。

- Birch-Brown-Parulava 模型。David Birch、Richard G. Brown 和 Salome Parulava 在 *Journal of Payments Strategy & Systems* 上发表了题为 "Towards ambient accountability in financial services: shared ledgers, translucent transactions and the legacy of the great financial crisis" 的论文，论文提出了该准则模型，如图 1-10 所示。该模型的优点在于从共享账本这个本质概念出发，而不是仅仅关注区块链技术本身，更关注使用区块链技术来解决什么问题。但它并不符合金字塔原理的 MCME（Mutually Exclusive Collectively Exhaustive）原则，即相互独立、完全穷尽。在实际应用上，存在交叉的地方，比如说瑞波（Ripple）是一个基于互联网的全球开放的支付网络，但是其共识算法是基于特殊节点列表，从而使得一组节点即可以达成共识。

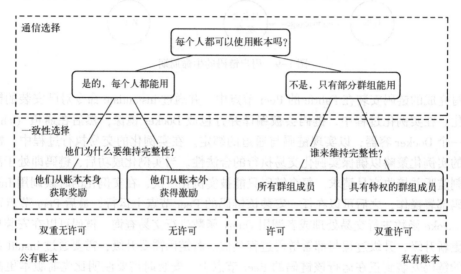

图 1-10　Birch-Brown-Parulava 模型

- 美国国土安全部模型。图 1-11 是美国国土安全部提出的区块链应用准则模型。该模型是由 NIST 发布的一个题为 "Blockchain Technology Overview" 的报告中给出的。
- Koens-Poll 模型。来自荷兰 Radboud University 的 Tommy Koens 和 Erik Poll 在 *International Workshop on Cryptocurrencies and Blockchain Technology* 上发表题为 "What Blockchain Alternative Do You Need?" 的论文中，论文讨论了区块链应用准则模型——Koens-Poll 模型，具体如图 1-12 所示。

以比特币为代表的区块链 1.0 主要应用集中于加密货币领域，主要以实现支付、流通等货币属性为主。以以太坊、Hyperledger Fabric 等为代表的区块链 2.0 通过引入图灵完备编程语言的智能合约，使得应用领域从加密货币领域延伸至部分垂直行业。以太坊可实现去中心化应用（Decentralized Applications，DApps），利用 Web 前端技术构建的应用接口，通过 JSON-RPC 与运行在以太坊节点上的智能合约进行交互，实现不同的业务功能需求。Hyperledger Fabric 可基于 Go、Java、Node.js 等语言开发应用接口，并通过 gRPC 实现与运行在 Docker 容器里面的链码进行交互。总体而言，当前区块链应用已延伸至数字金融、供应链金融、智慧城市、政务民生、医疗健康、教育存证、司法存证、工业互联网等垂直行业。

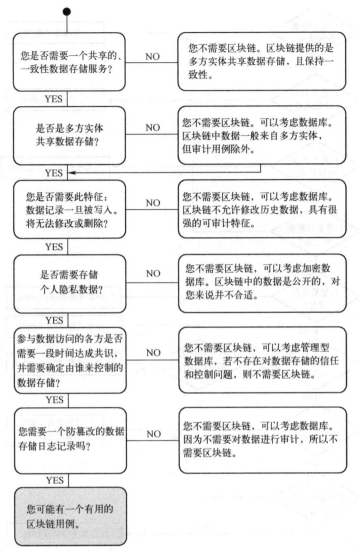

图 1-11 美国国土安全部模型

1.6 区块链面临的技术挑战

区块链融合了密码学、计算机科学、经济学、社会学等学科技术，是一种在不可信的竞争环境中低成本建立信任的新型计算范式和协作模式，对构建新型数字经济信息基础设施、赋能实体经济发展生态具有重要的战略意义。然而，区块链的发展还处于非常早期的阶段，其核心基础问题和技术问题体现在互操作性、可扩展性、安全性、隐私保护、可监管性等方面。

1.6.1 互操作性问题

互操作性是指区块链系统与其他系统或组件之间交换信息，并对交换信息加以使用的能力。通常，互操作性体现在应用层互操作性、数据互操作性、链间互操作性等方面。应用层

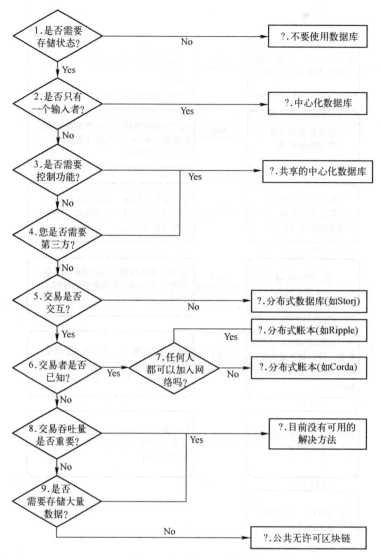

图 1-12 Koens-Poll 模型

互操作性主要解决分布式应用与底层链之间的耦合性问题，一般可采用 RPC、REST 等技术。数据互操作性主要解决链上链下安全可信交互问题，一般可采用预言机、可信执行环境等技术实现。链间互操作性主要解决同构链或异构链之间互联互通问题，一般可采用公证人机制（Notary Schemes）、侧链/中继（Sidechains/Relays）、哈希锁定（Hash-Locking）、分布式私钥控制（Distributed Private Key Control）等。公证人机制是指由某个或某组受信任的公证人来声明某条链对另外一条链上发生了某笔交易。比较有代表性的项目是 Ripple 公司提出的 InterLedger 协议。侧链/中继技术是指由侧链或中继链来进行交易，用多中心化的方式来解决信任问题。比较有代表性的项目是 Cosmos、Polkadot、趣链科技的 BitXHub 等。哈希锁定技术是通过智能合约来保障任意两个人之间的转账都可以通过一条"支付"通道来实现，完成"中介"的角色。比较有代表性的项目是闪电网络、雷电网络、微众银行的 WeCross 等。分布式私钥控制技术是指通过分布式私钥生成与控制技术，将各种数字资产映射到一条新的区块链上，从而在同一条区块链上实现不同数字资产的自由交换。比较有代表性的项目是 FUSION 等。总体而言，当前互操作性能力还存在诸多不足，特别是异构跨链技术在可信灵活锚定、系统可扩展性以及跨链模式按需适配等诸多方面仍存在明显不足。

1.6.2 可扩展性问题

可扩展性是用来衡量区块链适应未来不确定性变化的能力，包括功能可扩展性和性能可扩展性。功能可扩展性主要用来衡量随着需求增加区块链服务增强的能力，性能可扩展性主要用来衡量随着节点或交易增多区块链性能增强的能力。当前，高性能、高可扩展性等技术瓶颈阻碍了区块链大规模商业落地应用。与传统中心化系统单独处理每笔交易，交易可信性依赖于第三方机构信用背书不同，区块链以区块为单位打包交易，需要全网所有节点对交易进行共识，以保障交易可信性。然而，区块容量、区块间隔时间等因素使得单位时间确认交易数量受限，成为区块链可扩展性提升的主要瓶颈。现有提升区块链可扩展性的方法包括高效共识算法、分片技术、链上扩容、链下交易等，然而它们在提升区块链性能方面都有一定的局限性，使得区块链大规模商业应用存在较大距离。

1.6.3 安全性问题

纵深一体化、平衡区块链不可能三角（即区块链系统中去中心化、安全性和可扩展性这三者中最多只能同时满足其中两个）的安全系统架构有待建立。当前，区块链安全研究分散在数据安全、网络安全、共识安全、智能合约安全等不同维度，木桶原理表明区块链系统的安全性取决于最薄弱维度的安全性，单一维度的安全难以保障整个区块链系统安全；此外，区块链不可能三角使得区块链安全受制于去中心化程度和可扩展性。如何构建纵深防御的一体化、平衡区块链不可能三角的安全架构，已成为区块链安全亟待突破的关键问题。

1.6.4 隐私保护问题

实用化、差异化、条件化隐私保护机制仍待加强。当前区块链隐私大都采用密码学技术统一化保护不同交易主体的身份隐私和不同交易的内容隐私等，距离大规模实用化有一定距离，并且难以差异化处理不同主体对不同交易内容的分级隐私保护需求。此外，现有研究难以在保障区块链隐私条件下，实现准确高效监管。监管和隐私之间的平衡仍待研究。

1.6.5 可监管性问题

穿透、动态、高效、精准、可视化的监管体系有待完善。传统金融基础设施的建设和管理分散，缺乏统筹协调；场内与场外、不同金融基础设施之间数据收集、信息统计、风险监测等方面缺乏统一的标准；信息交互性差，处于各自为政的孤立状态。此外，大多采用被动监管方式，即由金融机构定期向监管机构报备，存在时效性差、数据易被篡改等问题。因此，如何利用区块链技术构建穿透、动态、高效、精准、可视化的监管体系有待完善。

1.7 习题

1. 区块链发展历程中每个阶段有何特点？
2. 请简述区块链概念，其与分布式账本、分布式数据库之间有何关系？
3. 区块链技术的特征有哪些？

4. 区块链有哪些部署类型，它们之间有何区别？

5. 区块链体系架构一般由哪些层构成，每一层分别提供哪些服务？

6. 区块链中 Merkle 根哈希如何产生，有何作用？

7. 区块链网络层中如何发现新节点？

8. 区块链共识过程一般包含哪些步骤？

9. 公有链激励层中分配机制和发行机制分别有哪些？

10. 区块链合约层中系统链码和用户链码有何区别？

11. 用户链码的生命周期包括哪些过程？

12. 如何衡量一个应用领域是否需要使用区块链？

参考文献

［1］ NAKAMOTO S. Bitcoin：A peer-to-peer electronic cash system ［R］. Technical Report，2008.

［2］ ETHEREUM WHITEPAPER. A Next-Generation Smart Contract and Decentralized Application Platform ［R］. Technical Report，2015.

［3］ HYPERLEDGER FABRIC. A Blockchain Platform for the Enterprise ［OL］. https：//hyperledger-fabric. readthedocs. io/zh_CN/release-2. 2/.

［4］ BUTERIN V. Chain Interoperability ［R］. Technical Report，2016.

［5］ GAO S，YU T Y，ZHU J M，et al. T-PBFT：AnEigenTrust-based practical Byzantine fault tolerance consensus algorithm ［J］. China Communications，2019，16（12）：111-123.

［6］ 中国区块链技术和产业发展论坛. 中国区块链技术和应用发展白皮书（2016）［R］. Technical Report，2016.

［7］ 中国区块链技术和产业发展论坛. 中国区块链技术和应用发展研究报告（2018）［R］. Technical Report，2018.

［8］ 袁勇，王飞跃. 区块链理论与方法 ［M］. 北京：清华大学出版社，2019.

［9］ 袁勇，王飞跃. 区块链技术发展现状与展望 ［J］. 自动化学报，2016，42（04）：481-494.

［10］ 邵奇峰，张召，朱燕超，等. 企业级区块链技术综述 ［J］. 软件学报，2019，30（09）：2571-2592.

［11］ 邵奇峰，金澈清，张召，等. 区块链技术：架构及进展 ［J］. 计算机学报，2018，41（05）：969-988.

［12］ 曾诗钦，霍如，黄韬，等. 区块链技术研究综述：原理、进展与应用 ［J］. 通信学报，2020，41（01）：134-151.

［13］ 蔡晓晴，邓尧，张亮，等. 区块链原理及其核心技术 ［J］. 计算机学报，2021，44（01）：84-131.

［14］ 武岳，李军祥. 区块链 P2P 网络协议演进过程 ［J］. 计算机应用研究，2019，36（10）：2881-2886.

［15］ 武岳，李军祥. 区块链共识算法演进过程 ［J］. 计算机应用研究，2020，37（07）：2097-2103.

［16］ 王千阁，何蒲，聂铁铮，等. 区块链系统的数据存储与查询技术综述 ［J］. 计算机科学，2018，45（12）：12-18.

［17］ 于戈，聂铁铮，李晓华，等. 区块链系统中的分布式数据管理技术——挑战与展望 ［J］. 计算机学报，2021，44（01）：28-54.

［18］ 范吉立，李晓华，聂铁铮，等. 区块链系统中智能合约技术综述 ［J］. 计算机科学，2019，46（11）：1-10.

［19］ 欧阳丽炜，王帅，袁勇，等. 智能合约：架构及进展 ［J］. 自动化学报，2019，45（03）：445-457.

第2章 区块链的密码学基础

从区块链的层次结构来看，区块链数据层通过密码技术保证数据传输和访问的安全性。所涉及的密码技术包括公钥加密、哈希函数、数字签名等。本章首先从宏观上概述密码学，然后重点介绍区块链中所涉及的密码技术。

2.1 密码学概述

本节主要简述密码学的发展，密码体制的组成和常见攻击方式。

2.1.1 密码学发展历程

密码学（Cryptology）来源于希腊语 Kryptol（隐藏的，秘密的）和 Graphein（书写），是研究信息系统安全保密的学科。密码学的发展大致可划分为以下 3 个阶段。

- 阶段 1：1949 年以前。该阶段的密码学称为古典密码学，通常被认为是一种艺术而不是一门学科。密码学专家常常是凭直觉和信念来进行密码设计和分析，而不是推理和证明。古典密码的加密方法一般是代换和置换，使用手工或者机械变换的方式来实现。数据的安全性依赖于算法的保密性。典型的古典密码体制有单表代替密码（如 Caesar 密码）、多表代替密码（如 Playfair 密码、Hill 密码、Vigenere 密码）及转轮密码（如 Enigma 密码）。

- 阶段 2：1949 年~1975 年。1949 年，被誉为"信息论之父"的香农（Shannon）在 Bell System Technical Journal 发表了题为"保密系统的通信理论"的论文，提出了混淆（Confusion）和扩散（Diffusion）两大设计原则，为对称密码学建立了理论基础，从此密码学成为一门学科。对称密码学主要研究发送者的加密密钥和接收者的解密密钥相同或容易相互推导出的密码体制。数据的安全性依赖于密钥而不是算法的保密性。一般地，对称密码体制可以通过分组密码或流密码来实现，典型的分组密码有 DES、AES、IDEA 等，流密码有 RC4、A5/1、A5/2、Trivium、祖冲之算法（ZUC）等。

- 阶段 3：1976 年至今。1976 年，Whitfield Diffie 和 Martin Hellman 在 IEEE Transactions on Information Theory 上发表了题为"密码学的新方向"的论文，提出了新的密钥交换算法，解决了对称密码体制中通信双方必须共享密钥的问题，并开创了公钥密码学（Public Key Cryptography）。因此贡献，他们在 2015 年被授予 ACM 图灵奖。公钥密码体制又被称为非对称加密体制，其实现方法不再基于代换和置换，而是基于单向陷门函数。通过采用两个相关的密钥将加密与解密操作分开，一个密钥是公开的称为公钥，用于加密；另一个密钥为用户专有称为私钥，用于解密。公钥密码体制不但赋予了通信的保密性，而且还提供了消息的认证性。典型的公钥密码体制有 RSA、ECC、ElGamal、Rabin、NTRU、背包密码等。

当前，密码学已经从早期研究保密通信延伸到消息完整性检测、发送方/接收方身份认证、数字签名以及访问控制等信息安全的诸多领域，成为保障网络与信息安全的核心技术。密码学基本内容如图 2-1 所示，通过加密算法保证机密性（Confidentiality），即防止信息泄露给未授权的人；通过哈希函数保证数据完整性（Integrity），即防止信息被未经授权的篡改；通过哈希函数和数字签名技术保证认证性（Authentication），即保证信息来自正确的发送者；通过数字签名保证不可否认性（Non-repudiation），即保证发送者不能否认他们已经发送过的消息。

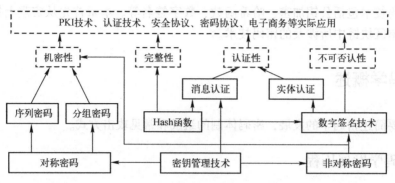

图 2-1　密码学基本内容

2.1.2　密码体制基本组成

密码学的基本思想就是对信息进行伪装。伪装前的信息称为明文，伪装后的信息称为密文，伪装的过程称为加密，去掉伪装恢复明文的过程称为解密。加密和解密都是在密钥控制下进行的。密码学可分为密码编码学（Cryptography）和密码分析学（Cryptanalysis），其中密码编码学研究实现信息隐蔽的各种加密方案；密码分析学研究破译各种密码的方法。

基于密码体制的保密通信基本模型如图 2-2 所示。Alice 向 Bob 发送明文前，她们两个预先约定一种方法对信息进行加密。Alice 拥有对明文进行加密的加密密钥；Bob 拥有对密文进行解密的解密密钥。假设 Alice 与 Bob 之间有一个攻击者 Eve。Eve 的攻击可以是不干扰信息的被动攻击，例如窃听信息；也可以是对连接中通过的数据单元进行处理的主动攻击，例如中断、篡改、伪造和重放等。为了避免 Eve 对该信息的攻击，Alice 使用加密密钥对信息加密，得到密文后，将密文发送给 Bob。Bob 用自己的解密密钥获得明文。

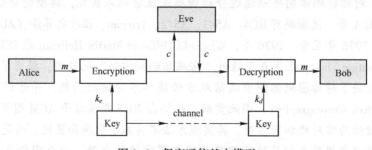

图 2-2　保密通信基本模型

与古典密码体制不同，现代密码体制必须满足以下 3 个要求。

● 可用性：算法的计算速率必须在可控范围内；

- 正确性：对所有的密钥、加密和解密都必须正确有效；
- 安全性：体制的安全性必须只依赖于密钥的保密性，而不依赖算法的保密性。

第一个要求是指密码体制必须易于应用。这对于计算机系统是十分重要的，在进行数据传输时通常需要进行加密和解密。信息资源必须随时可提供服务。如果它们的运算速度过于缓慢，就会成为整个计算机网络的薄弱环节。

第二个要求意味着程序员能够找到具有逆变换的密钥加以解密。对于任意给定的明文，必须与其对应的密文解密后得到的明文相同。如果正确性不能保证，意味着获得授权的主体不能对正确的信息进行访问，那么加密体制的意义也将不复存在。

第三个要求是在 19 世纪由柯克霍夫提出的柯克霍夫原则。柯克霍夫原则意味着加密算法和解密算法都应该很强，能使攻击者 Eve 知道仅加密算法还不足以破译密码。因为现代密码学不仅包括密码编码体制，而且还包括密码分析技术。公开密码算法，让密码算法得到分析，可以更快地找出其中的缺点，使密码算法尽快得以加强。

2.1.3　密码体制攻击方式

在密码学的学术理论中，任何攻击方式，其计算复杂度若少于暴力搜寻法所需要的计算复杂度，就能被视为针对该密码体制的一种破密法；但这并不表示该破密法已经可以进入实际应用的阶段。就应用层面的考量而言，一种新的破密法出现，预示着将来可能会出现更有效率、足以实用的改良版本。虽然这些实用的破密法版本还未诞生，但确有必要发展更强的密码体制来取代旧的密码体制。攻击密码体制的方式可以根据攻击者所拥有的信息量来分类，通常来说，有如下 4 种方式。

（1）唯密文攻击（Only ciphertext attack）

攻击者仅知道一些密文。此类攻击中攻击者知道的信息量非常有限，所以对攻击者来说依靠此类方法攻击密码算法要成功非常困难。一般是穷举搜索，对截获的密文用所有可能密钥去试。只要有足够的计算时间和存储容量，原则上可以成功，但在实际中一种能满足安全要求的实用密码算法都会设计得使此类攻击方法不可行。

（2）已知明文攻击（Known plaintext attack）

攻击者知道一些明文和相应的密文。攻击者也许能够截获一个或多个明文及其对应的密文，或信息中将出现某种明文格式。攻击者也许能从已知的明文被变换成密文的方式中得到密钥。

（3）选择明文攻击（Chosen plaintext attack）

攻击者可以获得加密算法的临时访问权限。他可以选择一些明文，并且明文可以是精心选择的，然后通过加密算法得到相应的密文。如果攻击者能在加密系统中插入自己选择的明文信息，则通过该明文信息对应的密文有可能确定出密钥的结构。

（4）选择密文攻击（Chosen ciphertext attack）

攻击者可以获得解密算法的临时访问权限。他可以选择一些密文，并且选择的密文可以与要破解的密文相关，然后通过解密算法得到其对应的明文。

2.2　典型的公钥加密算法

本节将介绍公钥加密算法，重点介绍 3 大公钥密码体制（RSA、离散对数、椭圆曲线）。

2.2.1　公钥加密算法概述

加密和解密操作通常都是在一组密钥控制下进行的，分别被称为加密密钥和解密密钥。根据加密密钥和解密密钥之间的关系，现有的密码体制可以被分为对称密码体制和公钥密码体制。在对称密码体制中，加密密钥和解密密钥相同或者至少可以相互推导出来。因此，只要对加密密钥和解密密钥都保密，就能确保发送消息的保密性。

对称密码体制可以在一定程度上解决保密通信的问题。但是当从未联系过的 Alice 和 Bob 在一个不安全的通信环境下想要安全通信，在对称密码体制条件下是不可能实现的。其中需要解决的问题如下所示。

- 密钥分配问题。对称密码体制的一个缺点就是它需要通信双方在通信之前使用一个安全信道交换密钥。实际上，这是很难达到的。
- 密钥管理问题。在多用户秘密通信的通信系统中，每对通信的用户都需要保证信息的保密性。
- 发送否认问题。对称密码体制中通信双方密钥相同。当 Alice 向 Bob 发送了一个消息后，Alice 可以否认自己曾发送过这个消息，Bob 也无法向第三方证实这个消息是 Alice 发送给自己的；因为 Bob 本身也有可能生成这个认证标识的密钥。

由于对称密码体制的局限性，1976 年 Diffie 和 Hellman 在"密码学的新方向"中提出了公钥密码体制。公钥密码体制的思想是：在给定加密密钥 pk 的情况下，求得私钥 sk 是计算上不可行的。如此一来，加密密钥 pk 是一个公钥，可以在一个目录中公布。公钥体制的优点就是任何人都可以利用公钥（加密密钥 pk），无须预先的安全通道发出一条加密的信息给加密密钥 pk 对应私钥 sk 的持有者。只有持有私钥 sk 的信息接收者才能利用私钥对密文解密。

这种加密思想把加密体制抽象成一种单向陷门函数（One-way Trapdoor Function）。因此，对于密码算法的分析可以被转化成对单向陷门函数的分析。一个公钥密码系统包括信息（明文）的集合 M、密文的集合 C、密钥（公钥和私钥）的集合 K、一个单向陷门函数 f 及其逆函数 f^{-1}；其中，对任意的 $x \in M$，$y \in C$ 和 sk，pk $\in K$，有 $f_{pk}(f_{sk}^{-1}(y))=y$，$f_{sk}^{-1}(f_{pk}(x))=x$。

函数 f 被称为单向陷门函数，如果其满足以下 3 个条件。

1）对任意 $x \in M$ 和特定的 $k \in K$，可以简单高效地求得 $y=f_k(x)$。

2）对任意 $y \in C$ 和特定的 $k \in K$，求得 x 使 $y=f_k(x)$ 在计算上是不可行的。

3）存在 δ，已知 δ 时对给定的任何 y，若相应的 x 存在，可以简单高效地求得 x 使 $y=f_k(x)$。

条件1）是函数的可用性，条件2）是函数的单向性，满足条件1）、2）的函数被称为单向函数。条件3）是函数的陷门性，其中 δ 被称作陷门信息。当单向陷门函数 f 作为加密函数的时候，可将 k 公开，相当于公开加密密钥 pk。f 的设计者将 δ 保密，此时 δ 即为私钥 sk。由于加密算法是公开的，根据单向陷门函数的可用性，任何人都可以对信息 x 进行加密得到密文 $y=f_k(x)$，然后发送给函数选取者。根据单向陷门函数的陷门性，只有他可利用私钥 sk 求解 $x=f_{\delta}^{-1}(y)$ 是容易的。当攻击者窃取到密文 y 时，根据单向陷门函数的单向性，由于没有 δ，其求得 x 在计算上是不可行的。

目前常见的公钥加密体制有基于背包问题的公钥加密体制、基于大整数因子分解问题的公钥加密体制、基于有限域乘法群上的离散对数问题的公钥加密体制、基于椭圆曲线上的离散对数问题的公钥加密体制、基于格的短向量问题的公钥加密体制等。其中基于背包问题的公钥加密体制已经被证明存在缺陷；基于格问题的公钥加密体制运算成本太高。在本节将介绍基于大整数因子分解问题的 RSA 加密算法、基于有限域乘法群上的离散对数问题的 ElGamal 加密算法和基于椭圆曲线上的离散对数问题的公钥加密算法。

2.2.2　RSA 加密算法

1977 年 Rivest、Shamir 和 Adleman 3 位密码学家公布了世界上首个公开的安全公钥加密方案——RSA 公钥加密算法。时至今日，RSA 加密算法依然是应用最广泛的公钥加密算法之一。如果 Bob 希望其他任何人给自己发送秘密消息，他可以运用 RSA 加密算法。RSA 加密算法由 3 个算法组成，且其正确性和安全性分析如下。

（1）Bob 生成自己的密钥对

1）选择两个不同的大素数 p 和 q，相乘得到：$n=pq$。

2）同时选择加密指数，使得 $\gcd(e,(p-1)(q-1))=1$。

3）计算出大整数 d 满足 $de=1(\bmod(p-1)(q-1))$。

4）公开 (n,e) 作为 Bob 的公钥，销毁 p 和 q，保存 d 作为私钥。

（2）Alice 对消息 m 加密

1）计算 $c=m^e(\bmod n)$。

2）将密文 c 发送给 Bob。

（3）当收到 Alice 发送的密文 c 后，Bob 运用解密算法解密

1）使用私钥 d 解密：计算 $m=c^d(\bmod n)$。

2）输出明文 m。

（4）正确性和安全性分析

RSA 加密算法的正确性基于欧拉定理。

欧拉函数：对于一个正整数 n，输出比 n 小但是与 n 互为素数的正整数个数的函数，称为欧拉函数，用 $\psi(n)$ 表示。如果 n 是素数，则 $\psi(n)=n-1$。如果 n 是两个素数 p 和 q 的乘积 $n=pq$，则 $\psi(n)=(p-1)(q-1)$。

欧拉定理：若正整数 a 与 n 互素（互为素数），则 $a^{\psi(n)}=1(\bmod n)$。

因为 $n=pq$，且 p 和 q 皆为素数，则 $\psi(n)=(p-1)(q-1)$。又因为 $de=1(\bmod(p-1)(q-1))$，则存在正整数 s，使 $de=s(p-1)(q-1)+1=s\psi(n)+1$。

因为 $c^d=(m^e)^d=m^{ed}(\bmod n)$，若 m 与 n 互素，根据欧拉定理，则 $m^{ed}=m^{s\psi(n)+1}=m^{s\psi(n)}m=m(\bmod n)$。若 m 与 n 不互素，因为 p 和 q 皆为素数，故 p 或 q 必为 m 的约数。不妨设存在正整数 t，使 $m=tp$。根据欧拉定理，有 $m^{\psi(q)}=1\bmod q$，则 $m^{\psi(n)}=(m^{\psi(q)})^{\psi(p)}=1\bmod q$。即存在正整数 r，使得 $m^{\psi(n)}=1+rq$。两边同乘以 m 则有 $m^{\psi(n)+1}=(1+rq)m=(1+rq)tp=m+rtn$。故 $m^{de}=m^{\psi(n)+1}=m+rtn=m\bmod n$。

RSA 加密算法的安全性基于大整数因子分解：已知 n 是这两个大素数的乘积，要求将 n 分解，则在计算上是不可行的。根据大整数因子分解假设，攻击者没有办法分解 n。即使攻击者窃听了消息 c，并且知道 n、e，但是在不知道 p、q 和 d 的情况下，攻击者仍无法计算 $\psi(n)$。

2.2.3　ElGamal 加密算法

Diffie 和 Hellman 基于离散对数问题提出的公钥加密体制为密码学的发展开辟了新的道路，但是他们的经典论文并没有给出一个具体的加密算法的构造。最著名的基于离散对数的

公钥加密算法为 1985 年 T. ElGamal 提出的 ElGamal 加密算法。如果 Bob 希望其他任何人给自己发送秘密消息，他可以运用 ElGamal 加密算法，ElGamal 加密算法由 3 个算法组成，且其正确性和安全性分析如下。

（1）Bob 生成自己的密钥对

1）随机选择一个满足安全要求的大素数 p，g 是一个有限域 Z_p 的生成元 $g \in Z_p^*$。

2）选择一个随机整数 x，满足 $x \in [2, p-2]$，计算 $y = g^x (\bmod p)$。

3）公开 (p, g, y) 为 Bob 的公钥，保存 x 为 Bob 的私钥。

（2）Alice 将消息 m 加密

1）选取一个随机整数 r，满足 $r \in [2, p-2]$。

2）计算 $c_1 = g^r (\bmod p)$，$c_2 = my^r (\bmod p)$。

3）将密文 (c_1, c_2) 发送给 Bob。

（3）当收到 Alice 发送的密文 (c_1, c_2) 后，Bob 运用解密算法解密

1）使用私钥 x 解密：计算 $m = (c_2 / c_1^x)(\bmod p)$。

2）输出明文 m。

（4）正确性和安全性分析

ElGamal 加密算法的正确性验证如下。

$$(c_2 / c_1^x)(\bmod p) = (my^r / g^{rx})(\bmod p) = (mg^{rx} / g^{rx})(\bmod p) = m$$

ElGamal 加密算法的安全性基于离散对数假设。对一个素数 p，$g^x = y(\bmod p)$，将这个整数 x 称为 y 的离散对数。而依据目前计算机的计算能力，如果 p 足够大，给定 g 和 y，解出 x 在计算上是不可行的。Bob 的公钥 $y = g^x$ 对任何人都是公开的，包括攻击者 Eve。如果 Eve 有计算离散对数的能力，那么他就能从 g^x 中得到 Bob 的私钥 x，即 Eve 也能够解密 Bob 收到的用 y 加密的所有信息。

2.2.4 椭圆曲线加密算法

一般地，椭圆曲线是指由威尔斯特拉（Weierstrass）方程式表示的曲线图形，方程式如下。

$$E: y^2 + axy + by = x^3 + cx^2 + dx + e$$

其中，a、b、c、d、e 均是特定的集合（如有理数域、实数域、模 ρ 整数集等）中的元素。

密码学上常用的是有限域上的椭圆曲线。有限域上的椭圆曲线是指曲线方程定义式中，所有系数都是某一有限域 GF(p) 中的元素（其中 p 为素数），即由方程 $y^2 = x^3 + ax + b(\bmod p)$ 定义的曲线，图像如图 2-3 所示。

方程 $y^2 = x^3 + ax + b$ 的所有解 $(x, y) \in$ GF(p) $\times$ GF(p) 连同一个无穷远点 O 组成的集合 $E_p(a, b)$ 被称为一个非奇异椭圆曲线。可以证明，条件 $4a^3 + 27b^2 \neq 0$ 是保证方程 $y^2 = x^3 + ax + b$ 有 3 个不同解的充要条件。如果 $4a^3 + 27b^2 = 0$，则对应的椭圆曲线被称为奇异椭圆曲线。

一般地，$E_p(a, b)$ 是一个加法交换群，即在其上的加法运算是封闭的，满足交换率，同样其上的加法逆

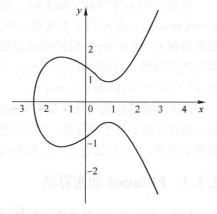

图 2-3　椭圆曲线 $y^2 = x^3 - 2x + 4$ 的图像

元运算也是封闭的。椭圆曲线公钥密码算法基于椭圆曲线多倍点运算。椭圆曲线上同一个点的多次相加被称为该点的多倍点运算。设 $P, Q \in E_p(a, b)$，则 $E_p(a, b)$ 上的加法定义如下。

1) 存在 O 是加法单位元，$O + P = P$。

2) 若一条与 x 轴垂直的线和曲线相交于两个点 P_1 和 P_2，则此两点关于 x 轴对称，且它与曲线相交于无穷远点 O，因此，$P_1 + P_2 = O$。

3) 横坐标不同的两个点 $P = (x_1, y_1)$，$Q = (x_2, y_2)$ 所确定的一条直线与椭圆曲线相交于第三点 R，示意图如图 2-4a 所示，则 $P + Q + R = O$。故 $P + Q = -R$。

且 $P + Q = (x_3, y_3)$ 由以下规则确定。

$$\begin{cases} x_3 = \lambda^2 - x_1 - x_2 (\bmod p) \\ y_3 = \lambda(x_1 - x_3) - y_2 (\bmod p) \end{cases}$$

其中，

$$\lambda = \begin{cases} \dfrac{y_2 - y_1}{x_2 - x_1}, & P \neq Q \\ \dfrac{3x_1^2 + a}{2y_1}, & P = Q \end{cases}$$

4) 两个相同点 P 相加时，通过该点画一条切线与椭圆曲线交于另一个点 R，示意图如图 2-4b 所示，则 $2P = P + P = -R$。

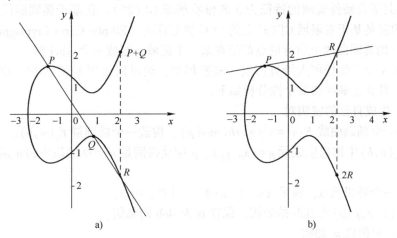

图 2-4 椭圆曲线运算规则

a) 椭圆曲线上加法示意图 b) 椭圆曲线上二倍点示意图

设 k 是一个正整数，P 是椭圆曲线上的点，称点 P 的 k 次加为点 P 的 k 倍点运算，记为 $Q = kP = P + P + \cdots + P(k$ 个 $P)$。因为 $kP = (k-1)P + P$，所以 k 倍点可以递归求得。多倍点运算的输出有可能是无穷远点 O。

例如，$p = 23$，$a = b = 1$，$4a^3 + 27b^2 (\bmod 23) = 8 \neq 0$，曲线方程为 $y^2 = x^3 + x + 1 (\bmod 23)$，其图形是连续曲线。通过计算得该椭圆曲线的方程在 Z_{23} 上的解（即椭圆曲线上的点）为：$(0, 1)$，$(0, 22)$，$(1, 7)$，$(1, 16)$，$(3, 10)$，$(3, 13)$，$(4, 0)$，$(5, 4)$，$(5, 19)$，$(6, 4)$，$(6, 19)$，$(7, 11)$，$(7, 12)$，$(9, 7)$，$(9, 16)$，$(11, 3)$，$(11, 20)$，$(12, 4)$，$(12, 19)$，$(13, 7)$，$(13, 16)$，$(17, 3)$，$(17, 20)$，$(18, 3)$，$(18, 20)$，$(19, 5)$，$(19, 18)$ 和 O。一般来说，$E_p(a, b)$ 由以下方式产生。

1）对每一个整数 $x \in [0, p-1]$，计算 $x^3+ax+b \bmod p$。

2）确定1）中求得的值在模 p 下是否有平方根：如果没有，则曲线上没有与这一 x 相对应的点；如果有，则求出两个平方根（$y=0$ 时只有一个平方根）。

在 $E_p(a,b)$ 中的点 $P=(13,7) \in E_{23}(1,1)$。$-P=(13,-7)$，而 $-7 \bmod 23 = 16$，故 $-P = (13,16)$ 也在 $E_{23}(1,1)$ 中。

对于 $E_p(a,b)$ 中的两点 $P=(3,10)$，$Q=(9,7)$，则：

$$\lambda = \frac{7-10}{9-3} = 11 (\bmod 23)$$

$$x_3 = 11^2 - 3 - 9 = 17 (\bmod 23)$$

$$y_3 = 11 \times (3-7) - 10 = 20 (\bmod 23)$$

所以 $P+Q=(17,20)$，仍为 $E_{23}(1,1)$ 中的点。

在上面例子中求 $2P$，则：

$$\lambda = \frac{3 \times 3^2 + 1}{2 \times 10} = 6 (\bmod 23)$$

$$x_3 = 6^2 - 3 - 3 = 7 (\bmod 23)$$

$$y_3 = 6 \times (3-7) - 10 = 12 (\bmod 23)$$

1. ECC 加密算法

用于加密的椭圆曲线可以被分为两类：一类是适合软件实现以素数为模的整数域 GF(p)；另一类是适合硬件实现的特征为 2 的伽罗华域 GF(2^m)。在基于椭圆曲线的加密算法中，最经典的就是基于有限域 GF(p) 上的 ECC 加密算法（Elliptic Curve Cryptography）。基于有限域 GF(p) 的椭圆曲线上所有的点都落在某一个区域，组成一个 Abel 群。

如果 Bob 希望其他任何人给自己发送秘密信息，他可以运用 ECC 算法。ECC 算法由 3 个算法组成，且其正确性和安全性分析如下。

（1）Bob 生成自己的密钥对

1）选择一个椭圆曲线 $E: y^2 = x^3 + ax + b (\bmod p)$，构造一个椭圆群 $E_p(a,b)$。

2）在 $E_p(a,b)$ 中挑选生成元 $g=(x_0,y_0)$，g 应使得满足 $ng=O$ 的最小的 n 是一个非常大的素数。

3）选择一个随机数 α，满足 $\alpha \in [2, n-1]$，计算 $\beta = \alpha g$。

4）公开 (E,n,g,β) 为 Bob 的公钥，保存 α 为 Bob 的私钥。

（2）Alice 对信息 m 加密

1）选择一个随机整数 k，满足 $k \in [1, n-1]$。

2）计算点 $C_1=(x_1,y_1)=kg$。

3）随机选择一点 $P_t=(x_t,y_t)$，计算点 $C_2=P_t+k\beta$。

4）计算密文 $C_3=mx_t+y_t$。

5）将密文（C_1，C_2，C_3）发送给 Bob。

（3）当收到 Alice 的密文（C_1，C_2）后，Bob 运用解密算法解密

1）使用私钥 α 解密：计算 $C_2 - \alpha C_1 = P_t' = (x_t',y_t')$。

2）计算 $m=(C_3-y_t')/x_t'$。

3）输出明文 m。

（4）正确性和安全性分析

ECC 加密算法的正确性基于椭圆曲线的多倍点运算。根据多倍点运算，容易证明算法

的正确性，具体过程如下。

$\alpha C_1 = \alpha kg = k\alpha g = k\beta$；

$(x_t', y_t') = C_2 - \alpha C_1 = P_t + k\beta - k\beta = (x_t, y_t)$；

$(C_3 - y_t')/x_t' = (mx_t + y_t - y_t')/x_t' = m$。

ECC 加密算法的安全性基于椭圆曲线离散对数问题：椭圆曲线 $E_p(a,b)$ 中，已知多倍点 kP 与基点 P，求解倍数 k 的问题被称为椭圆曲线离散对数问题。对于一般的椭圆曲线离散对数问题，目前只存在指数级计算复杂度的求解方法。而经典的大数分解问题只是亚指数级运算。椭圆曲线离散对数问题的求解难度要大得多，一般认为 160 bit 的椭圆曲线加密算法与 1024 bit 的 RSA 具有相同的安全等级。因此，在相同安全程度要求下，椭圆曲线密码较其他公钥密码所需的密钥规模要小得多。

2. SM2 加密算法

2010 年 12 月 17 日，中国国家密码管理局发布了椭圆曲线公钥密码算法 SM2。SM2 椭圆曲线公钥密码算法是我国自主设计的公钥密码算法，包括 SM2-1 椭圆曲线数字签名算法、SM2-2 椭圆曲线密钥交换协议和 SM2-3 椭圆曲线公钥加密算法，分别用来实现数字签名、密钥协商和数据加密等功能。

如果 Bob 希望其他任何人给自己发送秘密消息，他可以运用 SM2 椭圆曲线公钥加密算法。SM2 公钥加密算法有消息认证功能。本节介绍一个仅有加密功能的简化版本。SM2 加密算法由 3 个算法组成，且其正确性和安全性分析如下。

（1）Bob 生成自己的密钥对

1）选择一个椭圆曲线 $E:y^2 = x^3 + ax + b \pmod{p}$，构造一个椭圆群 $E_p(a,b)$。

2）在 $E_p(a,b)$ 中挑选生成元 $g = (x_0, y_0)$，g 应使得满足 $ng = O$ 的最小的 n 是一个非常大的素数。

3）选择一个随机数 α，满足 $\alpha \in [2, n-1]$，计算 $\beta = \alpha g$。

4）选择并公开一个哈希函数 H。

5）公开 (E, n, g, β) 为 Bob 的公钥，保存 α 为 Bob 的私钥。

（2）Alice 对消息 m 加密

1）选择一个随机整数 k，满足 $k \in [1, n-1]$。

2）计算点 $C_1 = (x_1, y_1) = kg$ 和点 $P = (x_2, y_2) = k\beta$。

3）计算 $t = H(x_2 \| y_2, \text{klen})$，若 t 为全 0 比特串，则返回（1）。

4）计算密文 $C_2 = m \oplus t$。

5）将密文 (C_1, C_2) 发送给 Bob。

（3）当收到 Alice 的密文 (C_1, C_2) 后，Bob 运用解密算法解密

1）使用私钥 α 解密：计算 $(x_2', y_2') = \alpha C_1$。

2）计算 $t' = H(x_2' \| y_2', \text{klen})$，若 t' 为全 0 比特串，则报错并退出。

3）计算 $m = C_2 \oplus t'$。

4）输出明文 m。

（4）正确性和安全性分析

SM2 加密算法的正确性基于椭圆曲线的多倍点运算。根据多倍点运算，容易证明方案的正确性，具体过程如下。

$(x_2', y_2') = \alpha C_1 = \alpha kg = k\alpha g = k\beta = (x_2, y_2)$；

$$t' = H(x_2' \parallel y_2', \text{klen}) = H(x_2 \parallel y_2, \text{klen}) = t;$$
$$C_2 \oplus t' = C_2 \oplus t = m \oplus t \oplus t = m_\circ$$

与 ECC 加密算法相同，SM2 加密算法的安全性基于椭圆曲线离散对数问题。对于 SM2 加密算法的安全性的分析在此不再赘述。

2.3　哈希函数

哈希（Hash）函数是密码学的一个重要分支。哈希函数是一种能够把任意长度输入映射成固定长度输出的密码体制。哈希函数在区块链技术中的应用主要有共识计算的工作量证明、数字签名和哈希指针等。本节将介绍哈希函数的概念，列举哈希函数的性质，以 SM3 算法为例详述哈希函数的工作原理，最后简述哈希函数在区块链中的重要应用：哈希指针和 Merkle 树。

2.3.1　哈希函数简介

哈希函数也称散列函数、杂凑函数等，是一个从原像空间到像空间的不可逆映射。其中，原像空间元素（也可以称为消息）的长度是任意的；像空间元素（也可以称为数字指纹、消息摘要或哈希值）是定长的。所谓不可逆，是指消息的映射过程是单向的，不能通过哈希值来确定其对应的消息。

哈希值的生成过程可以表示为：$h = H(m)$，其中，m 是一个任意长度的消息；H 是一个函数；h 是定长的哈希值。如果函数 H 满足以下条件，则称函数 H 是一个哈希函数。

1）可用性：可以通过函数 H，简单、高效地得到哈希值 $h = H(m)$。

2）单向性（也叫抗前像性，Preimage Resistant）：对于任意给定的哈希值 h，找到其对应的消息 m 在计算上是不可行的。

3）弱抗碰撞性（Weak Collision-Free）：对于任意给定的消息 x，找到满足 $y \neq x$ 且 $H(x) = H(y)$ 的消息 y 在计算上是不可行的。

其中，"任意"是指实际中确实存在的；"计算上不可行"是指在有限的计算能力条件下不能达到，即计算安全性。计算安全性对于现代密码学体制是最基本的安全性标准之一。

为了进一步加强函数的单向性，密码学中的哈希函数通常都采用迭代结构，也称 MD（Merkle-Deamgard）迭代结构。它由 Merkle 和 Damagard 分别独立提出，MD 迭代结构如图 2-5 所示。MD 迭代结构需要将输入消息进行预处理，即将输入消息分为 l 个固定长度的分组，每一分组长度为 b 比特（位），最后一个分组包含输入消息的总长度。若最后一个分

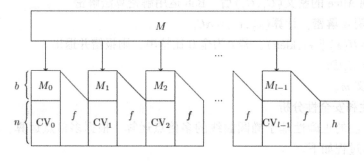

图 2-5　MD 迭代结构

组不足 b 比特，需要将其填充为 b 比特。由于输入包含消息的长度，所以攻击者必须找出具有相同哈希值且长度相等的两条信息，或者找出两条长度不同但加入消息长度后哈希值相等的消息，从而加强了攻击难度。整个 MD 迭代结构是一个迭代过程，其核心是一个压缩函数 f。在算法运行前，要设定长度为 n 的链接变量 CV_i。压缩函数的输入为 CV_i 和 m_i，输出为 CV_{i+1}。第一次迭代输入的链接变量 CV_0 称为初值变量，最后一次迭代的输出即为所求的哈希值 h。

哈希值是经过多轮压缩函数的迭代计算而成的。因此，设计哈希函数的重点就是设计一个好的压缩函数。压缩函数应该尽量避免碰撞，常用的办法就是压缩函数的输入位应该影响尽可能多的输出位。目前对于哈希函数的攻击重点也是压缩函数的内部结构。攻击者依靠分析压缩函数的碰撞来破解哈希函数。一般说来，在压缩函数输入消息长度不变的情况下，输出链接变量的长度越大，输出产生碰撞的可能性就越小。因此，避免碰撞的另一个常用办法是增加链接变量的长度，以此来保证找出其碰撞在计算上是不可行的。

2.3.2 哈希函数的性质

哈希函数最初是应用在消息认证上的。在网络通信环境中，攻击者可以利用哈希函数防止消息被攻击者修改或者伪造，并试图欺骗消息接收者使其相信该消息来自合法主体，并未被修改。例如，通过哈希函数产生消息认证码，通过检验认证码来确定消息是否被恶意修改。因此，哈希函数需要有以下性质。

1）任意长输入：哈希函数的输入值长度是任意的。

2）定长输出：哈希函数的输出值是定长的。

3）可用性：可以通过哈希函数简单、高效地得到哈希值。

4）单向性：对于任意给定的哈希值，找到其对应的消息在计算上是不可行的。

5）弱抗碰撞性：对于任意给定的消息 x，找到满足 $y \neq x$ 且 $H(x) = H(y)$ 的消息 y 在计算上是不可行的。

6）强抗碰撞性：找到任意满足 $H(x) = H(y)$ 的一对 (x, y) 在计算上是不可行的。

7）雪崩效应：消息的每一比特与消息对应哈希值的每一比特都有关联。

8）随机性：可以通过目前已知的一些随机性检验。

性质 1）、性质 2）是哈希函数的基本性质。性质 3）和性质 4）保证了哈希函数的可用性和单向性，目的是使哈希函数方便应用，而且计算是单向的。性质 4）是性质 5）和性质 6）的必要条件。性质 5）和性质 6）是指哈希函数应具有抗碰撞性。哈希函数的一个重要的作用就是保证数据的完整性。只有哈希函数能够满足抗碰撞性，其才能够确定被非法修改的消息。强抗碰撞性的哈希函数比弱抗碰撞性的哈希函数安全性更高，即满足强抗碰撞性的哈希函数一定满足弱抗碰撞性；反之不成立。性质 7）是实现性质 3）、性质 4）、性质 5）、性质 6）的有效方法，也是目前构造哈希函数常用的一种方法。性质 8）是对哈希函数的最高要求。能通过所有随机性检验的随机值是很难产生的，因为产生这种随机值是哈希函数的一种理想化状态。目前流行的哈希函数可以生成伪随机值。伪随机值能通过的随机性检验越多，说明其随机性越好。

哈希函数能够利用自身的这些性质解决实际中的安全问题，下面介绍几种哈希函数在区块链中的典型应用。

1. 工作量证明

工作量证明机制是通过引入分布式节点的算力竞争来保证数据的一致性和共识的安全性。工作量证明机制的这个特点决定了证明者需要通过有一定难度的工作得出一个结果；验证者却很容易通过结果来检查出证明者的工作。这和哈希函数的可用性和单向性是一致的，因此，哈希函数被应用于比特币中进行工作量证明。在比特币中，各节点基于自己的竞争力相互竞争来共同解决哈希函数的原像问题。根据哈希函数的单向性，通过像求原像在计算上是不可行的，但是在大量机器共同计算的情况下，还是可以部分解决哈希函数的原像问题。这就解决了 P2P 网络中的信任难题，使共识得以达成、交易顺利进行。

2. 数字签名

数字签名是公钥密码算法最重要的应用之一。公钥密码算法的一个特点是计算复杂、效率较低。如果直接对长消息进行签名，其计算效率、签名管理的成本太高。根据哈希函数的强抗碰撞性，签名者可以利用自己的私钥对消息的哈希值进行签名，然后将消息和签名一起发送给签名的验证者。验证者在收到签名和消息之后，也将消息输入哈希函数，得到哈希值，然后利用签名者的公钥对消息进行检验。如此，数字签名则能够满足消息的完整性、防伪造性和不可否认性等特点；而且哈希值的长度通常比消息的长度短很多，所以签名的成本更低。

3. 随机预言机

完全的随机值很难通过哈希函数生成，一个哈希函数只有在理想状态下才是一个随机函数。随机预言机模型是一个在此理想条件下的安全模型。对于任何长度的输入，随机预言机都能够给出一个定长的输出。如果输入已经被前面的人询问过了，那么随机预言机就会输出和前面相同的值；否则，随机预言机输出一个随机的值。虽然随机预言机不能直接应用于密码学，但是在理想条件下，随机预言机的条件符合哈希函数的任意长度输入、固定长度输出以及随机性的特点。在此模型下，可以便利证明将哈希函数作为一个随机预言算法的安全性。随机预言机模型是非常重要的可证明安全的手段，其常用的例子就是证明数字签名的安全性。

2.3.3 典型哈希函数

目前哈希函数最常用的结构为 MD 结构。经典的基于 MD 结构的哈希函数算法有 MD（Message Digest）系列、SHA 系列和 SM3 算法等。

1. MD 系列介绍

MD 系列算法的初始版本从没有被公开过。MD2 哈希函数算法是第一个公开发表的 MD 系列算法，之后是 MD4。MD2 和 MD4 在公开不久就被发现有安全问题。后来世界著名密码学家 Rivest 将 MD4 改进为 MD5。

MD5 哈希函数算法的输入为长度小于 2^{64} 比特的消息，输出为 128 比特的哈希值。输入消息以 512 比特的分组为单位进行处理。MD5 使用了 4 个 32 位的寄存器，其压缩过程由 4 轮组成，每一轮有 16 步。每一轮的步函数相同，即使用同一个非线性函数；而不同轮的步函数使用的非线性函数是不相同的。第 4 轮最后一步完成后，把寄存器内的值进行一次压缩，而压缩结果就是 128 比特的哈希值。2004 年，中国著名密码学专家王小云做了关于 MD5 的碰撞报告。自此，MD5 算法的安全强度已不被承认。

2. SHA 系列介绍

SHA 是美国国家标准技术研究院 NIST 于 1993 年开发的另一个哈希函数算法。第一个版本 SHA0 在公布不久就被发现有安全问题，导致 1995 年出现了一个修正的标准文件（FIPS 180-1）。这个文件描述了改进版本——SHA1，成为 NIST 的推荐算法。SHA1 算法的设计原理和 MD4、MD5 算法相同，都是利用了函数的迭代过程。原始的消息 m 被分割成固定长度的块，$m = [m_1, m_2, \cdots, m_l]$，其中最后一块经过填充满足块的长度。SHA1 算法将 MD5 的 4 个参与运算的寄存器扩展到由 5 个 32 比特寄存器组成。它的消息分组和填充方式与 MD5 相同，主循环也同样是 4 轮，但每轮的操作从 16 次增加到了 20 次。消息分块后经过一系列使用压缩函数 f 的轮，每一轮用到了当前的块和前一轮的结果。SHA1 和 MD 系列最主要的一个区别在于 SHA1 的输入位比 MD5 的多。这种更保守的设计使得 SHA1 比 MD5 更安全，同时也略微慢了些。但是，2005 年，王小云教授再次宣布找到了 58 轮简化的 SHA1 碰撞，并估计找到满轮的 SHA1 的碰撞需要低于 2^{69} 次的哈希函数操作。

2001 年，NIST 公布了 SHA2 作为联邦信息处理标准。SHA2 包括 6 个算法：SHA224、SHA256、SHA384、SHA512、SHA512/224 和 SHA512/256。其中 SHA256 的输入是长度不大于 2^{64} 比特的消息，初始变量长度为 512 比特。512 比特的分组消息经过 64 步的循环模块进行压缩，最终输出 256 比特的哈希值。很明显与 MD5 和 SHA1 相比，在输入位数相同的情况下，SHA256 的输出位更多，并且 SHA256 将 SHA1 的 5 个 32 比特的寄存器扩展到 8 个 32 比特的寄存器。因此，SHA256 更加安全。

2008 年，NIST 启动了安全哈希函数 SHA3 评选活动。2012 年 10 月函数族 Keccak 被公布为新的哈希函数标准 SHA3。

3. SM3 算法介绍

2010 年 12 月，中国国家密码管理局发布了 SM3 作为商用密码哈希函数标准。SM3 算法的输入是最大长度小于 2^{64} 比特的消息，经过填充和迭代压缩生成并输出 256 比特的哈希值。

（1）附加填充比特

设消息的长度为 l。在消息末尾进行填充，使消息长度在对 512 取模以后的余数是 448。先补第一个比特为 1，然后都补 k 个 0，直到长度满足对 512 取模后余数是 448。需要注意的是，消息必须进行填充，也就是说，即使长度已经满足对 512 取模后余数是 448，补位也必须要进行，这时要填充 512 个比特。因此，填充时至少补 1 比特，最多补 512 比特。

（2）附加长度值

附加长度值就是将原始数据（第一步填充前的消息）的长度信息补到已经进行了填充操作的消息后面。SM3 用一个 64 比特的数据来表示原始消息的长度。因此，通过 SM3 计算的消息长度必须要小于 2^{64}。比特填充与长度值附加如图 2-6 所示，填充后的消息 m' 长度变为 $512n$ 比特。

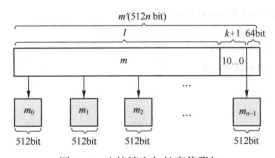

图 2-6 比特填充与长度值附加

（3）迭代过程

将消息 m' 按 512 比特分解为 n 个块，于是整个算法需要做的就是完成 n 次迭代。

$$m' = B^{(0)}B^{(1)}\cdots B^{(n-1)}，其中 n = \frac{l+k+65}{512}。$$

对 m' 按下列方式迭代。

```
FOR i = 0 To n-1
    V^(i+1) = CF(V^(i); B^(i))
ENDFOR
```

其中 CF 是压缩函数，$V^{(0)}$ 为 256 比特事先确定的初始值 IV，$B^{(i)}$ 为填充后的消息分组，迭代压缩的结果为 $V^{(n)}$。

初始值 IV 存于哈希缓冲区中。缓冲区用 8 个 32 比特的寄存器 A，B，C，D，E，F，G，H 表示。8 个寄存器 A，B，C，D，E，F，G，H 中的初始值分别为 8 个十六进制的随机数，分别如下。

7380166f、4914b2b9、172442d7、da8a0600、a96f30bc、163138aa、e38dee4、b0fb0e4e。

SM3 的中间结果和最终结果也存于 256 比特的哈希缓冲区中。

（4）消息扩展

将消息分组 $B^{(i)}$ 按以下方法扩展生成 132 个字 $W_0, W_1, \cdots, W_{67}, W'_0, W'_1, \cdots, W'_{63}$，用于压缩函数 CF。

1）算法中最小运算单位被称为"字"（Word）。一个字是 32 比特，所以将消息分组 $B^{(i)}$ 划分为 16 个字 $W_0, W_1, \cdots, W_{15}$。

2）FOR j = 16 TO 67

```
W'_j ← P_1(W_{j-16} ⊕ W_{j-9} ⊕ (W_{j-3} <<< 15)) ⊕ (W_{j-13} <<< 7) ⊕ W_{j-6}
ENDFOR
```

3）FOR j = 0 TO 63

```
W'_j = W_j ⊕ W_{j+4}
ENDFOR
```

（5）压缩函数

首次压缩函数的输入是消息分组和寄存器 A，B，C，D，E，F，G，H 的初始值；其输出是 V_1，即完成了第一次迭代。之后每次压缩函数的输入是新的分组上次压缩函数的输出。SM3 压缩函数运行过程如图 2-7 所示，计算过程描述如下。

```
ABCDEFGH ← V^(i)
For j = 0 TO 63
SS1 ← ((A<<<12)+E+(T_j<<<j)) <<< 7
SS2 ← SS1 ⊕ (A<<<12)
TT1 ← FF_j(A,B,C)+D+SS2+W'_j
TT2 ← GG_j(E,F,G)+H+SS1+W_j
D ← C
C ← B<<<9
B ← A
A ← TT1
H ← G
G ← G<<<19
```

```
F<<< E
E← P₀(TT2)
ENDFOR
V^{(i+1)} ← ABCDEFGH ⊕ V^{(i)}
```

n 次迭代的结果就是 256 比特的哈希值。

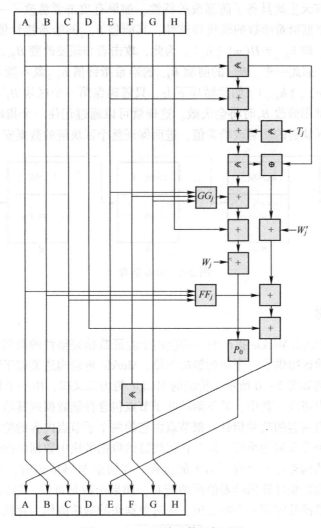

图 2-7 SM3 压缩函数运行过程

2.3.4 哈希指针

哈希指针是哈希函数在区块链中的一个重要应用。按照区块链的狭义定义来讲，区块链就是一种可以保证数据完整性的链式数据结构。传统的链式数据结构是由指针连接起来的；其每个数据块的末尾是指向下一个数据块的指针。区块链上的每个区块通过哈希指针连接起来。哈希指针如图 2-8 所示，哈希指针是一个可以指向数据位置的指针，也是数据位置的哈希值。由此可以看出，通过哈希指针不止能够得到下一个区

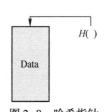

图 2-8 哈希指针

块的地址，而且还能够检验区块数据的哈希值。通过检验哈希值可以验证这个区块所包含数据的完整性。因为哈希指针的这个特性，这种由哈希指针作为指针的链式结构在数据结构上就满足了区块链的狭义定义。

哈希链表如图 2-9 所示，区块链中的区块 B_i 不仅保存着自己所需记录的数据 m_i，还需要保存其后继 B_{i+1} 的数据 m_{i+1} 和指针 h_{i+1} 的哈希值 $h_i = H(m_{i+1}, h_{i+1})$ 作为指向 B_{i+1} 的指针。区块链的这种结构使其天生就具备了防篡改的特性。如果有攻击者篡改了一个区块链中 B_K 的数据 m_K 为 m'_K 后，根据哈希函数的弱抗碰撞性，其前驱 B_{K-1} 的哈希指针值将不会与 B_K 中数据的哈希值相匹配，即 $h_{K-1} \neq H(m'_K \parallel h_K)$。为此，攻击者必须要改变 B_{K-1} 的哈希值 h_{K-1} 来使 $h'_{K-1} = H(m'_K \parallel h_K)$。如此一来，$B_{K-1}$ 的前驱 B_{K-2} 的哈希指针值 h_{K-2} 就不能与 B_{K-1} 的哈希值相匹配，即 $h_{K-2} \neq H(m'_{K-1} \parallel h_{K-1})$。如此循环下去，只需确保第一个区块 B_1 不被篡改，当攻击者一直这么做直到试图修改 B_1 时将会失败。这样就可以通过记住一个指向区块链头部的哈希指针来记住整个区块链的防篡改哈希值，进而保证整个区块链的数据安全。

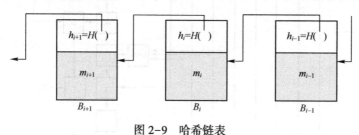

图 2-9　哈希链表

2.3.5　Merkle 树

Merkle 树是由 Ralph Merkle 提出的一种应用于验证数据完整性的数据结构。Merkle 树的出现为数据完整性验证提供了一个新的解决思路。Merkle 树的构造类似于数据结构中的树形结构。Merkle 树示例如图 2-10 所示，传统的 Merkle 树为二叉树，由一个根节点、一组中间节点和一组叶子节点组成。其中，最下面的叶子节点包含存储数据或其哈希值。每个中间节点是它的两个子节点内容的哈希指针。根节点由它的两个子节点内容的哈希指针组成。虽然哈希树可以被推广到多叉树的情形，但是在区块链的数据区块中数据结构依然以二叉 Merkle 树为主。Merkle 树的构造是一个自下而上的过程。在构造 Merkle 树时，首先要计算数据块的哈希值，然后将数据块计算的哈希值两两配对，如果个数是奇数，最后一个与自己配对。每个数据块通过哈希函数得到一个哈希值，每对数据块的哈希值作为存储在上一层的哈希指

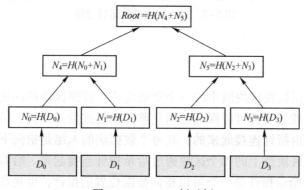

图 2-10　Merkle 树示例

针，再重复这个步骤，一直到计算出根的哈希值。

Merkle 树的这种构造使得底层数据的任何变动都会传递到其父节点，一直传递到树根。它的作用主要是快速归纳和校验区块数据的完整性。Merkle 树会将区块链中的数据分组进行哈希运算，向上不断递归运算产生新的哈希节点，最终只剩下一个 Merkle 根存入区块头中。在区块链中使用 Merkle 树有很多优点：首先是极大地提高了区块链的运行效率和可扩展性，使得首个区块只需包含根哈希值而不必封装所有底层数据，这使得哈希运算可以高效地运行在智能手机甚至物联网设备上；其次是 Merkle 树可以支持"简化支付验证"（Simplified Payment Verification，SPV）协议，即节点无需下载完整交易区块，也可以完成对交易数据的确认。与链表结构相比，Merkle 树中数据的验证时间复杂度从 $O(n)$ 降低到了 $O(\log n)$，其中 n 为区块链中的节点个数。

本节只是简单描述哈希指针对于链表和 Merkle 树的构造。哈希指针还可以用于构造其他使用指针的数据结构，条件是数据结构中不存在循环。如果数据结构中存在循环，将不能使所有哈希值得到匹配。在一个非循环的数据结构中，可以在没有指针的数据区块开始计算其哈希值，然后从后往前进行计算。但是在一个有循环结构的网络中，并没有一个根节点可以进行追溯。

2.4　数字签名

信息安全除了要考虑数据保密性以外，还有身份认证、数据完整性和不可否认性等。在现实生活中，为了确定文件的这些特性，通常会在实体文件的物理部分附加一个手写签名，如信件、合同等。但是与实体文件不同，电子文件没有物理实体可以附加，因此需要一种签名算法能够以某种形式和文件捆绑。

2.4.1　数字签名简介

数字签名在信息安全，包括身份认证、完整性和不可否认性等方面有着重要应用。特别是其在大型网络安全通信的密钥分配、身份认证以及电子商务系统中的应用前景十分广阔。通常消息在不安全的网络中传输，会有如下问题。

1）冒充：其他用户冒充消息发送方给接收方发送文件。

2）篡改：消息在传输过程中被非法修改。

3）伪造：消息接收方伪造一份来自发送方的文件。

4）否认：消息的发送方向第三方否认自己曾发送过的文件。

这些属于接收方和发送方之间的问题需要数字签名的保障。数字签名技术是利用数据加密技术和数字变换技术根据某种协议来产生一个反映被签署文件的特征以及签署人特性的数字化签名，以保证文件的真实性和有效性。

一个签名算法是一个五元组 (P,A,K,S,V)。

1）P 是消息组成的集合。

2）A 是签名组成的集合。

3）K 是密钥组成的集合。

4）对每一个 $k \in K$，有一个签名算法 $sig_k \in S$ 和一个相应的验证算法 $ver_k \in V$。对每一个消息 $x \in P$ 和每一个签名 $y \in A$，每个签名和验证算法都是满足下列条件的函数。

$$\text{ver}_k(x,y) = \begin{cases} \text{ture} & y = \text{sig}_k(x) \\ \text{false} & y \neq \text{sig}_k(x) \end{cases}$$

从数字签名的定义可以看出,其某些特性和公钥加密技术类似,比如公私钥对。因此,一些公钥加密算法也可以被修改为数字签名算法,比如 RSA 加密算法和 ElGamal 加密算法都可以被改造为签名算法。RSA 签名算法和 RSA 加密算法的安全性与正确性类似。唯一不同就是为了防止利用 RSA 问题的同态性来伪造 RSA 签名,需要对消息 m 进行处理后再签名。根据 2.1.2 节介绍的哈希函数在随机预言机中的应用,可以对消息 m 进行哈希运算后再签名。这样可以利用哈希函数的随机性来形式化证明 RSA 签名算法的安全性。另外,对 RSA 签名算法观察得出:类似于加密算法中密文和明文的长度,签名的长度不会小于消息的长度。由于公钥密码体制的复杂性,当消息很长的时候,签名的计算成本就很可观。哈希函数同时也可以解决这个问题,所以签名方案用于消息 m 的哈希值 $H(m)$,而不是消息本身。但是与 RSA 不同的是,ElGamal 签名算法是一个带附录的签名方案,ElGamal 签名结果不仅取决于消息本身,而且和所选取的随机数相关。

2.4.2 典型数字签名算法

目前应用比较广泛的签名方案有 Schnorr 签名算法、DSA 签名算法、ECDSA 签名算法、SM2 签名算法和 EdDSA 签名算法。

1. Schnorr 签名算法

1991 年,C. P. Schnorr 对 ElGamal 签名算法进行了改进,改进后的签名算法被称为 Schnorr 签名算法。Schnorr 签名算法以签名速度快、签名长度短为特点。

若 Alice 想要为文件 m 签名,她可以利用 Schnorr 签名算法。Schnorr 签名算法由 3 个算法组成,且其正确性和安全性分析如下。

(1) Alice 生成密钥

1)选择一个大整数 q 和一个素数 p,使得 $p-1$ 能够被 q 整除。

2) g 是一个有限域 Z_p 的生成元 $g \in Z_p^*$,且 $g^q = 1 \pmod p$,$g \neq 1$。

3)随机选择整数 $x \in [2, q-1]$ 作为私钥,计算 $y = g^x \pmod p$。

4)选择并公开哈希函数 H。

5)公开 (p, g, y) 作为 Alice 的公钥,公开哈希函数 H,保存 x 作为私钥。

(2) Alice 对消息 m 进行签名

1)随机选取整数 $k \in [2, q-1]$。

2)计算 $r = g^k \pmod p$。

3)计算 $e = H(m, r)$。

4)计算 $s = xe + k \pmod q$。

5) Alice 对 m 的签名是 (e, s),Alice 将 (m, e, s) 发送给 Bob。

(3) Bob 验证签名

1)计算 $w = g^s y^{-e} \pmod p$。

2)当且仅当 $e = H(m, w)$ 时,接受签名。

(4)正确性和安全性分析

Schnorr 签名算法中的签名结果取决于一个随机数 k。每次签名的随机数不能泄露、相同或者关联,否则容易推导出密钥。Schnorr 签名算法的安全性基于离散对数问题。Schnorr 签名算法的正确性容易验证，如果所有算法按照以下步骤运行：

$w = g^s y^{-e} (\bmod \ p) = g^{xe+k} y^{-e} (\bmod \ p) = g^{xH(m,r)+k-xH(m,r)} (\bmod \ p) = g^k (\bmod \ p) = r$。因此，$e = H(m,r) = H(m,w)$。

Schnorr 签名算法中参数的选取不同于 ElGamal 签名算法。ElGamal 签名算法中的 g 为 Z_p 生成元；而在 Schnorr 签名中 g 为 Z_p 的 q 阶子群的生成元。因此，Schnorr 签名算法中生成元的阶 q 小于 ElGamal 签名算法中生成元的阶 $p-1$。

2. DSA 签名算法

基于 ElGamal 签名算法和 Schnorr 签名算法，美国国家技术标准局于 1994 年将 DSA 签名算法（Digital Signature Algorithm）定为数字签名标准（Digital Signature Standard，DSS）。由于 DSA 签名算法具有良好的兼容性和适用性，因此 DSA 签名算法得到了广泛应用。

若 Alice 想要为文件 m 签名，她可以利用 DSA 签名算法。DSA 签名算法由 3 个算法组成，且其正确性和安全性分析如下。

（1）Alice 生成密钥

1）选择一个大整数 q 和一个素数 p，使得 $p-1$ 能够被 q 整除。

2）选择大整数 $h \in [2, p-2]$，计算 $g = h^{(p-1)/q} (\bmod \ p)$。

3）随机选择整数 $x \in [2, q-1]$ 作为私钥，计算 $y = g^x (\bmod \ p)$。

4）选择并公开哈希函数 H。

5）公开 (p, g, y) 作为 Alice 的公钥，公开哈希函数 H，保存 x 作为私钥。

（2）Alice 对消息 m 进行签名

1）随机选取整数 $k \in [2, q-1]$。

2）计算 $r = (g^k \bmod p) (\bmod \ q)$。

3）计算 $s = k^{-1}(H(m) + xr) (\bmod \ q)$。

4）Alice 对 m 的签名是 (r, s)，Alice 将 (m, r, s) 发送给 Bob。

（3）Bob 验证签名

1）计算 $u = H(m) s^{-1} (\bmod \ q)$ 和 $v = rs^{-1} (\bmod \ q)$。

2）计算 $w = (g^u y^v \bmod p) (\bmod \ q)$。

3）当且仅当 $w = r$ 时，接受签名。

（4）正确性和安全性分析

DSA 签名算法是 Schnorr 签名算法的一种变形，其安全性也基于离散对数问题。DSA 签名算法的正确性容易验证，如果所有算法按照以下步骤运行：

$w = (g^u y^v \bmod p) \bmod q = (g^{H(m)s^{-1}} y^{xrs^{-1}} \bmod p) \bmod q = (g^{(H(m)+xr)s^{-1}} \bmod p) \bmod q = (g^k \bmod p) \bmod q = r$。

3. ECDSA 签名算法

另外 DSA 签名算法除了可以利用离散对数实现外，还可以利用椭圆曲线实现，即椭圆曲线 DSA（ECDSA）签名算法。若 Alice 想要为文件 m 签名，她也可以利用 ECDSA 算法。ECDSA 算法由 3 个算法组成，且其正确性和安全性分析如下。

（1）Alice 生成密钥。

1）选择一个椭圆曲线 $E : y^2 = x^3 + ax + b (\bmod \ p)$，构造一个椭圆群 $E_p(a, b)$。

2）在 $E_p(a, b)$ 中挑选生成元 $G = (x_0, y_0)$，G 应使得满足 $nG = O$ 的最小的 n 是一个非常大的素数。

3）选择并公开哈希函数 H。

4）选择一个随机数 d，满足 $d \in [2, n-1]$，计算 $Q = dG$。

5）公开 (E, n, G, Q) 为 Bob 的公钥，保存 d 为 Bob 的私钥。

（2）Alice 对消息 m 进行签名

1）随机选取整数 $k \in [2, q-1]$。

2）计算 $kG = (x, y)$，$r = x \pmod{n}$。

3）计算 $s = k^{-1}(H(m) + dr) \pmod{n}$。

4）Alice 对 m 的签名是 (r, s)，Alice 将 (m, r, s) 发送给 Bob。

（3）Bob 验证签名

1）计算 $u = H(m)s^{-1} \pmod{n}$ 和 $v = rs^{-1} \pmod{n}$。

2）计算 $(x', y') = uG + vQ$，$w = x' \pmod{n}$。

3）当且仅当 $w = r$ 时，接受签名。

（4）正确性和安全性分析

ECDSA 签名算法的正确性依赖于椭圆曲线有限群上的离散对数难题。与基于 RSA 签名算法的数字签名和基于有限域离散对数的数字签名相比，在相同的安全强度条件下，ECDSA 签名算法具有签名长度短、密钥存储空间小的特点。其特别适用于存储空间有限、带宽受限、要求高速实现的场合。

4. SM2 签名算法

SM2 签名算法是由我国自主设计的基于椭圆曲线实现的数字签名算法，其安全性依赖于椭圆曲线有限域上的离散对数问题。若 Alice 想要为文件 m 签名，她还可以利用 SM2 签名算法。SM2 签名算法由 3 个算法组成。

（1）Alice 生成自己的密钥对

1）选择一个椭圆曲线 $E: y^2 = x^3 + ax + b \pmod{p}$，构造一个椭圆群 $E_p(a, b)$。

2）在 $E_p(a, b)$ 中挑选生成元 $G = (x_0, y_0)$，G 应使得满足 $nG = O$ 的最小的 n 是一个非常大的素数。

3）选择一个随机数 α，满足 $\alpha \in [2, n-2]$，计算 $\beta = \alpha G$。

4）选择一个哈希函数 H。

5）公开 (E, n, G, β) 为 Alice 的公钥，保存 α 为 Alice 的私钥。

（2）Alice 对消息 m 签名

1）计算 $e = H(m)$。

2）选择一个随机整数 k，满足 $k \in [2, n-1]$。

3）计算 $(x_1, y_1) = kG$。

4）计算 $r = e + x_1 \pmod{n}$，若 $r = 0$ 或 $r + k = n$ 则返回第 2 步。

5）计算 $s = ((1 + \alpha)^{-1}(k - r\alpha)) \pmod{n}$，若 $s = 0$ 则返回第 2 步。

6）将消息及签名 (m, r, s) 发送给 Bob。

（3）当收到 Alice 的消息及签名 (m, r, s) 后，Bob 运用验证算法验证

1）检验 $r \in [2, n-1]$ 和 $s \in [2, n-1]$ 是否成立，若不成立则验证不通过。

2）计算 $e' = H(m)$。

3）计算 $t = r + s \pmod{n}$，若 $t = 0$，则验证不通过。

4）计算椭圆曲线点 $(x_1', y_1') = sG + t\beta$。

5）检验 $e'+x_1'=r \pmod n$ 是否成立，若成立则验证通过；否则验证不通过。

（4）正确性与安全性分析

SM2 签名算法的安全性和 SM2 加密算法的安全性相同，其正确性容易验证。因为 $\beta = \alpha G$，如果所有算法按以下步骤执行：

$t=r+s \pmod n$；

$s=((1+\alpha)^{-1}(k-r\alpha)) \pmod n$；

$(x_1',y_1')=sG+t\beta=sG+(r+s)\alpha G=(s+s\alpha+r\alpha)G=(k-r\alpha+r\alpha)G=kG=(x_1,y_1)$；

故有 $x_1=x_1'$；

$e'+x_1'=H(m)+x_1=e+x_1=r \pmod n$。

5. EdDSA 签名算法

在对 Schnorr 签名算法的介绍过程中，分析了随机数对签名的影响。不止是对 Schnorr 签名算法，对于 Schnorr 签名算法的变体 DSA 签名算法以及椭圆曲线上的 ECDSA 和 SM2 签名算法，使用相同的随机数对不同的信息签名都会导致密钥的泄露。而且当消息本身是一条空消息时，会暴露密钥。因此，一种不需要随机数的 EdDSA 签名算法被提出。

EdDSA 签名算法是基于爱德华椭圆曲线 Ed25519 或者 Ed448 的签名算法。若 Alice 想要为文件 m 签名，她也可以利用 EdDSA 签名算法。EdDSA 签名算法由 3 个算法组成，且其正确性和安全性如下。

（1）Alice 生成密钥

1）选择一个椭圆曲线 $E: ax^2+y^2=1+dx^2y^2 \pmod p$，构造一个椭圆群 $E_p(a,d)$。

2）在 $E_p(a,d)$ 中挑选生成元 $B=(x_0,y_0)$，B 应使得满足 $LB=O$ 的最小的 L 是一个非常大的素数。

3）选择公钥长度 b，使 $2^{b-1}>p$，签名的长度为 $2b$，通常来说，b 是 8 的倍数。

4）选择一个输出长度为 $2b$ 的哈希函数 H。

5）选择一个 2 或 3 的整数 c，签名的秘密标量为 2^c 的整数倍。

6）选择一个整数 $n \in [c,b)$。

7）选择一个长度为 b 的密钥 k，通过 k 和 H 计算 Alice 的私钥：$H(k)=(h_0,h_1,\cdots h_{2b-1})$，$s=2^n+\sum_{i=c}^{n-1}2^i h_i$。

8）计算 Alice 的公钥：$A=sB \pmod L$。

9）公开 (E,L,B,A) 为 Bob 的公钥，保存 (d,k) 为 Bob 的私钥。

（2）Alice 对消息 M 进行签名

1）计算 $r=H(h_0,h_1,\cdots,h_{2b-1},M)$。

2）计算 $R=rB \pmod L$。

3）计算 $S=(sH(M,R,A)+r) \pmod L$。

4）Alice 对 M 的签名是 (R,S)，Alice 将 (M,R,S) 发送给 Bob。

（3）Bob 验证签名

当且仅当 $2^c SB=2^c R+2^c H(M,R,A)A$ 时，接受签名。

（4）正确性和安全性分析

EdDSA 签名算法的正确性容易验证，如果所有算法按照以下步骤运行。

$2^c R+2^c H(M,R,A)A=2^c rB+2^c H(M,R,A)sB \pmod L=2^c(sH(M,R,A)+r)B \pmod L=2^c SB$。

与之前的 ECDSA 和 SM2-1 签名算法不同，EdDSA 签名算法基于爱德华椭圆曲线。爱德华椭圆曲线 Ed25519 是蒙哥马利曲线 curve25519 的变体，具有限时的特性，即计算时间与运算的时间无关，因此能够有效抵御时间旁路攻击。

另外，与前文所述两种签名算法相比，EdDSA 签名算法具有确定性，即在签名的过程中，EdDSA 签名算法不需要使用随机数。这样就避免了随机数带来的安全隐患。而且 EdDSA 签名算法的运算速度也比 ECDSA 签名算法要快很多。门罗币和 Zcash 等加密货币已经将算法切换到 EdDSA。

2.4.3 其他数字签名算法

随着计算机网络技术的发展，特定的安全需求也越来越多。因此，需要在传统的数字签名体制的基础上进行扩展，以满足这些安全需求。正是因为这些实际应用的需求，使得各种各样的数字签名的研究一直是数字签名研究领域非常活跃的部分，并产生了许多分支。下面介绍几种在区块链系统中常见的数字签名。

1. 盲签名

盲签名（Blind Signature）是 Chaum 于 1982 年提出的一种为了保护签名内容的数字签名。与签名者同时也是消息拥有者的传统签名算法不同，盲签名算法中有 3 个实体：消息的拥有者、签名者和验证者。在某些实际情况下，消息的验证者也可以是签名者。签名者能够在不知道签名内容的情况下对消息进行签名。而且，即使签名者以后看到了消息和签名，也不能判断出这个签名是何时生成、为谁生成的。这种签名算法类似于现实生活中签名者闭着眼睛签名，因此被称作"盲签名"。目前已知的盲签名算法有很多种。其中，大整数因子分解问题、离散对数问题以及椭圆曲线问题都可以用来构造盲签名算法。在此，以 C. P. Schnorr 构造的 Schnorr 盲签名算法为例，介绍盲签名的构造过程。

若 Alice 需要 Cindy 对 Alice 的文件 m 进行认证，同时她不想让 Cindy 知道文件的内容，则她可以利用 Schnorr 盲签名算法。Schnorr 盲签名算法由 3 个算法和协议组成，且其正确性和安全性分析如下。

（1）盲签名中的密钥对

盲签名中的密钥对是由签名者 Cindy 生成的，而不是由信息的所有者 Alice 生成的。Schnorr 盲签名密钥生成算法与 Schnorr 签名密钥生成算法相同。Cindy 生成自己的密钥对。

1）选择一个大整数 q 和一个素数 p，使得 $p-1$ 能够被 q 整除。

2）g 是一个有限域 Z_p 的生成元 $g \in Z_p^*$，且 $g^q = 1 \pmod p, g \neq 1$。

3）随机选择整数 $x \in [2, q-1]$ 作为私钥，计算 $y = g^x \pmod p$。

4）选择并公开哈希函数 $H: \{0,1\} \rightarrow [2, q-1]$。

5）公开 (p, g, y) 作为 Cindy 的公钥，公开哈希函数 H，保存 x 作为 Cindy 的私钥。

（2）Alice 需要 Cindy 对消息 m 进行签名

签名的过程是一个 3 次交互的协议。

1）Alice 向 Cindy 发送一个签名请求。Cindy 随机选取整数 $k \in [2, q-1]$，并计算 $r = g^k \pmod p$，把 r 发送给 Alice。

2）Alice 随机选取整数 $\{\alpha, \beta\} \in [2, q-1]$，计算 $e = H(g^{k+\alpha} y^\beta \pmod p), m) + \beta$，并向 Cindy 发送 e。

3）Cindy 计算 $s = xe + k \pmod q$ 并将 s 发送给 Alice。

4）Alice 对 m 的签名 (e,s) 进行盲化：Alice 计算 $s'=s+\alpha(\bmod q)$，$e'=e-\beta(\bmod q)$。Alice 得到盲化后的签名为 (e',s')，然后将 (m,e',s') 发送给 Bob。

（3）Bob 验证签名

1）计算 $w=g^{s'}y^{-e'}(\bmod p)$。

2）当且仅当 $e'=H(w,m)$ 时，接受签名。

（4）正确性和安全性分析

Schnorr 盲签名的正确性容易验证，如果所有算法按照以下步骤运行：$w=g^{s'}y^{-e'}(\bmod p)$ $=g^{xe+k+\alpha}y^{-e'+\beta}(\bmod p)=g^{xH(g^{k+\alpha}y^{\beta}(\bmod p),m)+k-xH(g^{k+\alpha}y^{\beta}(\bmod p),m)+\alpha+x\beta}(\bmod p)=g^{k+\alpha}y^{\beta}\ (\bmod p)$。因此，$e'$ $=e-\beta=H(g^{k+\alpha}y^{\beta}(\bmod p),m)=H(w,m)$。

Schnorr 盲签名的身份认证、数据完整性和不可否认性分析与 Schnorr 签名相同，在此不再赘述。盲签名除了传统数字签名的身份认证、数据完整性和不可否认性之外，通常还需要满足以下需求。

1）盲性：签名者可以验证签名的有效性，但是无法知道消息的具体内容。

2）不可追踪性：签名者不能把自己签名的消息和自己所签的盲签名相关联。

盲签名的盲性和不可追踪性取决于选取的随机数 α 和 β。Cindy 不能确定自己的两个公开签名 (m_1,e'_1,s'_1) 和 (m_2,e'_2,s'_2) 中哪个是由签名 (e,s) 所生成的。在签名的过程中引入了随机数 α 和 β，因为每次生成签名的 $\{\alpha_1,\beta_1\}$ 和 $\{\alpha_2,\beta_2\}$ 是随机产生的，在 Cindy 只能以 50% 的概率猜测 $e=e'_1$ 还是 e'_2，或者 $s=s'_1$ 还是 s'_2 的情况下，从方程组 $s'=s+\alpha(\bmod q)$，$e'=e-\beta$ $(\bmod q)$ 中正确计算出 α 和 β 的概率也只能是 50%。

2. 群签名

群签名（Group Signature）是 Chaum 和 Heyst 于 1991 年提出的一种保护签名来源的数字签名算法。在前面介绍的签名算法中，每个签名用户拥有自己特有的公钥；用户的身份与公钥可以用数字证书之类的技术绑定；在验证的过程中，验证者直接用签名者的公钥验证签名的有效性，因此签名者的身份对验证者来说是公开的。与此类签名算法不同，在群签名中，所有签名用户组成一个系统，称为群。系统中由一个有特定权威的管理员产生群公钥。签名者利用自己的私钥对消息进行签名，但是验证者只能利用群公钥来验证签名的有效性。因此，签名者可以掩藏在某个特定的系统——"群"中。验证者也只能确定这个签名来自这个群，而不能确定签名者的身份。但是群管理员可以利用自己的私钥来撤销群用户的匿名，公开签名者的身份。因此在群签名中，群管理员可以在出现争议的时候来解决纷争。目前的群签名算法也有很多种。在此，以一个简化版的 CS 群签名为例来介绍群签名的构造过程。CS 群签名于 1997 年由 J. Camenisch 和 M. Staler 提出。CS 群签名算法的基本思想是利用无预言机盲签名方案，将签名者的密钥作为盲签名的消息由群管理员进行签名；然后利用零知识证明技术，在不暴露自己密钥的情况下，向验证者证实自己的密钥。若 Alice 需要对自己的文件 m 进行群签名，以证明文件 m 来自 Cindy 为管理员的群，而不想让验证者知道文件 m 的具体签名者，她就可以利用 CS 群签名算法。

CS 群签名算法由 3 个算法和协议组成，且其正确性和安全性分析如下。

（1）Cindy 生成群密钥

此部分既用到了 RSA 签名算法中密钥生成方法，又用到了循环群生成方法。

1）生成 RSA 签名算法中的公钥 (n,e) 和私钥 d。

2）g 是 n 阶循环群 G 的生成元。

3）Z_n^* 是一个模 n 的乘法群，随机选择 $a \in Z_n^*$。

4）λ 是群成员私钥长度。

5）选择并公开哈希函数 $H: \{0,1\} \rightarrow G$。

6）公开 (n,e,g,a) 作为群公钥，公开循环群 G 和哈希函数 H，保存 d 作为 Cindy 的私钥。

（2）Alice 申请加入群

1）Alice 随机选取整数 $x \in [2, 2^\lambda - 1]$。

2）计算 $y = a^x \pmod{n}$ 以及 $z = g^y$。

3）Alice 利用一个安全信道将 (y,z) 发送给 Cindy。

4）Cindy 收到 (y,z) 并确认 Alice 的合法身份后计算证书 $v = (y+1)^d \pmod{n}$。

5）Cindy 将 Alice 的身份和 y 记录在自己的列表 L 中，然后将证书 v 发送给 Alice。

6）Alice 保存 (x,y) 为自己的私钥，同时可以公开 v 为自己的证书。

（3）Alice 进入群后，可以利用自己的密钥产生群签名
Bob 验证签名。

1）Alice 随机选取整数 $r \in Z_n^*$。

2）Alice 计算 $g' = g^r$ 以及 $z' = g'^y$。

3）Alice 将消息 m 与自己的私钥 x 绑定：$T = H(m)^x$。

4）Alice 利用零知识证明在不泄露自己密钥 (x,y,v) 的情况下产生 3 个零知识证明（P_1, P_2, P_3）向 Bob 证明：

● 利用 P_1 向 Bob 证明 z' 由自己的私钥 x 认证：$z' = g'^{a^x}$。

● 利用 P_2 向 Bob 证明自己的证书 v 是由私钥 x 产生，并由群管理员 Cindy 认证并颁发：$z'g' = g'^{v^e}$。

● 利用 P_3 向 Bob 证明消息 m 由私钥 x 认证：$T = H(m)^x$。

5）Alice 向 Bob 发送消息 m，以及 (g', z') 和零知识证明（P_1, P_2, P_3），由此证明签署消息 m 的密钥是由群管理员 Cindy 认证的。

6）因为管理员 Cindy 有 Alice 对应的 y，因此只有群管理员 Cindy 可以将 Alice 的签名 $(m, g', z', P_1, P_2, P_3)$ 与 Alice 的身份联系起来。

7）Cindy 遍历自己保存的列表 L，搜寻每一个群成员对应的 y，并计算 $z^{*'} = g'^y$，找到 $z^{*'} = z'$ 后，便可以确定 y 对应的群成员 Alice 就是消息 m 的签名者。

（4）正确性和安全性分析

因为 $z' = g'^y$，且 $y = a^x \pmod{n}$，故等式 $z' = g'^{a^x}$ 成立。同时，由于 $v = (y+1)^d$，则等式 $z'g' = g'^y g' = g'^{y+1} = g'^{v^e}$ 也成立。签名中 (P_1, P_2, P_3) 部分的正确性由零知识证明的完备性来确保。

群签名算法除了传统数字签名的数据完整性外，通常还需要满足以下安全需求。

1）匿名性：除群管理员外，其他人不能确定签名者的身份。

2）非关联性：验证者不能通过签名来确定两个不同的群签名是否来自同一个签名者。

3）不可否认性：包括群管理员在内的任何人都不能以其他成员的名义产生合法的群签名。

4）群认证：验证者可以确定一个签名是否来源于一个合法的群。

5）可追踪性：群管理员可以撤销一个合法的签名的匿名性，从而追踪到签名者。

6）抗联合攻击：即使一些群成员合谋也不能产生一个合法的不被群管理员追踪到的群签名。

CS 群签名把零知识证明引入群签名，为隐私保护开辟了一种新的思路。此处仅基于零知识证明对 CS 群签名的特性进行分析。通常零知识证明可以被定义为一个具有完备性、可靠性和零知识的证明，具体说明如下。

- 完备性：如果 Alice 知道秘密信息，她可以向 Bob 证明自己知道这个消息。
- 零知识：Bob 无法在证明过程中获得 Alice 所知道的秘密消息的内容。
- 可靠性：如果 Alice 不知道秘密信息，她无法伪造一个证明向 Bob 证明自己知道这个秘密消息。

CS 群签名的匿名性、非关联性由零知识证明的零知识性来保证。CS 群签名利用了 RSA 签名算法的密钥生成；其不可否认性、群认证性和抗联合攻击由 RSA 密钥保证，即其基于大整数因子分解的困难性。CS 群签名的可追踪性由零知识证明的可靠性保证。

3. 环签名

环签名（Ring Signature）是 Rivest 于 2001 年提出的一种能够保证无条件匿名性的数字签名方案。与群签名相同，环签名者可以将自己的身份隐藏在某个特定的系统——"环"中。但是，与群签名相比，环签名最大的特点是去中心化。环签名中，没有有特权的管理员，所有用户的权利都是对等的。签名者利用自己的密钥对和其他对等环成员的公钥来对消息进行签名；验证者利用环成员的公钥来验证签名的有效性。因此，验证者只能确定这个签名来自于某一个环，而不能确定签名者是环中的哪一个成员。由于没有管理员，没人能够在没有签名者私钥的情况下撤销签名者的匿名。因此，环签名可以保证数字签名的无条件匿名性。去中心化不仅是环签名的特点，还是区块链的一个特点。所以，环签名被很多区块链系统，尤其是公有链系统用来实现无条件匿名的转账功能。在此，以一个基于 Schnorr 签名的环签名来介绍环签名的构造过程。Schnorr 环签名由 Herranz 和 Saez 于 2003 年提出。其密钥生成过程、安全原理都和 Schnorr 签名相同，因此称其为 Schnorr 环签名。此处不考虑签名不成功的情况。

若 Alice 想要为文件 m 签名，而又不希望验证者知道自己的身份，她可以利用 Schnorr 环签名算法。Schnorr 环签名算法由 3 个算法组成，且其正确性和安全性分析如下。

（1）所有环成员生成密钥

此部分与 Schnorr 签名密钥生成算法相同，所有环成员都需要运行此算法。

1）选择一个大整数 q 和一个素数 p，使得 $p-1$ 能够被 q 整除。

2）g 是一个有限域 Z_p 的生成元 $g \in Z_p^*$，且 $g^q = 1 (\bmod\ p), g \neq 1$。

3）选择并公开哈希函数 $H: \{0,1\} \rightarrow [2, q-1]$。

4）Alice 随机选择整数 $x \in [2, q-1]$ 作为私钥，计算 $y = g^x (\bmod\ p)$。

5）公开 (p, g, y) 作为 Alice 的公钥，公开哈希函数 H，保存 x 作为 Alice 的私钥。

（2）Alice 对消息 m 进行签名

此处假设环中有 n 个成员。

1）对于所有其他的环成员 $i \in \{1, \cdots, n-1\}$，其公钥为 y_i，随机选取整数 $a_i \in [2, q-1]$，并计算 $r_i = g^{a_i} (\bmod\ p)$。

2）随机选取整数 $k \in [2, q-1]$。

3）计算 $r_n = g^k \prod_{i=1}^{n-1} y_i^{-H(m, r_n)} (\bmod\ p)$。

4）计算 $\sigma = k + \sum_{i=1}^{n-1} a_i + xH(m, r_n) (\bmod\ q)$。

5）Alice 对 m 的签名是 $(r_1, \cdots, r_{n-1}, r_n, \sigma)$，Alice 将 $(m, r_1, \cdots, r_{n-1}, r_n, \sigma)$ 发送给 Bob。

（3）Bob 验证签名

1）为环中的每个用户计算 $h_i' = H(m, r_i)$，$i \in \{1, \cdots, n\}$。

2）当且仅当 $g^{\sigma} = \prod_{i=1}^{n} r_i y_i^{h_i} (\bmod p)$ 时，接受签名。

（4）正确性和安全性分析

Schnorr 环签名的正确性容易验证：

因为 $h_i' = H(m, r_i) = h_i$，所以

$$g^{\sigma} = g^{k + \sum_{i=1}^{n-1} a_i + xH(m, r_i)} = g^k \prod_{i=1}^{n-1} y_i^{-H(m, r_i)} \prod_{i=1}^{n-1} y_i^{H(m, r_i)} \prod_{i=1}^{n-1} r_i y_n^{H(m, r_i)}$$

$$= r \prod_{i=1}^{n-1} r_i y_n^{H(m, r)} \prod_{i=1}^{n-1} y_i^{H(m, r_i)} = \prod_{i=1}^{n} r_i y_i^{h_i} (\bmod p)$$

由于环签名和群签名的相关性，环签名的数据完整性、非关联性、不可否认性和抗联合攻击与群签名的相关安全需求相同。环签名方案通常需要满足以下其他安全需求。

1）无条件匿名性：任何人都不能确定签名者的身份。

2）环认证：验证者可以确定一个签名是否来源于一个合法的环。

Schnorr 环签名基于 Schnorr 签名。其环认证的安全性也与 Schnorr 签名相同，都是基于离散对数问题。Schnorr 环签名的无条件匿名性意思是签名者将自己的公钥隐藏在环中，利用所有环成员的公钥计算签名。因此，攻击者只能以 $1/n$ 的概率猜测签名者的真实身份。

4. 批签名与聚合签名

批签名或批验证（Batch Verification）是 Fiat 于 1989 年提出的一种减少多个签名验证成本的签名算法。开始时批签名是 RSA 算法的一个变体。RSA 和 DSA 签名算法都可以被用来改造为批签名。聚合签名（Aggregate Siganture）的概念由 Boneh 于 2003 年提出，其目的是降低签名存储空间。聚合签名的思想和批签名类似。两种签名算法通常都包括 4 部分：密钥生成算法、加密算法、验证算法和批量验证算法。

密钥生成算法、加密算法和验证算法与传统签名类似。批量验证算法中，验证者收到多个签名者的签名，然后相加得到聚合签名，最后用批量验证算法同时验证多个签名的聚合签名。批签名算法和聚合签名算法都有两类方案。第一类方案要求聚合的所有签名必须用一个公钥来验证，即所有签名都来自同一签名者。第二类方案的签名可以来自不同的签名者。由此来看，构造第二类方案的批量验证算法更加困难。

在此，以一个基于 Schnorr 签名的第二类方案聚合签名来介绍聚合签名的验证过程。Schnorr 聚合签名算法由 4 个算法组成。Schnorr 聚合签名的密钥生成过程、签名过程、单个签名的验证过程都和 Schnorr 签名相同。因此，只需介绍签名的验证者 Bob 对多个签名的验证即可。

1）签名者 i 对消息 m_i 以及其签名 (s_i, r_i) 发送给 Bob。

2）Bob 接收到 n 个签名者的消息以及签名 $\{m_i, s_i, r_i, \cdots, m_n, s_n, r_n\}$ 后，计算每个消息的杂凑值：$e_i = H(m_i, r_i)$。

3）当且仅当 $\sum_{i=1}^{n} r_i = g^{\sum_{i=1}^{n} s_i} \prod_{i=1}^{n} y^{-e_i} (\bmod p)$ 时，Bob 接受所有签名。

4）正确性与安全性分析：

Schnorr 聚合签名的正确性基于乘法的交换律和同底数幂的乘法运算。Schnorr 聚合签名在理论上的创新有限，其安全性分析与 Schnorr 签名相同。Schnorr 聚合签名的贡献在于应用过程中运算和存储效率的提高。通常认为与幂运算相比，乘法群元素的加法运算和循环群元素的乘法运算的计算成本很低，可以忽略。故验证 n 个签名的时间从需要计算 $2n$ 个幂运算降低到

$n+1$ 个幂运算。即使签名中存在伪造，利用二分法，需要验证的幂运算也不超过$n+\log n$个。

批签名也需要聚合后验证，而聚合签名中，聚合后也是需要成批验证。很多文献经常把两种签名一起分析，其实，两者在定义和目的上都不一样。批签名要求保证所验证的每个签名的有效性，只是为了降低验证的计算成本而将多个签名一起验证。批签名的效率通常不比聚合签名低，但是聚合签名的安全要求更低。聚合签名并不要求每个签名的有效性，而是要求确保某个签名者所签的消息不被修改。对于 Schnorr 聚合签名，不诚实的签名者完全可以构造几个签名欺骗验证者。所以使用 Schnorr 聚合签名算法要求签名者都是诚实的。

5. 其他签名

除了前面介绍的数字签名外，为满足不同的需求和应用，还有其他多种数字签名方案，比如为了实现签名权传递的代理数字签名、保护签名者所有权的不可否认签名、为了实现多人对同一消息签名的多重数字签名等。

2.5　数字证书

公钥密码体制中的公钥无须保密传输，但是攻击者可以用假冒手段分离目标用户 Bob 的身份和其公钥。攻击者可以声称自己的公钥是 Bob 的公钥，从而获得其他人向 Bob 传送的保密消息。所以，需要特定的安全机制来分发用户的公钥，以保证用户身份和公钥的绑定。本节将介绍目前主要的公钥基础设施和证书管理方法。

2.5.1　公钥基础设施

目前保证用户的身份与公钥不被切割（分离）的最常用方法就是公钥基础设施（Public Key Infrastructure，PKI）。Adams 和 Lloyd 在《Understanding PKI, Second Edition》中对 PKI 进行了定义："PKI 是通过公钥概念及技术实现和承载服务的普适性安全基础设施。" 根据这个定义可以看出，首先 PKI 是一种基础设施，它可以理解为一个在用户计算机上运行的软件，这个软件用来完成相关的任务，用户也许没有意识到与 PKI 有关的程序正在运行。其次，这个定义中提及了公钥密码技术，其中最重要的就是签名技术。

PKI 定义了公钥的证明和验证过程。证明将一个公钥和一个实体绑定在一起，验证保证了公钥的有效性。PKI 中假定有一个可信权威机构，记为 CA（Certificated Authority），用来签署网络中所有用户的公钥。所有的用户都知道 CA 的公钥，因此用户可以用 CA 的公钥来检验用户公钥的有效性。

通常，CA 的身份和签名都会被封装在一个数字证书内。网络用户的数字证书是 PKI 的基本构建块，PKI 的安全及扩展性最终都建立于证书之上。目前最常用的证书格式是 X.509。X.509 证书包含下列内容。

1）版本号：用来区分 X.509 的不同版本。

2）序列号：由 CA 给每一个证书分配的唯一的数字型编号。

3）签名算法标识：描述该主体的签名算法。

4）颁发者：颁发该证书机构 CA 唯一的 X.500 名字。

5）有效期：证书的有效时间，包括证书开始有效期和证书失效期。

6）主体名：证书持有者的名字。

7）证书持有的公钥：证书持有者对应的公钥。

8）可选项：描述该证书的附加信息。

9）对前面所有项的 CA 签名：认证机构对该证书的电子签名，通过该签名保障证书的合法性、有效性和完整性。

2.5.2 数字证书管理

数字证书有两个级别。一个是高确保的证书，由 CA 在相当严格的控制下颁发，一般颁发给商业公司。另一个是低确保的证书，颁发更自由，确保通信是来自一个特殊的源。因此，如果 CA 为用户的机器颁发了一个低确保的证书，那么该证书只能证明公钥与该用户的机器绑定，并不能分辨出该用户是否在使用机器。

公钥证书有一个从生成到过期的生命周期。证书生命周期管理分为证书初始化、证书使用和证书取消 3 个阶段，每个阶段都由几个具体步骤构成，具体说明如下。

1. 证书初始化阶段

（1）证书注册

在向 CA 提交证书申请之前，用户首先要在 CA 机构进行注册，所谓注册就是用户主体向 CA 自我介绍的过程。从 CA 以及证书的安全性考虑，证书的颁发过程往往是非密码方式的，这就牵扯到了证书颁布的效率问题。通常情况下，CA 不会直接给用户颁发证书，而是通过一个从属 CA 为 CA 提供担保，核实预期证书持有人的真实身份是否与所宣称的身份一致。这就形成了一个证书链，这种链式认证过程将于 2.5.3 节介绍。

（2）密钥生成

用户注册之后提交证书申请，向 CA 提供身份信息，该信息随后将成为所颁发证书的一部分。根据通过密钥生成器借助于某种噪声源产生具有较好统计分析特性的序列，以保障生成密钥的随机性和不可预测性，然后再对这些序列进行检测。根据所用的密码体制生成特定的密钥对$(\mathrm{sk}, \mathrm{pk})$。

（3）证书创建

如果用户的申请被成功受理，CA 随后将为该用户生成证书。CA 对用户身份信息 ID、公钥 pk 等 2.5.1 节列出的信息进行签名绑定 $s = \mathrm{sig}_{\mathrm{CA}}(\mathrm{ID} \| \mathrm{pk})$。这样就生成了用户的证书 $\mathrm{CER} = (\mathrm{ID} \| \mathrm{pk} \| s)$。

（4）证书颁发

在颁发证书之前，CA 需要通过非密码手段来验证用户的身份和凭证。验证结束后，可以给用户颁发证书 $\mathrm{CER} = (\mathrm{ID} \| \mathrm{pk} \| s)$。用户的公私钥对$(\mathrm{sk}, \mathrm{pk})$和证书 CER 需要通过安全的方式传送到用户手中，甚至可以是非密码方式；同时，CA 在自己的目录服务器发布证书，为其他用户提供公开查询服务。

（5）密钥备份

在密钥安装的同时，将密钥材料存储在独立、安全的介质上，以便需要时恢复密钥。备份是密钥处于使用状态时的短期存储，为密钥的恢复提供密钥源，要求以安全方式存取密钥，防止密钥泄露。

2. 证书使用阶段

（1）证书验证

证书被下载到本地后，用户首先要进行证书项的验证，如证书有效期、证书用法是否正确等；之后，对证书的 CA 签名进行验证，$\mathrm{ver}_{\mathrm{CA}}(\mathrm{ID} \| \mathrm{pk}, s) = \mathrm{True}$ 是否成立。所有验证通过

后，证书就可以存储起来正常使用了。证书中的内容都是公开的，所以证书的存放不需要其他安全保障。

（2）证书检索

在证书的公钥使用之前，应用程序首先使用 CA 的公钥和签名验证证书上的签名是否有效，然后再检查证书撤销列表（Certificate Revocation List，CRL），检查该证书是否已经失效。为了进一步保证证书的有效性，应用程序需要对证书进行一系列检索，包括检测证书拥有者是否为预期的用户；检查证书的有效期；检查证书的预期用途是否符合 CA 在该证书中指定的所有策略限制。所有检查都确定有效后，应用程序才使用证书中的公钥进行加密或签名等操作。

（3）密钥恢复

密钥恢复是允许用户恢复或者激活丢失的私钥的协议。在被允许读取存储的私钥之前，用户必须证明自己的身份。

（4）密钥更新

当一个密钥由于过期或者其他原因需要被换掉，这时候就要用协议产生一个替代的密钥，并且生成新证书替代旧证书。密钥更新协议可能在过期之前用旧密钥加密新密钥，再通过电子方式传送给持有者或者通过非密码的安全信道发送到用户手中。

3. 证书取消阶段

（1）证书过期或撤销

证书上都会标明一个指定的时间，但是在一些特殊情况下，如由于私钥泄露等原因要求用户身份与公钥分离、用户和 CA 的雇佣关系结束、证书中信息被修改等，CA 可以通过证书撤销机制来缩短其生命周期。此时，CA 发布 CRL，列出被认为不能再使用的证书序列号。CA 可以在 CRL 中加入证书被撤销的理由，或者证书失效的起始日期。

（2）证书更新

证书到期或者因为其他原因被撤销后，需要进行证书更新。如果是旧证书到期，PKI 系统会自动完成更新，无须用户干预。一般在用户使用证书当中，PKI 会自动到目录服务器中检查证书的有效期，在证书生成之前，启动更新机制生成一个新的证书。

（3）密钥存档

当密钥不再使用时，需要对其进行存档，以便在某种情况下能够对其进行检索，并在需要时恢复密钥。存档是指对过了有效期的密钥进行长期的离线保存，处于密钥的使用后状态。

2.5.3 证书链

通常来说，证书不是由一个核心的 CA 直接签发的，而是从被信任的 CA 到一个给定的证书有一个证书路径。这个证书路径被称作证书链。证书链上的每个证书都由前一个证书签名，用户通过验证证书路径上的所有证书来检验最后一个证书是可信的。具体路径是由信任模型规定的，例如严格层次模型、网络化 PKI 模型、Web 浏览器模型和信任网模型。

其中最典型的就是严格层次模型。根据证书颁发机构 CA 类型的不同，一般分为根 CA 和从属 CA。严格层次模型如图 2-11 所示，根 CA、从属 CA 和用户构成了树状结构。根 CA 是证书链的终点，位于证书层次结构的高层。根 CA 的证书是自签名、自颁发的，一个根 CA 下面可以有一个或者多个从属 CA。根 CA 可以向下级从属 CA 颁发证书，而任何 CA 都可以向终端用户颁发证书。验证的过程中，用户可以一层层地去寻找颁发证书的 CA，直到找到根 CA。

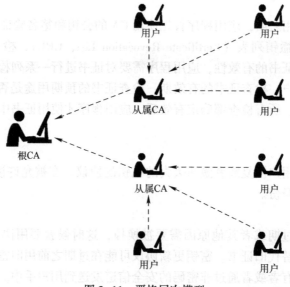

图 2-11　严格层次模型

一个终端用户 Alice，为了验证另一个用户 Bob 的证书，就可以验证 Bob 的证书链。Bob 会在自己的计算机上存储信息，这样他就可以把信息提供给 Alice。假设 Bob 的证书由从属 CA₁ 获取，而从属 CA₁ 的证书由根 CA 颁发，Alice 应该知道根 CA 的公钥。如此，Alice 便可以利用证书链来验证 Bob 的证书。

1）Alice 可以利用根 CA 的公钥来验证根 CA 的证书，如果验证失败则终止验证。

2）Alice 利用根 CA 的公钥来验证从属 CA₁ 的证书，如果验证失败则终止验证。

3）如果验证成功，则说明从属 CA₁ 的公钥已经经过根 CA 的认证，可以利用从属 CA₁ 的公钥来验证 Bob 的证书。

4）如果验证成功，则说明根 CA 保证了 Bob 的公钥为 Bob 本人所拥有。

2.6　习题

1. p 是一个素数，α 是一个不能被 p 整除的整数，分析 $H(x)=\alpha^x \bmod p$ 的性质，若其作为哈希函数，不满足哪些哈希函数的性质。

2. 消息 m 被分为 160 比特的块 $m=M_1\|M_2\|\cdots\|M_t\|$。哈希函数 $H(x)=M_1 \oplus M_2 \oplus \cdots \oplus M_t$。请问 $H(x)$ 满足哪些哈希函数的性质？

3. 生日悖论（一年按 365 天计算）。如果屋子里有 30 个人，那么屋子里有两个人生日相同的概率是多大？如果屋子里两人生日相同的概率大于 50%，则屋子里应至少有多少人？

4. 画出由 9 个数据块（编号 1~9）组成的一个 Merkle 树，树的高度是多少？假设这 9 个数据块是两台机器下的文件，且目录相同。如果两个机器下只有数据块 5 号不同，请列出比较检索过程。

5. 简述密码体制的基本组成部分及分类；列举出密码体制常见的攻击形式并加以解释；

简述流密码和分组密码的不同。

6. 在 ElGamal 密码体制中，Alice 和 Bob 使用 $p=17$ 和 $g=3$。Bob 选用 $x=3$ 作为他的私钥。请问 Alice 发送密文 $(7,6)$ 的明文是什么？

7. E：$y^2=x^3-2$ 是定义在有理数域上的椭圆曲线，$(3,\pm5)$ 是曲线上的点，计算在这条曲线上的另一个有理坐标点。

8. 与 RSA 密码体制和 ElGamal 密码体制相对比，简述 ECC 密码体制的优势。

9. 对下面每种情况求 d，并给出 $ed=1\ (\bmod\ (p-1)(q-1))$。

1）$p=1$，$q=11$，$e=3$。

2）$p=3$，$q=41$，$e=23$。

3）$p=5$，$q=23$，$e=59$。

4）$p=47$，$q=59$，$e=17$。

10. 用私钥 $(d,n)=(13,51)$ 对哈希值 4 进行签名。$n=3\times17$，求出公钥，并验证签名。

参考文献

[1] STINSON D R. 密码学原理与实践 [M]. 3 版. 冯登国，译. 北京：电子工业出版社，2016.

[2] TRAPPE W, WASHINGTON L C. 密码学与编码理论 [M]. 2 版. 王全龙，王鹏，林昌露，译. 北京：人民邮电出版社，2008.

[3] 谷利泽，郑世慧，杨义先. 现代密码学教程 [M]. 2 版. 北京：北京邮电大学出版社，2015.

[4] 王化群，吴涛. 区块链中的密码学技术 [J]. 南京邮电大学学报，2017，37（6）：61-67.

[5] SCHNORR. Efficient signature generation by smart cards [J]. Journal of Cryptology, 1991, 4 (3): 161-174.

[6] SCHNORR. Security of Blind Discrete Log Signatures against Interactive Attacks [C]. 2001 International Conference on Information and Communications Security. Springer-Verlag, 2001: 1-12.

[7] CHAUM D. Blind signautres for untraceable payments [C]. Advances in Cryptology, 1983: 199-204.

[8] CHAUM D, VAN HEYST E. Group siganutres [C]. Advances in Cryptology-Eurocrypt, 1992: 257-265.

[9] CAMENISCH J, STADLER M. Efficient group signature schemes for large groups [C]. Advances in Cryptology-Eurocrypt, 1997: 465-479.

[10] RIVERST R, SHAMIR A, TAUMAN Y. How to leak a secret [C]. Advances in Cryptology-Asiacrypt, 2001: 552-565.

[11] HERRANZ J, SAEZ G. Forking lemmas in the ring signatures, Scenario [C]. International Conference on Cryptology in India, 2003: 266-279.

[12] FIAT A. Batch RSA [J]. Journal of Cryptology, 1997, 10 (2): 75-88.

[13] BONEH D, GENTRY C, LYNN B, SHACHAM H. Aggregate and verifiably encrypted signatures from bilinear maps [C]. Advances in Cryptology-EUROCRYPT, 2003: 416-432.

[14] CAMENISCH J, HOHENBERGER S, PEDERSEN M O. Batch verification of short signatures [C]. Advances in Cryptology-EUROCRYPT, 2007: 246-263.

第3章　区块链的网络协议

区块链构建在互联网基础之上，其采用对等网络（Peer-to-Peer Network，P2P 网络）组织参与和记账验证的节点，实现交易和区块信息在节点之间传输。本章主要内容包括 P2P 网络概述、P2P 网络拓扑结构、经典的 P2P 网络协议以及区块链中 P2P 网络节点与通信协议等。

3.1　P2P 网络概述

P2P 是 Peer-to-Peer 的缩写，可以直译为点到点。P2P 网络是一种典型的自组织性计算机网络，它是由一些具有相同地位、能够提供某类服务的计算机组成的网络，也是一种基于互联网的分布式计算模型或网络系统。此外，P2P 网络通常又被称为覆盖网络（Overlay Network）、对等计算（Peer-to-Peer Computing）或对等网络系统（Peer-to-Peer System）。在本书中，P2P 中每一个计算实体统称为节点（Peer），节点可以是程序、计算机、数字设备等。而且，它们在特定的情境下既是客户端也是服务器，具有客户端与服务器的功能。

3.1.1　P2P 网络定义

当前，关于 P2P 网络尚未有统一的定义。一些具有代表性的 IT（Information Technology）公司或研究人员对 P2P 网络的定义如下。

- P2P 是一种通过计算机系统之间的直接交换来实现计算机资源与服务共享的技术（Intel 公司，2001 年）。
- P2P 是由若干相互连接、协同工作的计算机构成的系统，它具有如下的特点：①系统依靠边缘化设备（非中央服务器）的协同工作，使系统中每一个计算机成员直接从其他计算机成员而不是从中央服务器收益；②系统中成员同时扮演服务器与客户端的角色；③系统中各用户能够意识到彼此的存在，它们之间构成了一个虚拟或实际的群体（IBM 公司，2001 年）。
- P2P 是一种每个节点都具有相同能力与责任的网络结构。对等网络的网络结构与 C/S 的网络结构完全不同。通常，在 C/S 的网络结构中，使用一台或多台中央服务器为其他客户端提供服务；对等网络使节点之间数据与信息的实时传输变得更加容易，节点既可以起到客户端的作用又可以起到服务器的作用，并且每个节点具有自治性且能够维护那些中断连接节点和没有固定 IP 地址的节点（Mike Miller 等，2001 年）。
- 一类使用分布式资源以分散方式执行功能的系统和应用程序。这些资源包括计算能力、数据（存储和内容）、网络带宽和存在情况（计算机、人力和其他资源）。（Millojicic 等，2002 年）。

从上面的这些定义可以看出，关于 P2P 网络定义的描述具有相通之处，如资源共享、自治/分布以及 C/S 双重身份等，这些都体现了 P2P 的一些基本特性。综合现有关于 P2P 网络的特征，本书将 P2P 网络定义如下。

- 有某网络 G，是架构在 Internet（互联网）之上的网络，满足 Internet 网络所具有的基本特征。
- 在 G 网络中，存在两种基本的行为模式，一种行为定义为 P，是生产资源（提供资源）的行为，另一种行为定义为 C，是消费资源（接受资源）的行为。
- 组成 G 网络的所有网络节点（Peer）之间是对等的关系，且同时具备行为 P 和行为 C。
- 在 G 网络中，各节点之间以无中介的、对等的方式进行双向交换，以执行 P 和 C 的功能。
- G 网络依赖于节点的存在而存在，且节点可以自由地加入或退出。
- 当有任意的节点加入或退出时，G 仍保持组织、结构等特性不发生改变。

当网络 G 满足上述 6 个条件时，网络 G 就可以被称为 P2P 网络。在这个网络中，实现了资源的生产与消费的对等平衡，实现了信息和服务在某个人或对等设备与另一个人或对等设备间的双向流动。P2P 网络结构模型图如图 3-1 所示。

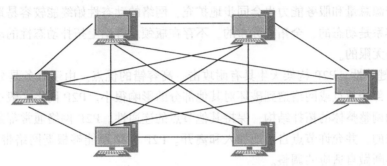

图 3-1 P2P 网络结构模型图

此外，在一些文献中，P2P 网络又被称为覆盖网络，即 P2P 是建立在通信子网之上的一个逻辑网络。基于 TCP/IP 协议建立起来的 P2P 网络（覆盖网络），位于 TCP/IP 协议的网络接口层之上，主要包含了 TCP/IP 协议的应用层、传输层、网络层，是一种属于高于物理网络的逻辑网络。它的拓扑结构与物理网络的拓扑结构不会完全一致。TCP/IP 协议栈一般包括 4 层，即网络接口层（如 Ethernet、Token Ring、FDDI、Wi-Fi、MPLS 等）、网络层（如 IP、ICMP、ARP 等）、传输层（如 IP、UDP 等）、应用层（如 HTTP、FTP、SMTP、DNS 等）。覆盖网络与物理网络示意图如图 3-2 所示，覆盖网络上的一条从 a→f 的逻辑链路由物理网络走 A→B→D→E→F 的物理链路来实现。

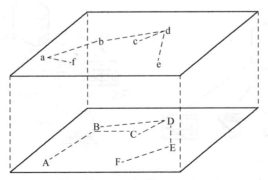

图 3-2 覆盖网络与物理网络示意图

3.1.2　P2P 网络特点

为了进一步理解 P2P 网络，将传统的 C/S 模式与 P2P 模式进行对比。C/S 模式如图 3-3a 所示，在传统的 C/S 模式中，每一个节点要么发挥客户端的作用，要么发挥服务器的作用；计算能力与存储空间可以在客户端与服务器之间共享，服务器在 C/S 模式中起中央控制节点的作用。P2P 模式如图 3-3b 所示，在 P2P 模式中，每一个节点既扮演客户端的角色，又同时扮演服务器的角色。通过对比，可以将 P2P 网络的特点总结如下。

1）分布式。在 P2P 网络中，资源和服务分散在所有节点上，信息的传输和服务的实现都直接在节点之间进行，可以无需中间环节和中介服务器。同时，P2P 网络中资源的发布与接受两个角色合二为一，在生产和消费资源的角色上是对等的。

2）拓扑动态性。P2P 网络是一种分布式的动态网络，随着各对等点的动态加入与退出，整个网络的资源总量、拓扑结构、路由方式始终处于动态变化中。P2P 网络会随着节点的增加，其资源总量和服务能力也会同步地扩充，网络的动态性始终能较容易地满足用户的需要。整个体系是动态的、全拓扑分布的，不存在瓶颈。理论上拓扑动态性的动态扩展性几乎可以认为是无限的。

3）网络健壮性。P2P 构架天生具有耐攻击、高容错的优点。由于服务是分散在各节点之间进行的，部分节点或网络遭到破坏对其他部分的影响很小。P2P 网络一般在部分节点失效时能够自动调整整体的拓扑结构，保持其他节点的连通性。P2P 网络通常都是以自组织的方式建立起来的，并允许节点自由地加入和离开。P2P 网络还能够根据网络带宽、节点数、负载等变化不断做自适应的调整。

4）负载均衡性。P2P 网络环境下由于每个节点既是服务器又是客户端，减少了对传统 C/S 结构模式下服务器计算能力、存储能力的要求。同时因为资源分布在多个节点中，更好地实现了整个网络的负载均衡。

5）高性价比。随着硬件技术的发展，个人计算机的计算和存储能力以及网络宽带等性能依照摩尔定律高速增长。采用 P2P 网络架构可以有效地利用互联网中散布的大量普通节点，将计算任务或存储资料分布到所有节点上。利用其中闲置的计算能力或存储空间，达到高性能和海量存储的目的。通过利用网络中的大量空闲资源，可以用更低的成本提供更高的计算和存储能力。

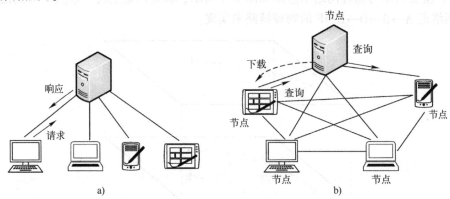

图 3-3　C/S 模式与 P2P 模式对比

a）C/S 模式　b）P2P 模式

6）隐私性。在P2P网络中，由于信息的传输分散在各节点之间进行而无需经过某个集中环节，用户的隐私信息被窃听和泄露的可能性大大降低。此外，在P2P网络中，所有的参与者都可以提供中继转发功能，大大降低了传统模式中依赖单一中继服务器所带来的弊端，提升了匿名通信的灵活性和可靠性。这也是当前基于P2P传输机制的区块链技术具有良好隐私保护性的重要原因之一。

3.2　P2P网络拓扑结构

"拓扑"的概念源于离散数学中的图论。所谓"拓扑学方法"就是把实体抽象成与其大小、形状无关的"点"，而把连接实体的线路抽象成"线"，进而以图的形式来表示这些点与线之间关系的方法，其目的在于研究这些点、线之间的相连关系。网络拓扑结构就是采用"拓扑学方法"，把网络中的计算机、路由器、交换机等设备抽象成点，把连接这些设备的通信线路抽象成线，并将由这些点和线所构成的图称为网络拓扑结构。在P2P网络中，由于没有中心服务器，其网络拓扑结构具有特殊性，网络内节点之间的拓扑结构特征也成为划分P2P网络类型的主要依据。

当前，根据P2P网络拓扑结构的关系，P2P网络拓扑结构可以划分4种形式，即集中式拓扑、全分布式结构化拓扑、全分布式非结构化拓扑、混合式拓扑。其中，集中式P2P网络又被称为第一代P2P网络，全分布式P2P网络又被称为第二代P2P网络，混合式P2P网络则被称为第三代P2P网络。图3-4所示为P2P网络拓扑结构分类示意图。

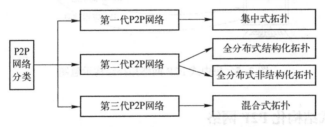

图3-4　P2P网络拓扑结构分类示意图

3.2.1　集中式P2P网络

集中式P2P网络也称为中心化的P2P网络，是基于中央控制的网络体系结构，类似于一个抽象的"星形网络拓扑结构"。在集中式P2P网络中，处于中心地位的索引目录服务器以星状的形式与各目录服务器客户端连接，但这种连接并不是物理上的星形拓扑，而是基于集中式P2P网络拓扑协议而形成的一个虚拟的星形结构。

在网络运行过程中，P2P节点向中央目录服务器注册关于自身的信息（如名称、地址、资源和元数据等），但相关注册信息分散式地存储在各节点，而非中央服务器。查询节点根据目录服务器中信息的查询以及网络流量和延迟等信息，选择与定位其他对等点并直接建立连接，而不必经过中央目录服务器进行。图3-5所示为集中式P2P网络拓扑结构示意图。

图3-5中集中式P2P网络由目录服务器（Directory Server）和若干个节点（Peer）组成。节点从注册到目录服务器再到向目录服务器查询资源的整个过程主要包括以下4个步骤。

1）注册到服务器。在节点进入 P2P 网络之初，需要向目录服务器进行注册（Registration），并将自身的各种相关信息注册到目录服务器中。

2）查询与应答。当网络中的节点需要搜索 P2P 网络中其他节点的文件（File）时，该节点向目录服务器发送查询请求，目录服务器将被查询节点注册的信息以及文件 File 的信息以应答的方式返回给查询发起节点。

3）查询信息。P2P 网络中的查询发起节点根据目录服务器提供的信息与被查询节点建立连接，并向该节点发送文件 File 的请求。

4）返回查询信息。被查询节点与查询节点建立连接后，被查询节点根据查询发起节点所发起的查询请求，将相关文件 File 发送给查询发起节点。

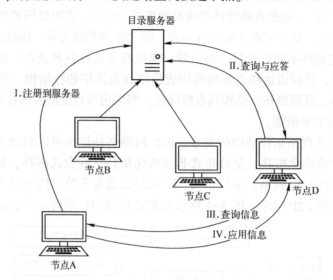

图 3-5　集中式 P2P 网络拓扑结构示意图

3.2.2　全分布式结构化 P2P 网络

全分布式 P2P 网络没有中央服务器，每一个节点都可以随意加入到网络中，并与自己相邻的一组邻居节点通过对等连接构成一个逻辑覆盖网络。但这种情形下，如何组织网络中的节点，并减少由于节点无法获知其他节点所拥有的资源而产生的网络路由消息"广播风暴"，成为一个亟待解决的问题。

全分布式结构化 P2P 网络通过采用分布式哈希表（Distributed Hash Table，DHT）的方式解决该问题。其核心思想是通过让网络中的每一个节点共同维护一个哈希表的方式，使得资源索引空间的编号与节点空间的编号完全一一对应。具体而言，在采用 DHT 技术的全分布式结构化 P2P 网络中，通过为网络中的邻居节点之间设置一定的节点编号规则，如按照大小排列成一个链表，并且每个节点除了保存邻居节点的信息外，还保存一些相距稍远的节点的信息。那么请求节点在搜索节点 i 时，可以根据自己的编号与节点 i 的关系大致判断节点 i 的位置，从而把请求消息首先发给节点 i 或者是节点 i 的邻近节点，而不是请求节点自身的邻居节点。这样通过各个节点维护一部分哈希表的方式达到了全网共同维护一个哈希表的效果，也进一步实现了资源空间与节点编号空间的对应。

鉴于 DHT 技术在全分布式结构化 P2P 网络中的基础性地位，本部分将首先对 DHT 技术进行简要介绍，并结合 CAN（Content Addressable Networks，内容可寻址网络）项目对全分布式结构化 P2P 网络的机制进行介绍。

1. DHT 技术

DHT 即分布式哈希表，是哈希表（Hash Tab）的一种变体形式。哈希表是一种利用哈希函数在 $O(l)$ 量级的时间内存取<key,value>键值对的表状数据结构。其中，key 可以是任意有意义的名称标志，如文件名、IP 地址等；value 是和 key 相关的内容，如文件存放位置、文件实际内容等。哈希表中的每一项同时还具有链表结构，用来存储经哈希函数运算后映射到同一个表项的<key,value>键值对。一般来说，在哈希函数选取合适的情况下，不同的 key 值映射到同一个表项的概率非常小。哈希表的结构和操作简单，并且所有的查找操作总能够在 $O(l)$ 量级内完成，效率非常高，因此在计算机操作系统、数据库领域得到了广泛的应用。

哈希表所具有的性质为在分布式网络环境下快速而准确地路由、定位数据提供了新思路。在哈希表的基础上，DHT 技术可以通过让每一个节点维护一部分哈希表的方式实现全网节点共同维护全局哈希表的效果。具体而言，DHT 技术可以将一个关键值的集合分散到所有分布式系统中的节点上，并且可以有效地将信息转送到唯一拥有查询者提供的关键值的节点。这里的节点类似于哈希表中的存储位置。分布式哈希表通常是为了拥有较大节点数量，而且节点常常会加入或离开（如网络断线）的系统而设计的。

分布式哈希表基本结构由关键值空间、关键值空间分割和延展网络等部分构成，其中起基础作用的是一个抽象的关键值空间（Keyspace）。假定关键值空间是一个 160 位的字符集合，为了在分布式哈希表中存储一个名称为 filename 且内容为 value 的文件，首先需计算出 filename 的 SHA1 哈希值（即一个 160 位元的关键值 key），并将信息 put(key,value) 发送给分布式哈希表中的任意参与节点。此信息在延展网络中被转送，直到抵达在关键值空间分割中被指定负责存储关键值 key 的节点，而<key,value>即存储在该节点。其他节点只需要重新计算 filename 的哈希值 key 相关的资料。此信息也会在延展网络中被转送到负责存储 key 的节点上，而此节点则会负责传回存储的资料 value。

关键值空间分割是指大多数分布式哈希表使用某些稳定哈希（Consistent Hashing）方法来将关键值对应到节点。此方法使用了一个函数 $\delta(key_1, key_2)$ 来定义一个抽象的概念：从关键值 key_1 到 key_2 的距离。每个节点被指定了一个关键值，称为 ID。ID 为 i 的节点根据函数 δ 计算最接近 i 的所有关键值。

延展网络是指每一个节点拥有一些到其他节点（它的邻居）的连接，将这些连接组合起来就形成延展网络。在分布式哈希表中，对于任意一个节点 i，其他节点 j 要么明确知道该节点的关键值，进而与其进行直接连接，要么通过一个能连接到且关键值最为接近该节点关键值的其他节点 m 与节点 i 进行连接。一般在路由时使用贪心算法，将信息传送到 ID 较为接近 key 的邻近节点，则可容易地将信息传送到拥有关键值 key 的节点。这样的传送方法有时被称为"基于关键值的传送方法"。

除了基本的传送正确之外，拓扑中还存在另外两个关键限制：其一是保证任何的传送路径长度必须尽量短，因此请求能快速地被完成；其二是任意一个节点的邻近节点数目（又称最大节点度（Degree）必须尽量小，因此维护的成本不会过高。

2. CAN 项目

CAN 是由 AT&T 所提出的点对点搜寻算法，CAN 利用多维坐标空间概念来建构点对点构架。二维坐标系统的 CAN 架构图如图 3-6 所示，图中展示了一个包含 5 个节点的二维坐标系统的 CAN 架构。

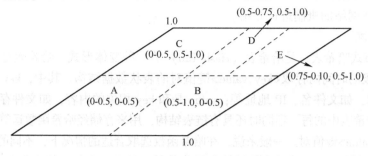

图 3-6 二维坐标系统的 CAN 架构图

（1）CAN 系统建立点对点关系的算法的具体步骤

1）CAN 将节点通过 DHT 技术映射到一个 n 维的笛卡儿空间中，并为每一个节点尽可能均匀地分配一块区域。

2）采用哈希函数通过对（key,value）键值对中的 key 进行哈希运算，得到笛卡儿空间中的一个点，并将（key,value）键值对存储在拥有该点所在区域的节点内。

3）当一个新的节点欲加入 CAN 系统时，新加入的节点会通过一个起始节点（Bootstrap）随机选择系统中的节点。

4）当这个随机的节点选择成功后，新加入的节点就将自己加入（Join）系统的相关信息传送给随机选择的节点。

5）当被选择到的节点收到新的节点发送来的加入信息时，则均分其所拥有的坐标空间。结合图 3-6，当有新的节点 E 加入到节点 D 的区域时，D 将其所拥有的坐标空间均分给 E。

（2）CAN 系统对资源的处理方式流程

1）当节点欲将新的资源加入到 CAN 系统中分享时，CAN 系统将其资源文件名依照哈希函数计算出一个坐标，并将此资源信息存储在此坐标空间的节点上。

2）当有另一个节点欲搜寻这个资源时，CAN 系统利用每一个节点所拥有的路由表（Coordinate Routing Table）来搜寻资源信息。路由表内所存储的数据为记录于坐标空间中的邻近节点的 IP 地址及其所拥有的空间信息。

（3）CAN 系统搜索过程

1）当起始点（Bootstrap）收到系统中节点要求搜寻资源的信息时，起始点会先利用哈希函数计算出此资源所代表的坐标，起始点会从系统中任意选择一个节点，并将搜寻资源的坐标发送给被起始点所选择的节点。

2）被选择到的节点收到资源数据信息时，会先查询资源数据是否存在于节点中。如果存在，则返回资源信息给提出搜寻资源的节点；如果不存在，则节点会依照节点中的路由表和贪心算法（Greedy Algorithm）找出一个与资源坐标最接近的节点，并转送此查询信息。依照此搜寻方式直到找到资源为止。

3.2.3 全分布式非结构化 P2P 网络

与全分布式结构化 P2P 网络对信息定位有严格的限制不同，全分布式非结构化 P2P 网络对信息定位没有较为严格的限制。全分布式非结构化拓扑的 P2P 网络是在重叠网络

（Overlay Network）采用了随机图的组织方式，节点度数服从 Power-Law 规律（幂次法则），从而能够较快发现目的节点，面对网络的动态变化体现了较好的容错能力，因此具有较好的可用性。同时可以支持复杂查询，如带有规则表达式的多关键词查询、模糊查询等。采用这种拓扑结构典型的案例是 Gnutella。准确地说，Gnutella 不是特指某一款软件，而是指遵守 Gnutella 协议的网络以及客户端软件的统称。本章将在 3.3.2 节中对 Gnutella 进行更为详细的介绍，这里只对其流程进行概述。

Gnutella 是一个纯粹的 P2P 系统，没有索引服务器，而是采用基于完全随机图的洪泛（Flooding）发现机制和随机转发（Random Walker）机制。为了控制搜索消息的传输，通过 TTL（Time To Live）的减值来实现。TTL 是生成时间，用来指定数据包被路由器丢弃之前允许通过的网段数量，是 IP 协议包中的一个值。在具体的执行过程中，用这个值来确定网络路由器包在网络中的时间是否太长而应被丢弃。

图 3-7 所示为 Gnutella 的网络结构模型，图 3-7 中展示了一个查询文件的一次 Flooding 工作流程。一台计算机要下载一个文件的基本流程如下。

1）以文件名或者关键字生成一个查询。

2）把这个查询发送给与其相连接的所有计算机。

3）与其相连接的计算机如果有这个文件，则与查询的机器建立连接；如果没有这个文件，则继续在自己相邻的计算机之间转发这个查询。

4）重复以上过程，直到找到这个文件为止。同时通过设置 TTL 来控制查询的深度。

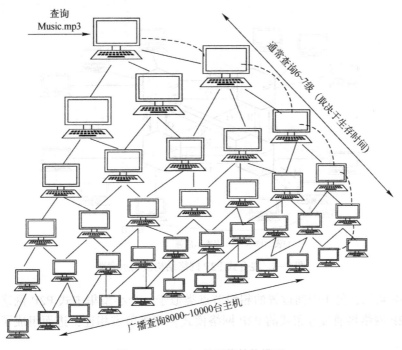

图 3-7　Gnutella 的网络结构模型

全分布式非结构化 P2P 网络拓扑结构与全分布式结构化 P2P 网络拓扑结构都较好地解决了网络中心化的问题，扩展性和容错性较好，实现了对集中式 P2P 网络拓扑结构的优化和完善。但是，与全分布式结构化 P2P 网络拓扑结构类似，全分布式非结构化 P2P 网络拓扑结构也存在着伴随网络规模的不断扩大，使得网络流量急剧增加，进而导致网络中部分低宽带节点因网络资源过载而失效，以及因没有确定拓扑结构支持而导致无法保证资源发现效率的问题。

3.2.4 混合式 P2P 网络

随着 P2P 技术的不断发展和实际应用的检验，第一代 P2P 和第二代 P2P 的优点在应用中都得到了集中的体现，与此同时它们也都暴露了不少难以克服的问题。在此背景下，研究人员将分布式 P2P 去中心化和集中式 P2P 快速查找的优势结合起来，提出了一种混合式的 P2P 网络结构，也被称为半分布式的 P2P 网络结构。

在混合式 P2P 网络结构中，将整个网络中的节点按能力不同（如计算能力、内存大小、连接带宽、网络滞留时间等）区分为普通节点和超级节点两类。超级节点也被称为搜索节点，它与其邻近的若干普通节点之间构成一个小型的、自治的、基于集中式的 P2P 网络模式。搜索节点与其邻近的若干普通节点之间构成一个自治的"簇"，在每一个"簇"内采用基于集中目录式的 P2P 模式。整个 P2P 网络中各个不同的"簇"之间再通过纯 P2P 的模式将搜索节点相连起来，这样就组成一个混合式的拓扑。

混合式的 P2P 拓扑结构在工作过程中，一般会选择一些性能较好的节点作为超级节点，也就是索引节点。当有节点加入或退出时，系统可以在各搜索节点之间再次选取性能最优的节点，或者另外引入一个新的性能最优的节点作为索引节点来保存整个网络中可以利用的搜索节点信息，并且负责维护整个网络的结构。图 3-8 所示为混合式 P2P 网络结构模型示意图。

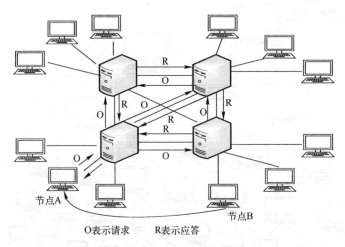

O表示请求　　R表示应答

图 3-8　混合式 P2P 网络结构模型示意图

由图 3-8 可知，处于中间位置的超级节点类似于一个小型集中式 P2P 网络的目录服务器。整个 P2P 网络再通过分布式的 P2P 网络模式将超级节点相连，进而组成了一个混合式的网络结构。

在混合式 P2P 网络拓扑中，由于在各节点上存储了系统中其他部分节点的信息，发现算法仅在超级节点之间转发。如果查询结果不充分，超级节点再将查询请求转发给适当的子节点进行有限的泛洪。这样就有效消除了在全分布式 P2P 结构中使用泛洪算法带来的网络拥塞、搜索迟缓等不利影响。另一方面，每个簇中的搜索节点负责监控所有普通节点的行为，能确保一些恶意的攻击行为在网络中得到局部控制，在一定程度上提高了整个网络的负

66

载均衡性。但混合式 P2P 网络拓扑结构也存在不足，即对超级节点依赖性较大，易受到集中攻击，容错性也会受到影响。

3.2.5 P2P 结构对比

根据 P2P 网络中常用的 4 种拓扑结构的原理，下面从可扩展性、可靠性、可维护性、发现算法的效率、复杂查询 5 个方面，对比分析 4 种拓扑结构的综合性能，具体见表 3-1。

表 3-1 P2P 网络拓扑结构对比分析

对 比 项	拓 扑 结 构			
	中心化拓扑结构 （集中式拓扑结构）	全分布式非结构化 拓扑结构	全分布式结构化 拓扑结构	半分布式拓扑结构 （混合式拓扑结构）
可扩展性	差	差	好	中
可靠性	差	好	好	中
可维护性	最好	最好	好	中
发现算法的效率	最高	中	高	中
复杂查询	支持	支持	不支持	支持

除上述介绍的第一、二、三代 P2P 网络结构之外，研究人员还在研发第四代 P2P 网络体系结构。但是，迄今为止，第四代 P2P 网络体系结构尚未真正成形，只是在前三代 P2P 网络结构的基础之上进行一些改进，例如智能节点弹性重叠的网络拓扑结构。此拓扑结构通过在路由器的网络层设置智能节点用各种链路直接连接的方式，构成一种基于网络应用层的弹性重叠网络体系结构。它可以在保持互联网分布自治体系结构的前提下，改善网络的安全性、服务质量和可管理性。

3.3 经典的 P2P 网络协议

通信协议，即网络中终端直接进行通信所要遵循的规则。了解和掌握 P2P 网络通信协议有利于加深对 P2P 网络的认知，也为进一步学习和掌握区块链的 P2P 网络具有较大帮助。鉴于此，本节将着重讨论和介绍几种经典的 P2P 网络通信协议，主要包括 Napster 协议、Gnutella 协议、基于 DHT 技术的 Chord 协议等。

3.3.1 Napster 协议

Napster 协议是第一代 P2P 网络拓扑结构的代表性通信协议。Napster 协议源自早期的 Napster 系统，该协议没有完全脱离传统的客户端/服务器结构，它通过中心目录服务器来引导互联网上客户端之间共享 MP3 文件。

1. Napster 协议的内容

在 Napster 协议中，客户端与中心目录服务器之间通信是通过发送或接收不同类型的消息来实现的。这些消息的具体内容如下。

（1）消息格式

在 Napster 协议中，客户端与服务器之间传递的消息采用如下格式。

长度（2字节）	功能（2字节）	有效负载（n字节）

"长度"字段说明了有效负载的长度。

"功能"字段定义了数据包消息类型。

"有效负载"字段以简单的 ASCII 字符来描述消息内容。

"消息头"是由"长度"字段与"功能"字段组成的，它与"有效负载"之间通过"空格"来分割，而且大多数消息没有固定长度（因为消息内容的长度不定）。

（2）消息类型

在 Napster 协议中，客户端与中心目录服务器之间为了实现不同的通信功能，需要传递不同类型的消息，Napster 协议中主要的消息类型见表 3-2。

表 3-2 Napster 协议中主要消息类型

消息类型	描　　　　述
注册	客户端发送一个"注册请求"给中心目录服务器进行注册，其中包含该客户端的用户名、密码、IP 地址、端口号以及用于共享的 MP3 文件
注册确认	中心目录服务器接收到一个"注册请求"后，用一个"注册确认"答复发给"注册请求"的客户端，其中包括中心目录服务器的一个端口号以及它们之间的连接宽带，以表示该客户端注册成功
搜索请求	客户端发送一个"搜索请求"给中心目录服务器查找某个 MP3 文件，其中的查询关键字是以需要查找的 MP3 文件名为依据计算得到的
搜索响应	当查找到要下载的 MP3 文件后，中心目录服务器用一个"搜索响应"答复发给"搜索请求"的客户端，其中包含要下载的 MP3 文件的详细信息
下载请求	客户端发送一个"下载请求"给中心目录服务器，其中包含哪个客户端保存有可供下载的 MP3 文件信息
下载响应	中心目录服务器发送一个"下载响应"给客户端，其中包含拥有下载文件的客户端的 IP 地址、端口号以及它们之间的连接带宽
浏览文件请求	客户端发送一个"浏览文件请求"给中心目录服务器，以表示想浏览一个 MP3 文件
浏览响应	中心目录服务器用一个"浏览响应"答复发给"浏览文件请求"的客户端，以显示需要浏览的 MP3 文件摘要

（3）路由原理

以一个客户端登录中心目录服务器下载"Try Everything"这首歌为示例，进一步说明 Napster 协议中如何通过各种消息来实现对 MP3 文件下载的路由步骤。Napster 路由原理如图 3-9 所示。

1）当客户端 1 注册到中心目录服务器时，它就会向中心目录服务器发送一个"注册请求"，这个"注册请求"包含客户端 1 的用户名、密码、IP 地址、端口号、用于共享的 MP3 文件。

2）当中心目录服务器在接收到"注册请求"后，就会用一个"注册确认"答复客户端 1，以表示客户端 1 在中心目录服务器注册成功。

3）当客户端 1 要下载"Try Everything"这首歌时，它就会向中心目录服务器发出一个"节点搜索请求"或"浏览文件请求"。

4）当中心目录服务器接收到"节点搜索请求"或"浏览文件请求"后，它就会用一个"搜索响应"答复客户端 1，其中这个"搜索响应"中包含有下载"Try Everything"这首歌的文件名、文件大小、保存"Try Everything"这首歌的客户端 2 连接信息等。

5）如果客户端 1 为下载"Try Everything"这首歌选取了"搜索响应"信息中的对应

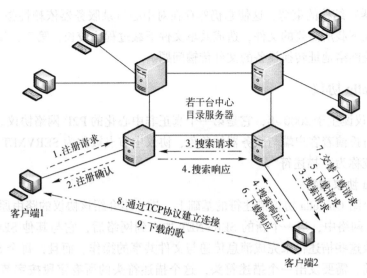

图 3-9　Napster 路由原理

项，那么它就向中心目录服务器发送一个"下载请求"。

6）当中心目录服务器接收到"下载请求"后，它就用一个"下载响应"答复客户端 1，其中这个"下载响应"包括保存"Try Everything"这首歌的客户端 2 的 IP 地址、端口号、连接带宽等信息。

7）如果客户端 2 位于防火墙之后，则"下载响应"就会告诉客户端 1："客户端 2 无法连接"。当客户端 1 接收到"下载响应"后，它就会向中心目录服务器发送一个"交替下载请求"，请求客户端 2 把要下载的"Try Everything"这首歌发送给它。当客户端 2 接收到"交替下载请求"后，它就会采用传输控制协议（Transmission Control Protocol，TCP）连接客户端 1。

8）如果客户端 2 不在防火墙之后，则客户端 1 就会根据"下载响应"告诉客户端 2 连接信息，使用 TCP 协议与客户端 2 建立连接。

9）在客户端 1 与客户端 2 之间建立连接之后，客户端 2 就会发送一个 ASCII 字符"1"给客户端 1。当客户端 1 接收到这个 ASCII 字符"1"后，它就会向客户端 2 发送一个"下载请求"，这个请求包括一个"GET"原语，其随后包括<mynick>、<filename>、<offset>。其中，<mynick>是客户端 1 的用户名，< filename >是客户端 1 要下载的"Try Everything"这首歌的文件名，<offset>是文件开始的字节偏移。当客户端 2 接收到"下载请求"后，客户端 2 就会反馈下载"Try Everything"这首歌的文件大小或者反馈错误信息。如果反馈的是下载"Try Everything"这首歌的文件大小，则随后的数据流就是要下载的"Try Everything"这首歌。

2. Napster 协议的优缺点

Napster 协议的优点在于：第一，中心目录服务器只是拥有所有客户端用于共享的文件摘要信息，而不是完整的共享文件，为系统节省了共享文件的存储空间，减轻了文件共享时对中心目录服务器网络宽带的开销；第二，能够通过中心目录服务器精确地查找到所需要的文件，为用户迅速获得共享文件提供了方便；第三，通过 MD5 对共享文件进行校验，保证了客户端下载文件具有完整性。

Napster 协议的缺点也较为明显，突出体现在以下 3 个方面：第一，没有完全摆脱 C/S

（客户端/服务器）结构的束缚，这使它仍然存在对中心目录服务器依赖性强的缺点；第二，采用单线程方式下载所需要的文件，造成共享文件下载过程比较长；第三，没有很好地解决端对端之间穿透网络地址转换设备的文件传输问题。

3.3.2 Gnutella 协议

Gnutella 协议诞生于 2000 年，它是第一个真正非中心化的 P2P 网络协议。在 Gnutella 协议中，节点同时扮演着客户端与服务器的角色，协议中节点被称为 SERVNET，SERVNET 之间传递的消息统称为"描述符"。

1. Gnutella 协议内容

下面将在介绍 Gnutella 协议描述符的基础上，进一步介绍该协议的路由原理。

在 Gnutella 网络中，当一个新的 SERVNET 加入到网络后，它与其他 SERVNET 之间就通过发出与接收这些描述符来完成消息传递与文件共享的操作。而且，每个 SERVNET 发出一个描述符之前，需要发出一个描述符头，这个描述符头的所有字段按字节序排列（除非特别说明），在描述符头中的 IP 地址都是采用 IPV4 格式的。

描述符头格式如下所示。

描述符唯一标识符	描述符类型	生存时间	跳数	有效负载长度

描述符唯一符标识符：一个无重复的字符串，用于唯一标识描述符。

描述符类型：包括 0x00 = Ping、0x01 = Pong、0x40 = Push、0x80 = Query、0x81 = QueryHit 等类型。

生存时间（TTL）：一个描述符可被 SERVNET 转发的总次数。当一个描述符被一个 SERVNET 转发时，该 SERVENT 把这个描述符的 TTL 值减"1"；当一个描述符的 TTL 值等于"0"时，接收它的 SERVENT 将停止转发这个描述符。

跳数（Hops）：一个描述符已经被 SERVNET 转发了多少次。当一个描述符被一个 SERVNET 转发时，该 SERVNET 把这个描述符的 Hops 值加"1"；TTL 值和 Hops 值满足如下关系：$TTL(0) = TTL(i) + Hops(i)$，其中 $TTL(i)$ 与 $Hops(i)$ 是一个描述符被 SERVENT 第 i 次转发时的值，且 $i \geq 0$；$TTL(0)$ 是该描述符的 TTL 初始值。

有效负载长度：一个描述符头对应的描述符的长度。通常一个描述符紧随其描述符头之后。由于在 SERVENT 发出的描述流之间没有间隔字段，只有通过上一个描述符头的结束位置和它的有效负载长度值，才能够准确确定下一个描述符头的开始位置。

紧邻一个描述符头后面对应的是描述符，Gnutella 协议主要包括 5 种描述符，即 Ping、Pong、Query、QueryHit、Push。它们实现 Gnutella 网络中 SERVENT 之间的消息传递以及文件共享等操作，具体内容见表 3-3。

表 3-3 Gnutella 协议的描述符

描述符	说　明
Ping	源 SERVENT 使用这个描述符去主动发现目的 SERVENT
Pong	目的 SERVENT 使用这个描述符去响应一个 Ping，通知发出 Ping 的源 SERVENT，已经找到目的 SERVENT
Query	源 SERVENT 使用这个描述符去查找所需文件
QueryHit	目的 SERVENT 使用这个描述符去响应一个 Query，通知发出 Query 的源 SERVENT 已经找到匹配文件
Push	源 SERVENT 使用这个描述符让处于防火墙后的目的 SERVENT 共享文件，能够被源 SERVENT 发现与共享

2. Gnutella 协议的路由原理

在 Gnutella 协议中,一个 SERVENT 只是简单地将接收到的描述符向毗邻的 SERVENT 扩散传递,这是一种简单有效的消息传递方式。图 3-10 所示为 Gnutella 的路由原理。

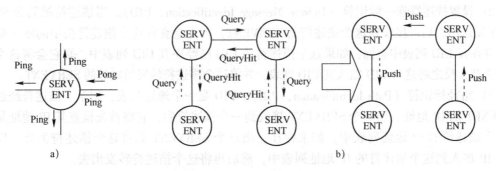

图 3-10 Gnutella 的路由原理

a) Ping/Pong 路由规则 b) Query/QueryHit/Push 路由规则

由图 3-10a 可以看出,一个 Pong 仅沿着其对应的 Ping 经过的路径往回传递,这种方法可以保证只有发送或者转发了对应 Ping 的 SERVENT 才能看到响应的 Pong。SERVNET 在接收到一个标识为"i"的 Pong 后,如果它没有发送或者转发过标识为"i"的 Ping,那么它必须丢弃这个 Pong,并且不向其他 SERVENT 转发这个 Pong。

由图 3-10b 可以看出,QueryHit 也是只沿着对应 Query 经过的路径往回传递,这种方法使得只有发送或转发过对应 Query 的 SERVENT 才可以看到响应的 QueryHit。SERVENT 在接收到一个标识为"i"的 QueryHit 后,如果它没有发送或转发标识为"i"的 Query,那么它必须丢弃这个 QueryHit,并且不向其他 SERVENT 转发这个 QueryHit。

如果接收 Query 的目的 SERVENT 由于受防火墙的限制,无法把 QueryHit 发送到源 SER-VENT 以建立连接时,它就会通过发出 Push 将源 SERVENT 需要的共享文件传送给它。Push 也同样需要沿着 QueryHit 经过的路径往回传递,采用这种方法可以确保了只有发送或转发过对应 QueryHit 的 SERVENT 才能看到响应的 Push。SERVENT 在接收到 SERVENT 标识为"i"的 Push 后,如果它没有发送或转发过 SERVENT 标识为"i"的 QueryHit,那么它必须丢弃这个 Push,并且不向其他 SERVENT 转发这个 Push。Push 是参照 SERVENT 的标识符转发,而不是参照描述符的标识符转发。

SERVENT 需要向它的所有毗邻 SERVENT(除 Ping 和 Query 的发送者外)转发接收到的 Ping 和 Query。

SERVENT 向其毗邻 SERVENT 发送或转发一个描述符前,需要将这个描述符头中 TTL 的值减去"1",Hops 值加"1"。如果这个描述符的 TTL 值在减"1"之后为"0",则 SER-VENT 不再转发这个描述符。

如果 SERVENT 接收到曾经收到过的具有相同标识符的同类描述符时,那么它就不应该再向前转发这个描述符,因为这个描述符也许是一个冗余描述符,再次转发它便会浪费网络带宽。

然而,如果不对 Gnutella 网络中基于描述符的传递方式加以适当的控制,Gnutella 网络中描述符的数量就会呈指数倍增长,就会导致网络带宽被很快地吞噬掉。为了避免这种灾难的发生,Gnutella 协议采用如下方法来控制描述符数量的呈指数倍增长。

1)限定描述符生存时间。当描述符被其源 SERVENT 发送出去后,接收到这个描述符的 SERVENT，首先检查这个描述符头中的生存时间。如果生存时间（TTL 值）为 0，则不再转发这个描述符，否则将这个描述符的 TTL 值减去 "1"，然后转发给毗邻的 SERVENT。生存时间值越大，描述符能传播的距离就越远，反之则越近。

2）设置描述符唯一标识符（Unique Message Identification，UID）。当描述符被其源 SERVENT 发送出去后，接收到这个描述符的 SERVENT，首先检查在这个描述符头中的唯一标识符，并在其 UID 列表中查询，如果这个描述符的 UID 已经在其 UID 列表中，则它会将这个描述符丢弃，反之将这个 UID 加入其 UID 列表，并将这个描述符转发给毗邻的 SERVENT。

3）路径标识符（Path Identification，PID）。PID 是一个地址列表，记录了描述符经过的 SERVNET 的 IP 地址。当一个 SERVENT 接收到一个描述符后，它将首先检查其 IP 地址是否在这个描述符的 IP 地址列表中。如果存在，则这个 SERVENT 就将这个描述符丢弃，反之则将 IP 加入到这个描述符的 IP 地址列表中，然后再将这个描述符转发出去。

3. Gnutella 协议不足及其改进

当前，Gnutella 协议是无中心的 P2P 系统中最为成熟的通信协议之一。迄今为止，Gnutella 网络主机数量已经达到上万个的级别，共享文件数量已经达到数十万个。但它也存在一些不足，主要体现如下。

1）在 Gnutella 协议中，TTL 值越小，就越会减少描述符对网络资源的占用，但是越大的 TTL 值却越能够提高描述符的服务质量。找到一个最优的 TTL 值，使描述符对网络资源占用与得到的服务质量达到平衡，成为制约其应用的重要问题。

2）在进行共享文件交换时，源 SERVENT 与目的 SERVENT 交换共享文件采用 HTTP 协议。导致在交换过程中，无法停止正在进行的共享文件。

3）在网络带宽低的情况下，SERVENT 会丢失发出或转发的描述符，这种情况会使 SERVENT 的网络半径变得越来越小，也会造成部分 SERVENT 变得不可达或不可用。

3.3.3　Chord 协议

2001 年美国麻省理工学院提出了 Chord 协议，它是采用 DHT 构建的一种典型的结构化 P2P 协议。Chord 协议与 Napster 协议、Gnutella 协议相比，具有结构简单、定位精确等特点。同时，由于 Chord 解决了如何在 P2P 网络中找到特定数据存储在哪个节点中的问题，这使得它成为一种较为著名的 P2P 协议。

1. Chord 协议构成

Chord 协议所建构的 P2P 网络，是在互联网底层协议基础上构建的一种覆盖网络，它的网络拓扑结构采用封闭环结构（Chord 环），节点和被存储数据对象都分布在环上，每一个节点负责存储一定数量的数据对象。在 Chord 中，通过哈希函数 SHA-1 为环上每一个节点赋予一个 $m(m<160)$ 位的节点标识符。节点以节点标识符按从小到大的顺序沿顺时针方向在环上分布。为了在环上节点存储数据对象，同样需要通过哈希函数 SHA-1，为每一个需要存储的数据对象赋予一个 m 位的关键字。不管是节点标识符还是关键字，它们的长度 m 应该足够大，否则将无法让 Chord 环容纳足够多的节点或数据对象。同时，需要保证任意两个节点或数据对象经过哈希函数 SHA-1 后，出现相同节点标识符或关键字的概率几乎为零。Chord 的结构组成如图 3-11 所示，在图中节点的箭头是一个指向这个节点的后驱节点的指针，一个节点的后驱节点的前驱节点就是这个节点本身。其中 successor() 表示一个节点的后驱节点。

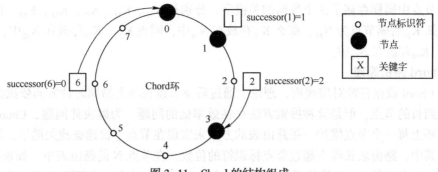

图 3-11 Chord 的结构组成

Chord 借助哈希函数 SHA-1 可以将数据对象映射到一个有限的整数集合的特性,实现海量数据在 Chord 环中有限节点的存储。下面将详细介绍 Chord 如何使用哈希函数 SHA-1 来生成节点的节点标识符、数据对象的关键字,以及如何通过数据对象关键字把需要存储的数据对象存放到对应节点中。

（1）节点的节点标识符

在 Chord 环中,使用哈希函数 SHA-1 对节点的 IP 地址进行哈希运算后,得到一个唯一的节点标识符。即 N=SHA-1(IP),其中 N 为节点的节点标识符,IP 为节点的 IP 地址。

（2）数据的关键字标识符

Chord 环使用哈希函数 SHA-1 对每个需要存储的数据对象进行哈希运算,为每个需要存储的数据对象赋予一个 m 位关键字。即 K=SHA-1(DATA),其中 K 为数据对象的关键字,DATA 为需要存储的数据对象。

（3）数据对象存放到对应节点

在实际 P2P 网络中资源和节点数量的动态变化性使得节点与其所存储资源之间保持固定映射十分困难。为解决此问题,Chord 协议确定了关键字映射到环上节点的规则:在环上从第一个节点沿顺时针方向开始计算,关键字 K 被存放到节点标识符等于 K 的那个节点中,或者存放到节点标识符大于 K 的节点集合中节点标识符最小的那个节点中,并且这个被选中用于存放关键字 K 的节点称为关键 K 后驱节点,表示为 successor(K)。

下面用一个例子来说明,在 Chord 环上如何把数据存放到对应节点的过程。Chord 中数据对象存储对应节点示例如图 3-12 所示,假设存在一个节点标识符位数 $m=6$ 的 Chord 环,其中在环上有 10 个节点,分别是 N_1、N_8、N_{14}、N_{21}、N_{32}、N_{38}、N_{42}、N_{48}、N_{51}、N_{58}；在这

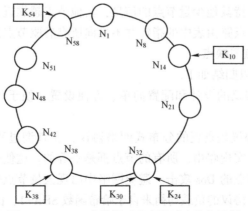

图 3-12 Chord 中数据对象存储对应节点示例

个环上的节点中同样存储了 5 个数据的关键字，分别是 K_{10}、K_{24}、K_{30}、K_{38}、K_{54}。由上述映射规则可知 K_{10} 后驱节点为 N_{14}，那么 K_{10} 存放在 N_{14} 中，同理 K_{24}、K_{30} 存放在 N_{32} 中，K_{38} 存放在 N_{38} 中，K_{54} 存放在 N_{58} 中。

2. Chord 路由原理

根据 Chord 数据存放对应规则，理论上通过后驱节点在环上沿顺时针方向依次往后查询就可以找到目的节点，但是这种搜索方法存在效率低的问题。为解决此问题，Chord 中采用了通过让环上每一个节点维护一张路由表的方式来实现在节点中快速查找关键字，以提升查询效率。其中，路由表长度不超过节点标识符的位数。在节点 N 的路由表中，如果第 i 条记录所指第一个节点是 S，也就是说节点 S 是节点 N 的第 i 个节点（前面至少有 2^{i-1} 个节点），那么 $S = successor((N+2^{i-1}) \bmod 2^m)$，$1 \leq i \leq m$，表示为 N. finger$[i]$. node，节点 N 的路由表符号说明见表 3-4。

表 3-4　节点 N 的路由表符号说明

符　号	说　明
finger$[i]$. start	$(N+2^{i-1}) \bmod 2^m, 1 \leq i \leq m$，节点 N 的路由表中第 i 条记录是指向第 $(N+2^{i-1}) \bmod 2^m$ 个节点
finger$[i]$. interval	当前节点的后驱节点的区间范围：$[finger[i]. start, finger[i+1]. start)$，如果 $1 \leq i \leq m$；$[finger[i]. start, n)$，如果 $i = m$
finger$[i]$. node	节点标识符等于或大于 N. finger$[i]$. start 的第一个后驱节点
successor	当前节点的第一个后驱节点，最后一个节点的直接后驱节点是：successor = inger$[1]$. node
predecessor	当前节点的第一个前驱节点

进一步地以图 3-12 中 Chord 环上的节点 N_8 为例说明指针指向的变化情况。N_8 的第一条指针记录为 $(8+2^0) \bmod 2^6 = 9$，finger$[1]$. interval 是 $[(8+2^0) \bmod 2^6, (8+2^1) \bmod 2^6) = [9, 10)$，指向其后驱节点 N_{14}；N_8 的第二条指针记录为 $(8+2^1) \bmod 2^6 = 10$，finger$[2]$. interval 是 $[10, 12)$，指向其后驱节点 N_{14}；N_8 的第三条指针记录为 $(8+2^2) \bmod 2^6 = 12$，finger$[3]$. interval 是 $[12, 16)$，指向其后驱节点 N_{14}；N_8 的第四条指针记录为 $(8+2^3) \bmod 2^6 = 16$，finger$[4]$. interval 是 $[16, 24)$，指向其后驱节点 N_{21}；N_8 的第五条指针记录为 $(8+2^4) \bmod 2^6 = 24$，finger$[5]$. interval 是 $[24, 40)$，指向其后驱节点 N_{32}；N_8 的第六条指针记录为 $(8+2^5) \bmod 2^6 = 40$，finger$[6]$. interval 是 $[40, 8)$，指向其后驱节点 N_{42}。

从图 3-13 所示的 Chord 环上的节点路由表示例中可以看出，Chord 环中节点路由表具有如下特点：每个节点仅维持其他少量节点的信息，其他节点越靠近这个节点，这个节点就越清楚它们的信息；每个节点路由表中的指针并不指向所有后驱节点的位置。

3. Chord 协议的优点与缺点

Chord 协议的优点可以归结如下。

1）简单性。Chord 协议的设计和配置简单、方便设置，便于理解和编辑修改，其代码方便扩展。

2）分散性。Chord 协议是真正的分布式网络协议，在查询过程中不需要中心节点或其他任何类型的超级节点来实现路由，所有的节点都是平等的。这使得 Chord 协议具有很好的健壮性，可以抵御恶意节点的 Dos 攻击，避免网络中出现大量节点失效的现象。

3）负载均衡。Chord 协议的负载均衡来自于哈希函数 SHA-1，由于哈希函数 SHA-1 能够将网络中存储的数据哈希运算后，尽可能均匀地分布到所有的节点中，可以提供网络负载均衡。

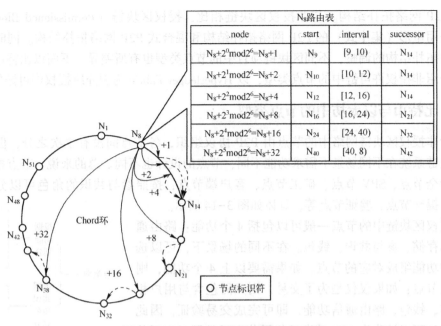

N8路由表			
.node	.start	.interval	successor
$N_8+2^0 \bmod 2^6=N_8+1$	N_9	[9, 10)	N_{14}
$N_8+2^1 \bmod 2^6=N_8+2$	N_{10}	[10, 12)	N_{14}
$N_8+2^2 \bmod 2^6=N_8+4$	N_{12}	[12, 16)	N_{14}
$N_8+2^3 \bmod 2^6=N_8+8$	N_{16}	[16, 24)	N_{21}
$N_8+2^4 \bmod 2^6=N_8+16$	N_{24}	[24, 40)	N_{32}
$N_8+2^5 \bmod 2^6=N_8+32$	N_{40}	[40, 8)	N_{42}

图 3-13　Chord 环上的节点路由表示例

4）可扩展性。Chord 协议的查询开销是随着网络规模（假定节点总数为 N）的增加而按照 $O(\log_2 N)$ 的比例增加。

5）可用性。Chord 协议要求节点根据网络的变化动态地更新路由表，刷新或删除过时的信息，较好地反映网络中节点的变化情况，以便能够及时地建立和恢复正确的路由关系。

6）命名灵活性。Chord 协议的关键字名字空间是扁平的。Chord 协议对关键字的名字结构没有任何的限制，唯一的要求是名字长度是固定的。因此，在节点名字与关键字名字之间映射时具有很大的灵活性，应用层可以灵活地将数据映射到关键字标识符空间，而不过多地受协议其他的限制。

Chord 协议的缺点主要包括以下几点。

1）它没有考虑孤立网络的修复，一旦出现孤立网络，那么它们可能一直存在。

2）Chord 协议是使用"节点标识符"这样的逻辑地址来定义节点的，节点逻辑地址是通过哈希函数 SHA-1 对节点 IP 地址哈希运算后得出的，因此它与节点物理地址之间没有必然的联系，这可能导致节点逻辑地址与节点物理地址之间存在失配的情况，从而导致在实际的路由工程中"舍近求远"。

3）Chord 协议是基于底层互联网协议之上的一种覆盖网络，它的拓扑结构虽然与底层非结构化的 IP 网络没有直接的关系，但也可能由于网络层中的一个连接失效而导致采用 Chord 协议的覆盖网络中的多个节点连接失效。

3.4　区块链 P2P 网络中的节点类型

区块链的网络结构继承了计算机通信中 P2P 网络的一般拓扑结构，但也在某种程度上对已有的 P2P 网络做了改进，以适应其内置的共识机制、激励机制和应用场景。一般来说以比特币和以太坊为代表的非授权区块链（Permissionless Blockchain）大多采用去中心化的网络，其网络节点一般具有海量、分布式、自治、开放可自由进出等特性，因而大多采用全分布式 P2P 网络拓扑结构。与非授权区块链相比，授权区块链（Permissioned Blockchain）系统多采用星形（集中式）的 P2P 网络拓扑结构和混合式 P2P 网络拓扑结构。同时，为了适应网络拓扑结构的调整，不同区块链项目中的节点类型也有所差异。下面以比特币和以太坊为例介绍非授权许可链中的节点类型，以 Hyperledger Fabric 为例介绍授权许可链的协议。

3.4.1 比特币与以太坊中的节点类型

尽管非授权区块链网络中的节点由 P2P 协议组织，各节点间没有主次之分，但是由于不同区块链系统在不同场景下需求功能不同，节点的设计也不同。总的来说，节点按照功能可以分为全节点、SPV 节点、矿工节点、客户端节点，按照参与共识的角色可以分为客户端节点、提交节点、验证节点等，具体如图 3-14 所示。

非授权区块链中的节点一般可以包括 4 个功能：路由通信、账本存储、参与共识、钱包。在不同的场景下，可以选择需要的功能组成对应的节点。如果需要以上 4 个功能，则组成了全节点；如果仅仅是为了交易，则只需包含与用户相关的账本、钱包、路由通信功能，即可完成交易验证，因此这类节点又可以被称为 SPV 节点。如果节点只是用于实现共识算法，则只需要包含参与共识的逻辑即可。在无须许可区块链的比特币、以太坊中，当新的网络节点启动后，需要寻找网络中可靠的节点并连接。

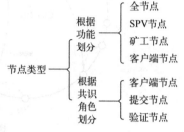

图 3-14　节点类型

3.4.2　Hyperledger Fabric 中的节点类型

Hyperledger Fabric 是授权区块链的典型代表，主要面向于企业应用。其网络中的节点主要包含 4 种，即客户端节点（Apply）、一般节点（Peer）、排序节点（Orderer）、认证节点（Certificate Authorities）。其中，客户端节点、排序节点以及认证节点并不参与事务验证，而是为 Fabric 网络运行提供保障。参与 Hyperledger Fabric 事务和验证的节点为一般节点。图 3-15 所示为 Hyperledger Fabric 中 4 种类型的节点交互示意图。

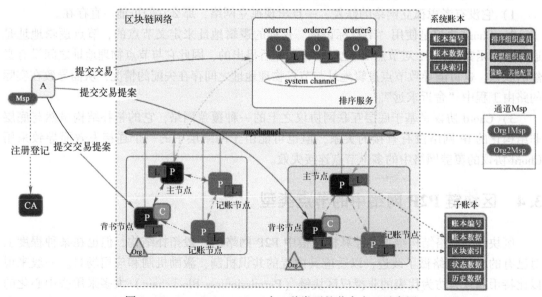

图 3-15　Hyperledger Fabric 中 4 种类型的节点交互示意图

一般节点根据其在特定事务中所发挥的功能又可以划分为记账节点（Committing peer）、背书节点（Endorsing peer）、锚定节点（Anchor peer）、领导节点（Leader Peer）。事实上，不同类型的一般节点并非是固定不变地承担某一项功能，而是在不同的事务场景中发挥着不同功能。举例说明，假设有两个事务 T_1 和 T_2，节点 P_1、P_2、P_3、P_4，在处理 T_1 事务中，P_1 为记账节点、P_2 为背书节点、P_3 为领导节点、P_4 锚定节点；然而在处理 T_2 事务时，P_1 则有可能成为记账节点、P_2 则可能成为背书节点、P_3 为锚定节点、P_4 领导节点。换言之，一般节点只有发挥相应的功能时，才被称为特定类型的节点。一个一般节点可以同时是背书节点和记账节点，也可以同时是背书节点、领导节点和记账节点。

记账是每个一般节点的基础功能，即每个一般节点都是记账节点，负责维护状态数据和账本的副本。部分一般节点根据背书策略的设定会执行交易并对结果进行签名背书，充当背书节点的角色。背书节点是动态的角色，每个链码在实例化的时候都会设置背书策略，指定哪些节点对交易背书后才是有效的。只有在应用程序向节点发起交易背书请求的时候，该节点才是背书节点，否则它就是普通的记账节点。当一个实体组织在一个通道上有多个一般节点时，为了提高通信效率，需要选举出来一个领导节点作为代表去和排序服务节点通信，负责从排序服务节点处获取最新的区块并在组织内部同步。在 Gossip 通信协议（参见后文）中，锚定节点被用于实现不同组织之间的通信。举例说明，如某一通道中存在 3 个组织 A、B、C，并且组织 C 单一的锚定节点为 peer0. orgC。当 peer1. orgA（来自组织 A）与 peer0. orgC 通信时，peer1. orgA 将告知 peer0. orgC 自身的消息。之后，当 peer1. orgB 与 peer0. orgC 通信时，peer0. orgC 将向 peer1. orgB 传递 peer0. orgA 的信息。之后，组织 A 和组织 B 将开始直接进行通信，而无须 peer0. orgC 进行信息中继。

在 Hyperledger Fabric 网络中，客户端的主要作用是实现与 Hyperledger Fabric 的系统交互，可以看作是 Hyperledger Fabric 系统的前端或者实现实体进入 Hyperledger Fabric 中的入口。客户端必须连接到某个一般节点或者排序节点时才可以与区块链网络进行通信。

排序节点主要用以接收包含背书签名的交易，对未打包的交易进行排序，并广播一般节点。一个区块链网络中，只能有一组节点提供排序服务，以实现排序的统一性，这组节点一般由多个排序节点组成。排序服务启动的时候需要一个整个网络的创世区块，该创世区块中包含了排序节点信息、联盟组织信息、共识算法类型、区块配置信息及访问控制策略。同时在排序服务启动时会创建系统主通道，系统主通道在网络中有且只有一个，系统主通道存储了系统账本以及其他初始配置参数，系统主通道的主要作用就是创建其他通道。

认证节点主要负责向通道中的节点颁发认证，以标识网络中节点所属的实体组织，另一方面，实现对特定交易的认证，类似数字签名。举例说明，假设实体组织在网络中存在两个认证节点 C_1 和 C_2，3 个记账节点 P_i、P_j 和 P_k，交易 T_n 和 T_m 分别发生于 $P_i \rightarrow P_j$ 和 $P_j \rightarrow P_k$ 中。其中 C_1、P_i、P_j 来自实体组织 A，C_2、P_k 来自实体组织 B。C_1 通过颁发认证，标识 P_i、P_j 来自组织 A，C_2 通过颁发认证，标识 P_k 来自于组织 B。同时，C_1 通过对交易 T_n 认证，确定该交易隶属于实体组织 A 节点之间的交易，C_1 通过对交易 T_m 认证，确定实体组织 A 认可该交易。C_2 通过对交易 T_n 认证，确定实体组织 B 认可该交易。在 Hyperledger Fabric 中，开发者为实体组织提供了一个内置的 Fabric-CA，以帮助实体组织进行认证。

3.5　比特币中的 P2P 网络协议

区块链网络的 P2P 协议主要用于节点间传输交易数据和区块数据，比特币和以太坊的

P2P 协议基于 TCP 协议实现，Hyperledger Fabric 的 P2P 协议则基于 HTTP/2 协议实现。在区块链网络中，节点时刻监听网络中广播的数据，当接收到邻居节点发来的新交易和新区块时，其首先会验证这些交易和区块是否有效，包括交易中的数字签名、区块中的工作量证明等，只有验证通过的交易和区块才会被处理（新交易被加入正在构建的区块，新区块被链接到区块链）和转发，以防止无效数据的继续传播。

3.5.1 比特币中的节点发现

在比特币网络中，新区块链节点启动后，发现网络中其他节点并获知区块链组网一般通过以下 5 种方式。

1）地址数据库。网络节点的地址信息会存储在地址数据 peer. dat 中。节点启动时，address manger 载入。节点第一次启动时，无法使用这种方式。

2）通过命令行指定。用户可以通过命令行方式将指定节点的地址传递给新节点，命令行传递参数格式形如-addnode<ip>或者-connect<ip>。

3）DNS 种子。当 peer. dat 数据库为空，且用户没有命令行指定节点的情况下，新的节点可以启用 DNS 种子，默认 DNS 种子有 seed. bitcion. sipa. be、dnssed. bluematee. me、dnesseed. bitcoin. dashjr. org、seed. bitcoins. com、seed. bitcoin. jonasschnellli. ch、seed. btc、petertodd. org 等。图 3-16 所示为比特币源码，方框中的地址为比特币初始化加载的 DNS 种子。

```
// Note that of those which support the service bits prefix, most only support a subset of
// possible options.
// This is fine at runtime as we'll fall back to using them as a oneshot if they don't support the
// service bits we want, but we should get them updated to support all service bits wanted by any
// release ASAP to avoid it where possible.
vSeeds.emplace_back("seed.bitcoin.sipa.be"); // Pieter Wuille, only supports x1, x5, x9, and xd
vSeeds.emplace_back("dnsseed.bluematt.me"); // Matt Corallo, only supports x9
vSeeds.emplace_back("dnsseed.bitcoin.dashjr.org"); // Luke Dashjr
vSeeds.emplace_back("seed.bitcoinstats.com"); // Christian Decker, supports x1 - xf
vSeeds.emplace_back("seed.bitcoin.jonasschnelli.ch"); // Jonas Schnelli, only supports x1, x5, x9, and xd
vSeeds.emplace_back("seed.btc.petertodd.org"); // Peter Todd, only supports x1, x5, x9, and xd
```

图 3-16　比特币源码，方框中的地址为比特币初始化加载的 DNS 种子

4）硬编写地址。如果 DNS 种子方式失败，还可采用硬编码地址的方式。应注意的是，需要避免 DNS 种子和硬编码种子节点的过载。因此，通过它们获得其他节点地址后，应该断开与这些种子节点的连接。

5）通过其他节点获得。节点之间通过 getaddr 消息和 addr 消息交换 IP 地址信息，具体交互过程详见 3.5.2 节。

3.5.2 比特币中的数据传输协议

比特币网络中，节点通常采用 TCP 协议，使用 8333 端口与其他对等节点交互。在比特币网络中，数据传播涉及的消息类型有：version 消息和 verack 消息用于建立初始连接；addr 和 getaddr 消息用于地址广播及发现；getbloks 消息、inv 消息和 getdata 消息用于同步区块数据；tx 消息用于交易传播。比特币网络中数据传播具体过程如下。

1. 建立初始连接

建立连接始于"握手"通信，建立初始连接示意图如图 3-17 所示。比特币节点之间的握手过程类似 TCP 3 次握手，节点 A 向节点 B 发送包含基本认证内容的 version 消息，节点 B 收到后，检查是否与自己兼容，兼容则确定连接，返回 verack 消息，同时向节点 A 发送

自己的 version 内容，如果节点 A 也兼容，则返回 verack，至此成功建立连接。

2. 地址广播及发现

一旦建立连接，新节点将向其邻接节点发送包含 IP 地址的 addr 消息。相邻节点则将此 addr 消息再度转发给各自相邻节点，进而保证新节点被更多节点获知。此外，新接入节点还向其相邻节点发送 getaddr 消息，获取邻居节点可以连接的节点列表，地址广播与发现示意图如图 3-18 所示。

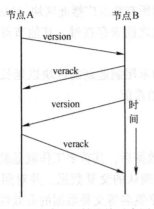

图 3-17 建立初始连接示意图

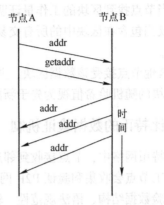

图 3-18 地址广播与发现示意图

3. 同步区块数据

新入网节点只知道内置的创世区块，因此需要同步区块数据。同步过程始于发送 version 信息，该消息含有节点当前区块高度（Best Heiht 标识）。具体而言，连接建立后，双方会互相发送同步消息 getblocks，其包含各自本地区块链的顶端区块哈希值。通过比较，区块数较多的一方向区块数较少的一方发送 inv 消息。需要注意的是，inv 消息只是一个清单，并不包括实际的数据。区块数较少的一方收到消息后，开始发送 getdata 消息请求数据，同步区块数据示意图如图 3-19 所示。而 SPV（简化支付验证技术）节点同步的不是区块数据，而是区块头，使用 getheaders 消息，SPV 节点同步区块头示意图如图 3-20 所示。

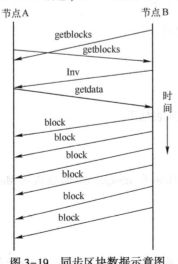

图 3-19 同步区块数据示意图

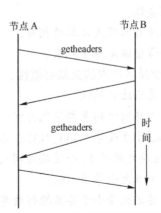

图 3-20 SPV 节点同步区块头示意图

4. 交易传播

交易数据的广播更为常见的场景是：假定有节点要发送交易，那么首先会发送一条包含该交易的 inv 信息给其邻居节点；邻居节点则通过发送 getdata 消息请求 inv 中所有交易的完整信息；如果发送方接收到 getdata 响应信息，则使用 tx 发送交易；接收到交易的节点也将以同样的方式转发交易（假定它是有效的交易）。比特币系统的交易数据传播协议包括如下步骤。

1）比特币交易节点将新生成的交易数据向全网节点进行广播。

2）每个节点都将收集到的交易数据存储到一个区块中。

3）每个节点都基于自身算力在区块中找到一个具有足够难度的工作量证明。

4）当节点找到区块的工作量证明后，就向全网所有节点广播此区块（block 消息）。

5）仅当包含在区块中的所有交易都是有效的且之前未存在过，其他节点才认同该区块的有效性。

6）其他节点接受该数据区块，并在该区块链的末尾制造新的区块以延长该链条，而将被接受区块的随机哈希值视为先于新的区块的随机哈希值。

3.5.3 比特币的数据验证机制

在比特币网络中，节点接收到邻近节点发来的数据后，其首要工作就是验证该数据的有效性。矿工节点会收集和验证 P2P 网络中广播尚未确认的交易数据，并对照预定义的标准清单，校验数据结构、语法规范性、输入输出和数字签名等交易数据的有效性，并将有效交易数据整合到当前区块中。

具体而言，数据验证清单主要包括如下要求。

1）验证区块大小在有效范畴内。

2）确认区块数据结构（语法）的有效性。

3）验证区块至少含有一条交易。

4）验证第一个交易 coinbase 交易（Previous Transaction Hash 为 0 且 Previous Txout index 为-1）有且仅有一个。

5）验证区块头部的有效性，具体检查列表如下。
- 确认区块版本号是本节点可兼容的。
- 区块引用的前一区块是有效的。
- 区块包含的所有交易构建的默克尔树是正确的。
- 时间戳合理。
- 区块难度与本节点计算的相符。
- 区块哈希值满足难度要求。

6）验证交易区块内的交易有效性，具体检查列表如下。
- 检查交易语法正确性。
- 确保输入与输出列表都不能为空。
- lock_time 小于或等于 INT_MAX，或者 nLockTime 和 nSequence 的值满足 MedianTimePast（当前区块之前的 11 个区块时间的中位数）。
- 交易的字节大小等于 100。
- 交易中签名数量小于签名操作数量上限。
- 解锁脚本只能够将数字压入栈中，并且锁定脚本必须要符合 isStandard 的格式。
- 对于 coinbase 交易，验证签名长度为 2~100 字节。
- 每个输出值以及总量，必须在规定值的范围内。

- 对于每个输入，如果引用的输出存在内存池中任何的交易，该交易将被拒绝。
- 验证孤立交易：对于每个输入，在主分支和内存池中寻找引用的输出交易，如果输出交易缺少任何一个输入，该交易将被认为是孤立交易。如果与其匹配的交易还没有出现在内存池中，那么将被加入到孤立交易池中。
- 如果交易费用太低则交易将被拒绝。
- 每一个输入的解锁脚本必须依据响应输出的锁定脚本来验证。
- 如果不是 coinbase 交易则确认交易输入有效，对于每一个输入：验证引用的交易存于主链；验证引用的输出存于交易；如果引用的是 coinbase 交易，确认至少获得 COIN-BASE_MATURITY（100）个确认；确认引用的输出没有被花费；验证交易签名有效；验证引用的输出金额有效；确认输出金额等于输入金额（差额即为手续费）。
- 如果是 coinbase 交易，确认金额小于等于交易手续费与新区块奖励之和。

如果数据有效，则按照接收顺序存储到交易内存池以暂缓尚未记入区块的有效交易数据，同时继续向邻近节点转发。如果数据无效，则立即废弃该数据，从而保证无效数据集不会在区块链网络中继续传播。

3.6 以太坊的 P2P 网络协议

以太坊的网络通信由 3 个不同的协议组成，它们运行在 UDP 和 TCP 之上。RLPx 用于节点发现和安全传输，DEVp2p 用于应用程序会话建立以及以太坊应用程序级协议（后续称为 Sub-Portocol）。以太坊通信协议构架示意图图 3-21 所示。

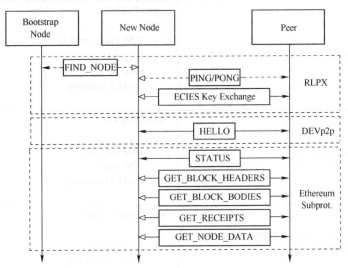

图 3-21 以太坊通信协议构架示意图

3.6.1 以太坊中的节点发现

RLPx 利用基于 DHT 的路由算法 Kademlia 实现节点发现，并构建了一个低直径拓扑结构的高效网络。下面，首先介绍 Kademlia 是如何运作的，然后指出 RLPx 的特点。

Kademlia 是一个基于 UDP 的协议，用于分布式节点存储和检索数据的算法。节点 ID（随机生成）和存储数据的键（通过哈希数据生成）都表示为 160 位值，这允许直接比较节点 ID 和数据键。更具体地说，Kademlia 使用按位异或计算两个 160 位值之间的距离 $d(a,b)=a\oplus b$，然后，利用 *bitwise XOR*（即采用按位异或计算两个 160 位值之间距离的具体值）距离的整数值，将数据存储在节点上，这个节点的 ID 接近于数据键。Kademlia 的操作依赖于数据和网络节点之间的本地、确定性映射，以快速定位节点。

每个 Kademlia 节点维护一个路由表，用于监视对等连接的节点，并确定哪个邻居存储给定键的数据。根据节点自身的节点 ID 与相邻节点 ID 的异或距离，将路由表划分为 160 个"桶"。每个"桶"是异或距离在 $2^i \sim (2^i+1)$ 之间的节点列表。每个"桶列表"被限制为最大 k 个节点，因此称为"k-桶"。当检测到一个新的邻近节点时，Kademlia 将该节点添加到适当的"k-桶"中。然而，如果目标"k-桶"满了，Kademlia 的驱逐策略会倾向于旧节点，并且只在最近最少活动的、预先存在的节点不活跃的情况下添加一个新节点，也就是说，它不会用 *Pong* 消息响应 *Ping* 消息。

为了让加入 Kademlia 的节点找到对等节点，它首先将一组硬编码的引导节点 ID 添加到它的路由表中。随后，当试图定位网络上的目标节点时，该节点在其路由表中搜索最接近目标节点的 α（通常是 3 个）节点。然后，节点向这些 α 节点发送一个 FIND_NODE 消息，该消息指定目标节点 ID，每个对等节点用自己路由表中最接近目标的 k 个节点的列表进行响应，响应命令为 NEIGHBORS。查询节点将通过这个过程发现的任何新的节点信息（如节点的 ID、IP 地址、UDP/TCP 端口等）添加到其路由表中，然后迭代地重复这个过程，直到它收敛到目标节点上。表 3-5 展示了基于 UDP 的以太坊网络中主要通信命令的功能和构成。

表 3-5　基于 UDP 的以太坊网络中主要通信命令的功能和构成

名　称	功　能	构　成

Ping	探测一个节点，判断其是否在线	struct PingNode
		{
		　　h256 version = 0X3;
		　　Endpoint form;
		　　Endpoint to;
		　　uint32_t timestamp
		}

Pong	Ping 命令响应	struct PingNode
		{
		　　Endpoint form;
		　　h256 echo;
		　　uint32_t timestamp
		}

FIND_NODE	向节点查询某个与目标节点 ID 距离接近的节点	struct FindNeighbours
		{
		　　NodeId target;
		　　uint32_t timestamp
		}

NEIGHBORS	FIND_NODE 命令响应，发送与目标节点 ID 距离接近的"K-桶"中的节点	struct Neighbours
		{
		　　list nodes:struct Neighbour
		　　{
		　　　　inline Endpoint endpoint;
		　　　　nodeid node;
		　　};
		　　uint32_t timestamp;
		}

RLPx 和 Kademlia 之间有 5 个主要区别，具体如下。

1）RLPx 不支持数据存储/检索——它只支持节点发现和路由。

2）RLPx 使用 512 位的节点 ID，而不是 160 位的节点 ID。

3）节点 ID 还充当公钥，并在 RLPx 中用于最终建立一个经过身份验证的 TCP 连接，该连接提供包括签名包和采用 ECIES 加密后的密钥交换。

4）RLPx 不直接计算节点 ID 上的异或距离。

5）RLPx 使用 $\log_2(a \oplus b)$ 作为距离度量，它对应 257 个不同的"节点桶"。

3.6.2　以太坊中的数据传输协议

在通过 RLPx 发现对等节点并建立安全的 TCP 连接之后，DEVp2p 将在两个已连接的对等节点之间协商应用程序会话。每个节点必须首先向对等节点发送一个 HELLO 消息，该消息详细说明了它自己的节点 ID、DEVp2p 版本、客户端名称、支持的应用程序协议/版本以及节点正在监听的端口号（默认情况下是 30303）。根据 HELLO 消息的信息，节点可以通过 DEVp2p 开始传输应用数据包。在不活动期间，DEVp2p 节点将按照客户端设置的间隔定期发送 DEVp2p 的 Ping 消息（与 RLPx 的 Pong 消息不同），以确保它们连接的对等节点仍然处于活动状态，没有崩溃。如果在客户端设置的最大允许空闲时间内没有收到相应的 DEVp2p Pong 消息，那么节点将发送一个断开连接消息，其中可能包含一个解释断开连接的错误代码。

Sub-Portocol 运行在 DEVp2p 之上，在 DEVp2p 的 HELLO 消息交换期间被标记为 "eth"。以太坊子协议用于检索和存储以太坊区块链上的信息。下面以 Sub-Portocol 的 62/63 版本，对 Sub-Portocol 的机制进行介绍。

在 DEVp2p 的 HELLO 消息传递后，两个对等节点必须发送第一个状态消息，它传达了节点区块链的当前状态。它包含一个节点的协议版本、网络 ID（多个不同的以太坊网络存在时）和区块链第一个区块的 Keccak-256 哈希值，也被称为源哈希。主流的以太坊区块链存在于网络 ID 为 1 的网络（即主网）上，其源哈希值为 d4e56740…b1cb8fa3，并支持 DAO 分叉。STATUS 信息用来确定它们应该连接到哪些对等节点，与 DEVp2p 类似，如果一个节点遇到一个源哈希值不同的节点，它将断开与该节点的连接。

在 STATUS 消息交换后仍然保持连接的节点，利用两个 STATUS 状态消息字段来协调区块链同步：一个节点已知最新区块的哈希值（即最佳哈希值）和它的区块链总难度。为了便于说明，这里假设存在一个新加入以太坊网络的节点。该节点，将首先通过发送 GET_BLOCK_HEADERS 消息，以获取区块的标题列表，并开始下载完整的本地副本区块链，其中包括区块头信息，如父块哈希、矿工地址和额外的信息自由领域，用于检测 DAO 分叉以及区分主流 Ethereum 和 Ethereum 经典。在编译了缺失的区块哈希值列表之后，节点发送 GET_BLOCK_BODIES 消息，以检索完整的区块内容并验证区块链的有效性。

3.6.3　以太坊的数据验证机制

以太坊区块链验证有两种形式：区块头验证和区块链状态验证。区块头验证，即检查一个区块的父块哈希值、块号、时间戳、难度、gas 限制和有效的工作证明的哈希值。区块链状态验证包括按顺序执行所有事务，在全局数据库中记录每个账户的状态，并将每个状态快照作为节点插入全局 Merkle Patricia 状态树。区块链状态验证比区块头验证需要更多的计算和时间。

为了减少新节点同步和验证区块链的时间，以太坊 63 版本引入了快速同步（Fast Sync）的可选操作模式，以减少区块链状态验证工作负载，并将同步时间提高大约一个数量级。下载完所有的区块头和主体后，选择快速同步节点会选择一个 pivot point 区块。节点通过 GET_RECEIPTS 消息执行快速的区块头验证，其检索的元信息包括 gas 消耗、事务日志和状态代码。在 pivot point 区块中，执行快速同步操作的节点利用 GET_NODE_DATA 消息下载该块上的全局状态数据库。从 pivot point 区块开始，节点执行完整的区块链验证。

一旦一个节点被同步到区块链中，它就可以通过"声明"或"监听"新的交易或新的区块来积极参与以太坊网络。为了向区块链添加新的交易，交易发起节点可以向其所有活跃的以太坊节点广播交易消息。对于非交易发起节点，在接收到事务消息后，消息中的所有事务都在本地进行验证，以确保它们得到了正确的签名、不超过 size/gas 限制、不处理负值，并且发送者有足够 Ether/gas。然后，接收节点将有效的事务广播给所有节点，除了那些可能已经知道事务的节点（即发送事务的节点和已经发送过该事务的节点）。新区块传播也可以用 NEW_BLOCK_HASHES 和 NEW_BLOCK 进行。

3.7 Hyperledger Fabric 中的 P2P 网络协议

为了保证区块链网络的安全性、可信赖性及可测量性，Hyperledger Fabric 采用 Gossip 作为 P2P 网络传播协议。

3.7.1 Gossip 网络协议

Gossip 协议最初是由 Alan Demers、Dan Greene 等于 1987 年在论文 "Epidemic Algorithms for Replicated Database Maintenance"（用于复制数据库维护的流行病学算法）中提出的。Gossip 协议是一种计算机—计算机通信方式，受启发于现实社会的流言蜚语或病毒传播模式。Gossip 协议也被称为反熵（Anti-Entropy）。熵是物理学中的一个概念，代表无序、错乱，而反熵则是在杂乱中寻求一致，这形象地体现了 Gossip 协议的特点：在一个有界网络中，每个节点随机地与邻居节点通信，每个节点都遵循这样的操作，经过一番交错杂乱的通信后，最终所有节点状态都达成一致。这种最终一致性是指保证在最终某个时刻，所有节点一致对某个节点前的所有历史达成一致。Gossip 支持超级节点网络架构，超级节点具有稳定的网络服务和计算处理能力，在 Hyperledger Fabric 网络上负责维护新节点的发现、循环检查节点、剔除离线节点、更新节点列表等事务。Hyperledger Fabric 通过与节点列表中的节点广播通信，发现新的区块或本地错误及丢失的区块，更新维护本地账本数据。

一般而言，Gossip 协议可以分为 Push-Base 和 Pull-Based 两种。前者工作流程如下。首先，网络中某个节点 v 随机选择 n 个节点作为其传输对象。其次，节点 v 向其选中的 n 个节点传递消息。再次，接收到信息的节点重复进行相同的操作。Pull-Based Gossip 协议相反，工作流程如下。首先，网络中某个节点 v 随机选择 n 个节点询问有没有新的消息。其次，收到消息询问的节点回复节点 v 最新接收到的消息。

在 Hyperledger Fabric 中，每个节点发送消息前都会通过自身节点的安全标志符 PKI_ID 和加密签名封装消息。恶意节点没有 Fabric 证书颁发结构认证的密钥而无法冒充其他节点发送消息，保证了通信安全性。Hyperledger Fabric 中 Gossip 协议启动流程如图 3-22 所示。

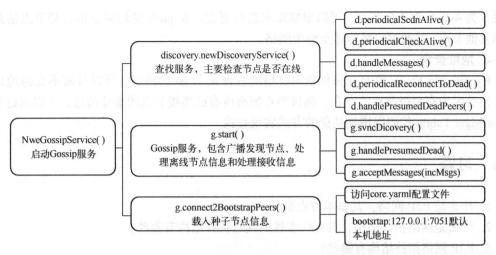

图 3-22　Hyperledger Fabric 中 Gossip 协议启动流程

3.7.2　Hyperledger Fabric 中的节点发现

Hyperledger Fabric 中节点发现一般有 4 种方式，即种子节点、地址数据库、地址广播和地址查询。

1. 种子节点

Hyperledger Fabric 采用的不是硬编码的形式，而是采用 core. yaml 配置文件的形式。种子节点的加载流程如下。

1）启动 Gossip 服务的 newGossipService（）方法，在服务启动过程中调用 g. connect2Bootstrap-Peers（）方法加载种子节点。

2）通过 g. conf. BootstrapPeers（）方法读取 core. yaml 配置文件，获取 bootstrap 超级节点的值，保存为 endpoint（终端地址临时变量）。

3）启动连接 g. disc. Connect（）方法将 endpoint 作为参数传入。

4）使用 d. createMembershipRequest（）方法生成请求信息，赋值给临时变量 m 并加密签名为请求信息 req。

5）将 endpoint 和自身 PKIid 组合，利用 god. sendUntilAcked（）方法将 req 信息发送至对应的 endpoint。

6）获得 endpoint 节点，返回信息后更新地址库。

2. 地址数据库

Hyperledger Fabric 中存在超级节点，其他节点都需要接入超级节点；而且使用场景是企业级应用，所以无须保存历史数据，因为保存数据、验证节点是否在线需要耗费大量资源。既然有超级节点的存在，只需要每次从超级节点读取地址即可。超级节点也完成地址数据库的工作，加载种子地址后，将获取的节点列表保存至内存中，而非比特币和以太坊的文件形式。节点通过解析收到的消息来检查节点是否正常，进而维护节点列表，同时还定时与连接节点通信，一旦连接节点超过配置时间而没有得到响应，则将其移出节点列表，加入离线列表。

3. 地址广播

Gossip 通过启动 g. syncDiscovery（）这一循环方法，定时 Ss 循环查找节点。通过在节点列表中随机选择 N 个节点，push 索要节点列表信息并同步自身节点列表。core. yaml 中默认配置 S 为 4s，N 为 3 个节点，可以根据需求进行更改。在 push 的同时也将自身节点信息传递给其他节点，并通过广播传递至整个网络。

4. 地址查询

Hyperledger Fabric 没有业务场景需要精确查询某个 ID 的地址，所以目前不支持地址查询。但是因为有超级节点的存在，超级节点拥有所有已连接节点的地址信息，可以通过扩展 Hyperledger Fabric 代码以增加功能的方式实现查找。

3.8 习题

1. 什么是 P2P 网络，其基本特点是什么？
2. 什么是网络拓扑结构，具有代表性的网络拓扑结构有哪些？
3. P2P 网络拓扑结构有哪些？
4. Napster 协议、Gnutella 协议以及 Chord 协议的区别与联系是什么？
5. 具有代表性的区块链项目所采用的 P2P 协议有哪些？
6. 区块链中节点的类型有哪些，分别是什么，有什么特点？
7. 你认为当前具有代表性的区块链项目中的 P2P 网络协议可以如何改进？

参考文献

［1］黄桂敏，周娅，武小年 . 对等网络［M］. 北京：科学出版社，2011.
［2］蔡康，唐宏，丁圣勇，郑贵封 . P2P 对等网络原理与应用［M］. 北京：科学出版社，2011.
［3］管磊，等 . P2P 技术揭秘——P2P 网络技术原理与典型系统开发［M］. 北京：清华大学出版社，2011.
［4］袁勇，王飞跃 . 区块链理论与方法［M］. 北京：清华大学出版社，2019.
［5］曾诗钦，霍如，黄韬，等 . 区块链技术研究综述：原理、进展与应用［J］. 通信学报，2020，41（1）：134-151.
［6］蔡晓晴，邓尧，张亮，等 . 区块链原理及其核心技术［J］. 计算机学报，2021，44（01）：84-131.
［7］邵奇峰，金澈清，张召，等 . 区块链技术：架构及进展［J］. 计算机学报，2018，41（05）：969-988.
［8］KIM，S K，et al. Measuring ethereum network peers［C］. Proceedings of the Internet Measurement Conference，2018：91-104.
［9］武岳，李军祥 . 区块链 P2P 网络协议演进过程［J］. 计算机应用研究，2019，36（10）：2881-2886+2929.
［10］MILLOJICIC D S，et al. Peer-to-Peer Computin［OL］. https：//www. cs. kau. se/cs/education/course s/dvad02/p2/seminar4/Papers/HPL-2002-57R1. pdf.

第4章 共识算法

共识（Consensus）机制是区块链技术的基础和核心，解决了区块链技术如何在分布式、不可信的场景下所有节点就公共账本达成一致的问题，也决定了区块链的安全性、可扩展性和去中心化程度。区块链技术要在未来得到更广泛的应用，就要对共识机制进行深入研究。在本章中，将对区块链的共识机制进行介绍。

4.1 分布式共识算法背景

区块链的核心就是怎么达成分布式共识、维护一致性账本的技术。分布式指系统运作由该系统的所有节点合作进行，整个系统的功能是分散在各节点上实现的，而共识就是所有参与者达成的一致决定。在区块链系统中，对一个时间窗口内的事务的先后顺序达成共识的算法即为共识机制。本节将从描述分布式系统一致性的拜占庭将军问题、共识系统的基本定义以及Fischer-Lynch-Paterson定理3个部分对分布式共识算法的背景进行阐述。

4.1.1 拜占庭将军问题

拜占庭将军问题是一个著名的共识问题，用来描述分布式系统的一致性问题（Distributed Consensus）。拜占庭将军问题首先由Leslie Lamport等人在1982年提出，被称为The Byzantine Generals Problem或者Byzantine Failure。

拜占庭将军问题描述了在古代有一座叫拜占庭的城邦，拜占庭城邦的国土非常辽阔，因此城邦用于防御的军队彼此分隔很远。战争发生时，他们无法聚在一起商讨进攻与否，彼此之间只能依靠通信兵骑马相互通信来协商传递彼此的决定。拜占庭帝国想要进攻一个强大的敌人，并为此派出了10支军队去包围这个敌人。敌人能够抵御5支常规拜占庭军队同时发起进攻，因此必须至少6支军队（一半以上）才能与之对抗。然而，在商定进攻时间这件事情上却很难达成一致。拜占庭军队不能确定将军中是否有叛徒，叛徒可能擅自变更进攻意向或者进攻时间。在这种情况下，将军们如何才能保证至少有6支军队在同一时间发起进攻，从而赢得战斗呢？

这是一个由互不信任的各方构成的网络，但它们又必须一起努力以完成共同的使命。拜占庭将军问题的复杂性在于，即使在没有叛变者的情况下，当一名将军提出了进攻提案，假设提案内容为：明天8点发起进攻。由该军队的通信兵将消息分别告知其他9名将军，只有当将军收到了其他至少5名将军的同意消息，才可以发起进攻。但是，该将军发出提案时，其他的将军也可能在此时发出了不同的进攻提案（例如明天9点或10点发起进攻等）。由于时间差异，每名将军收到的提案可能是不同的，则可能出现每个提案都有少于6个支持者的情况。更复杂的情况，若将军中存在叛变者，当叛变者收到提案后，回复不同的命令，而其他将军无法判断两个相反的消息中哪个是叛变者发送的，无法达成一致。另一种情况是，叛变者可能向不同的将军发送不同的提案（例如通知将军A明天上午8点发起进攻，通知将军 B 明天下午 1 点发起进攻），此外，叛变者还可能同意多个不同的提案（例如既同意明天 8 点发起进攻的提案，又同意明天下午 1 点发起进攻的提案），从而导致 10 支军队无法达成一致。

叛变者前后不一致的进攻提议被称为"拜占庭错误"。Leslie Lamport 等人在论文 "Reaching Agreement in the Presence of Faults" 中证明，当叛变者不超 1/3 时，存在有效的算法，即不论叛变者如何在共识过程中作恶，忠诚的将军们总能达成一致的结果。如果叛变者过多，则无法保证一定能达到一致性。对于拜占庭问题来说，假设节点总数为 N，叛变的将军数量为 F，那么当 $N \geqslant 3F+1$ 时，问题才有解，即 Byzantine Fault Tolerant（BFT）算法。

假设 $N=3$，$F=1$ 时，存在以下两种情况。

1）当提案人不是叛变者时，如图 4-1 所示，提案人 A 发送一个提案，叛变者 C 可能宣称收到了不同的提案，并返回给 A 和 B 相反的消息。此时，B 收到的两条消息是冲突的，无法判断哪一个是叛变者，因此无法达成一致。

2）当提案人是叛变者时，如图 4-2 所示，提案人 C 发送两个相反的提案分别给 A 和 B，此时 A 和 B 都将收到两条冲突的提案，无法达成一致。

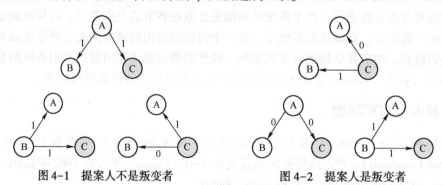

图 4-1　提案人不是叛变者　　　　图 4-2　提案人是叛变者

考虑更一般的情况，当提案人不是叛变者时，他向系统中其他节点发送提案信息为 1，此时系统中会有 $N-F$ 个确定的提案信息 1，但其中可能包含 F 个判变者伪造的信息。由于叛变者会尽量干扰系统，因此将有 F 个不确定的信息，那么只有当 $N-F-F>F$，即 $N>3F$ 的情况下系统才能达成最终的一致。

当提案人是叛变者时，会尽量发送相反的提案给 $N-F$ 个正常节点，即发送$(N-F)/2$ 个 1 和$(N-F)/2$ 个 0。系统中的正常节点将收到$(N-F)/2$ 个提案为 1 和$(N-F)/2$ 个提案为 0，另外，还将存在 $F-1$ 个不确定的信息（由除提案者外的 $F-1$ 个叛变者发送）。此时，正常节点要想达成一致，就必须对所获得的提案消息进行进一步的判定，询问其他节点某个被怀疑对象的消息值，并通过取多数来作为被怀疑者的信息值。这个过程可以进一步递归下去。

4.1.2　共识算法的基本定义

共识机制决定了区块链系统节点间的信任程度，也决定了外部对于区块链上数据的信任程度。在分布式系统中，共识描述了多个节点之间彼此对某个状态达成一致结果的过程。而一致性往往指分布式系统中多个副本对外呈现的数据状态。因此，一致性与共识的含义并不完全相同，前者描述的是结果状态，而后者则表示一种手段。

要对共识的定义和工作原理进行深入的了解，首先需要掌握分布式系统的特性。在分布式系统中，具有以下性质。

- 分布式系统中进程具有并发性。
- 全局时钟缺失。
- 组件可能出错。
- 消息可以随时传递。

以上特性使得共识过程变得更为复杂。在实际应用中，分布式系统的各节点都不能保证以理想的性能无故障地运行，节点间的通信无法瞬时送达，响应速度和吞吐量也受到限制，甚至存在恶意节点故意要伪造消息，破坏系统的正常工作流程。著名的 CAP 原理指出，分布式系统不可能同时满足以下 3 个条件：一致性（Consistency）、可用性（Availability）和分区容忍性（Partition Tolerance），如图 4-3 所示。

图 4-3　CAP 原理

一致性是指对于分布式系统中的多个服务节点，给定一系列操作，在约定协议的保障下，试图使得它们对处理结果达成认同。也就是说，所有节点在同一个时间看到的数据是完全相同的。这里讨论的一致性是指强一致性（Strong Consistency），也就是所有节点接收到同样的操作时会按照完全相同的顺序执行，被一个节点提交的更新操作会立刻反映在其他通过异步或部分同步网络连接的节点上。但是，强一致性的系统往往比较难以实现，在应用中，很多时候并没有非常严格的强一致性需求。因此，可以放宽对一致性的要求，如最终一致性（Eventual Consistency）允许多个节点的状态出现冲突，但是总会存在某一个时刻，让系统达到一致的状态。相对强一致性，这些弱化的一致性称为弱一致性（Weak Consistency）。

可用性是指在有限的时间内，任何非失败的节点都能应答请求。通常情况下，服务的可用性可以用服务承诺、服务指标、服务目标等几个方面进行衡量。

分区容忍性是指即使出现信息丢失、网络或者节点失败，系统仍然能保持运作。

同时具备一致性、可用性和分区容忍性的系统是不存在的，在设计系统时必须要弱化某一个特性，因此可分为下面 3 种系统类型。

弱化一致性（AP）：如简单分布式同步协议 Gossip，以及 Cassandra、SimpleDB、CouchDB 数据库等。

弱化可用性（CP）：如 BigTable、MongoDB、Redis 等，以及 Paxos、Raft 等共识算法。

弱化分区容忍性（CA）：如某些关系型数据库及 ZooKeeper 等。

分布式系统中最基本的问题之一就是如何在各进程中达成共识。一般来说，共识算法需要满足以下属性。

- 正确性：诚实节点（按照共识算法的规则执行操作的节点）最终达成共识的值必须是来自诚实节点提议的值。
- 一致性：所有的诚实节点都必须就相同的值达成共识。
- 终止性：诚实节点必须最终就某个值达成共识。

从另一个角度，也可以用安全性（Safety）和活性（Liveness）来描述。其中正确性和一致性决定了共识安全性，而终止性就是活性。

- 安全性：在故障发生时，共识系统不能产生错误的结果。
- 活性：共识算法的执行过程能持续产生提交，最终能按照算法流程一步步得到执行结果。

共识算法解决的是节点对某个提案（Proposal）达成一致意见的过程。对于分布式系统来讲，各节点通常是相同的确定性状态机模型（状态机复制，State Machine Replication），即存在一组节点且所有节点共同维持一个线性增长的日志，并且就日志内容达成一致。在一般情况下，节点中存在一个主机（Primary），其他节点被称为从机（Backups），主机的身份是可以变化的。状态机复制在可容忍的范围内，能够允许一定比例的节点出现故障或遭到攻击。

共识机制的正常运作还需要建立在以下几个基础模型之上。

首先是网络模型。共识机制的网络模型分为同步网络、部分同步网络和异步网络。

- 同步网络（Synchronous Network）：具有消息传输时间上界和进程每一步执行时间上界，诚实用户发出的消息能够在一定时间内到达其他所有诚实用户。同步网络是比较强的网络模型，在现实生活的分布式系统中实现不切实际。
- 部分同步网络（Partially Synchronous Network）：指网络中的消息传输存在一定的时延上限，时延上限不能作为协议的参数使用，但能够保证诚实用户发出的消息在时延上限时间内到达其他所有诚实用户。
- 异步网络（Asynchronous Network）：进程间完全隔离，进程完好运行时，能够保证它发送的消息在有限时间内到达对方，但是有限时间内无法给出上界，且进程运行速率也可以任意低。故手能够拖延诚实用户的消息或将其顺序打乱。

在现实世界中，其实并不存在绝对异步的网络环境。允许每一个节点拥有自己的时钟，这些时钟虽然有着完全不同的时间，但是它们的更新频率是完全相同的，所以可以通过时钟得知接收消息的间隔时间，在这种更宽松的前提下，能够得到更强大的服务。

再者就是腐化模型，共识系统中的腐化（Corruption）是指故手通过向目标节点发起攻击，获取信息进而控制目标节点，使目标节点完全受自身控制。腐化模型主要分为静态故手、τ-温和故手和适应性故手。

- 静态故手（Static Corruption）是指故手控制的节点数量在协议运行期间不会发生变化，只能在协议开始前选定攻击目标，当协议开始运行之后，则不能再腐化诚实节点。
- τ-温和故手（τ-mildly Corruption）是指故手需要一定时间 τ 来腐化一个诚实节点，经过 τ 时间之后，诚实节点被故手控制，但是在实施腐化的 τ 时间内，节点仍属于诚实节点。温和故手是区块链协议中经常采用的腐化模型。
- 适应性故手（Adaptive Corruption）的能力十分强大，能够在协议运行的过程中搜集信息，动态且适应性地对目标节点实施腐化。

除上述两种模型外，故手模型也是衡量共识系统的关键模型。故手模型一般用 F 表示故手数量，N 表示网络中节点总数，根据不同的共识系统，N 和 F 也可以表示节点的算力和财产占比。利用 N 和 F 的关系来刻画的故手模型主要分为以下 3 类。

- $N=2F+1$，故手占全网节点的比例不超过 1/2。
- $N = 3F + 1$，故手占全网节点的比例不超过 1/3。
- $N=4F+1$，故手占全网节点的比例不超过 1/4。

4.1.3 Fischer-Lynch-Paterson 定理

Fischer-Lynch-Paterson 定理（FLP 不可能定理）是 Michael J. Fischer、Nancy A. Lynch、

Michael S. Paterson 在 1985 年发表的论文"Impossibility of Distributed Consensus with One Faulty Process"中证明得到的一个结论,大致表述如下。

在网络可靠且允许节点失效(即便只有一个节点)的最小化异步模型系统中,不存在一个可以解决一致性问题的确定性共识算法。

这一定理告诉人们,为异步分布式系统设计在任何场景下都可以适用的共识算法是不可能实现的。在上一节中描述了同步系统和异步系统之间的区别,在同步通信情况下,消息会在固定时间范围内发送,而在异步通信情况下,无法保证消息的传递。这个差异导致在同步通信环境下有可能达成共识,因为系统能够假设消息传递需要的最长时间。因此在同步消息系统中,系统允许不同的节点轮流成为提案者,进行多数投票,并跳过那些没有在最长等待时间内提交提案的节点。但是,把同步网络作为共识系统网络模型并不能满足实际需求。

FLP 不可能定理从理论上证明了没有共识算法是一定正确的,即使只有一个进程不可用,对于其他可用进程,都存在无法达成一致的可能。但类似 Paxos 或 Raft 这样的共识算法仍然被广泛应用,其原因在于:第一,可能性的存在和实际发生的概率是独立的,现实中根据需要,可以接受一个在绝大多数情况下能达成共识的算法;第二,FLP 不可能定理是在完全异步模型上证明的,而这样的异步模型和同步模型一样,并不完全适合实际的应用场景。异步模型的一个重要特征是没有全局的时钟(Clock)可以用,然而现实的系统是可以做出"超时(Timeout)"的判断的。在实际应用中,解决 FLP 不可能问题的一个方法就是引入超时的概念。如果在确认下个值的过程中没有进展,系统则会等到超时,然后重新进行共识的步骤。上述的 Paxos 和 Raft 共识算法使用的就是这一机制。

解决 FLP 不可能问题的另一个方法就是非确定性算法。在传统的共识中,提案者和接收者必须全体协作决定下一状态的值,也就是需要状态转变函数。这种做法其实非常复杂,因为需要明确每一个节点的状态,并且每个节点都要与其他节点通信交换数据,信息交换量巨大。这样的共识机制的可拓展性较差,无法在开放的分布式系统中实现。PoW(Proof of Work,工作量证明)共识算法巧妙地解决了这一问题,其精妙之处在于把上述问题转变成一个概率问题,不需要所有节点对一个确定的值达成一致,而是构造一个方法来使所有节点对某一输出值正确性的概率达成一致。和传统共识中首先选出主节点,然后与备份节点进行协作的模式不同,PoW 共识算法是基于哪一个节点能最快计算出难题达成的。最长链不仅是区块顺序的明证,也是 CPU 算力最大消耗的明证。

PoW 共识算法的创新,推动了一股新的技术潮流,打破了共识协议研究领域旧有的边界。因此,虽然 FLP 不可能定理证明了无法为异步分布式系统设计任何场景都适用的共识算法,但是在实际应用中,付出一些代价,是可以把它变为可行的。

4.2 CFT 类共识算法

CFT(Crash Fault Tolerance),即故障容错,是解决非拜占庭问题的容错技术。CFT 类共识算法应用于分布式系统中存在故障(Crash Fault),但不存在恶意(Corrupt)节点的场景,即在可能出现消息丢失或重复,但无错误消息的系统中达成共识。这是分布式共识领域最为常见的问题,又称为 Paxos 问题。最早由 Leslie Lamport 用 Paxon 岛的故事模型来进行描述而得以命名。解决 Paxos 问题的算法主要有 Paxos 算法和 Raft 算法,二者都属于强一致性算法。

4.2.1 Paxos 机制

对于分布式网络来说，节点往往会遇到网络中断、节点故障，甚至是被非法入侵伪造消息的问题。节点遇到的问题可以进行如下的分类。

- **非拜占庭错误**：节点出现故障但不会伪造信息。
- **拜占庭错误**：节点会伪造信息恶意响应，伪造信息的节点称为拜占庭节点。

与此对应的共识算法也可以分为 CFT 和 BFT 两类。

- **CFT**（Crash Fault Tolerance）：只容忍节点故障，不容忍节点作恶。
- **BFT**（Byzantine Fault Tolerance）：可容忍节点故障与作恶。

Paxos 是 CFT 类共识机制。该算法是基于消息传递的且具有高度容错特性的一致性算法，是目前公认的解决分布式一致性问题最有效的算法之一。在常见的分布式系统中，总会发生诸如机器宕机或网络异常（包括消息的延迟、丢失、重复、乱序，还有网络分区等）等情况。Paxos 算法需要解决的问题就是如何在一个可能发生上述异常的分布式系统中，快速且正确地在集群内部对某个数据的值达成一致，并且保证不论发生以上任何异常，都不会破坏整个系统的一致性。

算法中包含以下三种主要成员。

- **Proposer**：负责提交提案，提案可以表示为 $[value, N]$，其中 $value$ 代表提案中的数据，N 表示提案编号。
- **Acceptor**：只要 Acceptor 接受了某个提案，Acceptor 就认为该提案的 $value$ 被选定了。
- **Learner**：Acceptor 告知 Learner 哪些 $value$ 被选定了，Learner 就认为那个 $value$ 被选定。

Paxos 在 $N=2F+1$ 模型中，能够容忍 F 个故障节点，其主要过程如下。

（1）第一阶段

1）Proposer 选择了一个提案编号 N，向全网超过 1/2 的 Acceptor 发送编号为 N 的准备（Prepare）消息。

2）如果一个 Acceptor 收到一个编号为 N 的准备请求，且 N 大于该 Acceptor 已经响应过的所有准备请求的编号，那么它将向 Proposer 返回承诺（Promise）消息，消息包括已经接受过的编号最大的提案（如果有的话），同时该 Acceptor 承诺不再接受任何编号小于 N 的提案。

（2）第二阶段

1）如果 Proposer 收到半数以上 Acceptor 对其发出编号为 N 的准备请求的响应（承诺消息），那么它就会发送一个针对 $[N, V]$ 提案的接受（Accept）请求给半数以上的 Acceptor。其中，V 是收到的响应中编号最大的提案的 $value$，如果响应中不包含任何提案，那么 V 就由 Proposer 自己决定。

2）如果 Acceptor 收到一个针对编号为 N 的提案的接受请求，该 Acceptor 没有对编号大于 N 的准备请求做出响应，则它接受该提案，通过后向主节点返回已接受（Accepted）消息。

Paxos 允许多个主节点提议，并对主节点赋予不同的等级，等级高的主节点提议能够打断等级低的主节点提议。Paxos 机制被用于分布式系统中的数据库维护，只能对崩溃节点实现容错，而不能对拜占庭节点实现容错。

4.2.2 Raft 机制

Raft 则是基于分布式系统中常见的 CFT 问题，比如分布式系统中一些节点由于某些原因宕机造成的问题，Raft协议正常运行的前提是要保证系统中至少一半以上（$N=2F+1$）的节点可以正常运行。Raft可以说是Multi-Paxos的一个变种，通过简化Paxos的模型，实现了一种更容易让人理解的共识算法。它在容错性和共识效率上与Paxos相当，两者都能够对一系列连续的问题达成一致。不同之处在于，Raft被分解成相对独立的子问题，并且清晰地处理了实际系统所需的主要部分。

Raft最主要的两个过程是选举（Leader Selection）和日志复制（Log Replication）。在Raft中，每个节点可能有3种角色，角色状态之间是可以相互转化的，具体角色如下。

- Follower（跟随者）：刚启动时系统中所有节点的初始状态。
- Candidate（候选者）：负责选举投票。
- Leader（领导者）：负责从客户端接收日志并分发给其他节点，保持和跟随者的心跳（Heartbeat）联系。

Raft机制的实施过程如下。

1）选举阶段。所有节点开始时均为Follower状态，每个节点上都有一个倒计时器（Election Timeout），时间随机在150 ms到300 ms之间。在一个节点倒计时结束（Timeout）后，这个节点的状态变成Candidate，并开始选举，它给其他几个节点发送选举请求（Request-Vote）。接下来，如果该Candidate节点收到超过一半的投票，那么它将成为Leader；如果该节点被告知其他节点已经当选Leader，则该节点的状态转换为Follower。较为复杂的情况是，当有多个Candidate存在时，会出现每个Candidate发起的选举接收到的投票数都不超过一半的情况，则在随机超时后将进入新的阶段重试。

2）日志复制阶段。在分布式系统中，有了Leader之后，客户端所有并发的请求可以由Leader形成一个有序的日志序列，以表示这些请求的先后处理顺序。Leader需要将自己的日志序列发送给所有的Follower，以保持整个系统的全局一致性。

Leader必须从客户端接收日志然后复制到集群中的其他服务器，并且强制要求其他服务器的日志保持和自己相同。一旦一个Leader被选出，就将开始为客户端请求提供服务。每一个客户端请求都包含一条需要被复制状态机执行的命令。Leader将命令作为一个新条目附加到其日志中，然后并行地向每个其他服务器发起AppendEntries RPC，并要求其他服务器复制这个条目。当条目被安全复制后，Leader将条目应用于其状态机，并将执行结果返回给客户端。如果Follower崩溃或运行缓慢，或者网络数据包丢失，则Leader将无限期地重试AppendEntries RPC（即使在它已响应客户端之后），直到所有Follower最终存储所有日志条目。

由于网络的不确定性以及错误发生的不可预知性，在某一时刻，一些节点的日志可能比Leader节点的长，也可能比它短，还有可能日志的某些部分不匹配。此时算法会找到每一个Follower与Leader日志中的最长的一致位置。然后，算法会删除Follower后面的不一致日志条目，同时将Leader的日志条目进行同步。

Raft算法的复杂度为$O(n)$，日志记录和提交数据两部分都是主节点给备份节点发送数据，备份节点之间不需要消息传递，只需要回复接受或者不接受。

日志记录阶段，请求数量为$n-1$。提交数据阶段，请求数量为$n-1$。因此总请求数量是$2n-2$。

与PBFT相比，PBFT在预准备阶段，主节点发送给所有备份节点的请求数为$n-1$；在准备阶段，每个备份节点给其他节点发送的请求数量为$n(n-1)$；在承诺阶段，每个备份节点给每个其他节点发送的请求数也为 $n(n-1)$。

另外，Raft 中的 Follower 节点不会质疑主节点，而 PBFT 的备份节点可以质疑主节点。

4.2.3 其他典型 CFT 类共识

Paxos 算法的设计并没有考虑到一些优化机制，同时论文中也没有给出太多实现细节，因此后来出现了不少性能更优化的算法和实现，包括 Fast Paxos、Multi-Paxos、Kafka 等。

1. Fast Paxos

自从 Lamport 在 1998 年发表 Paxos 算法后，对 Paxos 的各种改进工作就从未停止，其中动作最大的莫过于 2005 年发表的 Fast Paxos。

Fast Paxos 重新描述了 Paxos 算法中的几个角色，具体如下。

- Client/Proposer/Learner：负责提案并执行提案。
- Coordinator：Proposer 协调者，可为多个，Client 通过 Coordinator 进行提案。
- Leader：在众多的 Coordinator 中指定一个作为 Leader。
- Acceptor：负责对 Proposal 进行投票表决。

Fast Paxos 算法相较于 Paxos 主要变化在第二阶段第一步，即改进为：若 Leader 可以自由决定一个 *value*，则发送一条 Any 消息，Acceptor 便等待 Proposer 提交 *value*；若 Acceptor 有返回值，则 Acceptor 需选择某个 *value*。

2. Multi-Paxos

在 Paxos 协议中，每一次执行过程都需要经历 Prepare、Promise、Accept、Accepted 这 4 个步骤，这样就会导致消息太多，从而影响分布式系统的性能。如果主节点足够稳定的话，第一阶段里面的 Prepare 到 Promise 的过程就完全可以省略掉，从而使用同一个主节点去发送 Accept 消息。因此，提出了 Multi-Paxos 机制。

假设只允许有一个 Proposer，Multi-Paxos 将集群状态分成了以下两种状态。

1）选主状态。由集群中的任意节点拉票发起选主，拉票中带上自己的最大协议号，通过收集集群中半数以上的最大协议号，以更新自己的最大协议号值，得到目前集群通过的最大协议号。

2）强 Leader 状态。Leader 对最大协议号的演变了如指掌，每次把最大协议号的值直接在第一阶段中发送给 Acceptor。

Multi-Paxos 和基本的 Paxos 协议的区别是：基本的 Paxos 协议在第一阶段的时候，Proposer 对最大协议号的值是不清楚的，要依赖第一阶段的结果算出最大协议号。

3. Kafka

在 Hyperledger Fabric 共识算法中，由于商业区块链的需求是多样的，因此需要不同的共识机制。Hyperledger Fabric 工作基于多种不同的共识机制，并且是模块化的。Kafka 是 Hyperledger Fabric 所选用的共识插件之一。它基于 Kafka 集群的排序实现，支持 CFT 容错，支持可持久化和可扩展性，可以在生产环境中使用。

Hyperledger Fabric 的核心共识算法通过 Kafka 集群实现，也就是说通过 Kafka 对所有交易信息进行排序（如果系统存在多个 channel（通道），则对每个 channel 分别排序）。Kafka 最初由 Linkedin 公司开发，后来成为 Apache 的一个开源项目。

Kafka 是一个分布式的流式信息处理平台，目标是为实时数据提供统一的、高吞吐量、低延迟的性能。Kafka 由以下几类角色构成。

- Broker：消息处理节点，主要任务是接收 Producers 发送的消息，然后写入对应的 Topic 中，并将排序后的消息发送给订阅该 Topic 的消费者。大量的 Broker 节点提高了数据吞吐量，并对数据做冗余备份（类似 RAID 技术）。
- Zookeeper：为 Brokers 提供集群管理服务和共识算法服务，例如，选举领导者节点处理消息并将结果同步给其他备份节点，移除故障节点以及加入新节点，并将最新的网络拓扑图同步发送给所有 Brokers。
- Producer：消息生产者，应用程序通过调用 Producer API 将消息发送给 Brokers。
- Consumer：消息消费者，应用程序通过 Consumer API 订阅 Topic 并接收处理后的消息。

Hyperledger Fabric 作为企业级的区块链项目，更加注重吞吐量和部署成本，所以，采用了 Kafka 共识算法。相比于 PoW（工作量证明）共识算法，Kafka 更加高效、更加节能环保，而且还提供容错机制，保证系统稳定运行。

4.3　BFT 类共识算法

拜占庭容错技术（Byzantine Fault Tolerance，BFT）是一类分布式计算领域的容错技术。拜占庭将军问题（Byzantine Generals Problem）提出后，有很多算法被提出用于解决这个问题，这类算法统称为拜占庭容错算法。BFT 从 20 世纪 80 年代开始被研究，目前已经是一个被研究得比较透彻的理论，具体实现都已经有完整的算法。

4.3.1　拜占庭容错概述

拜占庭将军问题在分布式系统中主要是指对等网络节点间的通信容错问题。在分布式的网络环境中，每个节点需要通过交换消息来达成共识，但是网络中可能存在类似叛变将军的恶意节点，或被敌手攻击而发送错误信息的节点。用于传递信息的通信网络也可能导致信息损坏、延迟等故障，从而导致系统无法达成最终的共识。

首先，给出分布式计算中有关拜占庭缺陷和拜占庭故障的两个定义。

- 拜占庭缺陷（Byzantine Fault）：不同观察者从不同角度看，表现出不同症状的缺陷。
- 拜占庭故障（Byzantine Failure）：在需要共识的系统中，由于拜占庭缺陷导致丧失系统服务。

在分布式系统中，不是所有的缺陷或故障都可以叫作拜占庭缺陷或拜占庭故障。类似死机、丢失消息等缺陷或故障则不可以称为拜占庭缺陷或拜占庭故障。拜占庭缺陷或拜占庭故障是最严重的缺陷或故障，拜占庭缺陷有不可预测、任意性的特点，例如遭黑客破坏、中木马的服务器就是一个拜占庭服务器。

在一个有拜占庭缺陷存在的分布式系统中，所有的进程都有一个初始值。在拜占庭问题中，将发生故障的节点称为拜占庭节点，将其他正常工作的节点称为非拜占庭节点。

在一个拥有多个节点的拜占庭容错系统中，拜占庭容错系统对于每个节点所发出的请求，需要满足以下两个条件。

- 所有非拜占庭节点使用相同的输入信息，产生相同的结果。
- 如果输入的信息正确，那么所有非拜占庭节点必须能够接收这个信息，并计算相应的结果。

拜占庭系统普遍采用的假设条件如下。

- 拜占庭节点的行为可以是任意的,拜占庭节点之间可以合谋。
- 拜占庭节点之间的错误是不相关的。
- 拜占庭节点之间通过异步网络连接,网络中的消息可能丢失、顺序错乱并延时到达,但大部分协议都假设消息在有限的时间里能传达到目的地。
- 服务器之间传递的信息,第三方可以知晓,但是不能篡改、伪造信息的内容或验证信息的完整性。

经典的分布式共识机制大多使用拜占庭容错技术实现,可以将经典的分布式共识机制按照网络模型分为以下 3 类。

1) 同步网络分布式共识算法。这类共识的网络模型假设程度较强,在实际应用中可能出现问题。典型的同步网络共识机制包括在认证信道条件下,能够同时容忍崩溃节点和拜占庭错误节点的 XFT 机制、能够抵御拜占庭节点攻击,只需四步即可达成每轮提议的高效同步拜占庭共识机制(Efficient Synchronous Byzantine Consensus,ESBC)等。

2) 部分同步网络分布式共识算法。部分同步网络是经典共识机制和区块链系统中最常用的网络假设类型之一,此类共识机制包括实用拜占庭容错机制(PBFT)以及其多个改进方案 Hot-Stuff 算法、可扩展拜占庭容错协议(Scalable Byzantine Fault Tolerance,SBFT)等。

3) 异步网络分布式共识算法。在完全异步的网络中实现共识机制通常需要随机数发生器来完成。例如,Honey Badger BFT 机制提出异步共同子集,并通过门限加密方法解决了交易审查问题,不需要任何时间假设即可实现异步网络中的分布式共识;MinBFT 利用唯一连续标识符生成器(USIG)作为可信计数器,在异步网络中实现共识。

4.3.2 实用拜占庭容错

实用拜占庭容错机制(Practical Byzantine Fault Tolerance,PBFT)是 MIT 的 Miguel Castro 和 Barbara Liskov 在 1999 年的学术论文"Practical Byzantine Fault Tolerance and Proactive Recovery"中提出的。该方法基于前人的工作做出了优化,目前得到了非常广泛的应用。PBFT 降低了拜占庭协议的运行复杂度,从指数级别降低到多项式级别,使拜占庭协议在分布式系统中应用成为可能。

PBFT 机制是一种新的状态机复制算法,它能够在 $N = 3F+1$ 的敌手模型下提供活性和安全性。可以通过考虑一个实现了具有读写操作的可变变量的复制服务来理解错误副本的数量界限。因为 F 个副本可能有故障并且没有响应,为了保证活性,服务可能必须在超过 $N-F$ 个副本接收到请求之前返回一个应答。因此,在仅将新值写入具有 $N-F$ 个副本的集合 W 之后,服务才可以回复一个写入的请求。如果稍后客户端发出读取请求,它可能会收到基于具有 $N-F$ 个副本的集合 R 的状态回复。R 和 W 可能只有 $N-2F$ 个相同的副本。此外,没有响应的 F 个副本可能没有故障,因此响应的 F 个副本就可能有故障,R 和 W 之间的交集可能只包含 $N-3F$ 个非故障副本。除非 R 和 W 至少有一个共同的非故障副本,否则无法确保读取返回正确的值,因此需要满足 $N>3F$。

PBFT 共识机制中的节点有两种角色,分别是主节点和备份节点。主节点的作用主要包括以下 3 点。

1) 在系统正常工作时,主节点负责接收客户端的事务请求,验证客户端请求身份后,为该请求设置编号,广播预准备消息。

2) 当节点当选主节点时,根据自己收集的视图转换消息,发送新视图信息,让其他节点同步数据。

3）最后，主节点与所有的其他备份节点共同维护系统的运行。

备份节点负责在共识过程中转发消息和投票，主节点和备份节点可以相互转换。

PBFT 共识机制主要分为以下两个部分。

● 分布式共识。

● 视图转换。

在 PBFT 机制的分布式共识中，主要通过请求阶段、预准备阶段、准备阶段、承诺阶段和答复阶段来达成共识，其完整的执行过程如下。

1）请求（Propose）阶段。客户端（Client）C 向网络中的节点发送一条请求消息 m，发送的内容为：

$$<REQUEST,o,t,c>$$

其中，REQUEST 包含消息内容 m 以及消息 m 的摘要 $D(m)$；o 表示请求的具体操作；t 表示发送请求时客户端时间戳；c 为客户端的标识。

2）预准备（Pre-prepare）阶段。主节点收到客户端的请求消息后，首先验证请求的合法性，如果合法，为消息分配一个消息序列号，然后计算得到预准备消息：

$$<<PRE-PREPARE,v,n,D(m)>,m>$$

其中，v 表示视图编号，n 为消息序列号，$D(m)$ 为客户端消息 m 的摘要，m 为消息的内容。

3）准备（Prepare）阶段。备份节点收到主节点发来的预准备消息后，需要对其进行校验。首先需要检验自己是否在同一个视图下收到过序列号相同但签名不同的预准备消息，如果有，则消息是非法的；然后检验消息和摘要是否冲突，以及消息序列号是否在合法范围内。如果验证通过，备份节点计算准备消息：

$$<PREPARE,v,n,D(m),i>$$

其中 i 为备份节点的编号。备份节点向全网广播准备消息。

4）承诺（Commit）阶段。备份节点收集网络中的准备消息，如果节点收集到了 $2F+1$ 个合法的准备消息，则将其生成准备凭证（Prepared Certificate），并计算承诺消息：

$$<COMMIT,v,n,D(m),i>$$

备份节点将承诺消息广播到网络中，并将消息 m 保存到本地日志。

5）答复（Reply）阶段。备份节点收到网络中的承诺消息后，并用相同的方法对消息进行验证。如果收集到了 $2F+1$ 个合法的承诺消息，那么将其组成承诺凭证（Committed Certificate），消息 m 完成承诺。

图 4-4 所示为 PBFT 共识的执行过程。

视图转换协议通过允许系统在主节点发生故障（超时无响应或其他节点大多数认为其存在问题）时重新选出主节点，从而保证系统的活性。同时，为了保证安全性，PBFT 引入了检查点（Checkpoint）机制，每条消息都与一个序列号绑定，对一条消息完成承诺后，该消息的序列号成为当前的稳定检查点（Stable Checkpoint）。

PBFT 中将节点分为主节点和备份节点，每一个视图对应一个主节点，主节点是轮流当选的：

$$p=v \bmod |R|$$

其中，p 为主节点编号，v 为视图编号，$|R|$ 为节点个数。

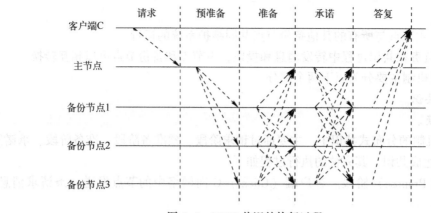

图 4-4 PBFT 共识的执行过程

视图转换的过程如下。

1）视图转换（View Change）。备份节点 i 向全网其他节点广播视图转换消息。

$$<VIEW\text{-}CHANGE,v+1,n,C,P,i>$$

其中，v 是当前视图，n 是最新的稳定检查点的编号，C 是稳定检查点 n 的凭证，即 $2F+1$ 个节点的有效承诺凭证，P 是当前视图下序列号大于 n 的消息集合。

2）视图转换确认（View Change Ack）。备份节点收集对视图 $v+1$ 的视图转换消息后，验证收集到的视图转换消息的合法性，验证通过后发送视图转换确认消息给视图 $v+1$ 的主节点。视图转换确认消息的形式是：

$$<VIEW\text{-}CHANGE\text{-}ACK,v+1,i,j,d>$$

其中 i 是发送方的标识符，d 是正在确认的视图转换消息的摘要，j 是发送该视图转换消息的备份节点。这些确认消息使得主节点能够明确由错误的备份节点发送的视图转换消息的真实性。

3）新视图（New View）。新的主节点收集视图转换和视图转换确认消息（包括其自身的消息）。定义一个存储视图转换消息的集合 S，当主节点收集到 $2F-1$ 个对备份节点 j 发出的视图转换消息的确认消息时，可以认为节点 j 发出的视图转换消息是有效的，则将其存入集合 S 中。当 S 中的消息不少于 $2F$ 个时，主节点计算新视图消息是：

$$<NEW\text{-}VIEW,v+1,S,U>$$

其中，U 表示当前稳定检查点和稳定检查点之后序列号最小的预准备消息。

PBFT 视图转换的过程如图 4-5 所示。

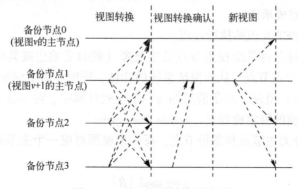

图 4-5 PBFT 视图转换的过程

PBFT 算法是通过节点消息状态机方式达成请求处理的一致性，再通过视图转换、检查点机制用来确保系统的可用性。PBFT 机制去中心化程度较低，在这一方面不及公有链上的共识机制，其更适合有多方参与的多中心模式。

4.3.3 其他典型 BFT 类共识

1. Hot-Stuff

Hot-Stuff 机制由 Abraham、Gueta 以及 Malkhi 三人提出，该机制采用了并行流水线处理协议，是对 PBTF 机制的一种改进，相当于将 PBFT 协议中的准备和承诺阶段合并为一个阶段。

当一个节点收集到对其在第一轮提案的准备消息多于 $2F$ 个时，该节点则组成了对其在第一轮提案的准备凭证，并将准备凭证与第二轮的提议共同组成第二轮的消息发送给其他节点。如果其他节点对第二轮的消息投票大于 $2F$ 时，则完成了以下两个过程。

● 确认了该节点第二轮的提议，能够组成对该节点第二轮提议的准备凭证。

● 确认了第一轮提议的准备凭证，也就是完成了第一轮提案的最终承诺。

另外，Hot-Stuff 采用线性视图转换（Linear View Change，LVC）来降低视图转换中的通信复杂度。在 PBFT 中，当视图转换发生时，新的领导者需要广播目前的稳定检查点，并且提供 $2F+1$ 个节点的承诺凭证来证明检查点的合法性，通信复杂度为 $O(n^4)$。

在 Hot-Stuff 采用的 LVC 中，新的领导者只需广播一个承诺凭证，其他节点只有在收到比本地稳定检查点更高的检查点时才判定新领导者的合法性。在这种情况下，如果新的领导者隐藏了更高的检查点，不会影响协议的安全性，只会让其受到惩罚。对于每个消息，如对节点在第一轮的提案，PBFT 中使用 $2F+1$ 个签名作为其第一轮提案的准备凭证，而 Hot-Stuff 中使用门限签名技术，将一个门限签名作为第一轮提案的准备凭证，领导者作为签名的收集者完成签名份额的收集和门限签名的重建。因此，Hot-Stuff 最终每轮的通信复杂度为 $O(n^2)$。Hot-Stuff 利用门限签名、并行流水线处理和线性视图转换等技术，极大地提高了分布式一致性算法的效率。

2. SBFT

在简化的拜占庭容错算法（SBFT）中，区块验证者是一个知名的机构。例如在整个商业网络中可以是一个监管者。区块验证者创造并提出新的区块转账。在 SBFT 共识中，一定数量的节点一定要接受这个区块，当然这取决于错误节点的数量。在这样的系统中，最少要有 $2F+1$ 的节点必须要接受商业网络中的新区块。

与 PBFT 相比，SBFT 只需发送它的 1/3 的消息数，但其达成共识的速度更快，绝大多数情况只需 0.2 s。

SBFT 是专门为区块链应用而设计的，它引入了 3 种新的机制，具体如下。

● 将委托中的节点分组，第一个节点为领导人，第二个节点为第二领导人，以此类推。

● 每个新区块都由一个事先确定好是"打开"或"关闭"时间戳的特定委托来维护，委托中的其他节点会共享这个时间戳信息。

● 每个节点都有自己采取特定行动的时间以及特定的行动指令。

3. Honey Badger BFT

Honey Badger BFT 协议是第一个完全异步的共识协议，它不依赖任何关于网络环境的时间假设，该协议由 Miller 等人提出。Honey Badger BFT 系统假定每两个节点之间都有可靠的通信管道连接，消息的最终投递状态完全取决于敌方（Adversary），但是诚实节点之间的消息最终一定会被投递。在整个网络中的总节点数必须大于的敌方节点数的 3 倍，也就是要满足 $N \geqslant 3F+1$。

假设网络中共有 N 个节点，每一轮共识就大小为 B 的数据运行共识机制，Honey Badger BFT 算法的主要过程如下。

1）节点收集交易。每个节点收集交易数据，放到自身的交易数据缓冲区，每一轮共识运行之前节点取出缓冲区中的前 B/n 个交易。

2）交易数据门限加密。节点对前 B/n 个交易进行门限加密，生成每个节点对应的加密后的交易数据。

3）RBC 广播。节点将门限加密后的密文数据利用 RBC 广播。

4）ABA 共识。Leader 收集节点发送的加密后的交易数据，组成交易集密文，就交易集发起 ABA 共识。

5）交易数据门限解密。ABA 共识完成，即对交易集密文数据达成一致，此时节点运行门限解密算法，只要至少有 $F+1$ 个节点完成解密，即可恢复交易集中的交易明文数据，完成交易确认。

Honey Badger BFT 可以满足下面两个应用场景。

1）由多个金融机构组成的金融财团共同基于拜占庭协定协作运行的联盟链，在该场景中，机制能够保证快速、稳定地处理交易。

2）在无许可（Permissionless）的公有链中依然可以提供可以接受的吞吐量和延迟。

Honey Badger BFT 使用了两个方法来提升共识效率，分别是通过分割交易来缓解单节点带宽瓶颈，以及通过在批量交易中选择随机交易块，并配合门限加密来提升交易吞吐量。

4.4 PoW 类共识算法

工作量证明（Proof of Work，POW）这一概念最早是在 1993 年提出的。在早期，PoW 的用途并不是实现加密货币，而是用来防止垃圾邮件。即在发送邮件前需要进行一些计算，这对于发送少量邮件来说，并不会有很大的计算量，但如果想大批量发送邮件，计算量就十分巨大了。在 2009 年，比特币利用工作量证明作为共识算法来验证交易并向区块链广播新块。现在 PoW 机制已经扩展到许多加密货币中，已成为广泛使用的共识算法。

4.4.1 比特币的 PoW

比特币中使用的共识机制 PoW 不是面向最终确认的共识，而是基于概率的，即最终一致性共识。要了解比特币的共识过程，首先要明确挖矿的概念。

挖矿（Mining）就是矿工（Miner）互相竞争，通过解决计算难题来生成新的比特币。为了确保比特币能够比较稳定地在 10 min 内生成一个区块，随着算力的上升，必须不断调整整个系统的计算难度。

下面将介绍挖矿的具体过程。

矿工要把新的区块添加到区块链上，就需要通过计算生成合法的区块头。矿工需要将上一区块的 Hash 值、上一区块生成后系统中验证通过的交易以及一个随机数 Nonce 等一起打包到一个新的区块中，使得区块的 Hash 值小于系统中给定的数值。也就是，它前面的若干位必须为0。

图4-6所示为比特币挖矿流程，主要分为3个部分，具体如下。

1）生成 Merkle 根哈希：节点自己生成一笔筹币交易，并且与其他所有即将打包的交易通过 Merkle 树算法生成 Merkle 根哈希。

2）组装区块头：将第一步计算出来的 Merkle 根哈希和区块头的其他组成部分组装成区块头。

3）通过寻找随机数 Nonce 计算出工作量证明的输出。

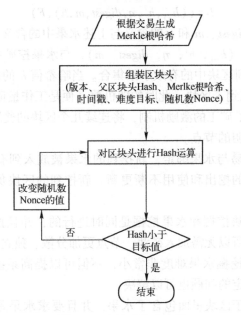

图4-6　比特币挖矿流程

基于以上挖矿过程，比特币的 PoW 共识机制通过以下的方式完成记账。

1）客户端产生新的交易，并向网络中的所有节点广播交易。

2）比特币系统中的节点收到交易信息，将交易写入区块中。

3）节点通过挖矿寻找符合要求的 Nonce。

4）当某个节点找到了证明，向全网节点广播。

5）其他节点对区块进行验证。

6）若节点接受该区块，在该区块的基础上进行新一轮的挖矿。

4.4.2　FruitChains

FruitChains 是由康奈尔大学 Rafael Pass、Elaine Shi 两个人共同创建的。FruitChains 是基于中本聪的比特币做的改善，所以也是基于比特币链协议来实现的，和比特币不一样的地方在于加入了一个水果（Fruit）的概念。水果类似比特币中的区块（Block），也需要通过工作量证明来挖掘，但是水果的计算难度比较低，并且水果是挂在最近的区块下面，交易信息都保存在水果里面。

FruitChains 中，水果被定义为：

$$f = (h_{-1}, h', \eta, digest, m, h)$$

其中，h_{-1} 指上个区块的哈希值；h' 表示水果 f 指向的区块，水果指向的区块只能为区块链末端的几个区块之一，以保证水果的新鲜度；η 是挖矿的随机数，也就是工作量证明的解，长度为 128 位；$digest$ 是目前有效水果集合 F 的哈希摘要，有效水果集合 F 是指当前新鲜的且未被区块包含的水果的集合；m 表示要被写入水果 f 中的交易集合；h 是指当前水果 f 的哈希值，长度是 256 位，如果 h 的后 128 位小于水果挖矿难度 D_f，则代表找到了水果。在水果 f 中，h_{-1} 和 $digest$ 对于水果本身是没有含义的，它们被用于同时运行的区块挖矿中。

区块被定义为：

$$B=((h_{-1},h',\eta,digest,m,h),F)$$

其中，h_{-1}、h'、η、$digest$、m 和 h 的含义与上述水果中的含义相同，此处 h 的值是指前面元素的哈希值，即 $h=H(h_{-1},h',\eta,digest,m)$，与水果挖矿中的 h 相同，不包含水果集合 F。F 是指要被包含到区块中的有效水果集合。当哈希值 h 的前 128 位小于区块挖矿难度 D_B 时，表示节点成功挖到了区块，此时的随机数 η 便是工作量证明的解。

FruitChains 重新设计了矿工的激励机制，将连续几个区块的奖励和其中包含的所有交易费平均分给找到工作量证明的节点。

在 FruitChains 中，交易与水果绑定，新挖到的水果被放入到有效水果集（Fruit Set）F 中，有效水果集随着水果的挖出和使用不断更新，新挖到的区块负责将 F 中的水果放到区块中。

由于 FruitChains 的区块挖掘和水果挖掘是同时进行的，并且挖水果的难度都极低，挖区块的难度也是固定的，所以无需加入矿池，节点更加分散、独立化，也就不会出现矿场胁持带来 51% 的攻击问题。挖掘水果难度非常小，不但可以提高系统的吞吐能力并提高响应速度，并且交易费用不稳定的问题也可以解决。

在私自挖矿方面，由于区块里面包含了水果，并且要求水果是最近的（引入新鲜度的概念），使得攻击者私自扣留的水果失效，无法通过分叉长度抢占区块共识，也就不会出现私自挖矿的情况。

4.4.3 PoUW 机制

有效工作量证明（Proof of Useful Work，PoUW）是一种用来提升区块链效率与安全性的新型共识协议。经典比特币式挖矿的过程十分耗能，因为它所用的工作量证明类似一个抽签机制，底层的计算工作并没有其他用途。矿工们不得不浪费大量能源来添加一个包含交易的新区块到区块链上。作为对比，PoUW 除了抽签机制之外，还有在区块链上训练一个机器学习模型的功能。

在 PoUW 中，用户可以以不同的身份参与到工作量证明的系统中去，训练机器学习模型的过程如下。

1）用户向网络提交机器学习训练任务。

2）矿工在诚实地进行一定量的机器学习训练工作之后，可以得到一次铸造新虚拟货币的机会。

3）协调员协调并监管训练工作的进行。

这些节点的活动不仅保证了区块链的运行，也帮助系统解决了真实存在的问题，即训练机器学习模型。同时用户的隐私也得到了保护，因为机器学习任务由分布式网络计算，而不是由一个中心化的机构管理。

图 4-7 所示为 PoUW 工作模型，描述了在 PoUW 系统中各参与者是如何协同工作的：首先，客户通过支付 PAI 币，向 PAI 的 PoUW 网络提交一个机器学习或者链上计算任务。工作节点（矿工）需要执行 AI（人工智能）训练，完成训练和计算任务后，网络中的监督者和评估者需要对工作者的工作进行验证，评估收益分配和支付方式，并防止拜占庭节点的恶意行为，普通节点还可以在 PoUW 网络中执行常规的链上交易，享受通用的区块链服务。这样，PAI 的 PoUW 区块链保证了整个机器学习训练过程的安全性，使得现实中的 AI 算法任务利用区块链网络的算力来解决。同时，为区块链引入了更多的激励，使 PoUW 区块链上的通证（PAI 币）有了更丰富的应用场景。

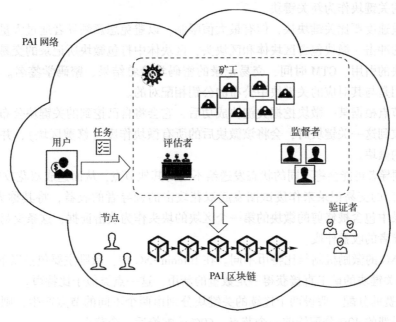

图 4-7　PoUW 工作模型

在 PoUW 中，用于区块链挖矿计算的 Nonce 变量是通过机器学习训练的输入和中间变量计算而来的。方案实现了一个概念验证级产品，相对于比特币的矿工来说，PoUW 方案收益也更高。PoUW 方案同时也证明了在个人消费级硬件上合作训练机器学习模型可以达到不错的效果。

4.4.4　其他典型 PoW 类共识

1. Bitcoin-NG

Bitcoin-NG 由 Eyal 等人提出，该方案是为了提升比特币处理交易的能力。它复用了 Bitcoin 的 PoW 算法，但是，Bitcoin-NG 中的 PoW 只是用来选举领导者，领导者可以写入一个关键块以及多个微块，这些区块间隔时间非常短。Bitcoin-NG 最初是为 Bitcoin 升级而设计的，但算法本身也可以被其他区块链使用，目前 Waves（一个区块链平台）已经在使用 Bitcoin-NG 了。

Bitcoin-NG 中的区块分为以下两种。

1）关键块（Key Block），用于领导者选举。关键块类似于比特币中的区块，每 10 min 产生一个关键块，节点同样通过工作量证明的方式成为关键块的出块者，关键块包括上个区块哈希值、时间戳、随机数和出块者公钥等信息,主要用来选定一个时期的出块者,而不用来记录交易。

2)第二种是微块(Micro Block),用于记录交易。微块在关键块之间,由本时期的出块者负责生成,微块中包含了当前发生的交易,以不超过10 s每个的速度产生。

关键块没有区块体,但其区块头包含了上一个区块的引用、GTM时间、支付奖励的交易数据库、目标值以及随机数Nonce。同时关键块要公布自己的公钥用于后续微块的认证。关键块的前一个区块可以是关键块也可以是微块,即节点在挖关键块时,可以任意选取当前的关键块或该关键块的任意一个微块来挖掘下一个关键块。关键块分叉时,全网选择由最多算力挖掘出的关键块作为新关键块。

微块生成速度要比关键块快,但有最大值限制,以避免恶意领导者通过大量生成微块对区块链本身的冲击。微块包含区块体和区块头,区块体中打包微块所记录的交易,区块头包含上一个区块的引用、GTM时间、交易记录的密码学哈希结果、密码学签名。其密码学签名使用的私钥是与其对应的关键块中公布的公钥相配对的。

当某一节点根据某一微块挖掘关键块成功后,它会将自己挖到的关键块公布在全网,当其他节点接收到这一关键块时,会将该微块后的所有微块作废(修剪区块),并接收由新的领导者产生的微块。

恶意的领导者可能会将不同的状态发送给不同的其他节点,从而达成双花攻击。Bitcoin-NG使用了专门的交易记录来作废试图发起双花攻击的领导者的收益,将其称为污染交易。这条交易记录中包含被修剪的微块的第一个区块的块头作为攻击证据,这条交易记录将把试图攻击的领导者的收益作废。

Bitcoin-NG的激励机制与比特币不同。在Bitcoin-NG中,激励主要包括以下两部分。

1)挖到关键块的矿工直接获得一定数量的新币,这一点类似于比特币。

2)交易费的分配。假设两个连续的关键块分别由两个不同的节点产生,则其中包含的微块中的交易费的40%分配给前一个节点,60%分配给后一个节点。

为了预防区块链产生分叉,Bitcoin-NG中的酬金在100个关键块之后才能使用。Bitcoin-NG的激励机制存在一定的问题,敌手对Bitcoin-NG发起自私挖矿等攻击获得的收益相较于Bitcoin更高。

另外,Bitcoin-NG具有惩罚措施。如果发现主链之外有个分叉链对同一笔资金的消耗,矿工则可以将其记录为欺诈交易,并可以获得5%的奖励。

2. PoET

消逝时间证明(Proof of Elapsed Time,PoET)通常用于被许可的区块链网络来决定采矿权或网络上的块赢家。它基于彩票系统的公平原则,即每个节点都有均等的机会成为赢家,并且这些机会公平地分布在尽可能多的参与者中。

PoET算法要求网络中的每个参与节点在定时器上等待一个随机的时间量,第一个完成指定等待时间的节点为新块的赢家。网络上的每个节点基本上都是在随机产生的一段时间内进入睡眠状态,而第一个醒来的节点,也就是睡眠时间最短的节点,醒来时向区块链提交一个新的块。

PoET是属于概率性共识的一种,利用"可信执行环境"来提高当前解决方案(如工作证明等)的效率。PoET的设计是为了创建一个公平的共识模型,重点在于效率。其特点是需以一种新的CPU指令形式的硬件支持,来实现算法以合法方式验证指挥者的目标。这允许应用程序执行可信的代码，并确保满足两个需求——随机选择参与者的等待时间和通过赢得参与者真正完成的等待时间。PoET 使用这些功能来确保领导者选举过程的安全性和随机性，而不需要投资大多数"证明"算法固有的算力。

PoET 基于如下方式运行。

1）每个验证器都从可信函数请求等待时间。

2）等待特定事务块时间最短的验证器被选为领导者。

3）由一个函数（比如"CreateTimer"）为事务块创建一个计时器，并保证该事务块是由可信函数创建的。

4）由另一个函数（如"CheckTimer"）验证计时器是由可信函数创建的。如果计时器已过期，此函数将创建一个证明，用于验证程序在声明领导角色之前是否等待了分配的时间。

PoET 的优点是它非常节能，不需要昂贵的硬件。但同时也具有明显的缺点，就是结算结束后用户需要等待，以确定他们的交易将被记录。

3. PoSpace

容量共识机制 PoC（Proof of Capacity）空间容量证明，又称为 PoSpace（Proof of Space），在 2014 年被提出。PoSpace 意在取代比特币中的 PoW 机制，成为一种新型的共识机制解决方案。

空间容量证明利用的是计算机的硬盘空间大小，而 PoW 中利用的是计算机的计算能力。硬盘的容量越大，可以存储在硬盘里的方案值就越多，矿工就越有机会匹配到其中所需要的哈希值，从而有更多的机会获得奖励。也就是说，在开始挖矿之前，节点就已经在硬盘里计算和存储好哈希函数问题的解决方案了，并提前将函数的答案放到硬盘里面去了。

PoSpace 主要包含两部分：绘制（Plotting）和计算截止日期。

绘制也称为创建绘图文件。根据硬盘的大小不同，绘制周期也将不同，一般为几天或者数周。矿工为绘图分配的硬盘空间越多，存储的 Nonce 就越多。一个随机数最终将包含 8192 个哈希值，这 8192 个哈希值是成对组织的，称为 Scoop，每个 Scoop 会被分配一个从 0~4095 的数字。

另一部分，计算截止日期。在挖矿过程中，节点需要计算一个 0~4095 之间的勺数。假设节点的计算给出一个 42 的勺数，然后节点会去挖掘一个 42 的 Nonce 并使用该 Scoop 数据计算一个时间量，这个时间称为截止日期。节点对硬盘上的所有 Nonce 重复此过程，在计算完所有截止日期后，节点将选择最短期限。截止日期表示"在允许创建块之前，最后一个块被创建后经过的秒数"，如果没有其他人在这段时间内创建一个区块，节点则创建一个区块便会获得一个区块奖励，因为该节点能够生产的截止日期比其他矿工的截止日期短，所以该节点将得到奖励。

PoSpace 被认为是共识机制在 POW 基础上的一大进步。但与此同时，PoSpace 仍存在一些问题，具体如下：

1）PoSpace 引入了校验人角色，增加了系统的风险。如何设计和安排校验人，也是方案存在的一个问题。

2）以硬盘空间为证明，存在中心化的风险，因为少部分人可以通过巨大财力购置大量硬盘空间，持续垄断挖矿，造成类似于比特币的"51%攻击"等。

4.5 PoS 类共识算法

基于工作量证明的机制因为对全球算力和资源的消耗而饱受诟病，比特币系统在 2017 年消耗的电量就已经超过 159 个国家的年均耗电量，过多的资源消耗明显不利于大规模应用。此外，工作量证明机制还存在 51%算力攻击等问题，存在一定的安全隐患。因此，很多的区块链系统选择了股权证明（Proof of Stake，PoS）机制。PoS 的原理类似于现实世界中的股份制，拥有股份越多，话语权就越强，获得记账机会的概率就越大。PoS 不需要像 PoW 一样通过消耗算力来挖矿，因此不会造成资源浪费。PoS 也缩短了共识达成的时间，使得效率得到提高。

4.5.1 点点币 PoS 机制

股权证明是 Sunny King 和 Scott Nadal 发明的一种共识协议，于 2012 年在点点币（Peercoin）首次实施。在基于股权证明的区块链中，代币所有者是对网络产生影响、生成新区块和保障系统安全性的人。点点币的利益相关者（Stakeholders）可以以类似于股东共同拥有上市公司的方式有效地共同拥有区块链网络。一般来说，人们都将点点币视为第一个 PoS 项目。

在点点币中，验证新的交易和区块的过程与比特币完全不同。为了选择产生下一个区块的生产者，点点币的协议依赖于一个叫作币龄（Coin Age）的概念。

币龄是一个数字，它是由节点拥有的代币数量乘以代币在钱包中的存放天数得出的。例如，一个节点的币龄很高，那么说明该节点的钱包里有大量的代币，而这些代币也在钱包里存放了相当长的一段时间。其实，在 2010 年，中本聪就在比特币的设计中提出并使用了币龄这一概念，用于给交易进行排序，但这个概念在比特币的安全模式中没有起到很重要的作用。

在点点币的协议中，节点不需要解决计算上的难题。点点币的方案结合了币龄和一定的随机性，以自动选择下一个区块生产者节点。一个节点被选为下一个区块生产者的机会具体取决于其持有的代币数量和时间，即以代币的币龄和一些运气的形式来选择。点点币中，高币龄的节点比低币龄的节点被选为区块生产者的概率更高。

点点币的 PoS 证明计算公式为：

$$ProofHash<币龄×目标值$$

其中 ProofHash 对应一组数据的哈希值，目标值用于衡量 PoS 挖矿难度。目标值与难度成反比，目标值越大、难度越小；反之目标值越小，难度越大。

在点点币的协议中还有一些规则来防止币龄高的节点能够主导新区块的产生过程，规则具体如下。

1）节点首先要在钱包里放上币龄至少 30 天的代币，然后才有资格参与新区块的生产。

2）一旦一个新的区块被生成，将自动生成一笔交易，用于生产该区块的代币返回给节点。这一自动和强制的交易使得这些代币的币龄被重置。然后，节点需要从头开始，再等到足够 30 天，才能有资格再次参与区块生产过程。这样有助于避免一个高币龄的节点始终生产新的区块。强制币龄重置使其他利益相关者有更好的机会参与新的区块生产过程。

3）一个节点找到一个新区块的概率在 90 天后达到最大值。

这些规则都是为了防止高币龄的节点垄断区块生产过程。

4.5.2　Ethereum Casper PoS 机制

Casper 是著名并且被广泛期待的以太坊（Ethereum）项目，Casper 提出了一种更现代的权益证明（PoS）模型，用来替代以太坊传统的工作量证明（PoW）算法。它可以大大缩短网络中的交易处理时间。

Casper 是一种基于保证金的经济激励共识协议（Security - Deposit based Economic Consensus Protocol）。协议中的节点作为锁定保证金的验证者（Bonded Validators），必须先缴纳保证金，即锁定保证金（Bonding），才可以参与出块和共识形成。下面将介绍权益证明在 Casper 下是如何工作的。

1）验证者押下一定比例的以太币作为保证金。

2）验证区块。当验证者发现一个他认为可以被加到链上的区块时，他们将以通过押下赌注的方式来验证它。

3）如果该区块被加到链上，验证者将得到一个跟他们赌注成比例的奖励。

但是，如果一个验证者采用一种恶意的方式行动，那么他将立即遭到惩罚，其所有的权益都会被扣除。只有在验证者当前已缴纳保证金的情况下他的签名才有意义（Economically Meaningful）。这代表客户端只能依赖他们知道的锁定保证金的验证者的签名。因此当客户端接收和鉴别共识数据时，共识认可的链必须起源于当前锁定保证金的验证者的块。

以太坊中准备采用的权益证明协议叫作 Casper the friendly finality gadget（FFG），该协议在过渡阶段要和工作量证明混合使用，为工作量证明提供确定性（Finality）。

确定性意味着一旦一个特定的操作完成，将没有任何东西可以逆转这个操作。在处理金融事务的领域，这是非常重要的。

CasperFFG 能够提供比工作量证明更强的确定性：2/3 的验证者会下最大概率的赌注使区块达到最终一致。因此，对这些节点来说，合谋攻击网络的激励是非常小的，节点这样做将危及自己的保证金。当锁定保证金的验证者中的绝大多数以非常高的概率下注某个块时，任何不包含这个块的分叉都不可能胜出。

在 Casper 中另一个重要的概念是下注共识（Gambling on Consensus）。

Casper 要求验证者将保证金中的大部分对共识结果进行下注。而共识结果又通过验证者的下注情况形成：验证者必须猜测其他人会赌哪个块胜出，同时也下注这个块。如果赌对了，他们就可以拿回保证金外加交易费用，也许还会有一些新发的货币；如果下注没有迅速达成一致，他们只能拿回部分保证金。因此数个回合之后验证者的下注分布就会收敛。

如果验证者过于显著地改变下注，例如，先下注某个块有很高概率胜出，然后又改下注另外一个块有高概率胜出，他将被严惩。这条规则确保了验证者只有在非常确信其他人也认为某个块有高概率胜出时才以高概率下注。Casper 通过这个机制来确保不会出现下注先收敛于一个结果然后又收敛到另外一个结果的情况。在 Casper 中验证者可以通过协调使下注比例呈指数增长，从而使共识快速达到最大安全。

当节点作为一个锁定保证金的验证者，他需要对区块进行签名，然后在共识过程中下注。为了最大化收益，验证者需要尽可能地保持在线和服务稳定。验证者的收益率还取决于其他验证者的处理性能和可用性，即存在节点无法直接自身化解风险。如果其他节点表现不佳，该节点也会遭受损失。但是此时如果节点决定完全不参与共识，那么他将会损失更多。

然而额外的风险通常也意味着有更高的回报。

由 PoW 向 PoS 的转化可以让以太坊及其用户得到许多好处。首先，低延迟确认可以极大地改善用户体验。一般情况下交易很快就能最终确认，如果有网络分区发生，交易依然会被执行，而交易有被撤销的可能这一情况会被清楚地报告给应用及其用户。应用的开发者依然需要处理分叉的情况，和使用 PoW 协议一样，该共识协议会给出一个对交易撤销可能性的清楚估量。

4.5.3　DPoS 机制

委托权益证明机制（Delegated Proof of Stake，DPoS）类似于公司董事会制度，在 DPoS 共识机制下，会选出一定数量的代表来负责生产区块。这些代表是每一位持币人根据手中持有的代币投票选出来的。

DPoS 主要分为以下两个部分。

1）由利益相关者投票给新的委托人，票数与其权益大小成正比，最终选出一定数量委托人。

2）委托人以平等的权利轮流作为区块的生产者行使权力。

在 DPoS 中，与 PoW 相同的一点是最终胜出的规则仍然是最长链胜出。任何时候，当一个诚实节点看到一个有效的最长链，它就会从当前分叉上切换到最长链，从而使最长链越来越长。但与 PoW 和 PoS 不同的是，DPoS 在大多数网络条件下仍能稳健运行。

DPoS 的优势如下。

1）能耗更低。DPoS 机制将节点数量进一步减少，在保证网络安全的前提下，整个网络的能耗进一步降低，网络运行成本最低。

2）确认速度更快。每个区块的时间大概为 10 s，一笔交易确认（在得到 6~10 个确认后）大概 1 min，一个完整的 101 个块的周期大概仅仅需要 16 min。而比特币产生一个区块需要 10 min，一笔交易完成（6 个区块确认后）需要 60 min。点点币的 PoS 机制确认一笔交易大概也需要 1 h。

DPoS 背后的理性逻辑如下。

1）使权益所有者能够通过投票决定记账人。

2）最大化权益所有者的利益。

3）最小化保证网络安全的能耗。

4）最大化网络的性能。

5）最小化运行网络的成本。

但是，DPoS 机制同样存在一些问题，具体如下。

1）节点投票的积极性并不高。绝大多数持股人（超过 90%）从未参与投票，其原因在于投票需要时间、精力以及技能。

2）对于恶意节点的处理存在诸多困难。社区选举不能及时有效地阻止一些恶意节点的出现，给网络造成安全隐患。

3）DPoS 以选举委托人的形式实现共识，带来了严重的中心化问题。

目前，DPoS 算法已经在一些区块链项目上运行多年，证明了其自身的安全性和可靠性，并且 DPoS 是不容易分叉的。

4.5.4 LPoS 机制

流动性权益证明（Liquid Proof-of-Stake, LPoS）最初是由 Tezos 引入的。Tezos 是由 Kathleen 和 Arthur Breitman 创建的链上治理协议，自 2018 年 9 月以来一直在主网上平稳运行。

在 DPoS 中，为了达成网络共识，需要选举一组固定的区块生产者，也就是所谓的委托代表。在 Tezos 网络采用的共识机制 LPoS 中，代表者是可选的。代币持有人可以将验证权委托给其他代币持有人，而无需托管代币，这意味着代币仍保留在代币持有人的钱包中。此外，只有验证器在出现安全故障时才会受到惩罚。LPoS 的目标是维持动态的验证者组，表 4-1 描述了 LPoS 与 DPoS 的区别。

表 4-1 LPoS 与 DPoS 的区别

	LPoS	DPoS
委托质押	可选的	被要求投票给超级节点
进入要求	10000tG 以及价值为整个抵押代币价值的8.5%的保证金； 适度的计算能力和可靠的计算机连接	专业的操作系统； 重要的服务器基础设施； 与其他节点的竞争
节点限制	动态的	数量限定
设计优点	去中心化、协调与安全	可扩展性、可用的用户程序

在 Tezos 的 LPoS 共识机制中，会根据每个验证者持有的代币数量来分配区块链生产的概率，也就是说持有的 Tezos 数量越多，则生产区块的概率就会越大，出块的数量就越多，从而可以获得更多的奖励。

代币持有人可能对自行生产区块并不感兴趣，那么他们可以委托其他人生产区块，与此同时，代币的所有权并没有发生转移。与比特币一样，Tezos 也是通过增发代币和交易费来奖励参与共识的生产者。在该机制中，除了奖励机制外，也存在惩罚机制，验证者必须为他们所要验证的每个区块存一笔抵押金，Tezos 要求生产者抵押代币几周的时间。如果区块的生产者试图去尝试双重生产或双重签署区块，抵押的安全保证金将会被没收。

与比特币不同，比特币矿工获得所有的区块奖励而 Tezos 的委托代表会与代币的持有人进行奖励的分享。所有的代币持有人，无论是否有权益，都可以避免约 5.5% 左右的年度通胀稀释，促进更大的协调。

4.5.5 其他典型 PoS 类共识

1. Ouroboros

Ouroboros 是第一个基于权益证明（PoS）并拥有强大安全保证的区块链协议。协议假设参与者可以自由地创建账户并进行接收和支付，随着时间的推移，权益也会改变。Ouroboros 使用一个非常简单安全的多方实现掷硬币（Coin-Flipping）协议产生领导者选举过程中的随机性。这也是该方法与其他先前解决方案的区别（之前的解决方案要么基于区块链当前的状态确定性定义一个这样的值，要么使用集体掷硬币的方式来引入熵）。同样，Ouroboros 的独特性还包括以上系统会忽略掉的一轮轮的权益改变。相反，当前股东们的快照是在一个叫作阶段（Epoch）的相同间隔内被拍下的，在每个这样的间隔内一个安全的多方计算就使用区块链本身作为广播通道。具体地说，就是在每个阶段被随机选举到的一群股东们形成一个委员会，然后该委员会要负责执行掷硬币协议。协议的结果决定下一阶段负责执行掷硬币的下一群股东以及当前阶段所有领导者选举的结果。

Ouroboros 提供了一套正式的论证，确定了没有敌手可以打破协议的持久性和存活性。协议在下面这些合理的假设下是安全的。

1）网络是同步的，也就是在任意诚实的股东与其他股东进行通信的期间可以确定上限（消息传输时间上限和进程每一步执行时间上限）。

2）在诚实的多数者中的一群股东可以根据需要参与到每个阶段中。

3）股东们不会长期保持离线状态。

4）腐败适应性（敌手发起攻击需要的时延）受制于一个小的时延，该时延在每个回合都会进行测度，并与安全参数呈线性关系。

Ouroboros 还区分了隐蔽攻击，这是一种特殊的常用分叉攻击。隐蔽在这里指的是敌手对于安全多方计算协议的隐蔽，敌手希望能够破坏协议并且不会被发现。方案可分叉字符串是可分叉字符串的子类，隐蔽可分叉字符串拥有更小的密度；这允许方案提供两个在效率和安全保证方面能达到不同权衡的截然不同的安全论证。Ouroboros 的可分叉字符串分析是一个自然和相当普遍的工具，它可以成为 PoS 环境安全论证的一部分。

Ouroboros 还为激励系统中的参与者提出了一个新颖的奖励机制，该系统已经被证明是（近似是）纳什均衡的。这样，Ouroboros 就可以缓和类似扣块（Block withholding）和自私挖矿（Selfish-Mining）的攻击。奖励机制背后的核心思想就是给这些协议行为提供积极的报酬，这些协议行为不能被与协议背道而驰的各方联盟所扼杀。如此，合理的假设下，特定的协议执行成本很小，当所有的参与者都是理智的时候忠实地遵循协议就是一种平衡。

方案引入了一个权益委托机制，该机制可以无缝地加入到区块链协议中。Ouroboros 希望允许协议即使在一群股东高度分散的情况下也可以扩大规模。在这种情况下，委托机制能够让股东们将他们的"投票权利"委托出去，就像流动民主（Liquid Democracy），股东们再想要独立于其他股东时有能力撤回它们的委任约定。

随后，David 等人提出了 Ouroboros Praos 方案，改进了 Ouroboros 中出块者的选举方式。Ouroboros 中出块者的选举结果是公开可验证的，所有节点都知道本轮的出块者的身份。而在 Ouroboros Praos 中，节点私下确定是否被选为出块者，节点之间不能提前判断其他节点是否被选中，直到出块者成功将区块生成，这样有效防止了敌手可能对出块者发起的贿赂攻击或 DDoS 攻击。Ouroboros Praos 中参与者通过可验证随机函数 VRF 产生可验证随机数，如果其数值低于某个目标值，则可确定被选中为出块者。出块者在生成区块时，将其产生的随机数和由 VRF 产生的对随机数的证明一起在全网广播，网络中其他节点可以确认其合法性。Ouroboros Praos 的激励制度跟 Ouroboros 相同。

Badertscher 等人提出了 Ouroboros Genesis 机制，该机制详细设计了新节点加入网络时的自启（Bbootstrap）过程，解决了 PoS 共识机制存在的长程攻击问题。Ouroboros Genesis 保留了 Ouroboros Praos 中利用 VRF 随机选择出块者的部分，修改了最长链原则。新节点在加入网络时，需要从不同节点获得多个链，并将其对比，最终选定的区块链需要与其他链具有共同前缀且是最长链。Ouroboros Genesis 在不采用检查点机制的前提下能够抵抗长程攻击，并且在 UC 通用可组合模型下形式化证明了协议的安全性。

Kerber 等人提出的 Ouroboros Crypsinous 首次涉及基于 PoS 的隐私保护区块链，并且给出了形式化安全证明。Ouroboros Crypsinous 采用 UC 通用可组合模型，能够抵抗适应性攻击。

2. Snow White

Snow White 是由 Daian、Pass 和 Shi 提出的适合 PoS 的可重配置共识机制。Snow White 重配置的间隔时间短暂，能够满足节点随机加入和退出网络的需求。每次重配置过程选出系统中最近的权益拥有者作为活动成员集合，然后按集合中成员权益占比随机选择出块者。Snow White 每个时期运行重配置的目的是根据系统目前的权益分布来选择活动成员集合和出块者，也就是活动成员集合随着系统中权益的变化而重新选择，防止敌手的后来腐化（Posterior Corruption）攻击。Snow White 要求系统中权益分布变化不能过快，在此基础上达成了节点投票权与其持币数量成正比的目的。

Snow White 采用睡眠模型（Sleepy Model）为网络模型，睡眠模型就是节点不会保持永久在线，可能在某段时间内在线，也可能在某段时间内离线，间断地参与共识。该模型中节点的状态更加符合现实网络中节点的状态。

Snow White 采用与 FruitChains 类似的激励制度，并且同样采用区块和水果同时生成的挖矿机制，也就是相当于 Bitcoin-NG 的 PoS 对应，实现了公平性。

3. PoA

权威证明（Proof-of-Authority, PoA）是一种基于声誉的共识算法，通过基于身份权益的共识机制，提供更快的交易速度，PoA 的引入为区块链网络，尤其是私有链，提供了实用且有效的方案。

权威证明共识算法运用身份的价值，也就是说被选为区块链的验证者凭借的不是抵押的加密货币而是个人的信誉。权威的节点用它们的声誉去验证交易和区块，通过把身份和声誉绑定在一起，验证者被激励去验证交易和维护网络安全。

权威证明由若干个验证者（Validator）来生成区块记录交易，并获得区块奖励和交易费用。在 PoA 中，验证者是整个共识机制的关键。验证者不需要昂贵的计算资源，也不需要足够的资产，但它必须具有已知的并且获得验证的身份。验证者通过放置这个身份来获得担保网络的权力，从而换取区块奖励。若验证者在整个过程中有恶意行为，或与其他验证者勾结，通过链上管理可以移除和替换恶意行为者。现有法律的反欺诈保障会被用于整个网络的参与者免受验证者的恶意行为。

PoA 网络启动时有 12 个验证者，这些验证者通过智能合约来管理，智能合约也加入了治理模式，验证者可以投票添加或删除验证者甚至是更新治理合约。每个验证者出块的概率均等，每产生一个块可以获得一个 PoA 币以及所有的手续费。

PoA 机制需要更少的算力，不需要挖矿，相比 PoW 更加节能且验证速度快，支持更快的事务。在整个网络中，验证者可以互相监督，随时可以投票加入新的验证者或者剔除不合格的验证者。在机制中，硬分叉受法律保护，每个验证者均签订法律协议，即每个验证者对自己验证的交易负有一定的法律责任。PoA 具有高度可扩展性和高度兼容性，兼容以太坊上所有的 DApp，任何基于以太坊开发的应用均可移植到 PoA 网络。

但是，另一方面，PoA 公开身份使得系统的隐私性和匿名性将减少。权威节点的集中也是 PoA 机制的一个重要缺点。

4.6 习题

1. 分布式系统具备哪些关键特性？

2. 分布式共识算法需要满足哪些属性？

3. BFT 类共识与 CFT 类共识解决的分布式系统问题有何区别？

4. PBFT 共识机制以及视图转换分别包括哪几个主要阶段？

5. 简述 PoW 机制的优缺点。

6. 简述 PoS 机制与 DPoS 机制的区别。

参考文献

[1] 杨保华, 陈昌. 区块链原理、设计与应用 [M]. 北京: 机械工业出版社, 2017.

[2] 刘懿中, 刘建伟, 张宗洋, 等. 区块链共识机制研究综述 [J]. 密码学报, 2019, 6 (4): 395-432.

[3] LAMPORT L, SHOSTAK R E, PEASE M C. The Byzantine Generals Problem [J]. ACM Transactions on Programming Languages and Systems, 1982, 4 (3): 382-401.

[4] FISCHER M J, LYNCH N A, PATERSON M. Impossibility of distributed consensus with one faulty process [J]. ACM, 1985: 32.

[5] Introduction-Hyperledger-Fabricdocs Master Documentation [OL]. https://hyperledger-fabric.readthedocs.io/en/latest/whatis.html.

[6] CASTRO M, LISKOV B. Practical byzantine fault tolerance and proactive recovery [J]. ACM Transactions on Computer Systems, 2002, 20 (4): 398-461.

[7] NAKAMOTO S. Bitcoin: A peer-to-peer electronic cash system [OL]. www.bitcoin.org.

[8] EYAL L, GENCER A E, SIRER E G, RENESSE R V. Bitcoin-ng: A scalable blockchain protocol [C]. 13th USENIX Symposium on Networked Systems Design and Implementation (NSDI16). SantaClara, CA: USENIX Association, Mar. 2016, 45-59.

[9] VASIN P. BlackCoins Proof-of-Stake Protocol v2 [OL]. http://blackcoin.co/ blackcoin-pos-protocol-v2-whitepaper.pdf.

[10] KIAYIAS A, RUSSELL A, DAVID B, OLIYNYKOV R. Ouroboros: A Provably Secure Proof-of-Stake Blockchain Protocol [J]. CRYPTO 2017, 357-388.

第5章 智能合约

智能合约作为区块链的另一大核心技术，具有去中心化、去信任、可编程、不可篡改等特性，可灵活嵌入各种数据和资产，以帮助实现安全高效的信息交换、价值转移和资产管理等。本章首先阐述了智能合约的相关定义、技术特征、运行机制和分类情况，然后从开发和部署两个方面全面叙述了合约的全部流程，最后介绍了智能合约的典型应用领域，总结了智能合约的研究挑战与进展，讨论了智能合约的发展趋势，希望可以为智能合约的后续研究提供参考。

5.1 智能合约简介

智能合约是什么？其具有怎样的架构？可以分为哪些类型？本节主要围绕这3个问题展开详细的叙述。在本节开始时，引入一个人们日常生活中的案例来帮助读者形象地了解智能合约的概念和其运行流程。

📖 例如，麻将作为人们日常的娱乐方式之一，其运作方式和智能合约的概念极其相似。一局麻将中的四个人可以抽象为区块链中的4个"节点"，他们之间商定了一个规则，即在4个参与方中谁先凑出符合要求的牌面（例如：4个串子加一个对子），谁就将赢得这一局的胜利。在牌局中，各参与方在此协议中的地位是平等的，规则由他们共同确认。每一方出牌时都要公开报出并展示自己打出去的牌面，供其他方知晓，所以这也排除了某一方篡改结果的可能性。同时，参与方每次摸到的牌仅自己知道，其他方仅能看到13张牌的"哈希值"，并不知晓具体的牌面。当某一方恰好凑齐获胜牌面时，他便按照规则自动获得这一局的胜利，同时这一轮牌局自动结束。

可以看到，上述整个过程无须参与方之外的力量参与就能按照规则自动进行。该规则生动形象地体现了智能合约的作用，那么智能合约是怎么被提出来的？其具体的定义是什么？下文将给出细致的讲解。

5.1.1 智能合约的历程及定义

1994 年，美国计算机科学家 Nick Szabo 提出了智能合约（Smart Contract）的概念，他将智能合约定义为"一套以数字形式指定的承诺（Promise），包括合约参与方可以在上面执行这些承诺的协议（Agreement）"[1]。在此定义中，数字形式表示只要双方达成协议，合约将以数字形式写入计算机，并在后续过程中被触发执行；承诺为协议的内容，意味着合约参与者享有的权利和应尽的义务。当时，智能合约的设计初衷是希望在无须第三方可信权威的情况下，将智能合约内置到物理实体中来创造灵活可控的智能资产。此概念的提出标志着智能合约 1.0 时代的到来。自动售货机、销售点情报管理系统（Point of Sales，POS）可看作当时智能合约的雏形。由于当时缺乏可信操作环境和支持可编程合约的数字系统和技术，在很长一段时间内智能合约并没有得到广泛的应用。

直到 2008 年，Satoshi Nakamoto 提出了一种无须信任即可进行点对点交易的加密数字货币系统——比特币[2]。人们发现其底层技术区块链与智能合约天然契合：区块链可以借助智能合约的可编程特性定义分布式节点的复杂行为；智能合约可以在区块链去中心化、可执行的环境中实现。自此，智能合约重焕新生被赋予了新的含义。在 2013 年年底，Vitalik Buterin 发布的以太坊白皮书《以太坊：下一代智能合约和去中心化应用平台》[3]将智能合约引入了区块链，拓展了区块链在货币领域之外的应用，引领了智能合约 2.0 时代的正式到来。

如今，随着区块链的进一步发展，应用在区块链上的智能合约被重新定义：智能合约是一种在区块链上存储的、无须中介、自我验证、自动执行合约条款的计算机交易协议。一旦协议参与方达到执行协议的条件，计算机或计算机网络便会自动执行协议并输出相应的结果。目前，以太坊（Ethereum）、超级账本（Hyperledger Fabric）等区块链系统已成为主流的智能合约开发和运行环境。随着去中心化应用（Decentralized Application，DApp）的发展，智能合约将迎来全面爆发的 3.0 时代，智能合约将是全面实现合约智能处理、自动社会的基础设施。图 5-1 所示为智能合约的发展历程。

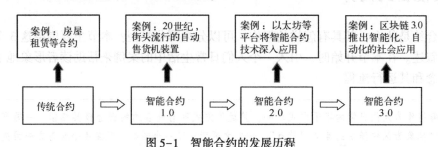

图 5-1　智能合约的发展历程

5.1.2　智能合约平台

从智能合约的发展过程中可以发现，智能合约在经历的各阶段依附了不同的平台。那么究竟有哪些平台呢？本节通过梳理和总结得到了下述典型的合约平台。首先是比特币当中使用的比特币脚本，它是早期应用于区块链的智能合约形式。由于此时脚本计算能力非常有限，无法实现复杂的逻辑合约[4]。随后，以太坊平台借鉴了比特币区块链的技术，对它的应用范围进行了扩展。该平台可以类比为苹果的应用商店，在该平台上用户可以按照自身意愿高效快速地开发出包括加密货币在内的多种智能合约，并且可以开发建立在智能合约上的 DApp。该平台改变了区块链及智能合约的应用格局，使其不再局限于数字货币，开始有机会构建更宏观的金融系统并应用到其他社会领域。随着该平台的出现，越来越多的区块链平台开始涌现，例如 EOS[5]、NEO[6]、Hyperledger Fabric[7]、Libra[8]、Zilliqa[9]、Zcash[10]。在众多支持智能合约运行的区块链系统中，以太坊作为最早实现智能合约的区块链平台，已经成为目前最大的区块链平台。近年来，在智能合约的各类研究工作中，大部分工作都集中于相对更加成熟的以太坊智能合约。

5.1.3　智能合约架构

本节将结合区块链智能合约的设计流程、应用现状及发展趋势，归纳智能合约生命周期并给出智能合约基础架构模型，该模型一方面囊括了智能合约全生命周期中的关键技术，另一方面对智能合约技术体系中的关键要素进行划分，为智能合约研究体系的建立与完善提供参考，奠定基础。

智能合约的生命周期根据其运行机制可概括为协商、开发、部署、运维、学习和自毁6个阶段，其中协商阶段包括合约编写者定义合约功能和合约注意事项；开发阶段包括合约的代码实现以及合约上链前的测试；部署阶段包括节点审查以及矿工挖矿等；运维、学习阶段包括合约的安全性审查、运行反馈与合约更新等；自毁阶段包括合约存储和代码的移除等操作。图5-2所示为智能合约的基础架构模型，合约模型自底向上分别为：基础设施层、合约层、运维层、智能层、表现层和应用层[11]。

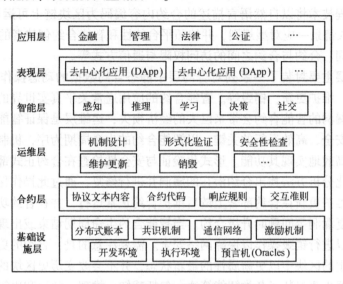

图5-2 智能合约的基础架构模型

在合约模型中，**基础设施层**主要封装了分布式账本、共识机制、激励机制、开发环境等区块链基础措施，为合约执行等操作提供可信的执行环境。具体说明如下。

1) 区块链基础关键技术：智能合约需将区块链作为底层设施，利用P2P通信网络、共识机制和激励机制等区块链技术完成运行，并最终将执行结果添加到分布式账本中。其中通信网络包含数据通信、传输等协议，主要用于账本与节点间的数据通信。共识机制包含PoW、PoS等共识算法，主要用于各节点协商账本数据的一致性。激励机制主要用于促使区块链中矿工进行挖矿，进而维护区块链各项操作的正常运转。以以太坊为例，智能合约的运转需要额外考虑燃料（Gas）的消耗，燃料耗尽异常（OOG）、死代码（Dead Code）、无用描述、昂贵循环等高耗能操作将会导致合约不正常的运行，所以合约编写者在编写合约时应该避免出现这些问题。

2) 运行环境：狭义的智能合约可看作是运行在区块链上的计算机程序，作为计算机程序，智能合约的开发、部署和调用将涉及包括编程语言、集成开发环境（IDE）、开发框架、客户端和钱包等多种专用开发工具。以钱包为例，除作为存储加密货币的电子钱包外，通常还承担启动节点、部署合约、调用合约等功能。另外，运行环境还应包含虚拟机、Docker容器等合约执行所需的软件，为合约提供准确、可靠的执行环境。

3) 预言机（Oracles）：为保证区块链网络的安全，智能合约一般运行在隔离的沙箱执行环境中，除交易的附加数据外，合约会通过预言机提供的可信外部数据源对外部世界的世界状态进行查询。

模型的合约层主要封装了静态的合约数据，包括合约各方达成一致的合约文本、合约代码、符合情景的响应规则和合约创建者指定的合约与外界以及合约之间的交互准则等。合约层可看作是智能合约的静态数据库，封装了所有智能合约的调用、执行、通信规则，以智能合约从协商、开发到部署的生命周期为顺序，合约各方将首先就合约内容进行协商，合约内容可以是法律条文、商业逻辑和意向协定等。此时的智能合约类似于传统合约，立契约者无须具有专门的技术背景，只需根据法学、商学、经济学等知识对合约内容进行谈判与博弈，探讨合约的法律效力和经济效益等合约属性。随后，专业的计算机从业者利用算法设计、程序开发等软件工程技术将以自然语言描述的合约内容编码为区块链上可运行的"If…Then"或"What…If"式情景—应对型规则，并按照平台特性和智能合约创建者的意愿，补充必要的合约与用户之间、合约与合约之间的访问权限与通信方式等。

模型的运维层主要封装了一系列对合约层中静态合约数据的动态操作，包括形式化验证、安全性检查、维护更新、销毁等。智能合约的应用通常关乎真实世界的经济利益，恶意的、错误的、有漏洞的智能合约会带来巨大的经济损失，运维层是保证智能合约能够按照设计者意愿正确、安全、高效运行的关键。以智能合约的生命周期为序，机制设计利用收集到的信息帮助合约高效地实现其功能。形式化验证与安全性检查在合约正式部署上链前通过静态或动态等形式化分析方法找出合约潜在的漏洞并进行修复，通过此操作保证合约代码的正确性和安全性。维护更新在合约部署上链后维护合约正常运行，并在合约功能难以满足需求或合约出现可修复漏洞等问题时升级合约。当智能合约生命周期结束或出现不可修复的高危漏洞时，合约可以进行销毁操作以保障网络安全。需要注意的是，合约的更新与销毁仅是将信息打包到新产生的区块中以更新属性的最新状态，并不会改变历史区块的数据。

模型的智能层主要封装了各类智能算法，包括感知、推理、学习和决策等，为前3层构建的可完全按照创建者意愿在区块链系统中安全高效执行的智能合约增添智能性。需要指出的是，当前的智能合约并不具备智能性，只能按照预置的规则执行相应的动作。但是，未来的智能合约将不仅可以按照预定义的 If…Then 式语句自动执行，更可以实现未知场景下 What…If 式智能推演、计算实验，以及自主决策等功能。运行在区块链上的各类智能合约可看作是用户的软件代理（或称软件机器人）。由于计算机程序具有强大的可操作性，随着认知计算、循环神经网络（Recurrent Neural Network，RNN）、小样本学习等人工智能技术的快速发展，这些软件代理将逐渐具备智能性。一方面，代理个体将从基础的感知、推理和学习出发逐步实现任务选择、优先级排序、目标导向行为（Goal-Directed Behaviors）、自主决策等功能，另一方面，代理群体将通过彼此间的交互通信、协调合作、冲突消解等具备一定的社交性。这些自治软件代理在智能层的学习、协作结果也将反馈到合约层和运维层，用于优化合约设计和运维方案，最终实现自主自治的多代理系统，从自动化合约转变为真正意义上的智能化合约。此时的智能合约将不再是执行的固定代码，它可以有一定的逻辑思想，智能地去管理区块链的事务。

模型的表现层主要封装了智能合约在实际应用中的各类具体表现形式，包括去中心化应用（DApp）、去中心化自治组织（Decentralized Autonomous Organization，DAO）和去中心化自治企业（Decentralized Autonomous Corporation，DAC）等。区块链是具有普适性的去中心化技术架构，可封装节点复杂行为的智能合约相当于区块链的应用接口，帮助区块链的分布式架构植入不同场景，通过将核心的法律条文、商业逻辑和意向协定存储在智能合约中，可产生各种各样的 DApp。而利用前 4 层构建的多代理系统，又可逐步演化出各类 DAO 和 DAC 等表现形式。这些表现形式有望改进传统的商业模式和社会生产关系，为可编程社会奠定基础，并最终促成分布式人工智能的实现。以 DAO 为例，只需将组织的管理制度和规则以智能合约的形式预先编码在区块链上，即可实现组织在无中心或无权威控制干预下的自主运行。同时，由于 DAO 中的成员可以通过购买股份代币（Token），或提供服务的形式成为股东并分享收益，DAO 被认为是一种对传统"自顶向下"金字塔式层级管理的颠覆性变革，可有效降低组织的运营成本，减少管理摩擦，提高决策民主化。

模型的应用层主要封装了智能合约及其表现形式的具体应用领域。理论上，区块链及智能合约可应用于各行各业，金融、管理、法律、公证等均是其典型应用领域。

5.1.4 智能合约运行机制

智能合约作为区块链的核心构成要素（合约层），它是运行在可复制的共享区块链数据账本上的计算机程序，通过交易转账到特定的合约地址以触发智能合约。同时其具有接受、存储和发送数据，以及控制和管理链上智能资产等功能。智能合约的运行机制如图 5-3 所示，智能合约一般具有值和状态两个属性，代码中用 If…Then 和 What…If 语句预置了合约中的触发场景（如到达特定时间或发生特定事件等）和响应规则。智能合约经多方共同协定、各自签署后随用户发起的交易（Transaction，Txn）提交，经 P2P 网络传播、矿工验证后存储在区块链特定区块中，用户得到返回的合约地址及合约接口等信息后，即可通过发起交易来调用合约。

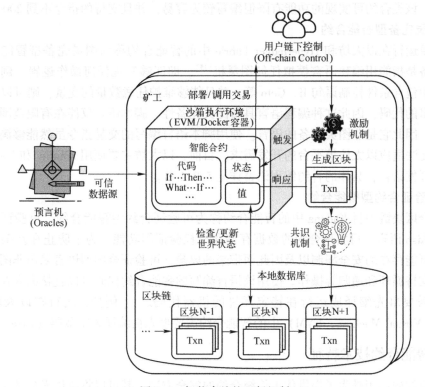

图 5-3 智能合约的运行机制

矿工受系统预设的激励机制激励，将贡献自身算力来验证交易，矿工收到合约创建或调用交易在本地沙箱（如以太坊虚拟机/Docker 容器）中执行创建合约或执行合约代码。合约代码根据可信外部数据源（也称为预言机，Oracles）和世界状态的检查信息，自动判断当前所处场景是否满足合约触发条件。当验证满足触发条件时，严格执行响应规则并更新区块链中的世界状态。当合约交易被验证为有效时，交易将被打包进新的数据区块，新区块经共识算法认证后链接到区块链主链，相应的更新生效。

5.1.5　智能合约分类

智能合约分为广义智能合约和狭义智能合约。广义的智能合约是指运行在区块链上的计算机程序，适用范围较广，几乎存在于所有区块链系统中，包括比特币、以太坊、超级账本、Parity、Cash 等。狭义的智能合约是运行在区块链基础架构上，基于约定规则，由事件驱动，具有状态，能够保存账本上的资产，利用程序代码来封装和验证复杂交易行为，实现信息交换、价值转移和资产管理，可自动执行的计算机程序[12]。从智能合约的设计目的考虑，智能合约可分为：旨在作为法律的替代和补充的智能法律合约、旨在作为功能型软件的智能软件合约以及旨在引入新型合约关系的智能替代合约（如在物联网中约定机器对机器商业行为的智能合约)[13]。从智能合约的编程语言表现或者运行环境考虑，智能合约可以分为：脚本型、图灵完备型、可验证合约型[14]。

1. 脚本型智能合约

将比特币中的智能合约称为脚本型智能合约。比特币中的脚本仅包含指令和数据两部分，其中涉及的脚本指令只需要完成有限的交易逻辑，不需要实现复杂的循环、条件判断和跳转操作。该类合约可实现的功能有限但编写较为容易，并且支持的指令不到 200 条。

2. 图灵完备型智能合约

将主要运行在以太坊和 Hyperledger Fabric 中的智能合约称为图灵完备型智能合约。所谓图灵完备是指能用编程语言模拟任何图灵机[15]，即能够实现任何操作逻辑。例如，一种编程语言中包含条件控制语句 If、Goto 等，并且能够维护任意数量的变量，则可以编写出符合任何逻辑的代码，因此这种编程语言具备图灵完备性。脚本语言仅能在有限范围内执行有限的功能，因此它是非图灵完备的语言。使用脚本语言编写的交易指令虽然能够满足比特币应用，但无法适应以太坊等平台的开发需求。目前，以太坊主要使用 Solidity 和 Serpent 两种智能合约开发语言，具体的合约编程语言详见 5.2.1 节。

3. 可验证合约型智能合约

将混合区块链项目 Kadena 中的智能合约称为可验证合约型智能合约。可验证语言的语法类似于 Lisp 语言，可实现合约的数据存储和授权验证等功能。为了防止在复杂合约的编程过程中可能存在的安全漏洞以及因此而带来的风险，可验证合约型语言采用非图灵完备的设计，不支持循环和递归等操作。使用该语言编写的智能合约代码可以直接嵌入在区块链上运行，不需要事先编译成运行在特定环境的机器代码。〔例如：运行在以太坊虚拟机（Ethereum Virtual Machine，EVM）中的智能合约需要事先被编译为字节码（Bytecode）〕。

5.1.6　智能合约技术特征

智能合约的运用是为了提供优于传统合约的安全方法，其可以将应尽义务转变为自动化的流程，从而保证更高程度的安全性。智能合约允许在没有第三方的情况下进行可信交易，减少对第三方的依赖，并降低与合约相关的其他交易成本，同时保证这些交易可追踪且不可逆转。总的来说，智能合约具有去信任化、自动性、防篡改、可追溯等技术特性。

1）去信任化：智能合约的所有条款和执行过程都是预先制定好的，一旦部署运行，合约中的任何一方都不能单方面修改合约内容以及干预合约的执行。同时，合约的监督和仲裁都由计算机根据预先制定的规则来完成，显著降低了人为干预的风险。

2）自动性：当智能合约成功部署到区块链上后，智能合约就会立刻生效，并执行自我验证、自我执行。当触发合约的内容达到合约设立的执行条件时，智能合约可以自动输出相应的结果而不需要依赖人工的配合。因此，相较于传统合约，智能合约能显著地节省缔约方在合约执行期间的人力、物力、财力等资源。

3）防篡改：由于区块链上的所有数据不可被篡改，因此部署在区块链上的智能合约代码以及运行产生的数据输出也是不可被篡改的。因此运行智能合约的节点不必担心其他节点恶意修改代码和数据。

4）可追溯：智能合约利用区块链技术的数字签名和时间戳，实现对链上操作的查询。这保证了合约的所有链上执行都有迹可循，进而确保了合约操作的安全性。

5.2 智能合约开发

前文阐述了智能合约的相关定义、基础架构和运行机制。那么一个合约是怎么被编写出来的呢？本节将围绕该问题，从开发语言、实现技术、开发平台和执行环境4个方面分别展开叙述。

5.2.1 开发语言

上节中将智能合约按照编程语言表现分为脚本型、图灵完备型、可验证合约型3种。每种合约都有各自适用的语言，下面给出了这几种合约典型的开发语言。

1. 比特币脚本语言

比特币脚本语言是脚本型合约的编程语言，它是一种基于堆栈的逆波兰式[16]简单执行的语言。该语言可用于编写比特币交易中未花费交易输出（UTXO）的锁定脚本（Locking Script）和解锁脚本（Unlocking Script）。锁定脚本确定了交易输出所需要的条件，而解锁脚本是用来满足UTXO上锁定脚本确定的条件，从而完成交易的解锁和支付。当一条交易被执行时，每个UTXO的解锁脚本和锁定脚本会同时被执行，根据执行结果（True/False）来判定该笔交易是否满足支付条件。

脚本语言被设计得非常简单，类似于嵌入式装置，仅可在有限的范围内执行，可做较简单的处理。脚本指令被称为操作码，分为常量、流程控制、栈操作（OP_DUP）、算术运算、位运算、密码学运算、保留字等。比特币脚本语言包含的操作码不具备循环和复杂的流控制功能，仅可执行有限的次数，避免了因编写疏忽等原因导致的无限循环或其他类型的逻辑问题。同时，该语言具有有限的执行环境和简单的执行逻辑，有利于验证可编程货币的安全性，能够防止形成脚本漏洞而被恶意攻击者利用。

在比特币系统中，大多数交易都是以"付款至公钥哈希（P2PKH）"锁定脚本的形式存在的。锁定脚本中设定一个公钥的哈希值（比特币地址），解锁时通过包含公钥和对应私钥所创建的数字签名的脚本来验证。例如，图5-4所示为比特币的解锁脚本和锁定脚本，用户A向用户B支付一笔交易，锁定脚本可以表示为：OP_DUP OP_HASH160 <B Public Key

hash> OP_EQUALVERIFY OP_CHECKSIG。其中，OP_DUP 为复制操作，B Public Key Hash 为用户 B 公钥的哈希。当用户 B 解锁该笔交易时，使用包含 B 的数字签名和公钥的解锁脚本即可解锁交易：<B Signature> <B Public Key>。比特币系统中的节点把解锁脚本与锁定脚本组合，形成图 5-4 中所示的验证脚本。该验证脚本被放入堆栈中执行，输出结果决定着交易的有效性。

图 5-4　比特币的解锁脚本和锁定脚本

验证交易时，将两个脚本组合，栈空间中脚本的执行顺序为从左至右。首先，将解锁脚本两个操作数〈B Signature〉和〈B Public Key〉依次入栈，OP_DUP 表示堆栈顶元素创建副本，OP_HASH160 对栈顶元素执行 RIPEMD160 哈希运算；然后，将<B Public Key hash>入栈，OP_EQUALVERIFY 验证栈顶两个操作数是否相等，OP CHECKSIC 验证数字签名与公钥是否匹配，如果匹配，则证明用户 B 合法地拥有该笔资金。

此外，比特币脚本还可以实现条件稍为复杂的交易，如多重签名、付款至脚本哈希（P2SH）、输出数据记录（RETURN 操作）、条件控制、时间锁等复杂逻辑。但是，该脚本语言很难实现自定义，如果要实现比特币交易以外的复杂应用，该脚本语言的表达能力还远远不够。

2. 以太坊图灵完备型语言

由于比特币等脚本语言不具备图灵完备性，编写的智能合约交易模式非常有限，只能用于虚拟货币类的应用，因此，以太坊的创始人 Vitalik Buterin 推出了支持图灵完备语言的以太坊智能合约平台。目前，以太坊提供了 3 种编程语言 Solidity[17]、Serpent[18] 和 Vyper[19]。Solidity 在语法上类似 JavaScript，也是以太坊中使用最多的智能合约编程语言，它具有详细的开发文档；Serpent 语言类似 Python 语言，具备简洁的特性。以太坊曾经还提供了 Mutan[20] 和 LLL[21] 语言，Mutan 是受 Go 语言启发的一种高级语言，但该语言已于 2015 年前停止维护；LLL 语言已经废弃，官方代码库也已经无法访问。

（1）Solidity

Solidity 是以太坊的合约编程语言，其被编译成 EVM bytecode 运行在 EVM 之上。Solidity 是一种静态类型语言，支持继承、库和复杂的用户定义类型等特性。虽然 Solidity 语法与 JavaScript（一种面向对象的语言）较为接近，但是两者又有许多不同，具体如下。

- 由于语言内嵌框架支持支付操作，所以可以提供如 Payable 之类的关键词以标记合约的支付操作，从而使合约转账操作变得简便。
- 由于以太坊底层是基于账户而非 UTXO，故指定了类型 Address 以定位用户账户和合约账户，若指向合约账户还可定位合约的代码。
- 由于智能合约是在网络节点中完成代码的执行，所以在去中心化的网络运行环境中，需要更加注意合约或函数执行的调用方式。
- 由于智能合约中需要保证执行的原子性，以避免中间状态出现数据不一致的情况。当

Solidity 的异常机制被触发，所有的相关执行都会被回撤。

1）开发软件：常用的 Solidity 集成开发软件有 Remix、Visual studio Extension 等。以编译器 Remix 为例，Remix 是基于浏览器的 IDE，集成了编译器和 Solidity 运行时的环境，不需要额外的服务端组件。

2）程序结构：以太坊上的智能合约主要是通过 Solidity 进行编写，Solidity 是一种具有面向对象性质的弱类型语言。使用 Solidity 编写的智能合约主要包含状态变量的声明、函数、修饰符和构造函数的定义等部分。在以太坊上部署智能合约时，开发人员需要先将使用 Solidity 编写的智能合约代码编译为以太坊虚拟机可执行的二进制代码。而在编译过程中，智能合约代码的入口会插入一小段称为函数选择器（Function Selector）的代码，用以在调用函数时快速跳转到相应函数并加以执行。在编译完成后，可以通过客户端发送合约创建交易（Contract Creation Transaction），或通过其他合约执行 CREATE（特殊的 EVM 指令）来部署该编译后的智能合约。

3）合约调用方式：在以太坊成功部署的智能合约，可以通过 3 种方式调用合约中的公共函数。第一种方式是通过客户端发送消息调用交易，其中包含了数据参数以及目标函数签名的哈希值。这种函数调用方式必须在交易得到确认后才能生效。另外，在该交易生效后，矿工会收取相应的 Gas 作为执行函数时所需要的代价。因此，通过该方式会对消息调用者账户的余额以及合约的状态进行更改。第二种方式是通过合约来间接调用其他的合约，这种方式最终可以被追溯成另一笔消息调用交易。最后一种方式是通过客户端调用 view/pure 函数，这种方式并不会改变合约的状态，因此也不需要耗费 Gas。

4）存储结构：以太坊虚拟机的存储方式可以分为 4 种：栈（Stack）、状态存储（Storage）、虚拟机内存（Memory）和只读内存。EVM 是基于栈的虚拟机，栈中的每一个元素的长度是 256 位，基本的算术运算和逻辑运算都是使用栈完成的。虚拟机内存实际上是一个连续的数组空间，用于存放如字符串等较复杂的数据类型。EVM 的状态存储采用 Key-Value 的存储结构，状态存储的值会被记录到以太坊的状态树当中。只读内存是 EVM 最特殊的一种存储结构，主要用于存放参数和返回值。

（2）Serpent

Serpent 是一种类似于 Python 的合约编程语言，其使用 LLL 编译，最终同样会被编译为 EVM bytecode。Serpent 将低级语言在效率方面的优点和编程风格的简易操作相结合，为合约编程增加了独特的功能。Serpent 虽然与 Python 语言相似，但也不同，具体如下：

- Serpent 的数值不能大于 226，否则会发生溢出。
- Serpent 不支持 Decimal 数值类型。
- Serpent 不支持 List、Dictionary 以及其他一些高级特性。
- Serpent 没有第一类函数的概念。虽然合约中可以定义函数，也可以调用这些函数，但在两次调用函数过程中，仅有 Storage 变量可以共同操作，其余变量将会丢失。这与 Solidity 中的 Storage 变量是一样的。
- 类似于 Solidity，Serpent 也可使用 external 标签说明哪些语句可被外部合约调用。
- 作为运行在区块链上的编程语言，Serpent 支持 block. number（区块编号）等具有实际意义的变量。

（3）Vyper

Vyper 同样是以太坊的合约编程语言，其由 Serpent 升级而来。该语言最主要的特点是简单和安全。它的出现主要是针对 Solidity 语言编写合约时难于阅读（或编写）和安全性较差的问题，其在语言层次上做出了一些改进和支持，并抛弃了 Solidity 中一些复杂的特性。该语言具有以下特性。

- 该语言在数组访问和算术计算时会进行数组越界和溢出检查。而在 Solidity 中，仅是对数组进行了越界检查，没有检查溢出。
- 支持有符号整数和十进制固定浮点数。和 Solidity 不用的是，数组下标支持负数访问（从后向前访问），这和 Python 是相似的。
- 在 Vyper 中可以精确地计算一个函数调用消耗的 Gas 上限。同时可以在 Vyper 编译成的 ABI 中直接得到相应的 Gas 消耗。
- Vyper 支持内置单位和自定义等单位。
- 对纯函数的有限支持。任何标记为常量的元素都不允许改变以太坊状态，这和 Solidity0.5.0 以后的版本类似。

（4）Lisp Like Language

Lisp Like Language（LLL）是和 Assembly 类似的低级语言。该语言较为简单，其本质上只是对以太坊虚拟机进行了简单的包装。它是一门 Lisp 风格的底层编程语言，与 Solidity 同属一个资源库。

3. 可验证型语言 Pact

Pact 语言类似于 Haskell 语言，用于编写直接运行在 Kadena 区块链上的智能合约，主要应用于安全性和效率要求较高的商业交易场合。

Pact 智能合约由 3 部分构成：Tables，Keysets，Module。它们分别负责合约的数据存储、合约授权验证和合约代码。该语言的主要特点有：语言逻辑结构属于图灵非完备的，不支持循环和递归；代码人工可读，并且嵌入式地运行于区块链上；支持组件化设计和导入、Key-Row 和列式数据库模式；支持类型推断、秘钥轮换（Key Rotation）、与工业数据库集成等操作。Pact 语法设计类似于 Lisp 语言，代码结构利于快速分析和生成语法树。下面给出一段计算平均值的函数代码。

```
(defun average (a b)
    "take the average of a and b"
    (/ ( + a b) 2) )
```

这段代码定义了一个 average 函数，计算了两个输入值 a 和 b 的平均值。Pact 使用这种语法使其能够在计算机中快速地执行代码。

4. Hyperledger Fabric 智能合约语言

Hyperledger Fabric 中的智能合约称为链码（Chaincode），该智能合约一般由 Go/Golang 语言编写，同时也支持其他编程语言，如 Java。Go 语言是由 Robert Griesemer、Rob Pike、Ken Thompson 在 2009 年 11 月开源的语言，其属于图灵完备型语言。Go 程序由包构成，并且总是从 main 包开始执行。Go 语言具有以下特点。

- 良好的并发机制，程序利用内置的 Goroutine 机制，充分利用多核和联网机器实现并发，并在该过程中使用消息传递来共享内存。
- 设计简洁。代码风格简洁，格式统一，阅读性和可维护性较高。该语言只有 25 个关键字，但能够支持大多数编程语言的特性，如继承、重载等。
- 内嵌 C 语言支持。该语言可以直接包含 C 代码，并且可直接利用丰富的 C 程序库。

- 错误处理。Go 语言使用 3 个关键字来处理异常错误，与 Java 语言的 Try-Catch 模块不同，Go 语言能够大大减少异常处理的代码量。
- 支持自动垃圾回收。Go 语言中不需要 delete 关键字，也不需要 free() 方法来明确释放内存。因此，这可以避免因变量未释放而占用大量内存的情况。

5. 开发语言的对比

以上开发语言中，Solidity 在开发活跃度和普及率上远超其他智能合约语言。该语言类似于 JavaScript，能够让开发者易于掌握并快速创建应用的核心代码。相比其他语言，Solidity 中增加了与以太坊和交易相关的属性，需要开发者进行熟悉，比如其中的 Storage、Payable 属性和 block. number 等具有特殊含义的变量。为了安全起见，在函数应用中应多注意这些属性的使用。Solidity 支持通用计算，理论上能够实现任何应用场景的程序设计。

为了追求安全性，Vyper 在 Solidity 的基础上丢弃了修改器（Modifiers）、继承（Inheritance）、内联汇编（Inline Assembly）、函数重载（Function Overloading）、运算符重载（Operator Overloading）、无限循环（Infinite Loop）和二进制小数（Binary Decimals）。这虽然提高了一些安全性，但造成许多其他的问题，例如去除合约的继承导致 Vyper 代码的复用率降低。

比特币脚本包含指令和数据两部分，支持的指令不超过 200 个，开发者很容易学习并精通脚本的编写，开发难度很小。比特币脚本利用栈空间对数据元素进行出栈和入栈操作，从而实现比特币的输入和输出。由于它不具备循环、条件和跳转操作，其能够实现的逻辑非常有限，相比于 Solidity，应用范围较为单一。

Pact 语言介于两者之间，受比特币脚本语言启发，它的代码采用嵌入式方式直接运行在区块链中，具有 Keyset 公钥验证模式，能够实现几乎所有的交易应用。为了避免智能合约编码缺陷漏洞，该语言采用非图灵完备设计，没有循环结构和递归操作[22]。相比其他被编译成机器码后部署在区块链上的智能合约，Pact 智能合约明确地展示了区块链上运行的代码，这使其利于人工验证和审核。

其他区块链系统的智能合约一般可以采用通用语言进行开发，如 Hyperledger Fabric 的智能合约基于 Docker 运行，可以使用 Go、Java 等语言进行编写；Corda 智能合约基于 Java 虚拟机（Java Virtual Machine，JVM）运行，使用 Java 等高级编程语言进行合约开发。Go 和 Java 都属于图灵完备型的高级语言，通用性高，能够实现任何应用逻辑，但对于开发者而言，学习难度较大。表 5-1 展示了智能合约语言的特性对比情况。

表 5-1 智能合约语言的特性对比情况对比

语 言	运行平台	图灵完备性	开发难易程度	数据存储类型	应用复杂性	应用安全性
比特币脚本	Bitcoin	非图灵完备	操作码数量少，开发难度小	基于交易	简单	较高
Solidity/Serpent/Mutan/LLL	Ethereum	图灵完备	易于掌握，开发难度较小	基于账户	复杂	一般
Pact	Kadena	非图灵完备	代码语法利于执行，但开发有难度	基于表	一般	较高
Go/Java	Hyperledger	图灵完备	Java 体系庞大，Go 开发难度稍高	基于账户	复杂	一般
C/C++	EOS	图灵完备	低级语言，开发难度高	基于账户	复杂	一般

5.2.2 实现技术

现有区块链系统中，智能合约的实现技术可以按照智能合约运行的环境进行划分，具体可分为3类：嵌入式运行、虚拟机运行和容器式运行。表5-2所示为区块链平台举例，列举了现有的主流区块链系统及其智能合约的应用类型、运行环境、编程语言。其中比特币、以太坊和 Hyperledger Fabric 是当前最为成熟和应用最为广泛的智能合约平台。

表5-2 区块链平台举例

区块链系统	应用类型	准入机制	数据模型	智能合约运行环境	智能合约编程语言	底层数据库
Bitcoin	加密货币	公有链	基于交易	嵌入式运行	基于栈的脚本	LevelDB
Ethereum	通用应用	公有链	基于账户	EVM	Solidity/Serpent 等	LevelDB
Hyperledger Fabric	通用应用	联盟链	基于账户	Docker	Go/Java	LevelDB/CouchDB
Hyperledger Sawtooth	通用应用	公有链/联盟链	基于账户	嵌入式运行	Python	
Corda	数字资产	联盟链	基于交易	JVM	Java/Kotlin	常用关系数据库
Zcash	加密货币	公有链	–	嵌入式运行	–	–
Quorum	通用应用	联盟链	基于账户	EVM		

（1）嵌入式运行

嵌入式运行环境下的智能合约直接嵌入在区块链核心代码中，与区块链本身的其他堆栈代码同时运行。比特币系统和 Kadena 的智能合约就是该类运行方式的例子。

（2）EVM（虚拟机运行）

以太坊包含一个以太坊虚拟机 EVM，它是一个完全独立的沙箱。智能合约代码在 EVM 内部运行并且对外隔离。在 5.2.4 节中将详细介绍此运行机制。其余类似的虚拟机还包含 JVM（Corda）等。

（3）Docker（容器式运行）

和虚拟机运行类似，容器式运行是在 Docker 等隔离容器中完成合约的部署和运行，典型的案例是 Hypeledger Fabric。

5.2.3 开发平台

目前，主流的3个智能合约平台有 Ethereum、Hyperledger Fabric 和 EOS。表5-3所示为智能合约平台分析，展示了包含图灵完备智能合约的 Ethereum、针对机构用户进行多方授权交易的 Hyperledger Fabric，以及面向高性能互联网应用的 EOS 的主要特点。

表5-3 智能合约平台分析

智能合约平台	链类型	吞吐量/笔交易·s^{-1}	交易延迟/s	合约语言	隐私保护
Ethereum	公有链	约100	约15	Solidity	不支持
Hyperledger Fabric	联盟链	约100	约1	Go/Java/Node. js	支持
EOS	公有链	约10,000	0.5	C++	不支持

Ethereum 秉持开放的理念，采用公有链形式。同时区块链系统中每个节点都可读取，都能发送交易（transaction）且交易能够得到确认，也都能参与共识过程。这导致采取公有

链形式的以太坊（Ethereum）智能合约平台在一定程度上性能较低。EOS虽然同样采取公有链形式，但是EOS依赖石墨烯技术（该技术在压力测试中展现出每秒1万至10万笔交易处理能力）。同时相较于Ethereum，EOS使用并行化拓展网络，在网络吞吐量上实现了较大提升。虽然公有链在性能上有一些不足，但其拥有以下优势：规则可信，并且公开透明可预见，可以保护用户免受开发者的影响；访问门槛低，成为系统节点的任何用户都可以访问，而在联盟链中，节点需要得到许可，过程较为复杂。Hyperledger Fabric采取了联盟链的形式，只有获得特定许可的节点才能接入网络，也只有特定的节点才能从事记账、参与共识算法，为交易处理的低延迟和吞吐量的大幅增长提供了可能。

5.2.4 执行环境

由于区块链种类及运行机制的差异，不同平台上智能合约的运行机制也有所不同。以太坊、Hyperledger Fabric和EOS的智能合约运行机制具有代表性，因此以下将以这3种平台为例，阐述智能合约的运行机制。

1. 以太坊

（1）运行环境

在以太坊中，智能合约通过运行在以太坊节点上的以太坊虚拟机（EVM）来完成智能合约程序的解释执行。与智能合约有关的各组件在单个以太坊节点上的架构层级如图5-5所示。由底向上分别是操作系统、区块链节点客户端、以太坊虚拟机和智能合约程序。作为一个典型的去中心化、点对点的区块链网络，以太坊通过成千上万个运行在不同主机上的以太坊客户端节点的互相通信来完成交易发送、交易确认、区块同步等机制，从而推动区块数据的增长。以太坊客户端是一个运行在Windows、Linux、Mac

图5-5　以太坊节点架构层合约

OSX等通用操作系统上的软件，常用的客户端有Geth[23]、Parity[24]等，这些客户端上层都运行着一个遵循以太坊技术黄皮书规范的EVM[25]。当客户端需要对智能合约的调用交易进行确认或者校验时，则会调用虚拟机来解释执行智能合约代码，并校验计算结果是否正确。

EVM的技术架构和运行模式如图5-6所示。它是一个无寄存器、基于栈式运行的虚拟机。以太坊虚拟机为智能合约程序提供了3种不同的存储空间，分别为栈（Stack）、临时内存（Memory）和永久存储（Storage）。从使用场景来讲，Stack和Memory是临时存储，其存储结果仅在当前智能合约被调用期间有效，调用结束后空间便会被回收；而Storage的存储结果则是永久生效的，其用于保存智能合约中需要被永久保存的重要全局变量。同时，Stack和Memory的区别在于：Stack作为程序运行时的必要组件，用于保存程序运行时的各种临时数据，以32字节作为访问粒度；而Memory则主要用于保存数组、字符串等较大的临时数据，以单字节作为访问粒度，更加灵活。智能合约代码存储在区块链状态中，包含一个函数选择器和若干函数入口，每个函数都有自己的参数列表。当虚拟机执行某个合约代码时，会从交易数据中读取待执行的函数签名及其参数列表，并启动合约代码的执行。虚拟机在合约的执行过程中，便会使用Stack、Memory和Storage 3种不同的存储空间对合约的相关变量进行存储。

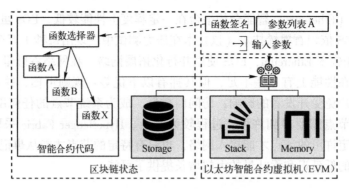

图 5-6 EVM 的技术架构和运行模式

（2）生命周期

一个典型的以太坊智能合约从开发到被使用、销毁的整个生命周期通常包含开发、编译、部署、调用、销毁 5 个环节。

1）开发。开发人员使用高级语言进行以太坊智能合约的开发，可以使用的高级语言多达数十种，包括 Solidity、Vyper 等。其中，Solidity 是使用人数最多、最活跃的以太坊智能合约开发语言。大部分针对以太坊智能合约的源代码级别的程序分析、漏洞挖掘等工具也是面向 Solidity 来设计的。由于智能合约的高级语言尚在不断完善之中，其语言设计的不完善、用户编写程序的不规范会引发合约的一些安全问题。

2）编译。尽管可用于智能合约开发的高级语言有多种，但是这些高级语言编写的合约源代码都将被编译为 EVM 上运行的 EVM 字节码（EVM bytecode）。字节码的规则与虚拟机的规范相匹配，同样按照以太坊技术黄皮书的规范进行设计。此外，合约被编译之后，还会生成相应的应用程序二进制接口（Application Binary Interface，ABI），该接口定义了合约所有可以被调用的外部函数以及相应的参数列表。

3）部署。编译之后的智能合约字节码需要被部署在以太坊区块链平台中。合约的部署通常由一笔合约部署交易来完成，其中交易的数据（data）字段将被设置为合约部署字节码，而交易的接收方被设置为空。矿工在进行交易打包时，将会按照交易发送者的地址（address）和交易序列号（nonce）信息来生成一个新的地址，并将合约的字节码部署到该地址。这个新生成的地址就是合约地址，是合约的唯一标识，之后对该合约的所有操作都将使用这个地址进行。

4）调用。合约被部署之后，区块链上的用户可以通过合约地址对合约进行调用。对合约的调用可以通过两种形式发起：一种是由普通地址发起一笔合约调用交易，这种调用称为交易调用（Transaction Call），会在区块链的区块数据中留下直接的调用信息；另一种是由某个合约发起的对另一个合约中函数的调用，称为消息调用（Message Call），这种调用的信息不会留在区块数据中。不同的调用方式有着不同的使用场景，合约中也经常会通过判断调用的发起者是普通用户还是合约，从而添加不同的限制以保障安全性。

5）销毁。以太坊允许合约进行"自我销毁"，不过并不是所有的合约都可以销毁，而是需要开发者在进行合约编写时加入该功能。开发者在编写合约时，可以规定合约在达到特定的条件时进行销毁。当合约在执行过程中，达到提前设置的条件，便会执行自我销毁。需要注意的是，由于区块链数据都是公开且不可篡改的，销毁只是意味着该合约在当前的区块状态（state）中被标记为删除，且不能被后续调用，但并不意味着合约代码和 Storage 存储被删除。相反，通过遍历并查看历史上的以太坊交易，任何被销毁的合约及其 Storage 存储都可以被恢复和查看。由于合约一旦销毁便不可再被调用，因此销毁功能的调用必须进行足够的权限设置，否则很大程度上会被攻击者恶意销毁而产生拒绝服务攻击。

（3）程序特性

为了适应基于区块链的交易运行、管理加密数字货币资产、防篡改等特性，相比于普通程序，智能合约程序本身有很多不同的特性。

1）Gas 机制。以太坊节点在对涉及合约调用的交易进行打包或者校验时，都需要调用以太坊虚拟机来执行合约代码以得到最终的运算结果。如果恶意的攻击者发起了一个包含无限循环或者开销巨大的合约调用交易，将导致矿工无法完成这笔交易的打包，或者导致节点耗费大量的资源来执行合约程序。为了激励全球算力的投入和合理分配使用权并且防止这种资源滥用情况的发生，以太坊设计了 Gas 机制来为合约的执行计算费用。每一个以太坊字节码指令都根据其运算的复杂程度被标记了对应需要消耗的 Gas 花费。合约调用方在发起一次合约调用时，需要指定本次合约程序执行能花费的最高 Gas 数量，并为这个最大数量先行付费。如果合约程序的执行开销超过了最大花费还没有停止，以太坊虚拟机将会抛出一个 Out-Of-Gas 异常以停止合约执行。此时，由于合约并未正常退出，合约程序执行过程中对区块链状态的更改（Storage 变量更新和 ETH 转账）将会被回滚，但是所消耗的 Gas 费用不会退回。Gas 机制保障了合约程序的可终止性，但也可能被攻击者恶意地用于对合约发起拒绝服务攻击。

2）异常传递机制。与普通程序一样，智能合约程序允许进行函数调用，因此也会形成一个函数调用栈，以记录函数调用结束的返回地址。然而不同的是，智能合约中的函数调用有两种形式，一种是对于本合约或者父合约的内部函数的调用，这种情况称为内部函数调用；另一种是对于指定地址的外部合约函数的调用，称为外部函数调用。两种函数调用在实现上有较大的差别。内部函数调用只需要在以太坊虚拟机执行时进行指令跳转，而外部函数调用需要使用 CALL 指令向外部合约发送消息，这种调用也称为低级别的调用。对于所有的低级别调用来说，如果被调用函数执行过程中出错而抛出异常，则异常并不会被沿着函数调用栈进行传递，而是仅使用布尔类型的返回值来表示函数调用是否能正常完成。智能合约对外部合约的函数调用、转账等在字节码层面都使用 CALL 指令来完成，均属于低级别调用，这也暴露了一些潜在的安全问题。

3）委托调用。智能合约中有一种使用 DELEGATECALL 指令进行的外部函数调用方式，称为委托调用。委托调用属于外部函数调用的一种，其与函数调用一样都体现了代码复用的优点，但不同之处在于其外部函数中的指令在执行的过程中将会使用并改变函数调用者的上下文信息。委托调用的本质是对当前合约函数注入外部代码，以支持函数库机制的实现，并能够弥补智能合约代码无法修改的弱点。然而，一旦委托调用的目标地址被攻击者控制，则攻击者可能获得在当前合约上任意代码执行的能力，安全风险极大。

4）合约代码无法修改。在以太坊智能合约的部署阶段，编译后的合约字节码将会被存储到以太坊账户状态中。为了保证合约的安全可信，以太坊合约一旦部署之后，便无法再修改代码。代码无法修改的特点尽管保证了合约代码部署后的唯一性，但是也以漏洞修补带来了困难。

5）全局状态与调用序列。每个合约都有一个长期的 Storage 存储区域，为合约存储提供可跨函数使用的全局变量状态。由于合约的多入口调用方式，因此在不同函数内部的变量关系、约束结果会随着全局变量进行跨函数的传递，最直接的体现特征就是特定功能或者漏洞的触发需要多笔交易组成的调用序列来完成。这一特性给智能合约的程序分析与漏洞挖掘带来了不少的挑战。

（4）运行机制

Ethereum 智能合约存在两种账户：外部账户和合约账户。两类账户都具有和其相关联的账户状态和账户地址，都可以存储以太坊专用加密货币——以太币，区别在于外部账户由用户私钥控制，没有代码与之关联；合约账户由合约代码控制，有代码与之关联。外部账户既可以通过创建和使用其私人密钥签署一项交易，也可以向其他外部账户或合约账户发送消息。两个外部账户之间的消息只是一种价值转移，但从一个外部账户到合约账户的消息会激活合约的代码，使它能够执行各种操作（如转移代币、写入内存、生成代币、执行计算、创建合约等）。与外部账户不同，合约账户不能自行启动新的交易。相反，合约账户只能根据它们收到的其他交易（从外部账户或从其他合约账户）进行交易。Ethereum 智能合约运行机制[25][26]如图 5-7 所示。

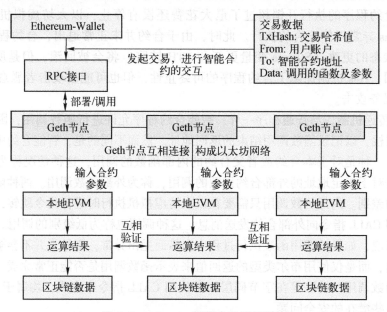

图 5-7　Ethereum 智能合约运行机制

交易是连接外部世界与以太坊内部状态的桥梁。交易（包括调用和合约创建）总是由外部账户启动并提交给区块链的，不同账户之间发生的交易使 Ethereum 智能合约从一个状态转移到另一个状态。首先，外部账户（或者 Ethereum-Wallet）将编译好的智能合约通过 RPC 接口部署到 Geth 节点上。然后，当外部账户发起交易时，外部账户通过 RPC 接口将要写入区块中的信息发送到 Geth 节点（即区块链节点），Geth 节点会将数据发送到本地虚拟机（EVM）中进行运算，得到运算结果后进行相互验证（区块链共识），验证成功的结果将写入区块链（分布式账本）中。

2. Hyperledger Fabric-联盟链项目

Hyperledger Fabric（超级账本）最早是由国际商业机器公司（International Business Machines Corporation，IBM）牵头发起的致力于打造区块链技术开源规范和标准的联盟链，2015 年起成为开源项目并移交给 Linux 基金会维护。不同于比特币、以太坊等公有链，超级账本只允许获得许可的相关商业组织参与、共享和维护。由于这些商业组织之间本身就有一定的信任基础，相较于公有链来说，超级账本的去中心化程度较低。

超级账本使用模块化的体系结构，开发者可在平台上自由组合可插拔的共识机制、加密算法等组件组成目标网络及应用。开发者利用链码（超级账本中的智能合约）与超级账本交互以实现定义资产、管理去中心化应用等业务。链码共有 6 个状态，分别是 Install、Instantiate、Invocable、Upgrade、DeInstantiate 和 Uninstall。其中 Install 表示链上代码部署到区块链上；Instantiate 表示智能合约进行初始化；Invocable 表示经过初始化后的智能合约进入被调用的状态；每个合约都有对应的版本号，Upgrade 表示合约版本升级；DeInstantiate 和 Uninstall 表示智能合约的销毁。这 6 个状态之间的调用顺序为 Install→Instantiate→Invocable→Upgrade→DeInstantiate→Uninstall。

联盟链由多个组织构成，每个组织包含多个组织成员，每个组织成员都拥有和维护代表该组织利益的一个或多个 Peer 节点。Peer 节点是链码及分布式账本的宿主，可在 Docker 容器中运行链码，实现对分布式账本上键值对或其他状态数据库的读/写操作，从而更新和维护账本。

在介绍超级账本的运行机制之前，需要补充两个重要的组件，具体如下。

1）背书策略。背书策略适用于链码中定义的所有智能合约，它指明了区块链网络中哪些组织必须对一个既定的智能合约所生成的交易进行签名，以此来宣布该交易有效。例如：参与区块链网络的 4 个组织中有 3 个必须在交易被认为有效之前签署该交易。这就是背书策略：当一项交易被分发给网络中的所有节点时，各节点通过两个阶段对其进行验证。首先，根据背书策略检查交易，确保该交易已被足够的组织签署。其次，继续检查交易，以确保该交易在收到背书节点签名时，它的交易读/写集与世界状态是否匹配。如果一个交易通过了这两个测试，它就被标记为有效。需要注意的是，不管是有效的还是无效的交易，都会被记录到区块链中，但是有效的交易才会更新区块链的世界状态。

2）系统链码。超级账本链码中除了用户定义的链码外，还包含许多基础的系统链码，这些链码维护区块链系统的正常运转。并且_lifecycle 在所有 Peer 节点上运行，负责管理节点上的链码安装、批准组织的链码定义、将链码定义提交到通道上。具体来说，系统链码分为：生命周期系统链码（LSCC）负责为 1.x 版本的 Fabric 管理链码生命周期，在通道上完成链码的实例化或升级等操作；配置系统链码（CSCC）用于处理通道配置的变化，如背书策略的更新；查询系统链码（QSCC）用于提供账本 API（应用程序编码接口），其中包括区块查询、交易查询等；背书系统链码（ESCC）在背书节点上运行，对交易响应进行密码签名；验证系统链码（VSCC）用于验证区块交易的有效性，包括检查背书策略和读/写集版本。

图 5-8 所示为超级账本的运行机制[7][27]，具体流程介绍如下。

1）提议（Proposal）：应用程序或者命令行创建一个包含账本更新的交易提议，并将该提议通过 RPC 请求发送给链码中背书策略指定的背书节点集合（Endorsing Peers Set）作为签名背书。每个背书节点将独立地执行下述流程。

① 背书节点将交易提议转发给链上代码执行。需要注意的是，这里说明的是链码的调用过程，在此之前需要由应用程序通过交易将智能合约打包上传、部署到背书节点。

② 背书节点查看本地维护的映射表中是否存在指定的链上代码名称和版本的记录，若存在则说明链上代码已经启动，直接执行操作④。相反，则通过 Docker 容器的 API 发起创

建或者启动容器的命令。

③ Docker 服务器根据 API 的命令启动链上代码容器，并建立和背书节点的 RPC 接口。

④ 通过链上代码和背书节点建立的 RPC 连接，转发应用程序调用的请求，链上代码和背书节点在多次数据交互之后完成执行。

⑤ 链上代码执行完之后，调用背书节点的 ESCC 对模拟执行的结果进行背书。

⑥ ESCC 对模拟执行进行签名，返回背书结果。

⑦ 背书节点返回包含背书节点的背书结果给应用程序，不再转发给其他背书节点。

当应用程序收集到足够数量的背书节点响应后，提议阶段结束。

2）打包（Packaging）：应用程序验证背书节点的响应值、读/写集合和签名等，确认所收到的交易提议响应一致后，将交易提交给排序节点（Orderer）。排序节点对收到的交易进行排序，并在分批打包成数据区块后将数据区块广播给所有与之连接的节点。

3）验证（Validation）：与排序节点相连接的节点逐一验证数据区块中的交易，确保交易严格按照事先确定的背书策略完成签名。验证通过后，所有节点将新的数据区块添加至当前区块链的末端，更新账本。

由图 5-8 可以看出，应用程序 A1 生成包含提议 M 的交易 T1，应用程序会将交易发送给通道 C 上的节点 P1 和 P2。P1 使用交易 T1 来执行链码 S1，最终生成响应 R1，并且产生相应的背书 E1。P2 同样使用交易 T1 执行链码 S1，生成响应 R2 及背书 E2。应用程序将收到关于交易 T1 的两个背书响应 E1 和 E2，并对响应的一致性进行确认。然后应用程序将交易提交给排序节点 O1，由其余节点验证后更新区块链账本 L1。在此过程中，节点通过向提议的响应添加自己的数字签名的方式提供背书，并且使用它的私钥为整个的负载提供签名。该背书会被用于证明这个组织的节点曾生成了一个特殊的响应。在该例子中，如果节点 P1 属于组织 Org1，背书 E1 就相当于一个数字证明——在账本 L1 上，交易 T1 的响应 R1 已经被 Org1 的节点 P1 同意。

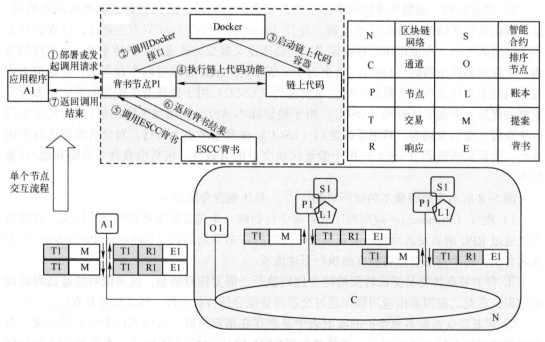

图 5-8　超级账本的运行机制

3. EOS 智能合约

EOS 智能合约由一系列行为（Action）组成。每个 Action 代表一项合约条款。图 5-9 所示为 EOS 智能合约的运行机制[28][29]。在智能合约部署阶段，编译好的智能合约代码通过客户端命令行（Cleos）发送到服务器，由服务器部署在区块链上，然后由用户调用和执行。在智能合约调用阶段，客户端通过 Cleos 命令发送 Action 请求给服务器。每个服务器都有一个 Action 处理函数集合副本，当客户端发起 Action 请求后，服务器根据 Action 请求信息，在区块链上找到对应的智能合约代码，并将代码加载到内存中，然后执行。服务器会在本地运行 Action 处理函数，并在校验结果后将执行结果返回给客户端。需要注意的是，客户端发给服务器的交易（Transaction，也称为事务）中一般包含一组 Action 请求。为了保证事务的原子性，当事务内的 Action 有一个执行失败，所有 Action 操作均会被撤销，通过这种机制可以保证事务的完整性和链上操作的一致性。

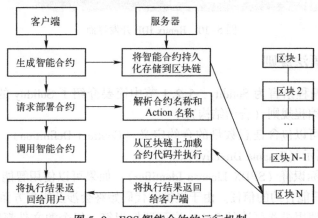

图 5-9 EOS 智能合约的运行机制

5.3 智能合约部署

通过上述内容可以从理论层面了解合约的运行流程、开发平台以及相应的开发语言。那么，一个合约在实际操作中是怎样实现链上部署和调用的呢？本节将通过一个以太坊中的合约实例（由 Solidity 编写）——共享物品管理系统合约，详细介绍合约从开发到销毁的过程。

5.3.1 Solidity 集成开发工具 Remix

在开发 Solidity 时，需要代码编辑工具和合约编译器。代码编辑工具有很多，例如：Notepad++、Vscode 和 Sublime。在编写完合约之后，使用 solc 等合约编辑工具对编写好的合约进行编译。目前，Vscode 已经集成了部分 Solidity 编译环境。本节介绍的案例使用 Remix Solidity IDE[30]进行开发，该工具是一款基于浏览器的 IDE，也是目前比较推荐的一款开发以太坊智能合约的 IDE。由于是基于浏览器的 IDE，它有一个很大的好处就是不用安装，也不用去安装 Solidity 运行环境，打开即可使用。

图 5-10 所示为 Kemix IDE 开发界面，和大多数 IDE 一样，左边是文件浏览区域、中间是代码编辑区域、右边是功能区域、下边是日志区域。文件浏览区域可以完成对文件的管理（创建、删除等），同时还可以关联本地文件夹，直接导入合约文件。代码编辑区域可以完成合约的编写、修改等操作。功能区域主要完成合约部署、合约调用等操作。日志区域展示交易信息和执行调用的结果。

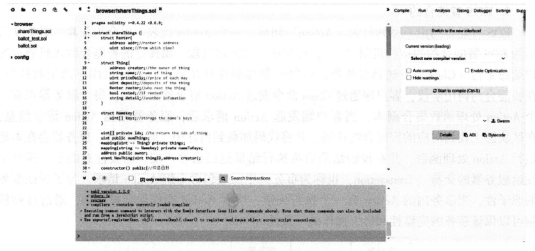

图 5-10　Remix IDE 开发界面

5.3.2　Solidity 语法规则

此案例使用的编程语言为 Solidity，5.2.1 节中简要介绍了 Solidity 的情况。除此之外，Solidity 还包含以下编程规则（合约结构）。

Solidity 源文件可以包含任意数量的合约定义（Contract Definition）、导入指令（Import Directive）和编译指示（Pragma Directive）。

1）SPDX 许可标识符（SPDX License Identifier）：如果可以使用智能合约的源代码，则可以更好地建立对智能合约的信任。由于提供源代码始终会涉及版权方面的法律问题，因此 Solidity 编译器鼓励使用机器可读的 SPDX 许可证标识符。每个源文件都应说明其许可的注释开头，代码如下。

// SPDX-License-Identifier：MIT

如果不想指定许可证或者源代码不是开源的，可使用特殊值 UNLICENSED。

2）编译指示（Pragma）：Pragma 关键字用于启用某些编译器功能。编译指示始终位于源文件的本地，因此如果要在整个项目中启用该编译指示，则必须将其添加到所有文件中。版本编译指示的用法：pragma solidity ^0.5.2，表示该合约由 0.5.2 版本开发且仅能由 0.5.2 以上的编译器进行编译。

3）ABI 编码器实用程序（ABI Coder Pragma）：通过使用 pragma abicoder v1 或 pragma abicoder v2，可以在 ABI 编码器和版本解释器两种实现之间进行选择。新的 ABI 编码器 v2 能够编码和解码任意嵌套的数组和结构。

4）导入其他源文件：语句 import "filename" 意思是将所有来自 filename 的内容导入当前的合约。

Solidity 中的合同类似于面向对象语言中的类。每个合约可以包含状态变量、函数、函数修饰符、事件、结构类型和枚举类型的声明。同时，合约可以继承其他合约。另外，Solidity 当中还有一些特殊的合约，称为 Librarie 和 Interface。

1）状态变量（State Variable）：状态变量是永久存储在合约中的变量。该变量一般在合约内部、函数外部声明。

2）函数（Function）：函数是代码的可执行单元。它通常在合约内部定义，但也可以在合约外部定义。函数可以在内部或外部进行调用，并且可以设置不同级别的可见性。函数接受参数并返回变量以在它们之间传递参数和值。

3）函数修饰符（Function Modifier）：函数修饰符一般以声明方式修改功能的语义。例如，可以在一个方法执行之前先检查是否满足某些条件，如果满足才继续执行。需要注意的是，函数修饰符可被继承和覆盖，但是不能被重载。

4）事件（Event）：事件是以太坊日志记录/事件监视协议的抽象，其可看作为 EVM 日志记录工具的便捷接口，常用于监听合约的执行过程。

5）结构体类型（Struct Type）：结构体是自定义的类型，可以对多个变量进行分组。

6）枚举类型（Enum Type）：枚举类型用于创建一组有限"常量值"的变量。

7）引用类型（Reference Type）：和 Python 等语言类似，Solidity 也支持引用类型。当前，引用类型包括结构，数组和映射。

8）映射类型（Mapping Type）：映射类型使用 mapping（KeyType => ValueType）声明映射类型的变量。

Solidity 中支持多种值类型的定义，其中包括：布尔值（True/False）、整数（int/uint等）、定点数（Fixed Point Number）(fixed/ ufixed)、地址、地址的成员属性（Members of Addresse）、固定大小的字节数组（bytes1、bytes2 等）、动态大小的字节数组（bytes、string）、Unicode 文字和十六进制文字。

5.3.3 智能合约案例部署

1. 设计内容

随着共享单车、共享汽车、共享充电宝的出现，共享的理念已经被大家所认可，并且未来共享经济也会有新的应用出现。但是随着共享经济的进一步发展，传统的中心化信息系统由于存在安全上的问题，所以迫切需要一种高可信的分布式交易管理系统。区块链技术提供了一种共享账本机制，为构建可信的分布式交易管理系统奠定了基础。故本节以一个简单的共享物品管理系统合约为例，详细介绍合约的开发和运行流程。该合约实现了包括创建物品、租用物品、支付押金租金、返还押金等功能。

2. 合约设计思想

在开发合约时，前期的需求调研至关重要。根据调研到的需求，按照 Solidity 的语法规则编写相应的智能合约。Solidity 智能合约的编写和 JavaScript 编程类似，开发简单。此合约的设计思想如下。

1）了解本合约都有什么功能。

● 用户可以创建要共享的物品。

● 用户可以租借共享的物品。

● 用户可以归还租借的物品。

● 用户可以根据物品的名字对共享的物品 id 进行搜索。

● 用户可以查看现在共享的物品有多少以及所有共享物品的 id。

● 用户可以查看共享物品是否被借出。

● 用户可以根据共享物品的 id 查看该物品的相关信息（如名字、价格等）。

● 该合约还应该包含查看账户余额的功能，便于观察合约的余额变化。

● 在合约编写的时候，出于安全的考虑应注意对不符合条件的调用进行检测。

2）因为合约是面向对象的，所以根据合约涉及的物品、租赁者等对象来编写相应的结构体。租赁者的结构体：地址和租赁日期。物品的结构体：创建者的地址、物品的名字、每日租赁的价格、押金、租赁者信息、租赁状态、物品描述。为了方便对同名的物品进行检索，创建了一个物品结构体：同名物品的 id 数组。

3）编写构造函数 constructor（）、检测函数 thingInRange（）、onlyOuner（），由于检测函数需要在函数体执行前进行调用，所以需要设置成 modifier。

4）创建物品函数。输入参数：姓名、每日价格、押金和物品介绍。执行过程：首先根据姓名将物品下标 numThings 添加到 nameToKeys 中，方便后续根据 name 进行检索。然后将物品信息添加到 Thing 结构体中，并在最后将该结构体添加到 things 数组下标为 numThings 的地方。最后记得更新下一个物品的下标，numThings++。

5）租赁物品函数。输入参数：物品编号。输出参数：正确与否。执行过程：首先调用检测函数判断该物品 id 是否在共享物品中，然后利用 require 函数检测该物品是否已被借出、押金是否达到要求等，如果不符合则返回 False。条件符合后，修改物品的租赁状态，记录借出时间，返还除押金之外的用户 value（多余的部分），最后如果租赁成功则返回 True。

📖 发送金额的时候尽量使用 transfer 或者 require（send），这样可以防止恶意用户利用 fallback 函数进行回滚攻击。

6）归还物品函数。输入参数：物品编号。输出参数：正确与否。执行过程：首先调用检测函数判断该物品 id 是否在共享物品中，然后利用 require 函数检测该物品是否已被借出、归还者是否是该物品的租赁者，如果不符合则返回 False。符合条件则根据当前时间计算租赁费用，使用押金进行抵扣，并返还剩余金额。

7）其余查询函数：getBalance、findNames、getNumThings、getThingIds、getThingName、getThingCreator、getThingDeposit、getThingRenterAddress、getThingRenterSince、getThingPrice-Daily、getThingDetail 都是查询函数，所以都贴上标签 view。

8）销毁合约函数：该函数利用地址 owner 和函数 selfdestruct（）对本合约进行销毁。需要注意的是，由于 Solidity 0.5.0 之后出现了 address payable 和 address 两类地址类型，address 类型可以通过 address（uint160（address））方式转化为 address payable 类型。

3. 合约代码

根据上述合约设计思想，按照 Solidity 的语法规则编写共享物品管理系统合约。

```
pragma solidity >=0.4.22 <0.6.0;
contract shareThings {}
```

上述代码说明，合约的名称为 shareThings，并且该合约是在 0.4.22 版本下开发的，同时编译版本应满足大于等于 0.4.22，小于 0.6.0。

```
struct Renter{
    address addr;        //账户的地址
    uint since;          //租赁日期
}
struct Thing{
    address creator;     //物品所有者的地址
    string name;         //物品的名称
```

```
        uint priceDaily;                //每日的租赁价格
        uint deposit;                   //押金
        Renter renter;                  //租赁者信息
        bool rented;                    //租赁状态
        string detail;                  //物品描述
    }
```

上述代码建立了租赁者 Renter 和物品 Thing 的结构体，其中 Renter 包括账户的地址和租赁日期；Thing 包括物品所有者的地址、物品的名称、每日的租赁价格、押金、租赁者信息、租赁状态和物品描述。

```
    uint[ ] private ids;            //存储物品的 ids
    uint public numThings;
    mapping(uint => Thing) private things;
    struct Namekey{
        uint[ ] keys;               //存储物品的下标 keys
    }
    mapping(string =>Namekey) private nameToKeys;
```

ids 存储了所有物品的编号；numThings 实时记录了当前合约中所有共享物品的数量；通过下标（uint 类型）可以从映射 things 中访问对应的物品；Namekey 存储了相同名称的物品对应的编号；通过访问映射 nameToKeys 可以快速找到所属物品名称的所有编号，进而方便用户对共享物品进行查询。

```
    address public owner;
    constructor( ) public{           //构造函数
        owner = msg.sender;
    }
    modifier onlyOwner( ){
        require(msg.sender == owner);
        _;
    }
```

owner 的类型为 address，用于标明合约所有者，constructor( )为构造函数，同样也可这样声明：function shareThings( ) public { }。构造函数中直接将部署合约交易的发送者 msg.sender 标记为合约所有者。修饰函数 onlyOwner( )通过 require 函数认证函数调用者为合约所有者后，方可执行函数操作。

```
    event NewThing(uint thingID,address creator);
    function ( ) payable external{ }
    modifier thingInRange(uint thingID){        //函数修饰符
        require(thingID < numThings);
        _;
    }
```

修饰函数 thingInRange( )验证查询物品 id 是否存在，即是否小于 numThings。事件 NewThing 的作用是在链上记录合约中创建物品的操作。function( )为合约的回退函数，当合约中出现异常或执行有关金额的操作时会默认调用回退函数，该函数在 0.4.0 编译版本后会被自动声明。

```
    function createThing(string memory name,uint priceDaily,uint deposit,string memory detail) public{
        Thing memory newThing;
```

```
                    nameToKeys[name].keys.push(numThings);    //将物品的下标添加到 nameToKeys[name]中
                    newThing.creator = msg.sender;
                    newThing.name = name;
                    newThing.priceDaily = priceDaily;
                    newThing.rented = false;
                    newThing.deposit = deposit;
                    newThing.detail = detail;
                    things[numThings]=newThing;
                    emitNewThing(numThings,msg.sender);
                    ids.push(numThings);
                    numThings++;
        }
```

上述代码用于共享物品的创建。用户输入共享物品的名称、价格、押金和物品描述。函数中首先将物品的 id 存储到 nameToKeys 中，然后为用户共享的物品创建结构体对象进行存储，并且将结构体添加到 things 映射中用于后续访问。

```
        function rentThing(uint thingID) public payable thingInRange(thingID) returns(bool){
                    require(!(thingIsRented(thingID) || msg.value < things[thingID].deposit || msg.sender ==
        things[thingID].creator));
                    things[thingID].renter = Renter({addr:msg.sender, since:now});
                    uint rest = msg.value - things[thingID].deposit;
                    require(address(uint160(things[thingID].renter.addr)).send(rest));
                    things[thingID].rented = true;
                    return true;
        }
```

上述代码用于租赁共享物品。用户输入共享物品的编号进行租赁。在访问函数体之前需要通过修饰函数 thingInRange(uint thingID)对物品编号进行验证。接着在函数体中，判断物品是否未租赁并且用户的余额是否充足，如果符合这两个条件，对映射 things 的物品结构体的租赁状态进行更改。

```
        function returnThing(uint thingID) public payable thingInRange(thingID) returns (bool){
                    require((things[thingID].rented) && (things[thingID].renter.addr == msg.sender));
                    uint duration = (now - things[thingID].renter.since) / (24 * 60 * 60 * 1.0);
                    if(duration == 0){
                        duration = 1;
                    }
                    uint charge = duration * things[thingID].priceDaily;
                    require(address(uint160(things[thingID].creator)).send(charge));
                    require(address(uint160(things[thingID].renter.addr)).send(things[thingID].deposit -
        charge));
                    delete things[thingID].renter;
                    things[thingID].rented = false;
                    return true;
        }
```

上述代码用于归还共享物品。用户输入归还物品的编号进行归还。在访问函数体之前同样需要通过修饰函数 thingInRange(uint thingID)对物品编号进行验证。接着在函数体中，判断物品是否已被租赁并且租赁者是否为函数调用者。如果符合这两个条件，物品所有者将收到相应金额的报酬，租赁者也将收到扣除费用后的租金。转账成功后更新映射 things 中相应物品结构体的租赁状态。

```
function thingIsRented(uint thingID) thingInRange(thingID) public view returns (bool) {
    return things[thingID].rented;
}
function getBalance(address addr) public view returns (uint) {
    returnaddr.balance;
}
function findNames(string memory name) public view returns(uint[] memory) {
    return nameToKeys[name].keys;
}
function getNumThings() public view returns(uint) {
    return numThings;
}
function getThingIds() public view returns(uint[] memory) {
    return ids;
}
functiongetThingName(uint thingID) thingInRange(thingID) public view returns(string memory thing-
Name) {
    return things[thingID].name;
}
function getThingCreator(uint thingID) public view thingInRange(thingID) returns(address) {
    return things[thingID].creator;
}
```

上述代码分别用于查询共享商品是否被租赁、查询地址的余额、查询指定物品名称对应的编号、查询当前共享物品的数量、查询所有共享商品的编号、查询指定物品的名称、查询指定物品的所有者。

```
function getThingDeposit(uint thingID) public view thingInRange(thingID) returns(uint) {
    return things[thingID].deposit;
}
function getThingRenterAddress(uint thingID) public view thingInRange(thingID) returns(address) {
    return things[thingID].renter.addr;
}
function getThingRenterSince(uint thingID) public view thingInRange(thingID) returns(uint) {
    return things[thingID].renter.since;
}
function getThingPriceDaily(uint thingID) public view thingInRange(thingID) returns(uint) {
    return things[thingID].priceDaily;
}
function getThingDetail(uint thingID) public view thingInRange(thingID) returns(string
memory) {
    return things[thingID].detail;
}
```

上述代码分别用于查询共享商品的租金、查询共享商品租赁者的地址、查询共享商品的租赁时间、查询指定共享商品的租赁价格、查询指定共享商品的描述。

```
function remove() onlyOwner public {
    selfdestruct(address(uint160(owner)));
}
```

上述代码为合约的销毁函数，由于该函数非常重要，仅有合约所有者可以调用，所以在访问函数体前需要通过修饰函数认证函数调用者是否为合约所有者。当 Solidity 内部函数 selfdestruct( )成功执行后，合约将被废弃，无法再继续使用。需要注意的是，虽然合约已被销毁，但是之前的数据仍然在区块中可被链上用户访问。

4. 合约执行结果

1）对合约进行编译，编译选项选择 0.5.13+commit.5b0b510c，语言选择 Solidity。合约编译成功后的界面如图 5-11 所示。

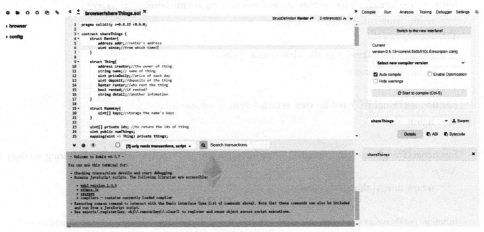

图 5-11　合约编译成功后界面

2）remix 中提供了 5 个账户，每个账户有 100ether（100 个以太币），当然也可以手动进行添加。下面使用第 5 个账户 0xdd870fa1b7c4700f2bd7f44238821c26f7392148 对编译后的合约进行部署。从交易中可以看到，合约被成功部署，并且生成了合约地址 0x3643b7a9f6338 115159a4d3a2cc678c99ad657aa。合约部署界面如图 5-12 所示。

图 5-12　合约部署界面

3）合约部署完成后，使用第 1 个账户 0xca35b7d915458ef540ade6068dfe2f44e8fa733c 创建一个物品，在 createThing 函数中输入物品参数并调用该函数即可。为了方便观察合约账户余额的变化，将价格单位都调成 ether（默认是 Wei）。实例中创建成功了第一个物品——电动车。添加共享物品界面如图 5-13 所示。

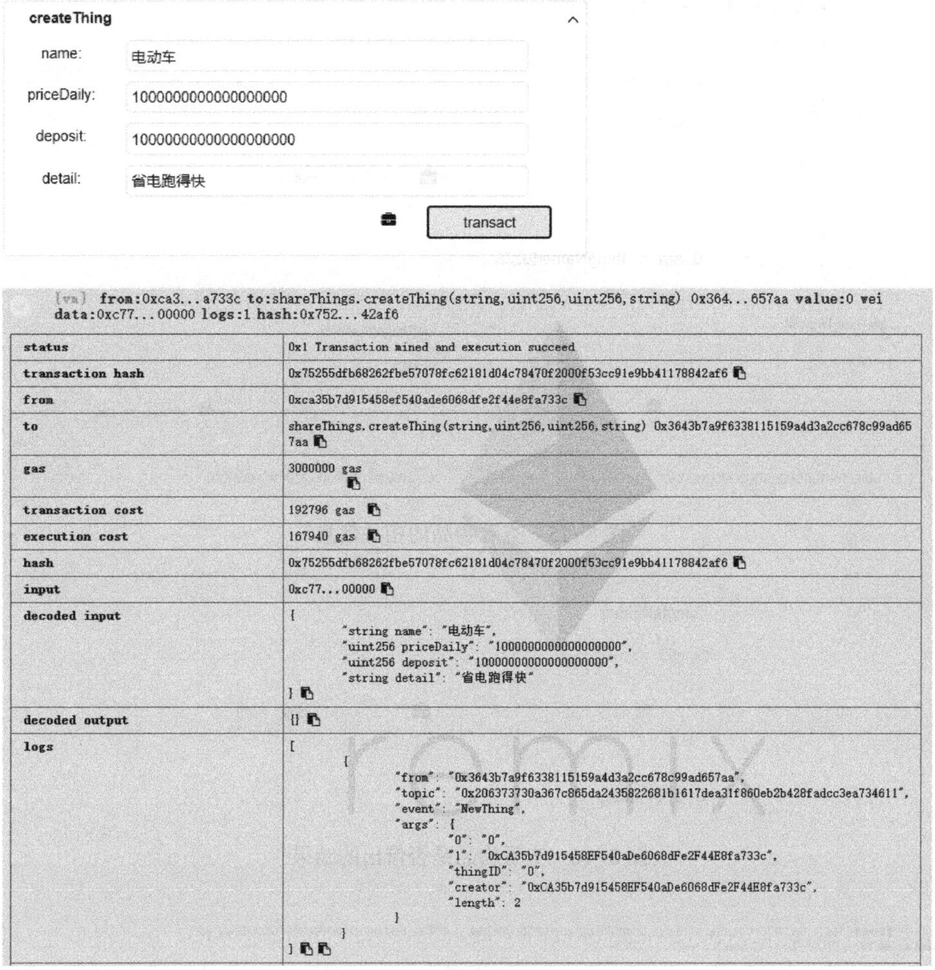

图 5-13　添加共享物品界面

4）接着使用第 2 个账户 0x14723a09acff6d2a60dcdf7aa4aff308fddc160c 租用一个物品。首先调用 getThingIds 函数查看现有物品的 id。查询物品 id 结果如图 5-14 所示。接着可以根据 id 查看该物品的相关信息（如创建者、物品介绍、物品名字、押金、租赁价格），查看物品的相关信息如图 5-15 所示。然后调用 thingIsRented 函数查看该物品是否已经借出。查看物品是否借出的结果如图 5-16 所示。

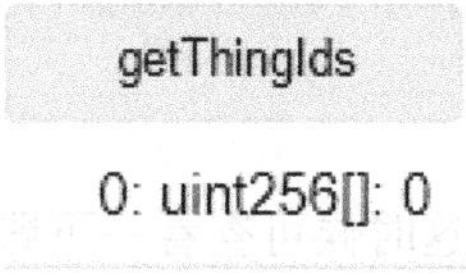

图 5-14　查看物品 id 结果

可以看到该商品租赁状态为 false，说明还没有借出，这样就可以对此物品进行租赁了。租赁时需要调用 rentThing 函数，输入物品编号，同时需要支付相应的以太币（输入的金额必须大于押金），可以先输入 5ether 测试一下（押金为 10ether），测试结果如图 5-17 所示。结果显示调用失败了，将金额改为 10ether 后，再次调用该函数，结果如图 5-18 所示。

图 5-15　查看物品的相关信息

图 5-16　查看物品是否借出的结果

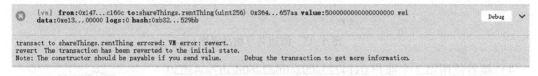

图 5-17　输入 5ether 测试后的结果

　　这时候可查看一下账户 2 的余额，注意：不要用账户 2 来调用 getBalance 函数，要使用其他账户来调用该函数（图中使用账户 5），函数参数为账户 2 的地址。这样保证账户 2 的以太币仅用来支付和返还租金（当然还会包含极少的汽油费）。查询后，归还物品前账户 2 余额如图 5-19 所示（左侧为函数调用结果，右侧为交易详情）。

　　归还物品前账户 1 的余额如图 5-20 所示。

　　归还物品前合约账户（0x3643b7a9f6338115159a4d3a2cc678c99ad657aa）的余额如图 5-21 所示。

[vm] from:0x147...c160c to:shareThings.rentThing(uint256) 0x364...657aa value:10000000000000000000 wei data:0xe13...00000 logs:0 hash:0xc54...8e70c	
status	0x1 Transaction mined and execution succeed
transaction hash	0xc54bcfa0b6a10d93e7fd5fddc8ff605a173b35a73dcc64bd19edfbd72f8e70c
from	0x14723a09acff6d2a60dcdf7aa4aff308fddc160c
to	shareThings.rentThing(uint256) 0x3643b7a9f6338115159a4d3a2cc678c99ad657aa
gas	3000000 gas
transaction cost	85470 gas
execution cost	64070 gas
hash	0xc54bcfa0b6a10d93e7fd5fddc8ff605a173b35a73dcc64bd19edfbd72f8e70c
input	0xe13...00000
decoded input	{ "uint256 thingID": "0" }
decoded output	{ "0": "bool: true" }
logs	[]
value	10000000000000000000 wei

图 5-18　金额改为 10ether 后租赁成功

图 5-19　归还物品前账户 2 余额

图 5-20　归还物品前账户 1 余额

图 5-21　归还物品前合约账户余额

这个过程显示账户 2 的 10 个以太币转移到了合约上（其实合约也是一个地址，和各账户一样），合约暂为保管。

5）归还物品，由于物品是账户 2 借的，所以账户 5 归还的话会出现图 5-22 中所示的情况。

```
[vm] from:0xdd8...92148 to:shareThings.returnThing(uint256) 0x364...657aa value:0 wei data:0x026...00000 logs:0
hash:0x6c0...89992

transact to shareThings.returnThing errored: VM error: revert.
revert  The transaction has been reverted to the initial state.
Note: The constructor should be payable if you send value.        Debug the transaction to get more information.
```

图 5-22　账户 5 归还物品后情况

使用账户 2 归还物品（id=0）的情况如图 5-23 所示。

```
[vm] from:0x147...c160c to:shareThings.returnThing(uint256) 0x364...657aa value:0 wei data:0x026...00000 logs:0
hash:0xa12...e61b1
```

status	0x1 Transaction mined and execution succeed
transaction hash	0xa12ced8fd775efd2d46610d2c21821565af50b6fb842afb0ab6887a5863e61b1
from	0x14723a09acff6d2a60dcdf7aa4aff308fddc160c
to	shareThings.returnThing(uint256) 0x3643b7a9f6338115159a4d3a2cc678c99ad657aa
gas	3000000 gas
transaction cost	27474 gas
execution cost	33547 gas
hash	0xa12ced8fd775efd2d46610d2c21821565af50b6fb842afb0ab6887a5863e61b1
input	0x026...00000
decoded input	{ "uint256 thingID": "0" }
decoded output	{ "0": "bool: true" }
logs	[]
value	0 wei

图 5-23　账户 2 归还物品后情况

这时候再来看一下各账户的余额（调用 getBalance 函数时都要用账号 5，否则会影响试验结果）。归还物品后账户 1 余额如图 5-24 所示。

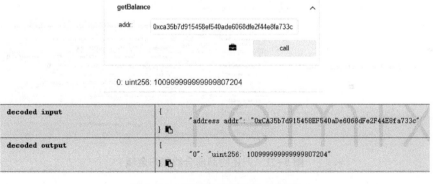

图 5-24　归还物品后账户 1 余额

归还物品后账户 2 余额如图 5-25 所示。

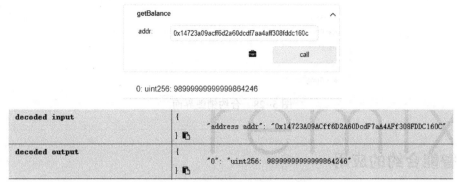

图 5-25　归还物品后账户 2 余额

归还物品后合约账户余额如图 5-26 所示。

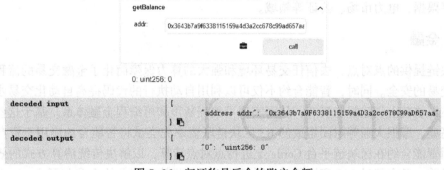

图 5-26　归还物品后合约账户余额

与物品归还前相比，账户 1 的余额由 99999999999999807204Wei 变成了 100999999999999807204Wei，多了 1ether，那租金为 1ether／天，不足一天按一天计算。账户 2 由 89999999999999891720Wei 变成 98999999999999864246Wei，押金退还反而少了，为什么呢？因为归还物品的时候调用了 returnThing 函数，消耗了 Gas。合约账户余额由 10ether 变成了 0ether，因为 10ether 押金本来就是暂时保存的，其中 1ether 给了账户 1，9ether 返还给了账户 2。

6）可以调用其他函数查看物品数量、合约拥有者（owner）的地址，相关结果如图 5-27 所示。

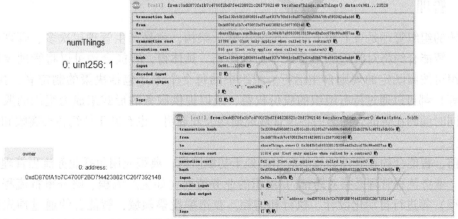

图 5-27　查看物品数量、合约拥有者（owner）地址的结果

7）调用合约 remove 函数实现合约的销毁，相关界面如图 5-28 所示。

图 5-28　合约销毁界面

5.4　智能合约的应用

近年来，随着区块链技术的日益普及，智能合约由于其具有去中心化、去信任、可编程、不可篡改等特性，被广泛应用于金融、管理、医疗、物联网与供应链、法律、公益慈善、数字票据、电力市场、公证等领域。

5.4.1　金融

区块链提供的点对点、去信任交易环境和强大的算力保障简化了金融交易的流程，确保了金融交易的安全。同时，智能合约不仅可以利用自动执行的代码提高自动化交易水平，而且可以在区块链上创建智能资产，从而实现可编程货币和可编程金融体系。基于这些技术优势，由高盛、摩根大通等财团组成的 R3 区块链联盟率先尝试将智能合约应用于资产清算领域，利用智能合约在区块链平台 Corda 上进行点对点清算，以解决传统清算方式的效率低下问题。目前，已有超过 200 家银行、金融机构、监管机构和行业协会参与了 Corda 上的清算结算测试[31]。此外，智能合约也可为保险行业提供高效、安全、透明的合约保障，提高索赔处理的速度，降低人工处理索赔的成本。Gatteschi 等[32]与 Bertani 等[33]设计了一种旅行保险智能合约，一旦合约检测到如航班延误等满足要求的赔偿条件即可自动补偿旅客。智能合约还可应用于电子商务，降低合约的签订成本，使得合约双方无须支付高昂的中介费用，就可利用智能合约自动完成交易。ECoinmerce 是一种去中心化的数字资产交易市场，借助智能合约，任何用户可在 ECoinmerce 上创建、购买、出售和转租他们的数字资产[34]。类似的应用还有 Slock.it[35]。

5.4.2　管理

传统的组织管理是自上而下的"金字塔型"架构，容易产生管理层次多、管理成本高等问题。智能合约将对管理领域带来革命性影响。具体得，智能合约可以将管理规则代码化，组织可按照既定的规则自主运行。组织中的每个个体（包括决策的制定者、执行者、监督者等）都可以通过持有组织的股份权益，或以提供服务的形式来成为组织的股东和参与者。同时编码在智能合约上的各项管理规则均公开透明，也有助于杜绝各类腐败和不当行为的产生。

目前，智能合约在管理领域的应用尚处于初级阶段，典型应用包括业务流程管理、选举投票等。业务流程管理是指对跨部门/组织的业务流程（如生产流程、财务审批流程、人事处理流程）等进行自动化设计、执行和监控。在选举投票领域，智能合约通过预先设置好的规则可以低成本、高效率地实现选举、企业股东投票等应用，同时区块链保障了投票结果的真实性和不可篡改性。在存证和版权管理领域，Rosa 等提出利用智能合约对知识产权进行存在性证明以及著作权认证[36]。legalXchain 司法联盟链可以对各类形态的电子数据提供确权、云取证等服务[37]。

5.4.3 医疗

医疗技术的发展高度依赖历史病例、临床试验等医疗数据的共享。由于医疗数据不可避免地包含大量个人隐私数据，其访问和共享一直受到严格的限制。患者个人难以控制自己的医疗数据访问权限，隐私性难以保证。同时医疗工作者需花费大量时间精力向相关部门提交申请进行权限审查，这降低了他们的工作效率，并且存在医疗数据被篡改、泄露等风险。

基于区块链的医疗智能合约可有效解决上述问题。在区块链去中心化、不可篡改、可追溯的网络环境中，医疗数据可被加密存储在区块链上，患者对其个人数据享有完整的控制权。通过智能合约设置访问权限，用户可实现高效安全的点对点数据共享，无须担心数据泄露与篡改，同时数据可靠性得到了充分保障。3 种较为典型的医疗智能合约如下。

1) 医疗信息存储和共享。例如，MeDSharel[38] 为共享医疗数据提供溯源及审计服务，其设计采用了智能合约和访问控制机制，可有效追踪数据行为，并在违规实体违反数据权限时撤销访问；MedRec[39] 是一个去中心化的电子病历管理系统（Electronic Medical Records Maagement System），可以实现患者、卫生管理部门、医疗研究机构之间的高效数据分享。

2) 医学研究型智能合约。Kuo 等提出了名为 Modelchain 的框架[40]，该框架中每个参与者都可对医疗预测模型的参数估计做出贡献，而不需要透露任何私人的健康信息。

3) 药品溯源及打假。例如医疗药品联盟链 Mediledger[41] 等区块链项目都可用于加强对药物的溯源能力。

5.4.4 物联网与供应链

得益于智能设备、信息技术和传感技术的快速发展，近年来物联网技术发展迅猛，传统的中心化互联网体系已经难以满足其发展需求。首先，物联网将产生海量数据，中心化的存储方式需要投入并维护大量的基础设施，成本高昂；其次，将数据汇总至单一的中心控制系统将不可避免地产生数据安全隐患，一旦中心节点被攻击，损失难以估计；最后，由于物联网应用涉及诸多领域，不同运营商、自组织网络的加入将造成多中心、多主体同时存在，只有当各主体间存在互信环境，物联网才可协调工作。

由此可见，物联网与去中心化、去信任的区块链架构的结合将成为必然的发展趋势。智能合约将在此过程中实现物联网复杂流程的自动化、促进资源共享、保证安全与效率、节约成本等功能。Dori 等提出了一种基于区块链及智能合约的智能家居模型[42]，并通过仿真验证明了该模型可以显著降低物联网设备的日常管理费。loTeX 是一个使用区块链驱动的去中心化网络，支持包括共享经济、智能家居、身份管理与供应链在内的多种物联网生态系统[43]。

与物联网类似，供应链通常包含许多利益相关者，如生产者、加工者、零售商和消费者。其传统的合约将涉及复杂的多方动态协调，可见性有限，各方数据难以兼容，商品跟踪成本高昂且存在盲点。通过将产品从生产到出售的全过程写入智能合约，供应链将具有实时可见性，产品可以实现可追溯、可验证，欺诈和盗窃风险显著降低，并且运营成本低廉。其代表性的应用有棉花供应链[44]等。

5.4.5　法律

在法律层面，区块链智能合约可以被看作为智能合同，即运用区块链技术来实现法律合同，将书面化的法律语言转化为可被自动化执行的技术。以数字版权保护为例，知识共享协议的开放式版权协议不断出现，如何高效、准确地保证版权是数字版权保护的核心问题。由于传统的版权保护具有时间、空间的限制，在版权登记、监管机制等方面容易受到影响。而数字版权保护的出现极大改善了这一问题，更好地适应了数字资产形式变化多样、易传播的特点。在版权登记方面，利用区块链技术原理中计算值的唯一性和不可篡改性，可以减少作品追溯和存储的成本，同时还可以简化作品查询流程。在署名方式方面，使用数字身份对计算值对应的作品进行署名，使用加密技术对数字作品进行保护，保障作品不会被篡改。目前，将智能合约直接应用在法律合约中，还需法律进一步明确并给出司法解释。

5.4.6　公益慈善

在公益慈善层面，当前面临的最大问题是资金流向不透明，导致很多人并不会使用众筹平台来进行慈善捐款。众筹是一种通过互联网方式发布筹款项目并筹集资金的方式，其具有开放、门槛低、依靠大众力量等特点。如何解决资金信息公开透明，加强监管和监督，成为当前公益慈善的热点讨论话题之一。

智能合约可以实现对众筹系统价值流的控制，将众筹业务流转换为智能合约代码。区块链的不可更改和共识机制可以保证数据的真实性和可靠性，进而可以提高众筹平台的公信力。众筹区块链总体设计包含双数据系统、高速与信誉机制、智能合约设计等。由于区块链的分布式存储架构，可以在不同用户处放置不同权限的节点，让不同用户参与到管理中，对于发布的消息实现可追踪和不可修改。通过不断互联，使区块链形成互联链、链中链，按照统一标准进行管理监管，从而解决慈善公益的监管和监督问题。

5.4.7　数字票据

数字票据是在保持现有票据属性、法律规则与市场运作规则不变的情况下，应用智能合约技术通过预先设置的条件是否满足来触发相应的自动化实现。数字票据包含现有电子商业汇票的所有功能和优点，但它们的技术架构完全不同。数字票据有如下特征。

1）去中心化。去中心化简化了商业汇票的传输路径，降低了成本，缓解了电子汇票流通的局限性。

2）风险控制。时间戳、信息加密技术和数字票据的点对点传输可以在一定程度上抑制电子汇票面临的各种安全风险。在区块链中所有的数字票据都有完整交易历史和验证历史的时间戳，所以具有可追踪票据历史信息的特征，交易过程变得清晰明了。

3）智能监管。数字票据可以通过智能合约在整个区块链中建立共同的约束代码，可实现数字票据交易的智能化并监督整个运行流程。

5.4.8　电力市场

未来的电力市场将包括电厂、售电公司、电网、用户等交易主体。在区块链上这些交易主体之间可以自由地定制交易智能合约，在合约中写入购售电交易的清算、结算等规则，可以实现高效率的电费清算、结算等业务。

以大用户直购电为例，智能合约是区块链技术应用在大用户直购电的关键[45]。原因在于，一方面与住房产权等实物资产相比，能源交易可以瞬时完成，因此智能合约与现实世界的结合难度较小；另一方面，随着电力市场改革的推进，除了大用户直接购电外，市场和辅助服务市场等其他电力交易领域将越来越远离集中化的控制模式，而智能合约作为市场运作的关键，在电力交易等领域具有广阔的应用前景。

5.4.9 公证

区块链上数据不可篡改的特性，可应用于数字证书登记。例如身份认证、动产和不动产登记、学历等凭证。登记在区块链上的凭证能够被多方读取使用，保证了这些凭证的真实性。除了增加凭证拥有者的自主性之外，伪造或篡改凭证的可能性大大降低，同时也减少了处理凭证的时间和成本。目前已有许多成功的应用案例，例如欧洲钻石认证的区块链项目Everledger[46]。该项目是一个基于区块链账本的数据库，用于跟踪每一颗钻石，从矿山开采到最终消费者的相关交易均存储在区块链账本中。

当然，区块链的应用不仅限于上述领域，在其他领域包括审计等都是区块链的应用范畴，各行各业也都在探索其更深层次的潜力。

5.5 智能合约的研究挑战与进展

智能合约旨在依靠区块链提供的去中心化、防篡改等特性，提供安全、平等、可信任的可编程合约。从前文的描述中可以看到智能合约存在很多优势，但是目前的智能合约依旧存在很多的挑战，例如隐私问题、法律问题、安全问题等。本节总结了目前智能合约存在的问题以及相关研究现状，希望能为合约未来的发展提供一些建议。

5.5.1 合约漏洞事件

目前，由于智能合约尚不完善，其存在一些潜在的安全漏洞，例如重入漏洞等。这些安全漏洞一旦被攻击者所利用并发起攻击，一方面可能为使用智能合约进行数字资产管理的用户造成了巨大的经济损失；另一方面则可能破坏智能合约参与多方的公平性，使智能合约变得不可被信赖。近些年，合约漏洞攻击事件频频发生，造成了巨额的经济损失，同时也破坏了智能合约的公平性，典型安全漏洞事件见表5-4。

表5-4 典型安全漏洞事件

安 全 事 件	安 全 漏 洞	威 胁 层 面
The DAO 被攻击事件	重入	虚拟机层面
Parity 钱包被攻击事件	代码注入	虚拟机层面
BEC/SMT 整数溢出事件	整数溢出	高级语言层面
KotET 合约拒绝服务	拒绝服务	高级语言层面

1) The DAO 攻击事件。2016 年 4 月，部分区块链开发者利用以太坊平台成立了一个名叫 The DAO 的去中心化自治组织。该组织是一个去中心化的风投基金，其通过以太坊上的智能合约来众筹募集资金，并将募集后的资金用于项目投资。所有的众筹参与人都将按照自己的出资份额来分配投票权，以对投资项目进行表决。整个环节中，接收资金的形式为以太坊平台上的加密数字货币——以太币，并使用智能合约来进行全流程的管理，以确保资金使用能够公开透

明。The DAO 项目作为当时以太坊诞生以来最成功的区块链项目之一，在接下来一个多月的时间里成功募集了超过一亿六千万美元的资金。而就在 2016 年 6 月，The DAO 智能合约中存在的重入漏洞被黑客发现并被用于发起攻击，致使该组织的损失超过 6000 万美元[47]。该事件是以太坊诞生以来最轰动的安全事件之一，甚至导致了以太坊的分叉。

2）Parity 钱包被攻击事件。Parity 是以太坊上受欢迎的一个多重签名钱包，其提供了一些公用的智能合约调用库。2017 年 7 月，黑客利用了 Party 公共合约库中的一个代码注入漏洞，盗取了价值超过 3000 万美元的以太币[48]。随后 Parity 官方在对该合约漏洞的修复过程中，再次引入了一个新的漏洞。2017 年 11 月，黑客利用新引入的漏洞对合约再次发起攻击，导致大约价值 23 亿美元的以太币被永久冻结，给使用该公共合约库的开发者造成了巨大的经济损失[24]。

3）BEC/SMT 整数溢出事件。BEC 和 SMT 是以太坊中两个符合 ERC20 标准的股权众筹合约。2018 年 4 月，这两个合约相继被发现存在整数溢出漏洞。黑客利用该漏洞对这两个合约发起攻击，凭空造出 2^{256} 量级的大量代币（Token），并在交易所大量抛售。这使得当时代币的市场价值暴跌归零。由此，美链凭空蒸发价值 60 亿人民币的 BEC。随后越来越多运行中的合约被发现存在整数溢出漏洞。更可怕的是，由于智能合约存在代码一旦上链便无法被更改的特性，将导致这些漏洞即便被发现，也难以被及时修补。

4）KomET 合约拒绝服务。KomET 合约是一个多方参与的游戏合约，游戏允许胜利的玩家通过使用以太币来从当前的"国王"玩家手中购买王位，从而成为新的"国王"。该合约因为存在拒绝服务漏洞并被攻击者所利用，使得恶意合约账户成为"国王"。该合约包含了一个复杂的回退函数，使得任何向"国王"转账的合约调用都将执行失败。这使得 KomET 的其他玩家无法再购买王位，而恶意合约账户成为永久的"国王"。这个攻击也体现了智能合约漏洞一旦被利用，可能会对智能合约的公平性造成破坏。

5.5.2 合约研究的挑战

除了上述安全事件体现的安全问题，智能合约还有很多其他的挑战亟待解决，例如隐私问题等。表 5-5 列出了智能合约面临的挑战。

表 5-5　智能合约面临的挑战

挑战类型	典型问题	涉及的模型要素	要素层次
隐私问题	可信数据源隐私问题	预言机	基础设施层
	合约数据隐私问题	分布式账本及其关键技术	
		交互准则	合约层
法律问题	难以追责或事后救济	分布式账本及其关键技术	基础设施层
	意思表示真实性不足	法律条文/商业逻辑/意向协定、情景-应对型规则	合约层
	存在不可预见情形		
安全问题	漏洞合约	分布式账本及其关键技术	基础设施层
		开发环境	
		预言机	
		情景-应对型规则	合约层
	恶意合约	法律条文/商业逻辑/意向协定	

挑 战 类 型	典 型 问 题	涉及的模型要素	要 素 层 次
机制设计问题	机制设计	机制设计	运维层
性能问题	区块链性能问题	分布式账本及其关键技术	基础设施层
	待优化的智能合约	情景–应对型规则	合约层
	待优化的机制设计	机制设计	运维层

1. 隐私问题

根据智能合约运行机制，合约的隐私问题可以分为两类：可信数据源隐私问题和合约数据隐私问题。在 5.1.3 节提到的基础架构模型中，基础设施层和合约层区块链的匿名性并没有完全解决智能合约的隐私问题。由于区块链数据对区块链中的用户是公开透明的，所以区块链中的所有用户都可以公开查询获取账户余额、交易信息和合约内容等信息。以金融场景为例，股票交易常被视为机密信息，完全公开的股票交易将难以保证用户的隐私。Meiklejohn 等曾利用比特币找零地址推算出部分大宗客户以及这些客户间的交易行为[49]。某些智能合约在执行时需要向区块链系统请求查询外部可信数据源，这些请求操作通常是公开的，用户隐私也将因此受到威胁。这些隐私问题可能导致攻击者对区块链或智能合约的去匿名攻击。为此，Kasba 等提出了一个旨在保护用户隐私的智能合约开发框架 Hawk[50]。在该框架中，所有财务交易信息不会被显式地记录在区块链上。同时智能合约分为私密合约和公共合约，其中私人数据和相关财务信息被写入私密合约后只有合约拥有者可见。Zhan 等[51]提出了一种可信数据输入系统 Town Crier。在该系统中，智能合约在发送请求之前用 Town Crier 的公钥进行加密，Town Crier 收到请求后再利用私钥进行解密，从而确保区块链中其他用户无法查看请求内容[11]。

2. 法律问题

智能合约的法律问题主要体现在合约层中传统合约向智能合约的转化上：传统合约的法律条文和智能合约的技术规则间存在一定的差别。这使得两者在转化时将不可避免地存在翻译误差继而影响智能合约的法律效力。

其次，由于智能合约是根据既定的合同条款编写的代码，一旦条件达成后，程序将自动启动，具有不可更改性。这样的特性虽然保证了当事人无法篡改合约，但同时也侵犯了当事人不能更改和撤销合同的权利。例如在合同无效存在的几种情形中，因欺诈而签订的合同，在以往传统的合同中可以因合同存在无效事由而撤销，但在智能合约中一旦所附加条件达成，便自动执行程序，很难进行撤销和修改。另外，区块链智能合约的代码需要向网络内所有参与者尤其是验证者公开。由于智能合约的数据存储在区块链的各节点上，参与者可以方便地获取合约内容。但如果网络上的非交易活动对象通过节点获取整个合约内容，掌握相关方面的隐私，难免会造成一系列的麻烦。因此，在智能合约未来的发展中，这些问题都需要被解决。

3. 机制设计问题

除上述几种常见的挑战外，智能合约的机制设计问题和性能问题也不容忽视，完善合理的机制设计和优秀稳定的合约性能使智能合约"杀手级应用"得以落地，并且扩大了智能合约的应用范围，实现了分布式人工智能和可编程社会。机制设计理论是研究在自由选择、自愿交换、信息不完全及决策分散化的条件下，通过设计一套机制（规则或制度）来达到既定目标的理论[52]。借助机制设计理论，设计者可以通过设计一组激励机制来减少或避免效率损失，从而实现整体系统的激励相容。对于智能合约而言，机制设计可以决定智能合约实现其目标功能的方式，这将影响合约运行过程中的激励效果和资源配置效率。合理的机制设计需充分应用经济学、法学等多个学科的知识，对合约立契者的专业背景具有极高的要求，有必要对此进行深入研究。

4. 性能问题

智能合约的性能问题可分为合约层设计导致的合约本身性能问题和基础设施层导致的区块链系统性能问题两类。待优化的合约机制设计和待优化的智能合约将增加合约执行成本，降低合约执行效率，区块链系统本身存在的吞吐量低、交易延迟、能耗过高等问题也将在一定程度上限制智能合约的性能。以区块链系统的吞吐量限制为例，在现行的区块链系统中，智能合约是按顺序串行执行的，每秒可执行的合约数量非常有限且不能兼容流行的多核和集群架构，难以满足广泛应用的需求。为此 Dickerson 等[53]提出了一种智能合约并行执行框架，允许独立非冲突的智能合约同时进行，从而提高系统吞吐量，改善智能合约的执行性能。

5.5.3 合约的安全问题

正如 5.5.1 节中所讲述的合约安全事件，合约的安全问题较为重要，所以本节单独对该问题展开详细的描述。相比于普通的程序而言，智能合约更容易成为攻击者的目标。一方面，智能合约通常可以用于管理区块链平台上的加密数字资产，对智能合约的攻击可能会为攻击者带来更高的经济价值；而更为重要的是，引入智能合约的初衷在于借助区块链的特性来保证合约的可信赖，而智能合约的漏洞会使得合约出现非预期的行为，从而可能使其变为一份“不平等合约”，而失去了智能合约的意义。一次又一次的攻击事件表明，智能合约的安全形势十分严峻，对于智能合约安全漏洞的研究也十分迫切。

智能合约在运行环境、生命周期和程序特性上与传统程序有较大的差异，这些差异为智能合约带来了全新的安全风险和攻击面。合约安全分为链上安全和链下安全。

1. 链上安全

智能合约链上安全主要关注智能合约及其与区块链内部要素交互过程中的安全性，如智能合约架构设计安全、代码安全、运行安全等。智能合约在开发过程中采用安全的开发框架以及设计模式[54]，可以使其按序、安全、可验证地实施特定的流程，为智能合约的正确性和安全性提供支持和保障，并且可以获得代码的可重用性和可扩充性，缩短开发周期，提高开发质量。智能合约代码安全是智能合约安全的核心组成部分，其主要涉及类型安全、漏洞挖掘、语言安全、代码静态分析和法律合约与代码一致性等。代码安全和运行安全的相关研究内容将在 5.5.4 节中进行详细介绍。

2. 链下安全

当前区块链的存储空间有限，不能满足所有链外数据存储在链上的要求。一般情况下，将部分关键数据和计算结果存储在链上，非关键数据和数据计算放在链外[55]，从而降低了链上数据存储量。智能合约和链外数据交互过程中的安全与智能合约的快速发展关系密切，因为智能合约需要访问跨链数据和链外数据。智能合约与链外数据交互过程中的安全主要涉及链外数据的可信性[56]、不可否认性等安全属性。由于智能合约访问链外数据异常复杂，目前主流的智能合约都不支持直接访问链外数据，主要有两种解决思路：Oracle[57]和 RealityKeys[58]。其中，应用较为广泛的是 Oracle。Oracle 是第三方服务，其主要任务是使智能合约可访问其他区块链或者互联网的数据。

2018 年，Xu 等[59]根据使用类型将 Oracle 分为 5 类：软件 Oracle、硬件 Oracle、入境 Oracle、出境 Oracle 和基于共识的 Oracle。软件 Oracle 提取所需要的网络信息并将其提供给智能合约，同时提供网络信息的真实性证明。硬件 Oracle 可以提供通过传感器数据的加密证据和防篡改机制，使设备在遭受破坏无法操作时可以直接获取来自物理世界的信息。硬件 Oracle 最大的挑战是在不牺牲数据安全性的条件下传递数据。入境 Oracle 将外部世界的数据提供给智能合约，相反出境 Oracle 将智能合约数据发送到外部世界。只使用一个数据来源是不安全和不可靠的，因而为了避免出现被操纵现象，需要提供进一步的安全性。基于共识的 Oracle 通过使用不同的 Oracle 组合提供共识机制，保障数据的可信性和安全性。因此，通过研究更加安全、高效的 Oracle 机制可以从硬件层面提升合约的安全性。

5.5.4 合约安全问题研究现状

现有的智能合约安全研究工作主要围绕编写安全和运行安全两部分。编写安全侧重智能合约的文本安全和代码安全两方面。文本安全是实现智能合约稳定运行的第一步，要求智能合约开发人员在编写智能合约之前，根据实际功能设计完善的合约文本，避免由于合约文本错误导致智能合约执行异常甚至出现死锁等情况。代码安全要求智能合约开发人员使用安全成熟的语言，严格按照合约文本进行编写，确保合约代码与合约文本的一致性，并且在合约部署前应保证合约代码无任何漏洞。

1. 编写安全

针对编写安全的研究主要分为合约的撰写和审计。在合约撰写安全的研究中，主要集中在对合约漏洞的研究。对以太坊智能合约的漏洞分析中，文献[60]描述了 call 函数重入等 12 种漏洞，并且根据引入级别将漏洞分为 3 类：Solidity 类、EVM 字节码类和区块链类。除此之外，智能合约常见的漏洞还有短地址漏洞、拒绝服务漏洞和整数溢出漏洞[61]。文献[62]将以上发现的 15 种漏洞又根据漏洞形成的原因分成调用时漏洞和固有属性漏洞，并针对部分固有属性漏洞给出了相应的解决措施。文献[63]针对外部合约调用等 6 种合约漏洞分别提出检查效果交互、紧急停止等 6 种合约设计模式。除了上述文献外，文献[64][65][66]也对目前智能合约漏洞和相应的解决方案进行了总结。在这些工作中，每个文献总结的漏洞都不是很完善，发现的漏洞重复率较高，但是也有不同的漏洞。除此之外还有一些论文只关注一个漏洞，并试图开发或提出解决方案，例如时间承诺[67]和智能合约改变的可能性[68]。在目前智能合约中只能支持简单的逻辑处理，并且操作起来比较复杂。对于非密码学专家来说，人为犯错的可能性更大。所以目前对合约漏洞的研究还不是十分完善，需要进一步研究，并且如何将这些应对方案更好、更快地融入现有的智能合约语言和编译模型中也需要进一步展开研究。

目前智能合约自动化审计的方法大致可以分为动态分析和静态分析。

动态分析依靠合约的执行，利用定理证明、符号执行等技术来发现合约中的漏洞。2016 年，Hirai 首次提出利用 Isabelle 判断逻辑代码是否有漏洞。Grishchenko 等[69]和 Hildenbrandt 等[70]分别进一步采用 F ∗ s framework 和 K framework 将 EVM 转化为一个形式化模型。最近，Jiao 等[71]同样在 K 框架中描述了合约源码的可执行语义。最近，Melonport 结合符号执行技术开发了 Oyente[72]。Oyente 通过从 EVM 中构建合约的 CFG，并利用预先定义的逻辑规则进行匹配，以找到合约存在的潜在问题。ConsenSys 结合概念分析、污点分析和控制流检查开发了 Mythril[73]。Permenev[74] 等利用 Predicate Abstraction 和符号执行引擎对合约的时间等安全属性进行了验证。Nguyen 等[75] 对合约符号执行分析进行了补充，并提出了一种自适应的模糊器（称为 sFuzz）。sFuzz 需要结合 TeEher[76] 等分析引擎才可使用，并且能够支持时间戳依赖等漏洞的检测。类似基于符号执行的工作还有 ETHBMC[77]、ILF[78] 和 BeosinVaaS[79]。

静态分析按照方法的输入可以分为基于 EVM 字节码的检测和基于 Solidity 的检测。由 SRI 系统实验室（ETH Zurich）开发的 Securify[3] 利用 EVM 字节码转换的语义事实和预定义的模式检测合约漏洞。由于字节码仅包含合约源码的少部分信息，所以 ETHZurich 基于 Solidity 开发了 Securify2.0[80]。该工具在 Securify 的基础上改进了中间表示（Intermediate Representation，IR）以使其可支持更多漏洞的检测。另外，Schneidewind 等[81] 利用 Horn 子句描述 EVM 字节码语义，并基于此提出了一个静态分析 analyzer eThor。该 analyzer 支持可达性检测。类似基于 EVM 字节码分析的方法还有 SODA[82] 等，同时利用 Horn 子句对合约进行表示的还有 EtherTrust[83]。

Durieux 等[84] 从准确度、时间开销对 Oyente、Securify 等 9 种最新的自动分析工具（包括静态和动态）进行了评估。他们的评估结果表明 Slither[85]、Smartcheck[86] 的综合性能较为优秀。Slither（20200109 版本）是 Trail of Bits 开发的一个 Solidity 静态分析框架。它通过 SlithIR 和预先定义的规则对存在问题的代码进行检测。Smartcheck 由 SmartDec 开发，它基于预先定义的规则和 Solidity 源码转换的 XML 中间表示来确定潜在的安全问题。NeuCheck[87] 根据合约源码构建了合约语法图，并在该图中搜索漏洞模式以找到相应的漏洞。和 NeuCheck 相似，ZEUS[88] 的输入为合约的 Solidity 代码，它将代码抽象到 LLVM 中间表示。

2. 运行安全

运行安全作为智能合约安全的另一个重要分支，用于确保合约更加安全、准确地执行。其涉及智能合约在实际运行过程中的安全保护机制，是智能合约在不可信的区块链环境中安全运行的重要目标。由于智能合约执行过程中涉及大量的用户隐私，如何兼顾合约执行的隐私性和计算结果的正确性是一个值得被研究的问题。针对此问题，目前的研究方法主要集中在 4 个方面：安全多方计算（SMPC）、零知识证明、同态加密、可信执行环境（TEE）。

1979 年，Shamir A[89] 提出了基于插值公式的门限秘密共享方案。随后，姚期智等[90] 首次提出了安全多方计算的概念。近些年有一些文献提出采用安全多方计算实现智能合约。文献[91] 针对 Bitcoin 货币交易的忠实性和隐私性问题，提出一种与时间相关的承诺扩展 Bitcoin 指令集。文献[92] 采用 Bitcoin 网络设计了一种支持"claim-or-refund"的两方公平协议，并将其扩展到带有 Penalties 的安全多方计算协议设计中。文献[93] 在文献[91][93] 的基础上进行了形式化、泛化和多方协议的构造。然而，上述工作主要都是针对 Bitcoin 网络及其指令集开展的研究，并没有对常用的智能合约开发与安全执行进行研究。随后，Pei[94] 等利用一种无可信第三方的高效 SMPC 来提高智能合约的安全性。但是该方案的效率没有得到验证，并且不能进行乘法运算。朱岩[95] 等提出一种基于 SMPC 的智能合约框架。类似的结合 SMPC 的智能合约安全管理方案还有文献[96]。以上工作都反映出 SMPC 的优点，并使智能合约变得更加安全。但是这些方案忽视了一个问题，恶意用户同样可以模仿重构者对碎片信息进行收集，一旦恶意用户收集到足够的碎片也可以恢复出秘密。由于一些合约的秘密分享涉及用户的隐私，这个安全漏洞会导致用户的隐私泄露，给用户造成不可逆的伤害。因此需要进一步开展 SMPC 在智能合约中的应用研究。

针对合约安全和隐私问题，零知识证明也是其中的一种方案。1989 年，Goldwasser 等[97]提出了零知识证明的概念。2016 年，Ahmed 等[50]将零知识证明引入到智能合约当中，构建了一个保护隐私的智能合约框架 Hawk。当程序设计者编写智能合约时，该编译器会利用零知识证明等密码原语生成一个密码协议以保护合约的安全。文献[98]中针对比特币等货币交易中的公平交换问题，分别利用零知识证明提出了一个货币交易方案。但是，这些方案仅仅是在比特币网络中进行了试验，并没有应用到常用的智能合约当中。Patrick 等[99]针对区块链分布式网络投票问题，引入了零知识证明，实现了一个分散和自我聚合的互联网投票协议。该方案也没有探索零知识证明在一般智能合约场景中的应用。随后，Mustafa 等[100]同样将零知识证明运用到合约管理当中，提出了一个分布式分类账平台 Chainspace，用于在分散的系统中对交易进行高度完整和透明的处理。相关的研究工作还有[101][102]等。虽然说零知识证明可以提高用户的隐私保护，但是在实际应用中也具有局限性。零知识证明系统构造困难、占用区块链存储空间大，不适用小成本、时效性要求高的智能合约。所以对于适合常用智能合约的零知识证明系统，还需进一步的研究和应用。

同态加密也是解决智能合约隐私问题的一个方案。1978 年，Rivest 等[103]提出了同态加密的概念。2013 年，Plantard 等[104]提出了基于理想格的全同态加密体制。在加密过程中随着对密文操作的不断增加，噪声也不断加大。2010 年，文献[105]给出了基于整数（环）的全同态加密方案（DGHV），该方案支持整数上的加法运算和乘法运算。文献[106][107]分别在 DGHV 基础上将明文空间扩展到 k 比特和以二次方形式存储公钥。文献[108]提出了一个新的同态加密方法，但是该方法并不安全。文献[109]在 DGHV 基础上将明文空间扩展到 k 比特，同时采用三次方形式存储公钥。综上，目前提出过的基于整数的同态加密方案中，有的方案只能加密一个比特的数据，有的加密运算需要大量的空间来存储所需要的公钥。此外，有的方案的安全性只能规约到部分近似最大公因子问题（PACDP），有的方案随机性不高，有的方案操作复杂、加密时间长、运算效率低。由于区块链对存储和效率要求比较严格，故需要对目前的同态加密方案进行改进，以寻求一种高加密效率、高安全性、低空间开销的同态加密方案。

除了上述研究人员已经探索的密码解决方案外，另一个具备性能和通用目的的选项是使用 TEE。文献[110]中利用可信硬件提出一个用于保密、可信赖和高性能智能合约执行的平台 Ekiden。微软推出了一个名为 Coco 的开源区块链框架，该框架支持创建受信任执行环境保护的物理节点的可信网络。但是该框架仅适用于建立私有的区块链网络。同时，文献[111]提出一个基于公共区块链的私有智能合约系统 ShadowEth，该系统通过硬件建立一个受信任的执行环境来对私有合同进行执行和存储，以确保智能合约的保密性。最近，英特尔公司与区块链初创公司 Enigma 合作开发了一种增强智能合约隐私性的区块链协议。该协议使用 TEE 和 SMPC，实现匿名智能合约的计算。Zhang 等[51]提出了一种可信数据输入系统 TC（Town Crier），该系统由以太坊的智能合约前端和基于 SGX 的可信硬件后端两部分组成。TEE 的研究主要是硬件方面，由于在实际应用时需要进一步部署可信硬件，所以目前各方实现 TEE 还有些困难。同时如果安装的可信硬件存在漏洞，则也会导致用户隐私的泄露。为了进一步提升合约的效率和安全性，最佳的方案是软件和硬件相结合。如何将密码学方案和 TEE 相融合，需要进一步实验研究。

5.5.5　合约自动化漏洞利用

自动化漏洞利用和漏洞分析一样，都是软件自动化攻防研究的重要方向。自动化漏洞利用研究如何自动化生成漏洞并利用脚本或其他方式自动化地实现漏洞的调用。随着自动化漏洞利用技术的研究，也诞生了一些自动化的漏洞利用工具，例如：APEG[112]、FUZE[113]、Revery[114]、CRAX[115]。

随着智能合约安全研究的进一步深入，一些工作开始关注如何生成智能合约漏洞的利用信息。由于智能合约程序通常通过区块链交易来进行交互，因此这类工作主要关注如何自动化生成恶意的交易数据，以利用智能合约中的漏洞来完成特定的攻击。teEther[76]是智能合约自动化漏洞利用的典型代表，其主要关注如何自动化生成恶意的交易数据，以从合约中盗取以太币（ETH）。teEther首先通过静态分析来定位合约中所有可能进行 ETH 转账的指令，并通过反向数据流分析探测这些指令的参数是否来自外部输入。对于可能受到外部输入影响的转账指令，teEther 将进一步通过符号执行对程序进行路径探索，求解出函数入口到达该指令所在基本块的约束信息，并将转账地址篡改为攻击者可控的地址，从而生成合约中任意转账漏洞的自动化利用信息。

此外，一些基于符号执行的分析工具能够在分析漏洞的同时求解出触发漏洞所需的交易数据，包括函数签名、交易发起地址等。但是由于符号执行工具自身的局限性，这种自动化利用方式往往不能构造需要较长交易序列才能触发的攻击。例如，当交易序列较长时，Oyente、Mythril 等符号执行工具会出现路径爆炸问题。相比于 teEther，符号执行分析工具生成的恶意交易数据能对目标漏洞进行精确利用，但具体的攻击效果以及能否带给攻击者收益是不确定的，需要根据合约语义进行具体的分析。

自动化漏洞利用技术挑战重重，面向智能合约尤其如此。在智能合约中，漏洞的分类众多，产生的原因各不相同，因此对应利用方式也有显著的差别。有的攻击往往需要多个漏洞的相互配合，并涉及多种合约调用方式，这些都增加了自动化漏洞利用生成的难度。未来，如何自动化生成面向更多类型漏洞的自动化漏洞利用载荷，仍然是当前智能合约自动化漏洞利用的一个亟待解决的难题。

5.5.6　合约安全防御

安全防御是安全研究的重要部分，也是对抗攻击的重要环节。由于智能合约一旦部署便不能修改的特点，对于漏洞程序进行直接补丁变得不太可行，这也导致其安全防御工作变得困难。对于智能合约的安全防御方案，主要分为 3 个方向，分别是智能合约的安全编程、智能合约的热升级和智能合约运行时的攻击检测与阻断。

1. 安全编程

由于以太坊智能合约代码一旦部署便无法修改，因此如何编写出更加安全可靠的智能合约代码就变得尤为重要。现有的研究工作中对于以太坊智能合约的安全编程主要有两种不同的方案，一是为智能合约编写语言提供安全便捷的第三方库，二是设计更加安全易用的智能合约编写语言。

OpenZeppelin 在智能合约第三方库上做了诸多工作，其提供了大量经过安全审计的标准化的代码库，其中包含了 ERC 标准令牌、管理员权限访问控制、加解密等。OpenZeppelin 能帮助开发者快速构建安全可靠的智能合约应用程序。开发者只需要在合约开发时继承或者导入这些代码库，便可使用相应的库函数进行智能合约的开发[116]。在 Solidity 合约编程语言中，Safemath 作为 OpenZeppelin 开发的一个代码库，可以防止智能合约算术运算中的整数溢出漏洞。目前，该代码库已经被广泛地应用于各种合约的安全开发中。

针对第二种方案，目前很多研究工作提出了很多新的合约编程语言，如 Vyper、Flint 等。为了使智能合约开发变得更加安全、简洁，Vyper 删除了类继承、函数重载、无限循环和递归等易引发安全问题的编程特性。同时该编程语言增加了数组边界检查、整数溢出检测等安全机制。Flint[117] 编程语言面向以太坊智能合约开发，其内置了函数调用保护功能，允许合约函数设置调用权限，实现特定用户的调用。此外，该语言还设计了单独的资产类型变量，将所有的资产转移操作都视为原子性操作进行保护，以减少资产转移过程中的安全风险。

以上两种方案都可以提高代码质量，减轻开发者的安全开发风险，所以在未来，这两种方案将受到研究者的广泛关注。

2. 热升级

无论是提供更安全的合约库或者使用更加安全的高级语言，在合约发布和部署前应尽可能地避免已知漏洞。由于新的智能合约漏洞在不断地被发现，所以合约在部署之后仍然可能会出现新的安全漏洞。对于普通的软件程序来说，通过不断的版本迭代和更新补丁可以防御新出现的漏洞，但是由于智能合约一旦部署便很难再更改，这使得合约漏洞修复变得极为困难。

为了解决这个难题，OpenZeppelin 实验室提出了 "代理合约" 机制，通过代理合约来实现间接合约的热升级功能，从而完成对合约漏洞的修复[118]。智能合约最重要的两个部分为合约的 Storage 存储和代码逻辑。基于这样的观察，代理合约机制将合约部署分为两个步骤：通过一个代理合约作为智能合约的入口，代理合约通过委托调用的方式来调用逻辑合约中的合约代码，并管理相应合约的 Storage 存储。一旦合约需要更新，只需要将代理合约中的合约地址指向新的合约即可实现合约的热升级。

虽然代理合约可以解决合约修复的难题，但是该方法改变了智能合约一旦部署便不可更改的特性，这将产生新的问题。例如：恶意的开发者可能在升级过程中改变合约的规则、引入不平等的合约条款等。这些问题将降低合约的可信任程度，因此该技术目前还存在较多的争议。

3. 攻击检测与阻断

智能合约在部署之前的安全开发无法防御所有的漏洞，而使用代理合约的热升级模式又存在较多的争议。由于已经部署的智能合约无法被更改，新漏洞的发现将显著增加其受攻击的风险。当然，漏洞的存在并不一定会给合约带来危害，还是需要攻击者利用漏洞发起攻击。一些研究提出可以在智能合约的运行过程中，采用对攻击进行检测并对攻击加以阻断的方法保护已经被部署且无法被修改的智能合约免受攻击。

Sereum[119] 设计了一个可以进行攻击阻断和安全检测的虚拟机，并总结了 3 种不同类型的面向重入漏洞的攻击模型。该方法通过动态污点分析技术监测实时的程序数据流，并设计合约调用树的结构对重入攻击进行建模，以在虚拟机运行时实时监测发生的重入攻击，并加以阻断。EVM ∗[120] 也是类似的研究工作，其可以检测整数溢出和时间戳依赖两类漏洞引发的攻击。除此之外，一些方法（如 Ægis[121]）还实现了攻击模型的投票和打分机制，通过多个节点协作以提高检测的效率和准确率。

5.6 智能合约的发展趋势与展望

以太坊是首个大规模应用智能合约的平台，被称为区块链 2.0 的开端。自以太坊开始，越来越多的区块链平台开始支持智能合约的运行。通过上述对智能合约研究挑战的分析以及应用的讨论，智能合约作为区块链平台上管理数字资产的重要组成部分，其隐私、安全性等问题必将受到越来越多的关注。智能合约安全研究的未来发展主要可分为以下两个方向：一是提升当前主流合约开发、部署、运行方式的安全性；二是设计全新的更加安全的合约开发、部署、运行架构。

1）提升主流智能合约方案的安全性。当下以太坊仍然是最大的智能合约运行平台，Solidity 则是最为主流的以太坊智能合约编写语言。本书所提到的大多数研究工作（如合约审计工作 Securify、SmartCheck 等）着力于关注该智能合约的安全性。未来，对于合约安全性的研究仍有很多挑战，包括如何提高智能合约漏洞挖掘的准确率、如何设计漏洞覆盖面更大的智能合约漏洞检测模型，以及如何更好地保护现有的智能合约程序免遭攻击等。这些方向的安全研究工作都将助力于推动当下的智能合约开发者开发出更加安全、公平的智能合约。

2）设计全新的智能合约。以太坊作为最早出现的智能合约平台，随着越来越多的智能合约漏洞被发现，其在设计之初留下的很多弊端开始显现。而由于区块链平台的共识机制，大规模升级全网客户端节点中的以太坊虚拟机（EVM）、EVM 字节码（Bytecode）将是一件非常困难的事情。一些新兴的区块链平台在设计智能合约语言时，充分总结了以太坊智能合约的弱点，开始去设计更加安全、面向资产管理的智能合约，其中最为典型的例子就是 Libra 区块链平台上的 Move 智能合约语言。Move 语言是智能合约的中间语言，其面向资产而设计，提出了"资源优先"的概念，并引入了全新的数字资产变量。正如真实世界中的资产，Move 语言要求资产不能随意复制或者凭空消失，只能被安全地转移。此外，Move 语言还通过静态类型绑定、强制类型检查等方式，提供更加安全实用的面向智能合约的中间语言。类似的语言还有 Pact 等。

未来，对于智能合约的安全性研究工作将在这两方面会有所展开。同时在未来智能合约还会有更多的应用场景，被更多的人所熟知和使用。但值得注意的是，智能合约并不是一个完全成熟的技术，其自身也在不断进步之中。吸收现有方案中的问题，设计更加安全、可靠的智能合约将会是未来研究的重点。

5.7 习题

1. 概念题

1）智能合约和传统合约的区别是什么？

2）智能合约根据编程语言表现可分为哪几类？每类有什么特点？

3）目前，常见的智能合约开发平台有哪些？这些平台有什么特点？

4）什么是智能合约的生命周期？

5）目前常用的智能合约编程语言有哪些？这些语言有什么特点？

6）智能合约目前应用的场景有哪些？其在这些场景中充当什么角色？

7）目前，智能合约存在哪些挑战，针对这些挑战已有哪些措施？

8）请指出目前使用 Solidity 编程语言的以太坊智能合约中存在的 5 项漏洞，并指出漏洞发生的原因、利用场景和修复建议。

2. 操作题

使用 Solidity 等编程语言编写一个智能合约的程序，并通过 Remix 等合约开发 IDE 进行实际的部署。

参考文献

［1］ SZABO N. Smart contracts: building blocks for digital markets［J］. EXTROPY: The Journal of Transhumanist Thought，（16），1996，18（2）: 1-11.

［2］ NAKAMOTO S. Bitcoin: A peer-to-peer electronic cash system［R］. Manubot，2019.

［3］ TSANKOV P，DAN A，DRACHSLER-COHEN D，et al. Securify: Practical security analysis of smart contracts［C］// Proceedings of the 2018 ACM SIGSAC Conference on Computer and Communications Security，Toronto，Canada，ACM（2018）: 67-82.

［4］ BARTOLETTI M，POMPIANU L. An empirical analysis of smart contracts: platforms，applications，and design patterns［C］//International conference on financial cryptography and data security. Springer，Cham，2017: 494-509.

［5］ XU B，LUTHRA D，COLE Z，et al. EOS: An architectural，performance，and economic analysis［J］. Retrieved June，2018，11: 2019.

［6］ ELROM E. The Blockchain Developer［M］. New York: Apress，2019.

［7］ CACHIN C. Architecture of the hyperledgerblockchain fabric［C］//Workshop on distributed cryptocurrencies and consensus ledgers，Chicago，Illinois，USA，2016，310（4）: 1-4.

［8］ BAUDET M，CHING A，CHURSIN A，et al. State machine replication in the Libra blockchain［J］. The Libra Assn.，Tech. Rep，2019: 1-41.

［9］ Z TEAM. The Zilliqa Technical Whitepaper［J］. Oakbrook Terrace，IL，USA，Sep. 2017，2019（16）: 1-14.

［10］ Zcash Zcash is digital money［OL］. https://z. cash/.

［11］ 欧阳丽炜，王帅，袁勇，等. 智能合约：架构及进展［J］. 自动化学报，2019，45（3）: 445-457.

［12］ 王群，李馥娟，王振力，等. 区块链原理及关键技术［J］. 计算机科学与探索，2020，14（10）: 1621-1643.

［13］ COINDESK. Making Sense of Blockchain Smart Contracts［OL］. https://www. coindesk. com/making-sense -smart-contracts.

［14］ DINH T T A，LIU R，ZHANG M，et al. Untangling blockchain: A data processing view of blockchain systems［J］. IEEE Transactions on Knowledge and Data Engineering，2018，30（7）: 1366-1385.

［15］ WIKIPEDIA. Turing machine［OL］. https://en. wikipedia org/wiki/Turing_machine.

［16］ MüllerP，Bergsträßer S，RIZK A，et al. The bitcoin universe: An architectural overview of the bitcoinblock-chain［C］//11. DFN-Forum Kommunikationstechnologien. GI，2018: 1-20.

［17］ ETHEREUM. Solidity［OL］. https://docs. soliditylang. org/en/latest/.

［18］ ETHEREUM. Serpent［OL］. https://github. com/ethereum/serpent.

［19］ VYPER. Vyper-documentation［OL］. https://vyper. readthedocs. io/en/latest/.

［20］ ETHEREUM. Mutan［OL］. https://en. wikipedia. org/wiki/Mutant.

［21］ EDGINGTON B. LLL Introduction［OL］. https://lll-docs. readthedocs. io/en/latest/lll_introductio n. html.

［22］ KADENA. The Pact Smart Contract Language［OL］. https://github. com/kadena-io/pact.

［23］ ETHEREUM. Go Ethereum［OL］. https: //geth. ethereum. org/.

［24］ PARITY ETHEREUM CLIENT. Blockchain Infrastructure for the DecentralisedWeb［OL］. https://

www. parity. io/#intro.

[25] WOOD G. Ethereum：A secure decentralisedgeneralised transaction ledger［J］. Ethereum project yellow paper, 2014, 151（2014）：1−32.

[26] BOGNER A, CHANSON M, MEEUW A. A decentralised sharing app running a smart contract on the ethereumblockchain［C］//Proceedings of the 6th International Conference on the Internet of Things, Stuttgart, Germany, ACM（2016）：177−178.

[27] ANDROULAKI E, BARGER A, BORTNIKOV V, et al. Hyperledger fabric：a distributed operating system for permissionedblockchains［C］//Proceedings of the thirteenth EuroSys conference, EuroSys, ACM（2018）：1−15.

[28] WANG S, YUAN Y, WANG X, et al. An overview of smart contract：architecture, applications, and future trends［C］//2018 IEEE Intelligent Vehicles Symposium（IV）. IEEE, 2018：108−113.

[29] LI J, TANG J, ZHANG J, et al. Eos：expertise oriented search using social networks［C］//Proceedings of the 16th international conference onWWW, Banff, Alberta, Canada, ACM（2007）：1271−1272.

[30] ETHEREUM. Remix−Ethereum IDE［OL］. https：//remix. ethereum. org/.

[31] PETERS G W, PANAYI E. Banking beyond banks and money［M］. Springer, Cham, 2016：239−278.

[32] GATTESCHI V, LAMBERTI F, DEMARTINI C, et al. Blockchain and smart contracts for insurance：Is the technology mature enough?［J］. Future Internet, 2018, 10（2）：20.

[33] BERTANI T, BUTKUTE K, CANESSA F. Smart Flight Insurance—InsurETH［OL］. http://mkvd. s3. amazonaws. com/apps/InsurEth. pdf.

[34] ECOINMERCE. ECoinmerce：decentralized marketplace［OL］. https://www. ecoinmerce. io/.

[35] SLOCK IT. Slock it：enabling the economy of things［OL］. https://blog. slock. it/.

[36] ROSA J L, GIBOVIC D, TORRES V, et al. On intellectual property in online open innovation for SME by means of blockchain and smart contracts［C］//3rd Annual World Open Innovation Conf. WOIC. 2016：1−12.

[37] LegalXchain 司法联盟链. 建设司法界通用的区块链底层基础设施［OL］. https://legalxchain. com/cn/home.

[38] XIA Q I, SIFAH E B, ASAMOAH K O, et al. MeDShare：Trust−less medical data sharing among cloud service providers via blockchain［J］. IEEE Access, 2017, 5：14757−14767.

[39] AZARIA A, EKBLAW A, VIEIRA T, et al. Medrec：Using blockchain for medical data access and permission management［C］//2016 2nd International Conference on Open and Big Data（OBD）. IEEE, 2016：25−30.

[40] KUO T T, OHNO−MACHADO L. Modelchain：Decentralized privacy−preserving healthcare predictive modeling framework on private blockchain networks［J］. arXiv preprint arXiv：1802. 01746, 2018：1−13.

[41] MEDILEDGER. The MediLedgerNetwork［OL］. https://www. mediledger. com/.

[42] DORRI A, KANHERE S S, JURDAK R, et al. Blockchain for IoT security and privacy：The case study of a smart home［C］//2017 IEEE international conference on pervasive computing and communications workshops. IEEE, 2017：618−623.

[43] IOTEX. Internet of Trusted Things［OL］. https：//iotex. io/.

[44] BYREN R O. How blockchain can transform the supply chain［OL］. https://www. logisticsbureau. com/how−blockchain−can−transform−the−supply−chain/.

[45] 欧阳旭, 朱向前, 叶伦, 等. 区块链技术在大用户直购电中的应用初探［J］. 中国电机工程学报, 2017, 37（13）：3737−3745.

[46] EVERLEDGER. 钻石更加持续［OL］. https://china. everledger. io/.

[47] WIKIPEDIA. The DAO（organization）［OL］. https://en. wikipedia. org/wiki/The_DAO_（organizati on）.

［48］PARITY ETHEREUM CLIENT. The Multi-sig Hack: A Postmortem ［OL］. http://paritytech. io/the-multi-sig- hack-a-postmortem/.

［49］MEIKLEJOHN S, POMAROLE M, JORDAN G, et al. A fistful of bitcoins: characterizing payments among men with no names ［C］//Proceedings of the 2013 conference on Internet measurement conference, Barcelona, Spain, ACM（2013）: 127-140.

［50］KOSBA A, MILLER A, SHI E, et al. Hawk: The blockchain model of cryptography and privacy-preserving smart contracts ［C］//2016 IEEE symposium on security and privacy（SP）. IEEE, 2016: 839-858.

［51］ZHANG F, CECCHETTI E, CROMAN K, et al. Town crier: An authenticated data feed for smart contracts ［C］//Proceedings of the 2016 ACMSIGSAC conference on computer and communications security, Vienna, Austria, ACM（2016）: 270-282.

［52］ERDMAN A S, SANDOR G N, KOTA S. Mechanism Design: Analysis and Synthesis ［M］. New Jersey: Prentice Hall, 2001.

［53］DICKERSON T, GAZZILLO P, HERLIHY M, et al. Adding concurrency to smart contracts ［J］. Distributed Computing, 2019: 1-17.

［54］孟博, 刘加兵, 刘琴, 等. 智能合约安全综述 ［J］. 网络与信息安全学报, 2020, 6（3）: 1-13.

［55］薛锐, 吴迎, 刘牧华, 等. 可验证计算研究进展 ［J］. 中国科学: 信息科学, 2015, 45（11）: 1370-1388.

［56］HARZ D. Trust and verifiable computation for smart contracts in permissionlessblockchains ［J］. M S thesis, Roy Inst Technol, Stockholm, Sweden, 2017: 1-84.

［57］ROMAN D, VU K. Enabling data markets using smart contracts and multi-party computation ［C］//International Conference on Business Information Systems. Springer, Cham, 2018: 258-263.

［58］NEIDHARDT N, Köhler C, Nüttgens M. Cloud Service Billing and Service Level Agreement Monitoring based on Blockchain ［C］//EMISA Forum, GI, 38（1）,（2018）: 46-50.

［59］XU X, PAUTASSO C, ZHU L, et al. The blockchain as a software connector ［C］//2016 13th Working IEEE/IFIP Conference on Software Architecture（WICSA）. IEEE, 2016: 182-191.

［60］ATZEI N, BARTOLETTI M, CIMOLI T. A survey of attacks on ethereum smart contracts（sok）［C］//International conference on principles of security and trust. Springer, Berlin, Heidelberg, 2017: 164-186.

［61］邱欣欣, 马兆丰, 徐明昆. 以太坊智能合约安全漏洞分析及对策 ［J］. 信息安全与通信保密, 2019, 2: 44-53.

［62］王化群, 张帆, 李甜, 等. 智能合约中的安全与隐私保护技术 ［J］. 南京邮电大学学报（自然科学版）, 2019（4）: 10.

［63］WOHRER M, ZDUN U. Smart contracts: security patterns in the ethereum ecosystem and solidity ［C］// 2018 International Workshop on Blockchain Oriented Software Engineering（IWBOSE）. IEEE, 2018: 2-8.

［64］韩璇, 袁勇, 王飞跃. 区块链安全问题: 研究现状与展望 ［J］. 自动化学报, 2019, 45（1）: 206-225.

［65］黄凯峰, 张胜利, 金石. 区块链智能合约安全研究 ［J］. 信息安全研究, 2019, 5（3）: 192-206.

［66］毕晓冰, 马兆丰, 徐明昆. 区块链智能合约安全开发技术研究与实现 ［J］. 信息安全与通信保密, 2018（12）: 10.

［67］BONEH D, NAOR M. Timed commitments ［C］//Annual international cryptology conference. Springer, Berlin, Heidelberg, 2000: 236-254.

［68］MARINO B, JUELS A. Setting standards for altering and undoing smart contracts ［C］//International Symposium on Rules and Rule Markup Languages for the Semantic Web. Springer, Cham, 2016: 151-166.

［69］GRISHCHENKO I, MAFFEI M, SCHNEIDEWIND C. A semantic framework for the security analysis of ethereum smart contracts ［C］//International Conference on Principles of Security and Trust. Springer, Cham, 2018: 243-269.

[70] HILDENBRANDT E, SAXENA M, ZHU X, et al. Kevm: A complete semantics of the ethereum virtual machine [C]//31st IEEE Computer Security Foundations Symposium, Oxford, United Kingdom, IEEE Computer Society (2018): 204-217.

[71] JIAO J, KAN S, LIN S W, et al. Semantic understanding of smart contracts: executable operational semantics of Solidity [C]//2020 IEEE S&P. IEEE, 2020: 1695-1712.

[72] LUU L, CHU D H, OLICKEL H, et al. Making smart contracts smarter [C]//Proceedings of the 2016 ACM SIGSAC conference on computer and communications security, Vienna, Austria, ACM (2016): 254-269.

[73] MITHRILJS. Mithril: A JavaScript Framework for Building Brilliant Applications [OL]. https://github. com/ MithrilJS/mithril. js/.

[74] PERMENEV A, DIMITROV D, TSANKOV P, et al. Verx: Safety verification of smart contracts [C]// 2020 IEEE Symposium on Security and Privacy (SP). IEEE, 2020: 1661-1677.

[75] NGUYEN T D, PHAM L H, SUN J, et al. sfuzz: An efficient adaptive fuzzer for solidity smart contracts [C]//Proceedings of the ACM/IEEE 42nd International Conference on Software Engineering, Seoul, South Korea, ACM (2020): 778-788.

[76] KRUPP J, ROSSOW C. Teether: Gnawing at ethereum to automatically exploit smart contracts [C]//27th USENIX Security Symposium USENIX Security 18, Baltimore, MD, USA, USENIXAssociation (2018): 1317-1333.

[77] FRANK J, ASCHERMANN C, HOLZ T. ETHBMC: A Bounded Model Checker for Smart Contracts [C]// 29th USENIX Security Symposium USENIX Security 20, Baltimore, MD, USA, USENIXAssociation (2020): 2757-2774.

[78] HE J, Balunović M, AMBROLADZE N, et al. Learning to fuzz from symbolic execution with application to smart contracts [C]//Proceedings of the 2019 ACM SIGSAC Conference on Computer and Communications Security, London, UK, ACM (2019): 531-548.

[79] 链安科技. BEOSIN-VaaS [OL]. https://sso. beosin. com/#/?vaas.

[80] SRI LAB, ETH ZURICH. Security Scanner for Ethereum Smart Contracts [OL]. https://github. com/eth-sri/securify.

[81] SCHNEIDEWIND C, GRISHCHENKO I, SCHERER M, et al. eThor: Practical and provably sound static analysis of Ethereum smart contracts [C]//Proceedings of the 2020 ACM SIGSAC Conference on Computer and Communications Security, Virtual Event, USA, ACM (2020): 621-640.

[82] CHEN T, CAO R, LI T, et al. SODA: A generic online detection framework for smart contracts [C]//27th Ann. Network and Distributed Systems Security Symp, San Diego, California, USA, The Internet Society, 2020: 1-17.

[83] GRISHCHENKO I, MAFFEI M, SCHNEIDEWIND C. Ethertrust: Sound static analysis of ethereum bytecode [J]. TechnischeUniversität Wien, Tech. Rep, 2018: 1-41.

[84] DURIEUX T, FERREIRA J F, ABREU R, et al. Empirical review of automated analysis tools on 47, 587 Ethereum smart contracts [C]//Proceedings of the ACM/IEEE 42nd International Conference on Software Engineering, Seoul, South Korea, ACM (2020): 530-541.

[85] FEIST J, GRIECO G, GROCE A. Slither: a static analysis framework for smart contracts [C]//2019 IEEE/ ACM 2nd International Workshop on Emerging Trends in Software Engineering for Blockchain (WETSEB). IEEE, 2019: 8-15.

[86] ALT L, REITWIESSNER C. SMT - based verification of solidity smart contracts [C]//International Symposium on Leveraging Applications of Formal Methods. Springer, Cham, 2018: 376-388.

[87] LU N, WANG B, ZHANG Y, et al. NeuCheck: A more practical Ethereum smart contract security analysis tool [J]. Software: Practice and Experience, 2019: 1-20.

［88］ KALRA S, GOEL S, DHAWAN M, et al. ZEUS: Analyzing Safety of Smart Contracts ［C］//NDSS, San Diego, California, USA, The Internet Society (2018): 1-12.

［89］ SHAMIR A. How to share a secret ［J］. Communications of the ACM, 1979, 22 (11): 612-613.

［90］ YAO A C. Protocols for secure computations ［C］//23rd annual symposium on foundations of computer science (sfcs 1982). IEEE, 1982: 160-164.

［91］ ANDRYCHOWICZ M, DZIEMBOWSKI S, MALINOWSKI D, et al. Secure multiparty computations on bitcoin ［C］//2014 IEEE Symposium on Security and Privacy. IEEE, 2014: 443-458.

［92］ BENTOV I, KUMARESAN R. How to use bitcoin to design fair protocols ［C］//Annual Cryptology Conference. Springer, Berlin, Heidelberg, 2014: 421-439.

［93］ KUMARESAN R, MORAN T, BENTOV I. How to use bitcoin to play decentralized poker ［C］//Proceedings of the 22nd ACM SIGSAC Conference on Computer and Communications Security, Denver, CO, USA, ACM (2015): 195-206.

［94］ PEI X, SUN L, LI X, et al. Smart Contract based Multi-Party Computation with Privacy Preserving and Settlement Addressed ［C］//2018 Second World Conference on Smart Trends in Systems, Security and Sustainability (WorldS4). IEEE, 2018: 133-139.

［95］ 朱岩, 宋晓旭, 薛显斌, 等. 基于安全多方计算的区块链智能合约执行系统 ［J］. 密码学报, 2018, 6 (2): 246-257.

［96］ ZYSKIND G, NATHAN O. Decentralizing privacy: Using blockchain to protect personal data ［C］//2015 IEEE Security and Privacy Workshops. IEEE, 2015: 180-184.

［97］ GOLDWASSER S, MICALI S, RACKOFF C. The knowledge complexity of interactive proof systems ［J］. SIAM Journal on computing, 1989, 18 (1): 186-208.

［98］ MAXWELL G. Bitcoinwiki: Zero knowledge contingent payment ［OL］. https://en.bitcoin.it/wiki/Zero_Knowledge_Contingent_Payment.

［99］ MCCORRY P, SHAHANDASHTI S F, HAO F. A smart contract for boardroom voting with maximum voter privacy ［C］//International Conference on Financial Cryptography and Data Security. Springer, Cham, 2017: 357-375.

［100］ AL-BASSAM M, SONNINO A, BANO S, et al. Chainspace: A sharded smart contracts platform ［J］. arXiv preprint arXiv: 1708.03778, 2017: 1-16.

［101］ LEE C H, KIM K H. Implementation of IoT system using block chain with authentication and data protection ［C］//2018 International Conference on Information Networking (ICOIN). IEEE, 2018: 936-940.

［102］ KOENS T, RAMAEKERS C, VAN WIJK C. Efficient zero-knowledge range proofs in ethereum ［J］. ING, blockchain@ing.com, 2018: 1-10.

［103］ RIVEST R L, ADLEMAN L, DERTOUZOS M L. On data banks and privacy homomorphisms ［J］. Foundations of secure computation, 1978, 4 (11): 169-180.

［104］ PLANTARD T, SUSILO W, ZHANG Z. Fully homomorphic encryption using hidden ideal lattice ［J］. IEEE transactions on information forensics and security, 2013, 8 (12): 2127-2137.

［105］ VAN DIJK M, GENTRY C, HALEVI S, et al. Fully homomorphic encryption over the integers ［C］//Annual International Conference on the Theory and Applications of Cryptographic Techniques. Springer, Berlin, Heidelberg, 2010: 24-43.

［106］ 谢学说. 一类整数上有效的全同态加密方案 ［D］. 济南: 山东大学, 2014.

［107］ CORON J S, MANDAL A, NACCACHE D, et al. Fully homomorphic encryption over the integers with shorter public keys ［C］//Annual Cryptology Conference. Springer, Berlin, Heidelberg, 2011: 487-504.

［108］ 汤殿华, 祝世雄, 曹云飞. 一个较快速的整数上的全同态加密方案 ［J］. 计算机工程与应用, 2012 (2012 年 28): 117-122.

[109] 王童, 马文平, 罗维. 基于区块链的信息共享及安全多方计算模型 [J]. 计算机科学, 2019, 46 (9): 162-168.

[110] CHENG R, ZHANG F, KOS J, et al. Ekiden: A platform for confidentiality-preserving, trustworthy, and performant smart contracts [C]//2019 IEEE European Symposium on Security and Privacy (EuroS&P). IEEE, 2019: 185-200.

[111] YUAN R, XIA Y B, CHEN H B, et al. Shadoweth: Private smart contract on public blockchain [J]. Journal of Computer Science and Technology, 2018, 33 (3): 542-556.

[112] BRUMLEY D, POOSANKAM P, SONG D, et al. Automatic patch-based exploit generation is possible: Techniques and implications [C]//2008 IEEE Symposium on Security and Privacy (sp 2008). IEEE, 2008: 143-157.

[113] WU W, CHEN Y, XU J, et al. FUZE: Towards facilitating exploit generation for kernel use-after-free vulnerabilities [C]//27th USENIX Security Symposium (USENIX Security 18), Baltimore, MD, USA, USENIXAssociation (2018): 781-797.

[114] WANG Y, ZHANG C, XIANG X, et al. Revery: From proof-of-concept to exploitable [C]//Proceedings of the 2018 ACM SIGSAC Conference on Computer and Communications Security, Toronto, Canada, ACM (2018): 1914-1927.

[115] HUANG S K, HUANG M H, HUANG P Y, et al. Software crash analysis for automatic exploit generation on binaryprograms [J]. IEEE Transactions on Reliability, 2014, 63 (1): 270-289.

[116] OPENZEPPELIN. Contracts OpenZeppelin Documentation [OL]. https://docs. openzeppelin. com /openzeppelin/.

[117] SCHRANS F, EISENBACH S, DROSSOPOULOU S. Writing safe smart contracts in Flint [C]//Conference Companion of the 2nd International Conference on Art, Science, and Engineering of ProgrammingNice, France, ACM (2018): 218-219.

[118] OPENZEPPELIN. Proxy Patterns [OL]. https://blog. openzeppelin. com/proxy-patterns/.

[119] RODLER M, LI W, KARAME G O, et al. Sereum: Protecting existing smart contracts against re-entrancy attacks [C]//26th Annual Network and Distributed System Security Symposium, San Diego, California, USA, The Internet Society (2019): 1-15.

[120] MA F, FU Y, REN M, et al. EVM *: from offline detection to online reinforcement for ethereum virtual machine [C]//2019 IEEE 26th International Conference on Software Analysis, Evolution and Reengineering (SANER). IEEE, 2019: 554-558.

[121] FERREIRA T C, BADEN M, NORVILL R, et al. Egis: Smart shielding of smart contracts [C]//Proceedings of the 2019 ACM SIGSAC Conference on Computer and Communications Security, London, UK, ACM (2019): 2589-2591.

第6章 比 特 币

比特币的创始者将比特币定义为一个点对点的电子现金系统。在传统的支付系统中，转账是通过银行、第三方支付公司等中转后到达对方账户。通常情况下，小额转账是通过不同金融机构之间的信用额度完成的，并不是真正的货币转移。而比特币是一种不需要中心化机构来管理的加密数字货币形式，通过众多参与者协同运作比特币系统，可以实现点对点的直接转账。比特币通过技术手段保障了私有财产的不可侵犯性。自2008年比特币的概念面世且发展至今，比特币已经催生了数百亿美元的全球性经济体。比特币不单单只是一种数字货币，还是聚集了众多技术提供基础的信任网络。比特币将区块链技术带入大众视野，区块链技术被视为一场颠覆金融世界的技术革命。本章将介绍比特币的基本情况，包括比特币概述、比特币生态圈、比特币核心概念以及比特币区块链。

6.1 比特币概述

为了使读者形成对比特币的基本了解，下面从比特币的概念、特点、发展历史、体系结构等方面概述比特币。

6.1.1 比特币概念

比特币（Bitcoin，BTC）的概念最初在由中本聪2008年发布的白皮书"Bitcoin：A Peer-to-Peer Electronic Cash System"中被提出。文中将比特币定义为一种点对点的电子现金系统。比特币允许货币以线上支付的形式从一方直接发送给另一方，而无须通过金融机构。比特币系统以区块链为底层技术，比特币（bitcoin）是一种点对点形式的虚拟加密数字货币。一般来说，首字母大写的"Bitcoin"是指比特币技术与网络，而首字母小写的"bitcoin"指的是数字货币本身。数字货币是金融科技创新驱动下产生的新型货币形式，属于非实物货币。在某些国家，比特币被视为一种虚拟商品，并不是真正意义上的货币。

比特币也是进行存储的货币单位，用于比特币网络中参与者之间的价值传递。货币单位如下。

- 1比特币（Bitcoins，BTC）。
- 10^{-2}比特分（Bitcent，cBTC）。
- 10^{-3}毫比特（Milli-Bitcoins，mBTC）。
- 10^{-6}微比特（Micro-Bitcoins，μBTC）。
- 10^{-8}聪（Satoshi，SAT）。

比特币是一种去中心化的数字资产，允许个人直接支付给他人，不需要经过如银行、清算中心、证券商等第三方机构，从而避免了手续费高、流程烦琐等问题。传统的电子现金是银行记账，由国家信用为银行实现可信背书。比特币是所有参与者共同记账，没有任何人或机构能够控制它的发行,货币发行和交易流通的职责由所有节点共同承担。比特币协议是以开源软件的形式实现的,任何人都可以在互联网上参与比特币活动。这些软件可以在笔记本电脑、智能手机等各种设备上运行,让用户可以方便地访问比特币系统。由于比特币采用密码等多种技术来控制货币的生产和转移,无须中央的发行机构控制,交易运行在全球网络中,具有一定的保密性,可以防止主权危机和信用风险。此外,它不需要通过第三方金融机构,因此得到了越来越广泛的应用,也成为非法交易的媒介。

比特币是一个去中心化的网络系统,比特币的发行不需要中心化机构介入,而是通过名为"挖矿"的过程产生。2009年1月3日正式诞生了50个比特币,预计2140年发行完毕,约2100万枚。比特币作为数字资产记录在分布式账本中,矿工就是记账员。在挖矿的过程中,矿工们通过竞争来解决一个数学难题,最先得出答案的矿工就会获得记账权。获得记账权的矿工将一段时间内系统中的交易记录在账本内,作为回报,他们会获得系统新生成的若干比特币。

比特币系统是由比特币协议、区块链、挖矿、交易脚本组成的综合技术合集。其中,比特币协议是一个去中心化的点对点通信网络,区块链是一个去中心化的公共交易账本,挖矿是一种去中心化的货币发行机制,交易脚本是一个去中心化的交易验证系统。比特币在某种程度上实现了真正的去中心化,具有快捷、安全、无国界的特性。总的来说,比特币具有以下特点。

- 去中心化:比特币交易传输、验证、存储等过程都采用的是去中心的系统结构,由网络上所有节点共同维护交易信息。系统不受某一组织或机构的管控,采用数学方法建立节点之间的信任关系。去中心化是比特币安全与自由的保证。

- 时序数据:比特币系统中不会记录每一笔交易发生的时间,而是将交易存储在带有时间戳的链式区块结构中,这为数据增加了时间维度,增强了交易的可验证性和可追溯性。

- 安全可信:比特币从诞生到流通全部以交易的形式记录在区块链中。采用密码学原理对数据进行加密,利用工作量证明机制形成的强大算力来抵御外部攻击,确保区块链数据极难被篡改和伪造,因而具有较高的安全性。

- 无国界:比特币不受任何中央机构控制,任意一台接入互联网的计算机均可管理比特币。任何人都可以挖矿,购买和出售比特币,没有国界的限制。

- 数量有限:每产出21万个区块,挖矿产生新区块的回报就减半一次,而此种收敛等比数列的和必然是有限的。预计到2140年时,将不再产生新的比特币,比特币总数将略低于2100万个。操控比特币需要用户的私钥,除了用户自己之外,无人可以获取其私钥。而私钥丢失情况时有发生,这导致部分比特币无法使用,最终能够流通的比特币数量有限。

- 无隐藏成本:比特币没有烦琐的交易流程,知道对方比特币地址就可以进行点对点的支付,没有额度限制与手续限制。

6.1.2 发展历史

回顾自2009年首枚比特币诞生,发展至今,结合重要的历史事件以及价格波动,将比特币发展历史分为准备期、发展期、爆发期,比特币发展历史划分如图6-1所示。

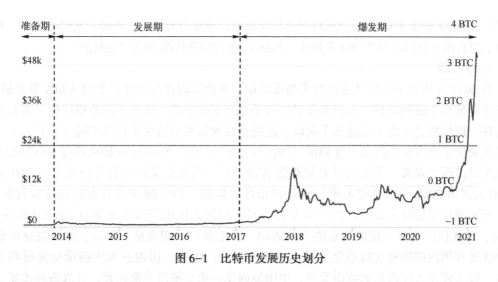

图 6-1　比特币发展历史划分

1. 准备期

将 2009 年 1 月至 2013 年 11 月定义为比特币的准备期。在此阶段比特币被极少数人熟知，主要为密码学研究者与少数数字货币爱好者。比特币价格呈缓慢增长的趋势，并没有引起市场的广泛关注。2009 年 1 月 3 日，化名为"中本聪"的人挖出了比特币的第一个区块，比特币正式诞生。他在区块中留下"2009 年 1 月 3 日，英国财政大臣在第二次拯救银行的边缘"的注解，登上了当天《泰晤士报》的头条。自诞生以来，在准备期的一些历史事件有：2010 年 5 月 22 日，比特币爱好者 Laszlo Hanyecz 用 1 万比特币购买了一份价值 25 美元的披萨，第一个公允汇率诞生。2010 年 7 月 18 日，Jed McCaleb 在日本东京上线了全球第一个比特币在线交易所"Mt. Gox"，开业第一天，Mt.Gox 成交了 20 个比特币，5 美分一个。2012 年 11 月 28 日，区块供应量首次减半调整，从此前每 10 分钟产生 50 个比特币减至 25 个。同时比特币发行量占到发行总量 2100 万的一半。2013 年 04 月 20 日，李笑来在 bitcoin 官网发起对四川芦山地震灾区的比特币捐赠，中国 NGO 壹基金此后宣称共计收到捐赠比特币 233 个，市值 22 万人民币。2013 年 10 月 29 日，加拿大启用世界首台比特币 ATM，该设备由美国 Robocoin 公司制造。

2. 发展期

将 2013 年 11 月至 2017 年年初定义为比特币的发展期。在此阶段比特币受到了业内人士的广泛关注，科研工作者、产业人员和投资者纷纷涌入市场。人们开始研究和应用比特币底层的区块链技术，区块链也逐渐成为前沿新兴学科技术之一。各个国家也相继针对比特币出台了相关政策，比如说，2013 年 12 月 5 日，中国央行（中国人民银行）等五部委发布《关于防范比特币风险的通知》，强调比特币不具法偿性，金融机构等不得买卖及定价，交易平台依法备案，防范洗钱风险，普通民众在自担风险的前提下拥有参与的自由。中国、法国、俄罗斯等国家对比特币态度谨慎，呼吁大众理性对待比特币。同时一些国家对比特币也持支持的态度，如美国、西班牙等，特别是在 2014 年 12 月 12 日，微软接受比特币的支付。虽然各国对比特币态度不尽相同，但对区块链技术、数字货币等态度明朗。比如说 2016 年 1 月 20 日，中国人民银行数字货币研讨会在京召开，要求早日推出央行发行的数字货币。此外，在发展期的一些历史事件有：2016 年 7 月 10 日，比特币产量第二次减半。随着比特币第 420000 个区块已被开采完毕，单个区块比特币产量由 25 个，正式变为 12.5 个。2016 年 8 月 3 日，海外知名比特币交易平台 Bitfinex 价值超 6000 万美元巨额比特币被盗，导致币价跳水，跌幅一度超过 25%。最终平台上所有用户分摊总资产 36% 的损失，Bitfinex 发行债务代币 BFX "债转股"。

3. 爆发期

将 2017 年年初至今定义为比特币的爆发期。在此阶段市场对比特币的认知度明显提升，比特币的价格不断创新高。人们普遍对比特币持有积极态度，比特币的价格经历了多轮暴涨和暴跌，但价格仍远高于之前几个阶段。比特币在聚集和创造更多财富的同时，其去中心化特性也聚集了众多非法活动。比如说，2017 年 5 月 12 日，WannaCry 蠕虫通过 MS17-010 漏洞在全球范围大爆发，受害者计算机被黑客锁定后，病毒会提示支付价值相当于 300 美元（约合人民币 2069 元，当时汇率）的比特币才可解锁。由于缺少强有力的相应监管措施，多个国家禁止了比特币交易。2017 年 9 月 4 日，中国人民银行宣布将 ICO（Initial Coin Offering，首次代币发行）定性为非法金融活动，暂停国内一切交易，随后，监管层继续宣布关停注册在国内的所有比特币交易所。2017 年 10 月 31 日，国内三大比特币交易所均发布公告，宣布停止人民币和比特币交易，中国境内比特币交易所全面谢幕，转战海外市场。

此外，在爆发期的一些历史事件有：2017 年 12 月到 2018 年 1 月，比特币产生了 8 个分叉币，分别为 12 月 17 日出现的超级比特币（Super Bitcoin）、12 月 23 日出现的闪电比特币（Lightning Bitcoin）、12 月 23 日出现的比特币白金（Bitcoin Platinum）、12 月 25 日出现的比特上帝（Bitcoin God）、12 月 31 日出现的比特币铀（Bitcoin Uranium）、2018 年 1 月 2 日出现的比特币现金增强版（Bitcoin Cash Plus）、比特币白银（Bitcoin Silver）、比特无限（Bitcoin X）。2018 年 4 月 26 日，第 1700 万枚比特币被挖出，仅剩 400 万枚未被挖掘。2018 年 10 月，证券型通证发行（Security Token Offer，STO）忽然大热。2021 年 2 月 20 日，迎来了 1 比特币约为 57000 美元的价值高峰。

我国对区块链技术给予了足够的肯定。2019 年 10 月 24 日第十八次中共中央政治局集体学习的讲话中指出："区块链技术的集成应用在新的技术革新和产业变革中起着重要作用。我们要把区块链作为核心技术自主创新的重要突破口，明确主攻方向，加大投入力度，着力攻克一批关键核心技术，加快推动区块链技术和产业创新发展。"该讲话对区块链技术应用前景和发展给予极大肯定，从战略层面为区块链应用发展指明了方向。据不完全统计，2020 年全国已超过 20 个省（自治区、直辖市）将区块链写入政府工作报告。2021 年 3 月 11 日，《中华人民共和国国民经济和社会发展第十四个五年规划和 2035 年远景目标纲要》经第十三届全国人民代表大会第四次会议审查批准通过，并于 2021 年 3 月 13 日正式向全社会公布，其中在"加快数字发展建设数字中国"篇章中，区块链被列为"十四五"七大数字经济重点产业之一。

6.1.3 体系结构

比特币是目前影响最广泛、规模最大的公有链开源项目。区块链作为比特币的底层核心技术进入大众视野，区块链技术正脱离比特币，在各行各业中发挥其价值。区块链技术的初始阶段是以比特币为代表的加密数字货币时代，被称为区块链 1.0 时代。现存的多数应用都参考了比特币架构，在某些特定的部分进行了调整。为了更好地理解区块链技术，图 6-2 所示为比特币的基础体系结构。

比特币区块链体系结构分为 6 层，由下至上依次是存储层、数据层、网络层、共识层、激励层、应用层。

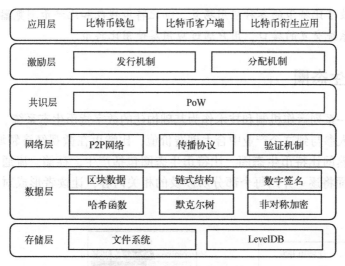

图 6-2　比特币的基础体系结构

- 存储层用于存储比特币系统在本地运行时所需的日志数据和区块链元数据，其存储技术主要包含文件系统和 LevelDB。LevelDB 是由 Google 设计开发的 key-value 存储引擎，比特币的核心客户端使用 LevelDB 数据库存储区块链元数据。

- 数据层用于处理交易中的各类数据。比特币交易记录在分布式账本中，这个账本就是区块链。比特币使用未花费的交易输出模型记录交易数据。交易的可追溯和不可篡改的特性主要由哈希函数与默克尔树实现。区块头中记录着交易通过默克尔树的哈希过程生成唯一的 Merkle 根，任何微小的变化都会使 Merkle 根改变。交易数据存储在区块体中，每一个区块都指向当前区块的前一个区块，多个区块链接成链式结构。此外，比特币采用椭圆曲线加密算法生成用户的公钥与私钥，比特币地址则由公钥经过双重哈希、Base58Check 编码等步骤产生。

- 网络层用于实现系统节点之间的信息交互，封装了比特币系统的组网方式、消息传播协议和数据验证机制。比特币是一个点对点的网络，节点通过广播的形式将消息传递给其他节点，收到消息的节点会对消息进行验证。验证机制使得系统中每一个节点都能参与比特币交易的校验和记账过程，仅当交易通过全网大部分节点验证后，才能记入区块链。比特币采用 Gossip 协议传播消息，实现分布式系统中各副本节点之间的数据同步。Gossip 过程是由某一个节点发起，此节点有状态需要更新到网络中的其他节点时，它会随机地选择周围几个节点散播消息，收到消息的节点也会重复该过程，直至最终网络中所有的节点都收到了消息。

- 共识层利用某种协议机制使得在不可信的环境下实现账本数据的全网统一。比特币采用的是工作量证明（Proof of Work，PoW）机制。PoW 是基于奖惩机制驱动的概率性共识协议，该协议驱使全网节点分别计算证明依据，成功求解的节点确定合法区块并广播，其余节点对合法区块头进行验证，若验证无误则与本地区块形成链状结构并转发，最终达到全网共识。

- 激励层的激励机制会将比特币奖励给完成工作的节点，其奖励为挖矿产生的新比特币与交易费。激励层保证了比特币系统的分布式自治的特性，即使没有中心化机构的操控，节点之间也可以通过自主协同正常运行系统。

- 应用层封装了比特币的各种应用场景，如比特币钱包和比特币浏览器等。应用层提供了用户与系统交互的接口，用户通过应用层使用比特币。

6.2　比特币生态圈

比特币是由一系列运作机制和技术作为基础构建的数字货币生态系统。自比特币出现以来，越来越多的人参与到这个产业中合力创造价值，比特币在微观经济领域内的不断壮大，已形成了较为成熟的比特币生态圈。比特币生态圈包括产生、存储、流通和金融市场，如图 6-3 所示。下面将逐一介绍每个部分所涉及的相关内容，让读者形成对比特币全面性的理解和认识。

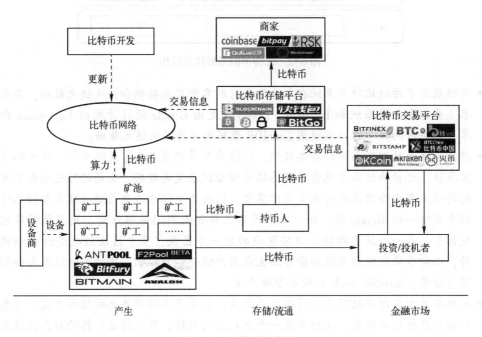

图 6-3　比特币生态圈

6.2.1　产生

获取比特币有挖矿和购买两种途径，挖矿是产生比特币的唯一途径。

1. 挖矿

比特币不依靠特定的发行机构，而是通过大量的计算产生，产生比特币的过程就是挖矿。通过挖矿产生新区块，比特币以一个确定的、不断减慢的速度产生。大约每十分钟产生一个新区块，每一个新区块内都有全新的比特币。每开采 210000 个块，比特币的发行速率将降低 50%。也就是说，每隔 4 年比特币的开采量会减半。在比特币系统运行的第一个 4 年中，每一个区块产生 50 个新比特币。

挖矿需要拥有相应的软件和具有强大算力的硬件，计算机的运算能力越强，挖矿的成功率就越高。挖矿的发展史与芯片算力的提升息息相关。芯片的发展经历了 CPU 时代、GPU 时代、FGPA 时代和 ASIC 时代，芯片的发展历程如图 6-4 所示。

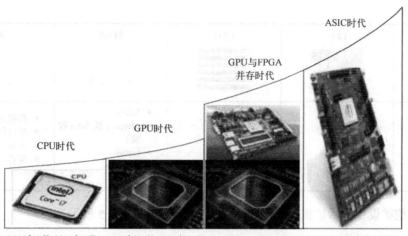

图 6-4　芯片的发展历程

- 2009 年，中本聪在芬兰赫尔辛基的一个小型服务器上，挖出了比特币的第一个区块。当时，中本聪使用的挖矿工具为 CPU。CPU 具有较强的串行运算能力，复杂的并行指令通过晶体管空间执行。普通的计算机都配有 CPU，所以其通用性强，挖矿门槛低。

- 2010 年，矿工们发现采用 GPU 挖矿的收益要远远高于采用 CPU 挖矿，开始使用并行运算能力较强的 GPU 进行挖矿。GPU 可拥有多达上千个简单核心晶元，可执行上千个并行硬件线程，最大化浮点运算数据的吞吐量，在并行运算和浮点运算方面能力较强。

- 随后，矿工们将 GPU 的核心晶元单独拿出来，然后把很多这样的核心晶元集中到一个设备上进行挖矿，形成 FPGA 挖矿。FPGA 具有可编程性，适用于开发周期较短的物联网设备进行数据预处理工作以及小型开发试错迭代阶段。

- 2013 年年初，ASIC 矿机面世，ASIC 矿机是为数字货币挖矿定制的集成电路设备，只专注于挖掘数字货币。ASIC 芯片是根据挖矿需求专门优化设计的芯片，具有优秀的功耗控制，性能稳定、可靠性高。

芯片为矿机挖矿服务，表 6-1 展示了矿机芯片的特性与常见生产商。较为出名的矿机公司有 Butterfly Labs、GAW Miners、KnCMiner 等。通常来说，CPU 的计算能力可达 20 MHash/s，GPU 的计算能力可达 400 MHash/s，FPGA 的计算能力可达 25 GHash/s，ASIC 的计算能力可达 3.5 THash/s。

表 6-1　矿机芯片的特性与常见生产商

	CPU	GPU	FPGA	ASIC
芯片				
特性	• 通用性强 • 核心晶元复杂程度高 • 串行运算能力强，单线程性能优化 • 晶体管空间用于复杂并行性指令	• 可多达上千个简单核心晶元，上千个并行硬件线程 • 并行运算能力强，浮点运算能力强 • 最大化浮点运算数据吞吐量	• 电路级别的通用性 • 可编程性 • 适用于开发周期较短的 IoT 产品、传感器数据预处理工作以及小型开发试错升级迭代阶段	• 需求确定后可进行专门优化设计 • 优秀的功耗控制 • 性能稳定、可靠性高

	CPU	GPU	FPGA	ASIC
芯片	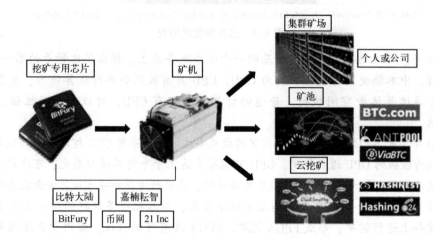			
生产商	<ul><li>英特尔</li><li>AMD</li><li>高通</li><li>…</li></ul>	<ul><li>英伟达</li><li>AMD</li><li>Imagination</li><li>…</li></ul>	<ul><li>Xilinx</li><li>Altera（被 Intel 收购）</li><li>Lattice</li><li>Microsemi</li><li>…</li></ul>	<ul><li>英特尔</li><li>德州仪器</li><li>三星</li><li>高通</li><li>…</li></ul>

现有的挖矿设备包括矿机、矿场、矿池、云矿场，如图 6-5 所示。

图 6-5　挖矿设备

起初，矿工们使用 CPU 和 GPU 进行挖矿。到了 2013 年，ASIC 矿机出现，强大的 ASIC 芯片表现超过了 GPU。矿机根据挖矿算法对硬件进行了改进，出现了专用的挖矿芯片，在有限资源下尽可能提高了挖矿设备的运算能力。矿工们开始大量购入矿机，但是矿机的噪声、散热、高电价成为普通人挖矿的门槛。表 6-2 展示了现存的一些主流矿机。此外，集中式管理多个矿机的物理空间称作矿场，矿场发展至今已有较为成熟的运维手段来维护挖矿设备。矿场内单个比特币挖矿成本＝（每日电费+矿机日折旧）/（用户的算力×单位区块产出×144/全网算力）。全球的算力不断增加，少量算力已经很难再挖到比特币了，从而形成了矿池。矿池是集群了多个矿机的计算能力的虚拟空间。矿池的出现衍生出了云挖矿。云挖矿服务可以简单理解为矿机的租赁服务，结合云计算的优点，推动了挖矿的发展。云挖矿指云服务提供商提供矿机、运行维护、网络等服务，而用户只需要支付一定的租用、托管服务费用，决定获取什么种类的加密货币。

表 6-2　现存的一些主流矿机

	ASIC 矿机	GPU 矿机	CDN 矿机	云 矿 机
可挖币种	BTC、BCH、LTC、DASH 等 SHA256、Scrypt 算法币种	ETH、Zcash、XMR 等 Equihash 及多种算法币种	CDN 共享平台专用币种，如玩客币、LLT	所有币均可

	ASIC 矿机	GPU 矿机	CDN 矿机	云 矿 机
核心	ASIC 芯片	GPU 芯片	类电视盒硬件（Android 系统）	包含前三者
共识机制	PoW：算力为王	PoW：算力为王	PoD：共享带宽、存储空间	包含前三者
功耗大小	高，通常一台矿机几百瓦到上千瓦功耗	很高，通常一台矿机上千瓦功耗	很低，功耗一般不足20 瓦	包含前三者
优点	稳定、无需组装、维护容易、算力高	残值高，各行业都有使用，比较容易出手	免维护	包含前三者
缺点	淘汰后无法出手转让，折旧高、残值低	需自行安装维护调试	产出少	包含前三者
实例	蚂蚁 s9 系列、L3+、A3 等	芯动 A9、蚂蚁 Z9 等	玩客云、流量宝盒等	包含前三者

2. 购买

相比于挖矿，购买是获得比特币最简单的途径。图 6-6 所示为购买比特币示意图，购买比特币时可以通过 C2C 模式在线下向他人直接购买，也可以在交易所购买。交易所充当数字货币买卖双方的中介，交易所中的交易是由挂单撮合而成的。交易所是一个中心化的机构，拥有一个中心化的账本，交易所内的交易信息存储在中心化的账本上。也就是说，购买到的比特币是存储在交易所账户上的。若想要真正获得这些比特币的所有权，需要通过提现功能把比特币转移到自己的比特币账户地址上。此时，才会产生比特币区块链上的交易，即可在区块链浏览器上查询比特币信息。相比于 C2C 模式，交易所会提前对买卖双方的身份进行认证，平台拥有冻结账户的权利，可以减少交易过程中存在的纠纷。此外，平台的撮合系统会自动匹配需求，交易所应有足够的比特币供给。但是，交易所作为中心化机构可能会存在众多风险。目前，中国禁止所有法币的交易所，即禁止人民币与交易所内的私人数字货币之间的兑换。

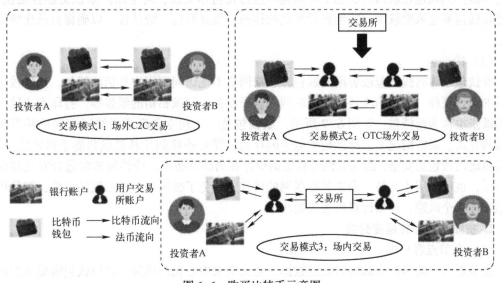

图 6-6　购买比特币示意图

6.2.2 存储

比特币以交易输出的形式存储在比特币网络的区块链中，而非存储在比特币钱包内。比特币的所有权通过用户的密钥、数字签名、比特币地址来确定。比特币的密钥采用的是公钥密码体制，即用户密钥由公钥和私钥两部分组成，私钥可用于生成公钥、数字签名、比特币地址。通常情况下，比特币钱包内存储了比特币地址和私钥，钱包的核心功能就是保护用户的私钥。虽然比特币钱包内没有比特币，但是钱包丢失相当于丢失了比特币。钱包的功能如下。

- 随机产生足够强度的用户私钥。
- 根据私钥运算出公钥及地址。
- 同步区块链头部信息，查询用户账户余额。
- 提供地址用于接收比特币。
- 通过私钥签名比特币交易。
- 产生新地址和管理使用过的地址。
- 其他备份、恢复、密钥管理等附加功能。

比特币被记录在比特币网络的区块链中，用户通过钱包中的密钥签名交易来控制网络上的比特币，在某种意义上，比特币钱包是密钥链。比特币交易具有不可逆性，比特币一旦丢失将无法追回。私钥是证明比特币所有权的必要条件，对比特币的安全存储实则是私钥的安全存储。在选择钱包时须了解公司和开发团队的真实性，多一份警戒心。比特币发展至今，已有多种钱包形态。

1. 按照私钥的存储方式分类

（1）热钱包

热钱包又称在线钱包或者联网钱包，意指网络能够访问到用户私钥的钱包。热钱包提供一些在线服务，只要有互联网连接即可在任何位置使用任何想用的设备来访问自己的资产。要获得热钱包，只需在服务网站上注册或安装一些软件，然后服务提供商将提供管理加密资金的界面。热钱包在联网的状态下可以随时进行比特币交易，对于用户来说更加方便快捷。但是热钱包安全风险较大，拒绝托管私钥的钱包，最好开启二级认证，以确保自己比特币的安全。

（2）冷钱包

冷钱包也称离线钱包或者断网钱包，意指网络不能访问到用户私钥的钱包。这种钱包是实际的物理硬件，典型的冷钱包有不联网的电子设备、记录私钥的纸张等。打印有比特币私钥的纸张也称为纸钱包，如图6-7所示。纸钱包是一个建立备份或者线下存储比特币非常有效的方式。通常情况下，冷钱包类似于闪存盘，需要连接到计算机或智能手机才能工作。冷钱包比热钱包更安全，因为它们是将密钥保存在离线设备中。冷钱包非常适合安全存储加密货币，也可以用于交易。由于其不联网的特性，避免了被黑客盗取私钥的风险，但是可能面临物理安全风险，比如计算机丢失损坏等。

2. 按照去中心化程度分类

（1）全节点客户端

全节点客户端维护全部的区块链数据，是完全去中心化的钱包。此种钱包需要先进行软件安装，安装后会同步整个区块链数据，在本地存储完整区块链。这导致全新钱包开始同步时，必须从第一笔数据开始下载，会花费数小时或者是数日的时间，并且占用为数不小的存储空间与网络流量。使用这类钱包的用户被称为比特币网络中的全节点。由于此种钱包能提供比特币网络完整区块链与服务，所以可以提升该加密货币网络的完整性与可靠性。典型的全节点钱包为 Bitcoin Core，是比特币官方钱包客户端。Bitcoin Core 是最早的比特币客户端，被认为是最完整、最安全的钱包。钱包中除存储了用户的私钥外，还同步了所有的比特币数据，这样就可以在本地快速验证比特币交易的有效性。但是全节点钱包会将整个区块链存储在设备中，占用很多硬盘空间，每次使用前都需要同步数据，影响了用户的使用体验。全节点钱包并不适用于智能手机等存储空间有限的设备。

图 6-7　纸钱包

（2）轻量级客户端

轻量级客户端也称为简单支付验证（Simplified Payment Verification，SPV）客户端，意指只维护与自己相关区块链数据的钱包，可以实现部分的去中心化。由于此种钱包只同步与自己相关的比特币数据，因此验证比特币交易时要依赖比特币网络中的其他全节点。轻钱包一般设计为网页形式，在网站产生私钥后，由个人保管，日后要访问钱包时必须输入私钥，网站不负责替用户保存。使用此类网站，应挑选有信誉的品牌，以及注意是否为仿冒的钓鱼网站。与全节点客户端相比，此种钱包仅存储结算所需数据，不存储整个区块链，所以占用资源很少，较适用于移动设备。轻量级客户端极大地节省了存储空间，可以很好地减轻终端用户的负担，但是交易验证会稍微慢一些。

（3）中心化钱包

中心化钱包无须同步数据，完全依赖于一个中心化服务器，所有的数据均从中心化服务器中获取。中心化钱包为在线钱包的形式，由第三方服务器保管用户私钥。此类钱包风险较高，因为掌握了用户的私钥，也就等于掌握了用户该私钥下的数字货币资产。

6.2.3　流通

比特币通过平台交易在市面上流通，在需要的个人或团体之间发生转移。获得比特币的个人或团体，根据比特币市场行情的变化，有选择性地买入和卖出，形成比特币的流通。比特币转账是比特币从一个比特币地址转移到另一个比特币地址的过程，类似于生活中银行账户之间的转账。但是比特币网络中没有账户的概念，转账的过程就是在区块链上记录交易的过程。交易告知全网，比特币持有者已将比特币所有权转移给其他人。后面的持有者使用类似的方式花费比特币。

简单来说，每一笔交易都包含一个或多个输入和输出，交易是将钱币从交易输入转移至输出。输入是指钱币的来源，通常是指前一笔交易的输出。交易的输出则是通过关联一个密钥的方式将比特币赋予一个新的所有者。这些输入和输出的总额不需要相等。当输出量累加略少于输入量时，两者的差额就代表了这笔交易的手续费，将此交易放进账本的矿工获得此手续费。交易也包含了转移每一笔比特币的所有权证明，它以所有者数字签名的形式存在，并可以被网络中的任一节点独立验证。比特币转账过程如图 6-8 所示，以比特币网络中的用户 A 和用户 B 为例具体说明转账过程。

图 6-8　比特币转账过程

- 生成交易。用户 A 创建比特币钱包并输入用户 B 的比特币接收地址、交易金额、手续费等，确认后单击发送。此时会生成用户 A 与用户 B 之间的一条比特币交易，交易中记录转出地址、转入地址、交易金额、手续费、签名等。这条交易会广播给所有节点进行验证。
- 验证交易。网络中的节点收到交易后，会验证用户 A 的签名并验证用户 A 是否有足够的余额转账，验证成功后，将交易记录在本地未确认交易池中。
- 竞争记账。矿工们通过挖矿确定一个记账节点，记账节点把未确认交易池的记录打包成区块，同时广播给其他节点。其他节点进一步验证提交的区块，验证通过后复制到自己本地的区块链上。作为回报，记账节点会获得新生成的比特币奖励和手续费。由于比特币系统机制的设计，矿工每隔 10 分钟会打包一个区块，完成一次确认。一次成功的转账需要经过 6 个区块的确认，以确保区块链中的交易记录不易被人篡改。

6.2.4　金融衍生市场

无论是比特币网络的维护、比特币的产生、比特币的存储、比特币的流通的任一环节都涉及众多参与实体之间的价值转移。比特币衍生品随着加密数字货币市场的发展不断增加，不断有人参与到加密数字货币市场中参与矿机制造、平台研发、投资等，从而形成了一个金融衍生市场。

1. 数字货币

数字货币是金融科技创新驱动下产生的新型货币形式，与传统的电子货币和虚拟货币不同。电子货币是法定纸币数字化的结果，即银行或其他相关金融机构将法定货币电子化和网络化存储和支付的形式。虚拟货币是网络虚拟空间提供的与现实财富相关的服务价值交换符号，如各类游戏币。而数字货币是以密码学技术、区块链技术和 P2P 网络技术等作为支撑构建的一个分布式支付系统。据数字货币市值统计网站 www. coinmarketcap. com 显示，截至 2021 年 5 月 26 日，全球已有 10067 种数字货币。数字货币现状如图 6-9 所示，图中展示了目前排名前 10 的数字货币现状，其中比特币仍是世界上第一种也是目前最主要的数字加密货币。

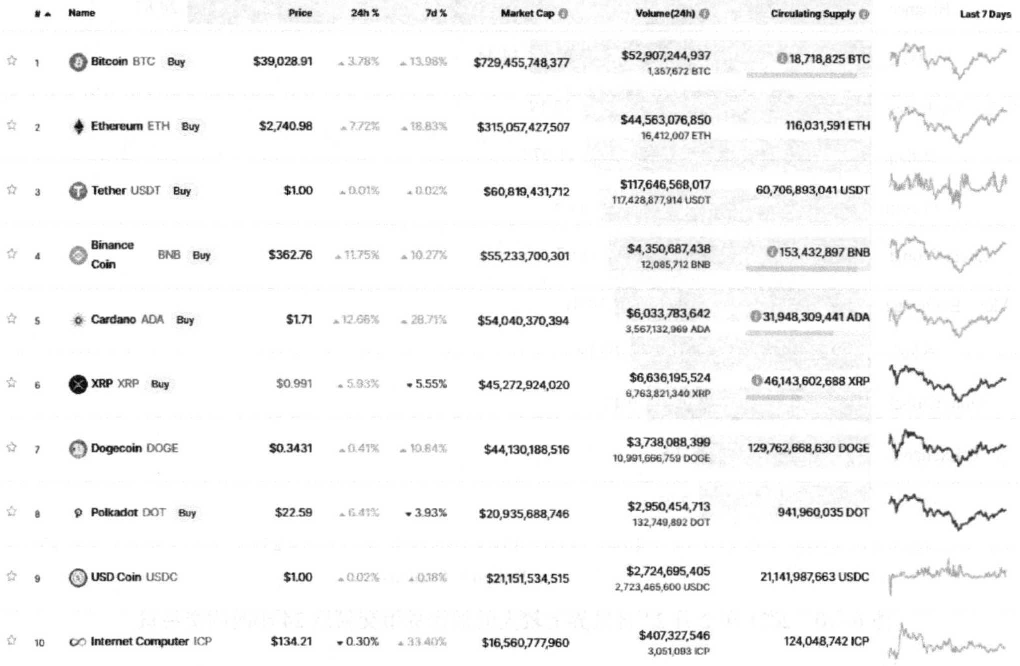

#	Name	Price	24h %	7d %	Market Cap	Volume(24h)	Circulating Supply	Last 7 Days
1	Bitcoin BTC Buy	$39,028.91	▲3.78%	▲13.98%	$729,455,748,377	$52,907,244,937 1,357,672 BTC	18,718,825 BTC	
2	Ethereum ETH Buy	$2,740.98	▲7.72%	▲18.83%	$315,057,427,507	$44,563,076,850 16,412,007 ETH	116,031,591 ETH	
3	Tether USDT Buy	$1.00	▲0.01%	▲0.02%	$60,819,431,712	$117,646,568,017 117,428,877,914 USDT	60,706,893,041 USDT	
4	Binance Coin BNB Buy	$362.76	▲11.75%	▲10.27%	$55,233,700,301	$4,350,687,438 12,085,712 BNB	153,432,897 BNB	
5	Cardano ADA Buy	$1.71	▲12.66%	▲28.71%	$54,040,370,394	$6,033,783,642 3,567,132,969 ADA	31,948,309,441 ADA	
6	XRP XRP Buy	$0.991	▲5.93%	▼5.55%	$45,272,924,020	$6,636,195,524 6,763,821,340 XRP	46,143,602,688 XRP	
7	Dogecoin DOGE	$0.3431	▲0.41%	▲10.84%	$44,130,188,516	$3,738,088,399 10,991,666,759 DOGE	129,762,668,630 DOGE	
8	Polkadot DOT Buy	$22.59	▲6.41%	▼3.93%	$20,935,688,746	$2,950,454,713 132,749,892 DOT	941,960,035 DOT	
9	USD Coin USDC	$1.00	▲0.02%	▲0.18%	$21,151,534,515	$2,724,695,405 2,723,465,600 USDC	21,141,987,663 USDC	
10	Internet Computer ICP	$134.21	▼0.30%	▲33.40%	$16,560,777,960	$407,327,546 3,051,093 ICP	124,048,742 ICP	

图 6-9　数字货币现状

在 2020 年 10 月 8 日，深圳官方发布，将联合中国人民银行（后文称央行）开展数字人民币试点。央行发布的数字货币是法定数字货币，意味着它的功能属性与纸币一样，区别体现在支付方式上，将纸币变为手机上的数字。央行数字货币既要保持纸币的属性和主要价值特征，又能满足便携和匿名的要求，同时还要在隐私保护和打击违法犯罪行为之间寻找平衡。央行货币研究所所长穆长春多次将央行数字货币定义为“具有价值特征的数字支付工具”“纸钞的数字化替代”。货币之间的特点比较如表 6-3 所示，表中比较了现存的主要货币形式。

表 6-3　货币之间的比较

	现　金	银行存款	央行数字货币	比　特　币
信用背书	国家	商业银行	国家	无
结算流程	中等	复杂	简单	简单
交易速度	中等	快	快	慢
接受范围	国内	国内	国内	币圈
价格稳定性	稳定	稳定	稳定	波动大
匿名性	匿名	实名	有条件匿名	匿名

2. 数字货币交易所

数字货币交易所是比特币定价和比特币流通的重要场所，是比特币产业链中盈利能力最强的环节之一。比特币的转账过程非常费时，所以比特币交易所提供了解决方案。用户向交易所充值比特币，由公司托管验证后进行转账。即用户 A 给用户 B 转账时，相应地减少交易所账户上的比特币数值即可，省去等待确认的过程。币安网（Binance）、霍比特（HBTC）交易所、火币网（Huobi）等平台每天有大量的数字货币的交易。图 6-10 所示为 2021 年 2 月 22 日世界上较大的加密货币交易所 24 小时的交易量。

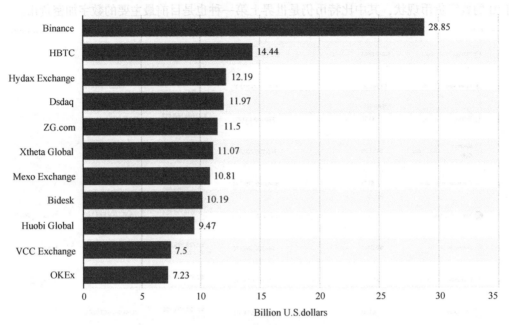

图 6-10　2021 年 2 月 22 日世界上较大的加密货币交易所 24 小时的交易量

目前的交易所都是中心化的，开展法币交易、币币交易、合约交易等业务。法币交易，顾名思义就是可以使用法定货币等买入数字货币。并且法币交易又叫作场外交易，其实是买家和卖家通过交易所撮合进行交易。买家向卖家支付法定货币，卖家收到钱后，将由交易所将提前锁定的数字货币转移到买家账户。币币交易是通过交易所用币来换取其他种类的币，过程和买卖股票的过程类似。比如说，用户可以通过交易所将以太币转换为比特币。合约交易也就是传统金融市场中的期货交易。数字货币交易所的主要盈利模式包含收取交易手续费、项目上币费、利用数字货币经营商业业务赚取差价等方式，有些平台还会发行平台币。现有的中心化交易所要素资源归纳为以下几点。

- 安全性高：保证用户的资产安全和隐私安全，这里包括抵御外部恶意入侵和防止内部监守自盗等。
- 平台健全：拥有多种衍生品，可以提供外部接口，无论是交易量还是交易深度都具有良好的流动性，拥有充足的交易资金等。
- 用户体验友好：快速匹配用户需求，交易费用低、交易速度快等。

3. 各国对比特币的态度

发展至今，数字货币交易所发生过很多安全事故，比如说 2014 年 2 月，全球最大的比特币交易所 Mt. Gox 的 85 万个比特币被盗一空，Mt. Gox 随即倒闭。2016 年 8 月，全球最大的美元与比特币的交易平台 Bitfinex 由于网站出现安全漏洞，导致用户持有的比特币被盗，被盗的比特币共 119756 枚，总价值约为 6500 万美元。2018 年 1 月 25 日，日本最大的数字货币交易所 Coincheck 遭黑客攻击，价值 5.3 亿美元的数字货币被盗，所有提现服务暂停，并停止加密货币交易。Coincheck 为此赔偿了近 30 亿元人民币，事件才得以平息。2018 年 3 月 7 日，币安网被黑客攻击，触发风控系统，币安网自动停止了提币，对异常交易回滚。币安网被黑事件导致主流币种价格普遍下跌 10% 以上，黑客通过提前布局在各交易所中的空单获利。2018 年 3 月 30 日，OKEx 上出现近 1 个半小时的极端交易行为，比特币季度合约一度比现货指数低出 20 多个百分点，最低点逼近 4000 美元，约有 46 万个比特币的多头期货合约爆仓，跌到最低点后瞬间又拉涨十几个点，部分空头也被爆仓。OKEx 随即宣布对异常交易回滚。

各大交易所引入冷热钱包隔离、多重签名、两步验证等技术保护用户私钥的安全性。同时，一些国家和地区相继发表了相关政策。2017 年 9 月 4 日，中国人民银行等七部委联合发布的《关于防范代币发行融资风险的公告》中指出 ICO 为非法金融活动，叫停了国内所有代币融资项目。2018 年 3 月 12 日美国证监会发布《关于可能违法的数字资产交易平台的声明》，确认数字资产属于证券范畴。日本、韩国、俄罗斯等国家也相继推出了相关政策。表 6-4 展示了自 2017 年起各国对比特币的态度。

表 6-4　各国对比特币的态度

国　　家	相　关　态　度
中国	中国政府还未承认比特币的合法地位。 2017 年 9 月，中国政府下令清退各比特币交易平台并停止境内比特币交易业务和 ICO，将焦点转向发展区块链技术
俄罗斯	数字货币在俄罗斯不再合法。 2020 年 3 月，俄罗斯央行法律部门负责人称，最新的《数字金融资产》法案将禁止发行和流通加密货币，并将对违反该法律的行为处以罚款
美国	美国证券交易委员会（SEC）将大部分的数字货币视为证券，但裁定比特币和以太坊不是证券。 美国商品期货交易委员会（CFTC）将数字货币视为商品。 美国各州对比特币的态度不一，在 SEC、CFTC 之上的最高权力机构，在监管和定义数字货币问题上未明确表态。 美国国税局（IRS）认为数字货币不是货币，而是财产，将征收资本所得税
韩国	韩国是首个对数字货币交易所征收企业税的国家。 2018 年 4 月，韩国政府发布了数字货币交易所监管框架，设定了基本资质和运营要求。 2020 年 3 月，韩国国会全体会议通过的《关于特定金融交易信息的报告与利用等法律（特别金融法）》修订案对数字货币给予了肯定
英国	英国政府目前对数字货币交易持开放态度，监管宽松。 英国境内设立的币币交易所暂时无需接受监管，若交易涉及法币或衍生品工具，则需要申请牌照以满足国家的相关规定
新加坡	新加坡对数字货币交易所的监管比较宽松。 在新加坡注册的公司进行比特币买卖或用数字货币换取商品和服务的交易须纳税，由新加坡金融管理局（MAS）和新加坡国内税务局（IRAS）监管。 ICO 等证券类型代币或者期货合约的交易等涉及资本市场产品需要接受监管，若交易所仅提供币币交易，则不需获取相关牌照

6.3　比特币核心概念

接下来对比特币密钥、比特币地址、比特币交易、比特币脚本、比特币网络等核心概念进行介绍。

6.3.1 比特币密钥

比特币采用的是公钥密码体制，用户的密钥对由公钥和私钥组成，用于加密的公开密钥称之为公钥，用于解密的保密密钥称之为私钥。公钥由私钥生成，但是在已知公钥的情况下无法推出私钥。在比特币系统中，用户的公私钥对在本地生成，私钥秘密保管在钱包中，而公钥会向比特币网络公布。为了方便钱包操作，私钥和公钥会存在多种编码格式。

1. 私钥

比特币私钥是由系统生成的一个 256 位的二进制随机数。一个比特币地址中所有资金的控制权取决于地址对应的私钥的所有权。也就是说，只有掌握了与地址所对应的私钥，才能花费地址所对应的比特币。生成安全密钥的第一步是找到足够安全的熵源，即随机性来源。比特币私钥本质上是在 $1\sim2^{256}$ 之间随机选取的数字。随机选择一个 256 位的数字，只要选取的结果是不可预测或不可重复的，具体的方式不是很重要。比特币软件使用操作系统底层的随机数生成器来产生 256 位的熵。

（1）Base58 编码与 Base58Check 编码

通常情况下，钱包会把私钥以 Base58 校验和编码格式显示。Base58 是一种基于文本的二进制编码格式，实现数据压缩、保持易读性，还具有错误诊断功能。Base58 编码是 Base64 编码格式的子集，使用大小写字母（A~Z 和 a~z）和 10 个数字（0~9），但舍弃了一些容易错读和在特定字体中容易混淆的字符，如 0、O、l、I 以及 "+" 和 "/"，Base58 字母表如下所示。

123456789ABCDEFGHJKLMNPQRSTUVWXYZabcdefghijkmnopqrstuvwxyz

Base58Check 是用于比特币中的一种 Base58 编码格式，比特币有内置检查错误的编码。校验码是从编码数据的哈希值中得到的，可以用来检测并避免转录和输入中产生的错误。使用 Base58Check 编码时，解码软件会计算数据的校验码，并和编码中自带的校验码进行对比。二者不匹配则表明有错误产生，那么这个 Base58Check 的数据就是无效的。在比特币中，大多数需要向用户展示的数据都使用了 Base58Check 编码，Base58Check 编码中的 "版本" 前缀使得编码之后的数据有易于辨识的属性，直观地反映了数据的类型及使用的方法。表 6-5 展示了 Base58Check 版本前缀和编码后的结果。

表 6-5　Base58Check 编码后的前缀

类　　型	Hex 版本前缀	Base58 编码后的前缀
Bitcoin Address	0x00	1
Pay-to-Script-Hash Address	0x05	3
Bitcoin Testnet Address	0x6F	m or n
Private Key WIF	0x80	5, K or L
BIP-0038 Encrypted Private Key	0x0142	6P
BIP-0032 Extended Public Key	0x0488B21E	xpub

（2）非压缩私钥与压缩私钥

常见的私钥编码格式见表 6-6，分别为十六进制、非压缩格式（Wallet Import Format, WIF）、压缩格式（WIF-compressed），虽然编码后的私钥看起来有些不同，但不同格式之间可以很容易地相互转换。

表 6-6　私钥编码格式

格　式	私　　钥
Hex（十六进制）	1E99423A4ED27608A15A2616A2B0E9E52CED330AC530EDCC32C8FFC6A526AEDD
WIF（非压缩格式）	5J3mBbAH58CpQ3Y5RNJpUKPE62SQ5tfcvU2JpbnkeyhfsYB1Jcn
WIF-compressed（压缩格式）	KxFC1jmwwCoACiCAWZ3eXa96mBM6tb3TYzGmf6YwgdGWZgawvrtJ

为了更简洁方便地表示长串的数字，使用更少的符号，计算机系统会使用十六进制的表示法，同样的一个数字，它的十六进制表示会比十进制表示更加简洁。压缩格式私钥和非压缩格式私钥是由 Base58 编码所得。虽然称之为压缩私钥，但是私钥本身并不能被压缩，压缩格式私钥反而比非压缩格式私钥多了 1 个字节，这多出来的 1 个字节是私钥被加了后缀 "01"，用以表明该私钥是来自一个较新版本的钱包，只能用于生成压缩格式的公钥。也就是说，非压缩格式私钥增加后缀 "01" 后生成压缩格式私钥。

比特币压缩格式私钥的生成过程如图 6-11 所示，此过程也称为 Base58Check 编码过程。随机生成十六进制格式的私钥；在私钥前加上版本号 "0x80"，后面添加压缩标志 "01"；随后添加校验码，即经过两次 SHA-256 哈希算法校验，取结果的前 4 个字节作为校验码；对添加了版本号、压缩标志、校验码的私钥进行 Base58 编码，生成压缩私钥。

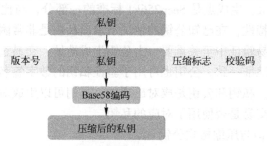

图 6-11　比特币压缩格式私钥的生成过程

（3）加密私钥通用标准 BIP-0038

在比特币交易中，私钥用于生成比特币转账时所必需的数字签名以证明比特币的所有权。私钥丢失，其所保护的比特币会永远丢失，还原丢失的私钥是很困难的。备份是防止丢失的常用方法，但是当私钥泄露给了他人，就等同于将该私钥所保护的比特币交给了他人，私钥的保密性也至关重要。由此可见，私钥的安全存储是保护比特币安全性的关键。私钥的备份与私钥的机密性存在一定的矛盾性，加密私钥是相对比较安全的方式。基于此，出台了便携、方便、可以被众多不同钱包和比特币客户端处理的加密私钥标准 BIP-0038。

BIP-0038 提出了一个通用标准，使用一个口令加密私钥并使用 Base58Check 对加密的私钥进行编码，这样加密的私钥就可以安全地保存在备份介质里，安全地在钱包间传输，保持密钥在任何可能被暴露情况下的安全性。这个加密标准使用了高级加密标准（Advanced Encryption Standard，AES），这个标准由美国国家标准技术研究院建立，并广泛应用于商业和军事领域的数据加密。BIP-0038 加密方案是：输入一个比特币私钥，通常使用 WIF 编码过的私钥，即 Base58Chek 字符串的前缀为 "5"。此外 BIP-0038 加密方案需要一个长密码作为口令，通常由多个单词或一段复杂的数字字母字符串组成。BIP-0038 加密方案的结果是一个由 Base58Check 编码过的加密私钥，前缀为 "6P"。一个 "6P" 开头的私钥意味着该私钥是加密过的私钥，并需要一个口令将此加密过的私钥转换为可以被钱包处理的 WIF 格式的私钥。许多钱包软件能够识别 BIP-0038 加密过的私钥，会要求用户提供口令解码并导入私钥。比如说，基于浏览器的 Bit Address 可以用于解码 BIP-0038 的私钥。

2. 公钥

比特币公钥由私钥椭圆曲线加密处理后所得，采用的是以 Secp256k1 标准定义的一种特殊的椭圆曲线。

（1）椭圆曲线

椭圆曲线加密算法是一种基于离散对数问题的非对称加密算法，可以对椭圆曲线上的点进行特定的加法或乘法运算。Secp256k1 是指比特币中使用的椭圆曲线数字签名算法曲线的参数，并且在高效密码学标准（Certicom Research，http://www.secg.org/sec2-v2.pdf）中进行了定义。由于其特殊构造，相比其他曲线占用较少的带宽和存储资源，密钥的长度很短，让所有的用户都可以使用同样的操作完成域运算。Secp256k1 曲线由以下函数定义。

$$y^2 \bmod p = (x^3 + 7) \bmod p$$
$$p = 2^{256} - 2^{32} - 2^9 - 2^8 - 2^7 - 2^6 - 2^4 - 1$$

在比特币中，生成公钥的算法可以定义为 $K = G \cdot k$，K 为公钥，G 为生成点，k 为私钥。以一个随机生成的私钥 k 为起点，将其与曲线上已定义的生成点 G 相乘以获得曲线上的另一点，也就是相应的公钥 K。生成点是 Secp256k1 标准的一部分，与比特币密钥的生成点是相同的。由于离散对数的特性，在已知公钥的情况下求出私钥是非常困难的。公钥作为私钥到地址的中间桥梁，在交易验证中至关重要。由公钥生成地址，交易过程中验证发送交易的地址是否和该公钥生成的地址一致。公钥也可用于验证私钥的数字签名，用来验证该交易是否使用了正确的私钥签名。私钥和公钥是成对出现的，公钥可以生成对应的比特币地址，这样就能确认该地址发送的交易是否使用了对应的私钥。

（2）非压缩格式公钥与压缩格式公钥

公钥也分非压缩格式与压缩格式两种形式。非压缩格式公钥前缀是"04"，而压缩格式公钥是以"02"或者"03"开头。非压缩格式公钥由非压缩格式私钥生成，是在椭圆曲线上的一个点，由一对坐标 (x, y) 组成。非压缩格式公钥通常表示为前缀"04"紧接着两个 256 位的数字。其中一个 256 位数字是公钥的 x 坐标，另一个 256 位数字是公钥的 y 坐标。下面是一个以"04"开头的 130 位十六进制的非压缩格式公钥的例子。

```
041DC1A701EBB8EF3FC55093E25D78DCB56D21F11DD88D62714549A3853997
8D9D8C953064030B72C6D468DE2676ACB46197297124FBA4F58A3ADBFF93F8D58376
```

压缩格式的公钥只保留了 x 坐标，可根据椭圆曲线函数由 x 坐标推算出 y 坐标。公钥压缩过程如图 6-12 所示，压缩格式公钥需要两种不同前缀的原因是椭圆曲线加密公式的左边是 y^2，也就是说 y 的解可能是正值也可能是负值，对应于椭圆曲线中不同的点，也是不同的公钥。当在素数 p 阶的有限域上使用二进制计算椭圆曲线时，y 坐标可能是奇数或者是偶数，分别对应 y 值的正负符号。因此，为了区分 y 坐标的两种可能值，生成压缩格式公钥时，如果 y 是偶数，则使用"02"作为前缀；如果 y 是奇数，则使用"03"作为前缀。这样就可以根据公钥中给定的 x 坐标，正确推导出对应的 y 坐标，从而将公钥解压缩为在椭圆曲线上的完整的点坐标。下面是一个以"02"开头的 66 位十六进制的压缩格式公钥的例子。

压缩格式的公钥由压缩格式的私钥生成。实际上，压缩格式的私钥没有真正地实现对私钥的压缩，甚至压缩格式的私钥比非压缩格式的私钥还要长，压缩格式的私钥主要是实现了对公钥的压缩。用户的私钥是不存储在区块链上的，而是由用户存储在本地，所以私钥大小不会影响区块的大小。而常规交易的输入包含支付者的公钥，非压缩格式的公钥占据的存储空间较大，将公钥压缩有利于解决区块链容量的限制，减少磁盘空间的压力。

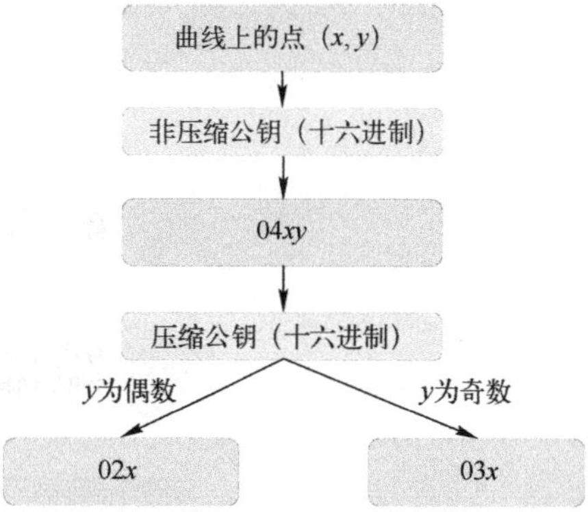

图 6-12　公钥压缩过程

3. 钱包

比特币密钥存储在钱包中。广义上，钱包是一个应用程序，为用户提供交互界面。钱包控制用户访问权限、管理密钥和地址、跟踪余额以及创建交易和生成签名。狭义上，即从程序的角度来看，钱包是指用于存储和管理用户密钥的数据结构。比特币钱包只含有密钥，而不是比特币本身。每个用户有一个包含多个密钥的钱包，钱包只包含公私钥对的密钥链。所以，如何安全方便地生成、保存、备份、恢复密钥才是钱包的关键。数字钱包经历了 3 个阶段，分别为非确定性钱包、确定性钱包、分层确定性钱包。

（1）非确定性钱包

非确定性钱包是最早的比特币钱包类型，钱包只是随机生成的私钥集合。之所以叫非确定性钱包，主要是因为这种钱包生成的私钥，互相之间是没有任何相关性的，每个私钥都是独立的。假设一个比特币节点想用多个比特币地址分开保存拥有的比特币，这样即使丢失了一个私钥也不会丢失全部的比特币。于是一个非确定性钱包生成了多个私钥，将比特币分配到每个私钥对应的地址上。非确定性钱包的私钥之间是没有任何关系的，所以需要备份多个不同的私钥。使用多个地址的需求是比较强烈的，多地址既能降低损失风险，又能提升比特币的匿名性。这导致非确定性钱包需要保存所有已生成私钥的副本，每新增一个私钥都要再备份一遍，需要备份的私钥会越来越多，导入的时候也会非常麻烦。

（2）确定性钱包

确定性钱包使用了单项离散函数，使得通过公共的种子生成私钥。这解决了非确定钱包的不足，确定性钱包不再需要备份不同的私钥，而只需要备份一个种子。这个种子就足够恢复出所有派生的密钥，因此只需要在创建时完成一次备份即可。种子对于钱包来说也是可以导入导出的，可以让所有用户的密钥在各种不同的钱包之间进行简单的迁移。种子是随机生成的数字，包含索引号码或可生成私钥的"链码"。助记词（Mnemonic Word Sequence）将512 位的种子映射为 12~24 个英文单词序列，这个序列的单词能够再次创建种子、钱包和所有派生出的密钥。一个实现了确定性钱包助记词功能的应用将会在第一次创建钱包的时候向用户展示一组长度为 12~24 个英文单词的序列。这个序列就是钱包的备份，它可以在任何兼容的钱包上实现恢复和重建所有的密钥。助记词可以让用户更简单地备份钱包，相比于一组随机数，助记词可读性更好，抄写的正确率也更高。

BIP-0039 标准定义了助记词编码和种子的生成过程。助记词是钱包使用 BIP-0039 中定义的标准化过程自动生成的，助记词的生成过程如图 6-13 所示。

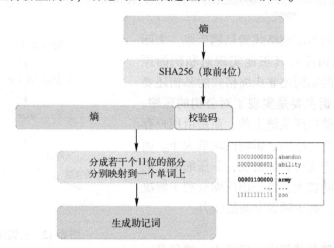

图 6-13　助记词的生成过程

　　钱包起始于一个熵，然后添加一个校验码并将熵映射到一个单词数组中。首先，钱包会创建一个 128~256 位的随机序列（熵），通过取 SHA256 的前熵长度除以 32 来创建这个随机序列的校验码。将校验码添加到随机序列的末尾，并将序列分成若干个 11 位的部分。最后，从预定义的 2048 个单词字典中将每一个 11 位的值映射到一个单词上面。助记词编码就是一系列单词。助记词代表着长度为 128~256 位的熵。这个熵会通过密钥拉伸函数 PBK-DF2 生成一个 512 位的种子。这个种子再构建一个确定性钱包并派生出它的密钥。密钥拉伸函数需要两个参数：助记词和盐。盐的目的是让暴力破解构建查询表的难度提高。在标准 BIP-0039 中，盐还有另外一个目的，那就是密码可以作为一个额外的安全因子来保护种子。这个盐由字符串常量"Mnemonic"和一个额外的用户提供的密码字符串拼接构成。PBKDF2 使用 HMAC-SHA512 算法进行了 2048 轮哈希运算对助记词和盐进行拉伸，生成一个 512 位的值作为最后的输出。这个 512 位的值就是种子。

　　（3）分层确定性钱包

　　确定性钱包被开发成更容易从单个种子中生成许多密钥，最高级形式是通过 BIP-0032 标准定义的分层确定性（Hierarchical Deterministic，HD）钱包。分层确定性钱包包含的密钥来源于一个树形结构，例如一个父密钥可以派生出一系列子密钥，每一个子密钥又可以派生出一系列孙密钥，以此无穷类推。分层确定性钱包如图 6-14 所示，分层确定性钱包相对于非确定性的密钥有两个主要的优势。首先，树形结构可以表达额外的组织意义，例如当一个子密钥特定的分支用来接收转入支付而另一个不同的分支可以用来接收转出支付的改变。密钥的分支也可以在一些共同的设置中被使用，例如可以分配不同的分支给部门、子公司、特定的函数或者不同的账单类别。其次，用户可以使用分层确定性钱包在不利用相关私钥的情况下创建一系列公钥。这样分层确定性钱包就可以用来开展一个安全的服务或者是一个仅仅用来观察和接收的服务，而钱包本身却没有私钥，所以它也无法花费资金。

　　从种子开始生成分层确定性钱包的具体流程如图 6-15 所示。分层确定性钱包从单个根种子（Root Seed）中创建，是 128~256 位的随机数。种子由助记词生成。根种子输入到 HMAC-SHA512 算法中就可以得到一个用来创造主私钥（Master Private Key）和主链码（Master Chain Code）的哈希。主私钥之后通过椭圆曲线算法生成相对应的主公钥（Master

Public Key）。随后，使用子密钥衍生（Child Key Derivation，CKD）方程将母密钥衍生出子密钥。CKD 方程是基于单项哈希的方程，需要一个母私钥或者公钥、一个叫作链码的种子、一个索引号作为输入。链码是用来给这个过程引入随机数的，使得子密钥由链码和索引号共同产生。因此，无法从单个子密钥发现其他相似子密钥，除非泄露了链码。最初的链码是用随机数构成的，随后链码从各自的母链码中衍生。具体过程为：将母公钥、链码、索引号作为 HMAC-SHA512 方程的输入，产生 512 位的哈希值；所得的哈希值可被拆分为两部分，哈希值右半部分的 256 位用于给子链当链码，左半部分的 256 位哈希值以及索引码被加载到母私钥上用来衍生子私钥。

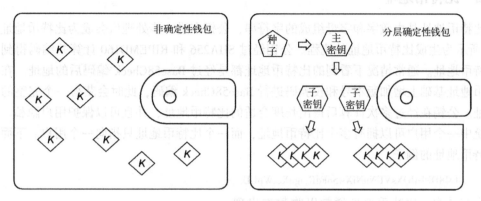

图 6-14　非确定性钱包与分层确定性钱包

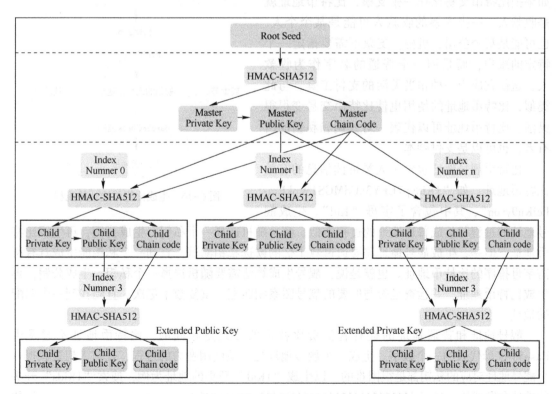

图 6-15　从种子开始生成分层确定性钱包的具体流程

扩展密钥。正如之前所介绍的，密钥衍生方程可以用来创造钥匙树上任何层级的子密钥，需要以密钥、链码、索引号作为输入。当密钥以及链码这两个重要的部分结合后，就叫作扩展密钥（Extended Key），即被认为是可扩展的密钥。因为这种密钥可以用来衍生子密钥。扩展密钥可以简单地被储存并且可以简单地表示为 256 位密钥与 256 位链码所并联的512 位序列。扩展私钥是私钥以及链码的结合，它被用来衍生子私钥。扩展公钥是公钥以及链码的结合，它被用来衍生子公钥。扩展密钥通过 Base58Check 来编码，前缀是"xprv"和"xpub"，可在不同的 BIP-0032 兼容钱包间导入导出。

6.3.2 比特币地址

比特币地址是由数字和字母组成的字符串，公钥在进一步处理后会成为比特币地址，图 6-16 所示为生成比特币地址的流程。公钥经过 SHA256 和 RIPEMD160 计算并编码得到初始的比特币地址。通常情况下看到的比特币地址都是经过 Base58Check 编码后的地址。在初始比特币地址基础上增加版本号和校验码进行 Base58Check 编码，此时会获得一个完整的比特币地址。公钥在经过多次计算后得出长度合适的比特币地址，并且可以保护用户隐私。比特币系统中一个用户可以拥有多个比特币地址，而一个比特币地址只指向一个用户。下面是一个比特币地址的例子。

1M8DPUBQXsVUNnNiXw5oFdRciguXctWpUD

在交易中，比特币地址通常以收款方出现。如果把比特币交易比作一张支票，比特币地址就是收款人。一张支票的收款人可能是某个个人，也可能是某个公司、机构。支票不需要指定一个特定的账户，而是用一个普通的名字作为收款人，这使它成为一种相当灵活的支付工具。与此类似，比特币地址的使用也使比特币交易变得很灵活。比特币地址可以代表一对公钥和私钥的所有者，也可以是支付脚本。

比特币靓号地址包含了人类可读信息的有效比特币地址，如"1Kidyp7EFY3xUdMGSTWpkEm-LcfKu9yvoq"，其中包含了字母"Kid"。生成靓

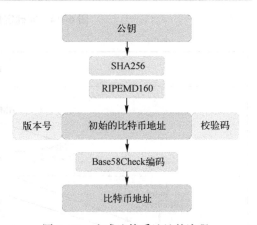

图 6-16　生成比特币地址的流程

号地址的过程与生成普通地址的过程类似，都是随机选择一个私钥，生成公钥，再生成比特币地址。但是，生成靓号地址需要通过数十亿的候选私钥测试，直到一个私钥能生成具有所需字母排序的比特币地址。也就是说，靓号生成算法需要随机选择一个私钥，生成公钥，再生成比特币地址，并检查是否与所要的靓号图案相匹配，重复数十亿次，直到找到一个匹配的地址。

靓号地址和普通地址的拥有者消费比特币的方式是相同的，比特币地址不过是由Base58 字母代表的一个数字。生成一个靓号地址是一项使用蛮力的过程，任何人想要获得一个靓号地址对应的私钥都是很困难的。以生成"1Kid"开头的地址为例，搜索"1Kids"开头的地址会发现从"1Kids11111111111111111111111111"到"1Kidsszzzzzzzzzzzzzzzzzzzzzzzzzzzz"的地址。这些以"1Kid"开头的地址范围中大约有 58^{29} 个地址。一台没有特殊硬件设备的普通计算机，每秒可以发现大约 10 万个密钥。将"1Kids"这个前缀当作数字，比特币地址中这

个前缀出现的频率及平均生成时间见表 6-7。每增加一个字符就会增加 58 倍的计算难度，寻找靓号地址需花费大量时间，可以将此工作委托给具有大量算力的矿池。某些矿池会提供通过 GPU 硬件为他人寻找靓号地址来获得比特币的服务。用 GPU 系统搜索靓号的速度比用通用 CPU 要快很多个量级。

表 6-7　靓号前缀出现的频率及平均生成时间

长　度	地 址 前 缀	概　率	平均生成时间
1	1K	1/58	<1 ms
2	1Ki	1/3364	50 ms
3	1Kid	$1/(195*103)$	<2 s
4	1Kids	$1/(11*106)$	1 min

靓号地址与其他地址拥有相似的安全性，它们都是依靠椭圆曲线加密和哈希算法生成的。但是，靓号地址也是一把双刃剑。一方面，靓号地址的独特性使得恶意节点很难用自身的地址替代靓号地址，以欺骗用户向恶意节点的地址转账。另一方面，靓号地址也可能使得任何人都能创建一个类似于随机地址的地址，甚至另一个靓号地址，从而欺骗用户。由于靓号地址的特殊性，黑客可能会偷换博客或论坛等页面上作者留下的比特币地址，利用人们用肉眼做地址验证时，通常只对比地址的前几位进行检验，所以黑客往往会生成具有一定长度的、和目标地址前缀相同的地址来欺骗用户。但如果是指定前缀的靓号地址，黑客若想欺骗用户，就必须生成比该前缀长度具有更长前缀的新靓号地址，这个代价是巨大的。

6.3.3　比特币交易

之前介绍的比特币密钥、比特币地址、数字签名用于证明比特币的所有权，而比特币交易用于实现比特币所有权的转移。

1. 交易生命周期

交易将一些比特币从一个地址转移到另一个地址上。交易中记录着比特币节点之间价值传递的信息，比特币交易是比特币系统中最重要的部分。比特币系统所涉及的众多技术都是为交易的产生、广播、验证、存储而服务的，比特币交易流程如图 6-17 所示。一笔比特币交易的生命周期起始于它被创建的时候。随后，比特币交易会被一个或者多个用户所签名，这些签名标志着对该交易指向的比特币资金的使用许可。接下来，比特币交易被广播到比特币网络中。在比特币网络中，每一个节点收到交易后都会先验证交易的有效性，随后只广播验证通过的交易，直到这笔交易被网络中大多数节点接收。最终，比特币交易由一个挖矿节点打包成区块添加到区块链上，实现交易存储。

（1）产生交易

一笔比特币交易是具有货币转移目的的工具，更像是现实中生成的支票。比特币交易可以被任何人创建，交易发起人不一定是签署该笔交易的人。比如说，由秘书创建比特币交易，需要老板对交易进行签名。但是与支票不同的是，支票的资金来源指向一个账户，而比特币交易指向之前的一笔交易作为资金来源。签名用来证明比特币的所有权，所以只有老板的签名才能产生有效交易。具体来说，当用户 A 给用户 B 转账时，这个交易就被用户 A 的钱包所构建。A 钱包会创建包含交易 ID、元数据、输入列表和输出列表的数据结构，这就是比特币交易。发送方也就是用户 A 通过钱包确认余额是否充足，钱包会扫描区块链上的未花费交易输出来计算该发送方的余额。发送方使用自己的私钥对交易签名，附加对应的公钥，以证明自己对该笔交易的使用权。同时，在金额末尾附加一个锁定脚本，对转账资金进行锁定，只有接收方才有权使用该笔锁定的资金。

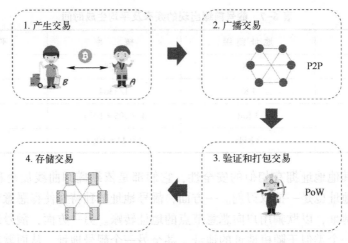

图 6-17 比特币交易流程

（2）广播交易

新创建的比特币交易在比特币网络中点对点地传播。首先，此交易被发送方广播给一些邻近节点。临近节点对交易进行验证，无效交易会被丢弃，有效交易会存储在本地的交易池中等待被打包。此外，邻近节点会广播自己收到的有效交易，实现交易以点对点的形式在全网传递。本质上一笔交易是 300~400 字节的数据，其中不包含任何机密信息，因此可以在全网中公开地传播。比特币是一个点对点的网络，一个节点通过通信协议与其他多个节点相连接形成一个松散的连接网络，所有节点都是对等关系。比特币网络被设计为能高效且灵活地传递交易和区块至所有节点的模式，即使部分节点遭受网络攻击也不会影响系统的正常运行。为了避免垃圾信息的滥发、拒绝服务攻击或其他针对比特币系统的恶意攻击，每一个节点在传播每一笔交易之前均须进行独立验证。异常消息会被丢弃，只有验证通过消息才会被传播。

（3）打包交易

交易被广播到全网后，矿工会将有效的交易打包成区块存储到区块链中。按照比特币的激励机制，矿工每挖出一个最长链上的区块，就可以获得一定数额的比特币作为区块奖励。比特币安全性的基础是超过半数的矿工是诚实节点，在比特币的激励机制下只有诚实节点才能为自身带来最高收益。矿工按照一定顺序从交易池中选取若干交易打包成区块，然后开始挖矿。挖矿成功的矿工将新区块记录在本地，同时将区块广播到全网。除了区块奖励，比特币矿工的另一个收入来源是交易费。交易中的元数据包括交易的版本号、输入的数量、输出的数量、交易大小等参数。输入记录着交易的发送方，输出记录着接收方以及对发送方的找零。通常情况下，交易中输入的比特币总和大于输出的比特币总和，两者的差值将作为交易费奖励给打包交易的矿工。

（4）存储交易

比特币节点在收到有效的新区块时，将该区块链接到本地区块链的末端。此时，交易被分布式地存储在全网，即交易被写入区块链。比特币通过区块链和默克尔树存储交易数据。

区块链中的每个区块都使用默克尔树来代表区块中所有交易的摘要。默克尔树是一种树形的数据结构，用于高效汇总和验证数据集的完整性。在区块链中，区块中的交易按照默克尔树的形式存储在区块内。每笔交易都有一个哈希值，然后不同的哈希值向上继续做哈希运算，最终形成唯一的默克尔根。这个默克尔根将会被存放到区块的区块头中。利用默克尔树的特性可以确保每一笔交易都是不可伪造且不可篡改的。

2. 交易池

比特币节点会将验证有效的交易添加到自己的内存池中，称为交易池，用来暂存尚未打包到区块链的交易。当比特币网络把某个时刻产生的交易广播到网络时，矿工接收到交易后并不是立即打包到备选区块，而是将接收到的交易放到类似缓冲区的一个交易池里，然后会根据一定的优先顺序来选择交易打包，以此来保障自己能获得尽可能多的交易费。节点利用交易池来追踪记录那些被网络所知晓，但还未被区块链所存储的交易。一些钱包会利用交易池来记录那些网络已经接收但还未被确认的、属于该用户钱包的预支付信息。随着交易被接收和验证，它们被添加到交易池并通知相邻节点，从而传播到网络中。当区块生成以后，相关的交易就从交易池中被移除。因此，当交易特别火爆时，交易数量猛增，但是区块生成的速度仍然是稳定的，就可能会导致大量交易积压，长期得不到处理。

有些节点还会维护一个孤立交易池，其中记录着缺失父交易的孤立交易。如果一个交易的输入与某个缺失的父交易有关，该交易就会被暂时存储在孤立交易池中等待父交易信息的到达。将某笔交易添加到交易池的同时会检查孤立交易池，检查是否有某个孤立池中的交易引用了此交易的输出。任何匹配的孤立交易都会被验证，如果验证有效，它们会从孤立交易池中被删除，并添加到交易池中，组成完整的交易链。交易池和孤立交易池都是存储在本地内存中，并不是存储在永久性存储设备里。节点启动时，两个池都是空闲的，随着网络中新交易不断被接收，两个池逐渐被填充，它们是随网络传入的消息动态填充的。

此外，有些节点还会维护一个未使用的交易输出（Unspent Transaction Output，UTXO）数据库，也称 UTXO 池，是区块链中所有未支付交易输出的集合。UTXO 池不同于交易池和孤立交易池的地方在于，它在初始化时不为空，而是包含了数以百万计的未支付交易输出，有些数据的历史甚至可以追溯至 2009 年。UTXO 池可能会被安置在本地内存，也会作为一个包含索引的数据库表安置在永久性存储设备中。UTXO 池存储着区块链中已被确认的交易，而交易池和孤立交易池中的交易还未存入区块链。

6.3.4　比特币脚本

比特币客户端通过执行脚本语言编写的脚本验证比特币交易。锁定脚本被写入交易，同时它往往包含一个用同种脚本语言编写的签名。当一笔比特币交易被验证时，每一个输入值中的解锁脚本被与其对应的锁定脚本互不干扰地同时执行，从而查看这笔交易是否满足使用条件。比特币交易验证并不基于一个不变的模式，而是通过运行脚本语言来实现。这种语言可以表达出多种条件的变种。这也是比特币称为"可编程的货币"的原因。

比特币交易依赖于脚本，严格地讲，每一笔交易输出指向的是一个脚本。比特币脚本是基于堆栈的脚本语言，是非图灵完备的语言。非图灵完备是指脚本只有条件流控制能力，没有循环或复杂流控制能力。这意味着脚本具有有限的复杂性和可预见的执行次数。脚本并不是一种通用语言，这些限制确保该语言不被用于创造无限循环或其他类型的复杂逻辑。由于每一笔交易都会被网络中的全节点验证，受限制的语言能防止交易验证机制被作为一个漏洞而加以利用。若脚本可以支持复杂逻辑并植入在一笔交易中，会引起针对比特币网络的拒绝服务攻击。

脚本的执行结果是可预见的，一个脚本能在任何系统上以相同的方式执行。在比特币系统中，没有任何中心主体能凌驾于脚本之上，脚本的执行不受其他节点的控制，只有满足脚本的条件时脚本才能顺利地执行。如果某一节点验证了一个脚本，可以确信的是每一个比特币网络中的其他节点也将验证这个脚本，这意味着一个有效的交易对每个节点而言都是有效的，而且每一个节点都知道这一点。比特币脚本的这一特性使得多个节点执行脚本时，会得到相同的结果。这种结果的可预见性是比特币系统的一项至关重要的特性。

比特币的脚本语言被称为基于堆栈的语言，它使用一种堆栈的数据结构。堆栈是一个非常简单的数据结构，可以被视为一叠卡片。堆栈只允许 Push 和 Pop 两种操作，即推送和弹出。Push 在堆栈顶部添加一个项目，Pop 从堆栈中删除最顶端的项目。栈上的所有操作只能作用于栈最顶端的项目。堆栈数据结构也被称为后进先出（Last-In-First-Out）队列。脚本语言通过从左到右处理每个项目来执行脚本。数据常量被推到堆栈上，操作码从堆栈中推送或弹出一个或多个参数，对其进行操作，并可能将结果推送到堆栈上。比如说，操作码 OP_ADD 将从堆栈中弹出两个项目，并将项目总和的结果推送到堆栈上。表 6-8 中展示的是交易脚本常用的操作符。

表 6-8　交易脚本常用的操作符

关　键　字	描　　　述
OP_0 or OP_FALSE	一个字节空串被压入堆栈中
OP_DUP	复制栈顶元素
OP_HASH160	对栈顶项进行两次 Hash，先用 SHA-256，再用 RIPEMD-160
OP_EQUAL	如果输入的两个数相等，返回 1，否则返回 0
OP_VERIFY	如果栈项元素值非真，则标记交易无效
OP_EQUALVERIFY	与 OP_EQUAL 一样，如果结果为 0，之后运行 OP_VERIFY
OP_RETURN	标记交易无效
OP_CHECKSIG	交易所用的签名必须是哈希值和公钥的有效签名，如果为真则返回 1

在比特币交易验证的过程中依赖锁定脚本和解锁脚本。锁定脚本是放置在输出上的花费条件，指定了今后花费这笔输出必须要满足的条件。解锁脚本是满足在一个输出上设定的花费条件的脚本，它允许花费输出。在最初版本的比特币客户端中，解锁和锁定脚本是以连锁的形式存在的，并被依次执行。出于安全因素考虑，在 2010 年比特币开发者们修改了这个特性，因为存在"允许异常解锁脚本推送数据入栈并且污染锁定脚本"的漏洞。下面是一些标准的交易脚本。

（1）支付到公钥（Pay-to-Public-Key，P2PK）

构造交易时，如果锁定脚本中关联的是收款人的公钥，则这笔交易是一笔付款到公钥的交易。锁定脚本的内容为用户的公钥，解锁脚本为公钥对应私钥的数字签名，如图 6-18 所示。验证交易时，只需将解锁脚本和锁定脚本连起来，执行即可。签名由私钥产生，需通过公钥验证。当发生交易时，通过私钥对这笔交易进行签名，使用公钥对这笔交易的签名进行验证，验证通过后，就可以证明这个交易确实是私钥拥有者产生。但是，输出中的脚本暴露了用户公钥，由此产生了公钥哈希支付脚本。

锁定脚本	解锁脚本
scriptPubKey:<Public Key A> OP_CHECKSIG	scriptSig:<Signature from Private Key A>
使用输出必须满足的"阻碍"	由使用者提供来解决"阻碍"

图6-18 支付到公钥脚本

(2) 支付到公钥哈希（Pay-to-Publish-Key-Hash，P2PKH）

构造交易时，如果锁定脚本中关联的是收款人公钥的哈希，则这笔交易是一笔付款到公钥哈希的交易，如图6-19所示。哈希运算是单向运算，可以隐藏用户的公钥数据，得到其公钥的指纹。一个比特币地址只有一个Hash值，因而发送者无法在scriptPubKey中提供完整的公钥。解锁脚本中除了包含数字签名，还包含公钥。当要赎回比特币时，接收者需要同时提供签名scriptSig和公钥scriptPubKey，脚本系统会验证公钥的Hash值与scriptPubKey中的Hash值是否匹配，同时还会检查公钥和签名是否匹配。本质上P2PKH跟P2PK没有区别，只是对锁定脚本中的公钥进行了哈希处理，导致解锁脚本中需要提供原本的公钥。

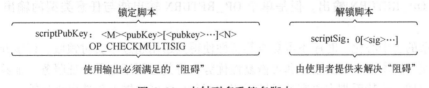

锁定脚本	解锁脚本
scriptPubKey：OP_DUP OP_HASH160<pubKeyHash> OP_EQUALVERIFY OP_CHECKSIG	scriptSig：<sig><pubKey>
使用输出必须满足的"阻碍"	由使用者提供来解决"阻碍"

图6-19 支付到公钥哈希脚本

(3) 支付到多重签名（Pay-to-Multiple-Signatures，P2MS）

构造交易时，锁定脚本中对应的是多个公钥，而解锁脚本对应的是多个签名，则这笔交易就是付款到多重签名的交易，如图6-20所示。此脚本也常用Multisig表示。交易被锁定在N个公钥上，并设置花费条件为至少需要提供M个签名才能解锁资金，其中N是密钥的总数，M是验证所需的最少签名数。这种方案称为M-N多重签名。也就是说，记录在脚本中的公钥个数为N，要求至少提供其中M个私钥（M≤N）才能解锁脚本。

锁定脚本	解锁脚本
scriptPubKey：<M><pubKey>[<pubkey>…]<N> OP_CHECKMULTISIG	scriptSig：0[<sig>…]
使用输出必须满足的"阻碍"	由使用者提供来解决"阻碍"

图6-20 支付到多重签名脚本

(4) 支付到脚本哈希（Pay-to-Script-Hash，P2SH）

锁定脚本中关联的是某个脚本的哈希，这笔交易是一笔付款到脚本哈希的交易。复杂的支付脚本功能强大，但在使用时有诸多不便，因为付款方需要了解锁定脚本的全部细节。为了避免这种问题，将交易锁定到一个脚本的哈希上，如图6-21所示。向与该哈希匹配的脚本支付，这个脚本被称为赎回脚本（Redeem Script）。验证分两部分，先计算赎回脚本的哈希，看它是否跟锁定脚本中的脚本哈希一致。如果一致，再执行解锁脚本。这使得给矿工的交易费用从发送方转移到收款方，并且令复杂的计算工作也从发送方转移到收款方。

以数字"3"开头的比特币地址是P2SH地址，它们指定比特币交易中受益人作为哈希的脚本，而不是公钥的所有者。这个特性在2012年1月由BIP-0016引进，由于BIP-0016提供了增加功能到地址本身而被广泛地采纳。目前，P2SH函数最常见的实现是用于多重签名地址脚本。顾名思义，底层脚本需要多个签名来证明所有权，此后才能消费资金。不同于 P2PKH 交易发送资金到传统"1"开头的比特币地址，比特币被发送到"3"开头的地址时，需要的不仅仅是一个公钥的哈希值，同时也需要一个私钥签名作为所有者证明。在创建地址的时候，这些要求会被定义在脚本中，所有对地址的输入都会被这些要求阻隔。

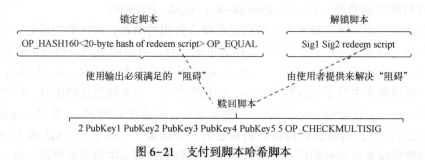

图 6-21　支付到脚本哈希脚本

该类交易具有很大的现实意义，与直接使用复杂脚本以锁定输出的方式相比，在交易输出中，复杂脚本由简短的哈希值取代，使得交易代码变短，可以节省一定的存储空间。将脚本编译为地址，支付者的比特币钱包不需要复杂工序就可以执行 P2SH。

（5）数据输出——OP_RETURN 操作符

OP_RETURN<data>是一个脚本操作码，用于承载额外的交易信息。类似于日常转账过程中的备注信息。"data"部分被限制为 40 字节，且以哈希值方式呈现，如 32 字节的 SHA256 算法的输出值。许多应用都在其前面加上前缀以辅助认定。例如，电子公证服务的证明材料采用 8 个字节的前缀"DOCPROOF"，在十六进制算法中，相应的 ASCII 码为"44f430524f446"。OP_RETURN 不涉及可用于支付的解锁脚本的特点，不能使用其输出中所锁定的资金，因此它也就没有必要记录在蕴含潜在成本的交易集中。OP_RETURN 常为一个金额为 0 的比特币输出，因为任何与该输出相对应的比特币都会永久消失。一笔标准交易只能有一个 OP_RETURN 输出。但是单个 OP_RETURN 输出能与任意类型的输出交易进行组合。

比特币的去中心化、时序不可篡改等特性使得其运用超过了支付领域。许多开发者试图充分发挥交易脚本语言的安全性和可恢复性优势，将其运用于电子公证服务、证券认证和智能协议等领域。比特币脚本语言的早期运用主要包括在区块链上创造出交易输出。运用比特币区块链存储与比特币支付不相关数据的做法是一个有争议的话题。在 0.9 版的比特币核心客户端上，通过采用 OP_RETURN 操作符最终实现了妥协。OP_RETURN 操作符允许开发者在交易输出上增加 40 字节的非交易数据。

6.3.5　比特币网络

1. P2P 网络架构

比特币采用的是基于国际互联网的点对点（Peer-to-peer，P2P）网络架构。P2P 是指参与到这个网络中的计算机之间是平等的关系，网络上无特权节点。网络功能不需要特殊的中央服务器的调度来完成，而是分担到各节点之上。以"扁平"的拓扑结构相互连通，为节点之间的协同提供网络服务。P2P 网络也因此具有可靠性、去中心化以及开放性。早期的国际互联网就是 P2P 网络架构的一个典型用例，IP 网络中的各节点完全平等。当今的互联网架构具有分层架构，但是 IP 协议仍然保留了扁平拓扑的结构。在比特币之外，规模最大也最成功的 P2P 技术应用是在文件分享领域。比特币的目标是实现去中心化点对点的支付系统，它的网络架构也是这种核心特征的反映。网络的扁平化、去中心化也是比特币系统的基石。

P2P 网络中的节点通过种子建立连接，种子内记录着网络中活跃节点的地址，通过下载种子就可以连到对应的节点。传统的网络架构采用的是服务端-客户端模式，即网络节点之间通过服务端交互获取信息，而 P2P 网络中没有任何服务端的概念以及层级结构。相比传统的网络结构，P2P 网络架构更加稳定，任何一个节点发生故障都不会影响整个系统的正常运行，为去中心化的比特币系统提供网络支撑。

在比特币网络中，节点会维护一个列表，列表内记录着长期稳定运行的节点，每个节点都有在失去已有连接时发现新节点并在其他节点启动时为其提供帮助的义务。当新节点加入比特币网络时，可以随机选择网络中存在的比特币节点与之相连。在建立连接时，新接入的节点发送一条包含基本认证内容的消息，开始握手通信过程。节点通常采用 TCP 协议、使用 8333 端口与已知的对等节点建立连接。通常情况下，比特币网络是指按照比特币 P2P 协议运行的节点的集合。

2. 扩展比特币网络

扩展比特币网络是指所有包含比特币 P2P 协议、矿池挖矿协议、Stratum 协议以及其他连接比特币系统组件相关协议的整体网络结构。除了比特币 P2P 协议之外，比特币网络中也包含其他协议。网关路由服务器提供相关协议，使用比特币 P2P 协议接入比特币网络，并把网络拓展到运行其他协议的各节点。例如，Stratum 协议就被应用于挖矿，以及轻量级或移动端比特币钱包之中。Stratum 服务器通过 Stratum 协议将所有的 Stratum 挖矿节点连接至比特币主网络，并将 Stratum 协议桥接（Bridge）至比特币 P2P 协议之上。

运行 P2P 协议的比特币主网络由运行着不同版本的比特币核心客户端的监听节点，以及几百个运行着各类比特币 P2P 协议应用的节点组成。比特币 P2P 网络中的小部分节点也是挖矿节点，它们竞争挖矿、验证交易，并创建新的区块。许多连接到比特币网络的大型公司运行着基于 Bitcoin 核心客户端的全节点客户端，它们具有区块链的完整副本及网络节点，但不具备挖矿及钱包功能。这些节点是网络中的边缘路由器，通过它们可以搭建其他服务，例如交易所、钱包、区块浏览器、商家支付处理等。

3. 网络节点

比特币网络中节点之间是对等的，但是节点的功能与分工存在差别。依据每个节点所提供的功能不同，主要将比特币节点分为全节点和轻节点。全节点具有路由、挖矿、钱包、完整的区块链数据库，可以独立校验任何交易，而不需要任何外部参照。经常提及的矿工就是全节点。轻节点只存储了区块链的一个子集，交易验证的过程需要依赖全节点，通过简易支付验证的方法来验证交易。无论是全节点还是轻节点都具有路由功能，发现并维持与对等节点的连接，参加到比特币网络中。

在比特币 P2P 协议中，除了这些主要的节点类型之外，还有一些服务器及节点也在运行其他协议，例如特殊矿池挖矿协议、轻量级客户端访问协议等。表 6-9 展示了扩展比特币网络中较为常见的节点类型。

表 6-9 扩展比特币网络中较为常见的节点类型

节 点 类 型	描 述
核心客户端	拥有钱包、完整区块链数据库、挖矿、网络路由功能
完整区块链节点	拥有完整区块链以及路由功能
独立矿工	拥有完整区块链数据库、挖矿、网络路由功能
轻量级钱包	拥有钱包、部分的区块链数据、路由功能
矿池协议服务器	将运行其他协议的节点连接至 P2P 网络的网关路由器
挖矿节点	不具有区块链，但具备 Stratum 协议节点或其他矿池挖矿协议节点的挖矿功能
轻量级 Stratum 钱包	拥有钱包、部分区块链数据、运行 Stratum 协议的网络节点

比特币网络中大多数节点都是轻节点，也可称为简单支付验证（Simplified Payment Verification，SPV）节点。在比特币网络中，大部分都是普通用户，即只有基本的比特币投资及消费支付需求的用户，他们可能没有矿机，没有高端配置的计算机。并非所有的节点都有能力存储完整的区块链，许多比特币客户端被设计成运行在空间和功率受限的设备上，如智能电话、平板电脑、嵌入式系统等。对于这样的设备，通过简单支付验证的方式可以使它们在不必存储完整区块链的情况下进行工作。这种类型的客户端被称为 SPV 客户端或轻量级客户端。随着比特币的使用热潮，SPV 节点逐渐变成比特币节点所采用的最常见的形式之一。

SPV 充分利用了区块的结构信息及 Merkle 树的强大搜索能力，从而能实现对交易信息的快速定位。SPV 节点只需下载区块头，而不用下载包含在每个区块中的交易信息，由此产生的不含交易信息的区块链，大小只有完整区块链的 1/1000。简单来讲，就是比特币网络里的节点在打包一个区块的时候，会对区块里所有的交易进行验证，并且一个交易还会得到 6 个区块的确认来确保交易最后的完成。正因如此，在使用简单支付验证时，只要判断出一个交易在主链上的某个区块里出现过，则可以证明该交易是之前已被验证过的有效交易，SPV 验证如图 6-22 所示。

SPV 节点需要验证交易，需要做两个检查：交易的存在性检查和交易是否双花的检查。SPV 节点通过该 Merkle 路径找到与该交易相关的区块，并验证对应区块中是否存在目标交易（该过程被称为 Merkle Path Proof）。现在通过 Merkle Path Proof，SPV 节点确认了交易确实存在于区块链中，但是这还是无法保证这笔交易的输入没有被双重支付。这时候 SPV 节点需要去看这笔交易所在区块之后的区块个数，区块的个数越多说明该区块被全网更多节点共识。一般来说，一笔交易所属区块之后的区块个数达到 6 个时，就说明这笔交易是被大家核准过的，没有双花，而且被篡改的可能性也很低。

后来，比特币提供了一种叫作布隆过滤器（Bloom Filter）的功能。布隆过滤器可以让 SPV 节点指定交易的搜索模式，该搜索模式可以基于准确性或安全性的考虑进行调整。布隆过滤器是一个允许用户描述特定的关键词组合而不必精确表述的基于概率的过滤方法。布隆过滤器的实现是由一个可变长的二进制数组和数量可变的一组哈希函数组成。布隆过滤器数组里的每一个数的初始值为 0，关键词被加到布隆过滤器之前，会依次通过每个哈希函数运算一次。关键词依次通过各哈希函数运算之后，相应的位变为 1，即布隆过滤器记录下了该关键词。布隆过滤器"正匹配"代表"可能是"，"负匹配"代表"一定不是"。布隆过滤器工作流程如图 6-23 所示，节点会在通信链路上建立一个过滤器，限制只接收含有目标地址的交易，从而能过滤掉大量不相关的数据，减少客户端不必要的下载量。

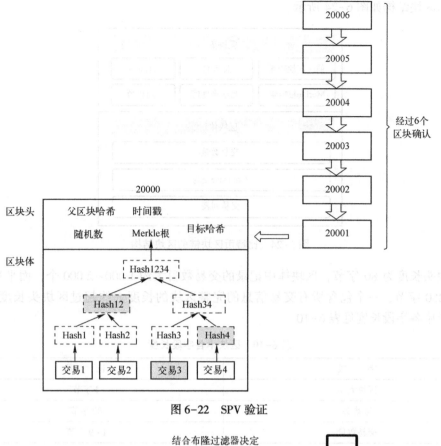

图 6-22 SPV 验证

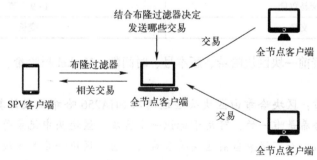

图 6-23 布隆过滤器工作流程

6.4 比特币区块链

区块链的数据结构是由包含交易信息的区块按时间戳顺序有序链接起来的，下面详细介绍区块结构、Merkle 树、交易结构、挖矿算法和比特币分叉。

6.4.1 区块结构

区块中记录着比特币的交易信息，是聚合交易信息的容器数据结构。比特币网络中的第一个区块由中本聪创建，被称为创世区块。该区块被静态写入比特币客户端软件中，从而构建一个安全的、可信的区块链的根。一般来说，区块由区块头和区块体两部分组成，比特币区块链的区块结构如图 6-24 所示。

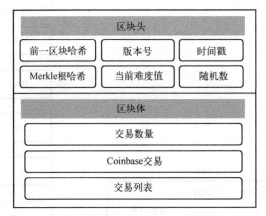

图 6-24 比特币区块链的区块结构

区块头长度为 80 字节，区块体中记录的交易数目大约 1 000~2 000 个，而平均每个交易至少 250 字节，一个包含所有交易信息的完整区块的长度大约超过区块头长度的 1 000 倍。区块中各字段长度见表 6-10。

表 6-10　区块中各字段长度

字　　段	长　　度
区块大小	4 字节
区块头	80 字节
交易数量	1~9 字节
交易	变长

区块头中记录着前一块区块哈希、版本号、时间戳、Merkel 根哈希、当前难度值、随机数等参数。

- 前一区块哈希：区块哈希由区块头经过两次 SHA256 哈希函数计算生成，一般为 32 字节。区块哈希是唯一的，可用于标识一个区块。区块头中记录着当前区块的前一个区块的哈希值，而不记录当前区块的哈希值。前一区块哈希是区块之所以能够连成区块链的关键字段，该字段使得各区块之间可以连接起来，形成一个巨大的"链条"。每个区块都必须要指向前一个区块，否则无法通过验证。这个区块链条会一直追溯到源头，也就是指向创世区块。

- 版本号：表示验证区块时所遵循的规则，标识了当前区块是在什么 Bitcoin Core 系统版本下生成的，一般为 4 字节。

- 时间戳：表示数据写入区块的近似时间，时间戳为区块增加了时间维度，有助于快速定位区块信息，同时形成数据的不可伪造性。

- Merkle 根哈希：比特币交易以 Merkle 树的方式记录在区块体内，区块头中记录着 Merkle 树根的哈希值。

- 当前难度值（Bits）：表示当前区块被挖出的难度，一般为 4 字节。当前难度值是压缩格式的当前目标值（Target），当前区块头哈希之后要小于等于这个目标值。难度值是矿工挖矿时的一个重要指标，它决定了矿工要进行多少次哈希运算才能得到一个合法的区块。比特币的区块大概每10分钟生成一个，随着时间的推移全网算力会不断增强，为了保证区块生成的速率一直是每10分钟一个，需要不断调整难度值。

- 随机数：即满足难度值的随机数，该参数通过挖矿计算得出。随机数可以理解为一个答案，对于每一个区块来说是唯一的。这个答案获得很困难，但是验证很容易。有效的答案有很多个，但是只需要找到一个答案就可以了。

区块体中记录着当前区块中存储的交易数量、Coinbase 交易和多笔比特币交易。比特币系统中规定区块中的第一笔交易为 Coinbase 交易，是由挖矿产生的比特币奖励。

1. 创世区块

创世区块（Genesis Block）是指区块链中的第一个区块，创建于 2009 年。它是区块链内所有区块的共同祖先，任一区块向前追溯，最终都会指向创世区块。创世区块被编入到比特币客户端软件里，以确保创世区块不会被改变，从而构建一个安全的、可信的区块链的根。每一个节点都"知道"创世区块的哈希值、结构、被创建的时间和里面的一个交易。创世区块 50 比特币的收益被发送到地址"1A1zP1eP5QGefi2DMPTfTL5SLmv7DivfNa"中，这笔交易为创始交易，创世区块中只包含了这一笔交易。创始区块的哈希值如下：

```
000000000019d6689c085ae165831e934ff763ae46a2a6c172b3f1b60a8ce26f
```

通过比特币客户端命令行查看创世区块如下。

```
$bitcoindgetblock 000000000019d6689c085ae165831e934ff763ae46a2a6c172b3f1
b60a8ce26f
    {
        "hash":"000000000019d6689c085ae165831e934ff763ae46a2a6c172b3f1b60a8ce26f",
        "confirmations":308321,
        "size":285,
        "height":0,
        "version":1,
        "merkleroot":"4a5e1e4baab89f3a32518a88c31bc87f618f76673e2cc77ab2127
b7afdeda33b",
        "tx":["4a5e1e4baab89f3a32518a88c31bc87f618f76673e2cc77ab2127b7afdeda33b"],
        "time":1231006505,
        "nonce":2083236893,
        "bits":"1d00ffff",
        "difficulty":1.00000000,
        "nextblockhash":"00000000839a8e6886ab5951d76f411475428afc90947ee320161bbf18eb6048"
    }
```

2. 区块链

区块中包含每一个曾在比特币系统中执行过的有效交易，区块链是由区块相互连接形成的链式存储结构，区块链示意图如图 6-25 所示。区块链是所有比特币节点共享的交易数据库，比特币全节点保存了完整的区块链副本。诚实矿工会在区块链最后一个区块的基础上生成后续区块。随着新区块的增加，比特币节点会不断地更新扩展这个链条。由于每个区块包含前一个区块的哈希值，这就使得从创世区块到当前区块形成了一条链式结构，每个区块按照时间顺序跟随在前一个区块之后。要改变一个已经在区块链中存在了一段时间的区块，从计算上来说是不可行的。对每个区块头进行双 SHA256 哈希计算，可生成一个区块哈希。通过这个哈希值，可以识别出区块链中对应的区块。同时，每一个区块头中都记录了前一个区块哈希。也就是说，每个区块头都包含它的父区块哈希值。这样就把每个区块链接到了各自父区块上，形成了一条一直可以追溯到创世区块的链条。当父区块有任何改动时，父区块的哈希值也会发生变化。这将迫使子区块的"前一区块哈希值"字段发生改变，从而又将导致子区块的哈希值发生改变。而子区块的哈希值发生改变，又将迫使孙区块的"前一区块哈希值"字段发生改变，又因此改变了孙区块哈希值，以此类推。一旦一个区块有很多代以后，这种瀑布效应会保证该区块不容易被篡改。所以一个长区块链的存在可以让区块链的历史不可更改，这也是比特币安全性的一个关键特征。

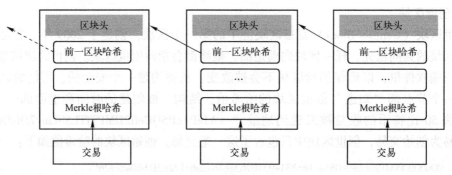

图 6-25　区块链示意图

6.4.2　Merkle 树

Merkle 树是由哈希值构成的二叉树，父节点是两个子节点双 SHA256 的结果，用于快速验证交易的存在性和完整性。由于其二叉树结构，需要偶数个叶子节点。当有奇数个交易被打包成区块时，最后的交易会被复制一份以构成偶数个叶子节点。图 6-26 所示为比特币区块链中的 Merkle 树，最下层是比特币交易，每一笔交易通过双 SHA256 计算出一个哈希值，层层计算得到 Merkle 根哈希值。最后将根哈希值记录在区块头中，比特币交易保存在区块体内，中间的哈希值只是运算过程并不会保存在区块内。Merkle 树的设计使得无论区块体内存储多少笔交易，最后存入区块头的根哈希值只有 32 字节，可以节省区块头的存储空间。在确认某一笔交易时，只需对某一个分支进行校验，可以提高验证交易的效率。

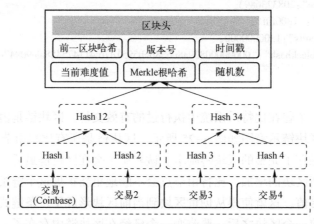

Hash 1=SHA256(SHA256(交易1))　　Hash 2=SHA256(SHA256(交易2))
Hash 12=SHA256(SHA256(Hash 1+Hash 2))

图 6-26　比特币区块链中的 Merkle 树

6.4.3 交易结构

交易本质上是包含了一组输入列表和输出列表的数据结构，其中包括了交易金额、来源和收款人等信息。表6-11展示的是比特币交易的数据格式。

表6-11 比特币交易的数据格式

字 段	长 度	描 述
版本	4字节	明确这笔交易参照的规则
输入数量	1~9字节	包含交易输入数量
输入列表	不定	一个或多个交易输入
输出数量	1~9字节	包含交易输出数量
输出列表	不定	一个或多个交易输出
锁定时间	4字节	一个区块号或UNIX时间戳

1. UTXO 账本模型

比特币中没有账户概念，采用的是未使用的交易输出（Unspent Transaction Output，UTXO）模型，比特币交易模型如图6-27所示。比特币交易的基本单位是未经使用的一个交易输出，简称UTXO。UTXO是不能再分割的、记录在区块链中的，并被整个网络识别成货币币单元的一定量的比特币数字货币。

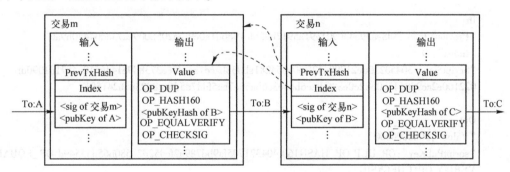

图6-27 比特币交易模型

在比特币中的每一笔交易花费的是先前交易的输出，并产生新的输出。UTXO模型如图6-28所示，假设用户A想给用户B转7.5比特币，用户A的钱包首先解锁10比特币的UTXO，并使用这10比特币作为交易的输入。该交易将7.5比特币发送到用户B的地址，并且将2比特币以新的UTXO的形式发回给用户A。此时总输入为10比特币，总输出为9.5比特币，其中的0.5比特币是本次交易的交易费。UTXO模型也可以有多个输入。当用户D想花费6比特币时，钱包会解锁交易4和交易3，总输入为6.5比特币，这样就可以正常进行交易了。用户的钱包会检索与用户拥有的所有地址相关联的未使用交易的列表，并根据UTXO计算用户余额。验证一笔交易的余额是否充足，是向上追溯交易的过程。

最常见的交易形式是从一个地址到另一个地址的简单支付，这种交易也常常包含给支付者找零。一般交易有一个输入和两个输出，如图6-28中"交易1"所示。另一种常见的交易形式是集合多个输入到一个输出的模式，如图6-28中"交易5"所示。这相当于现实生活中将很多硬币和纸币零钱兑换为一个大额面钞。像这样的交易有时由钱包应用产生来清理许多在支付过程中收到的小数额找零。最后，另一种在比特币账本中常见的交易形式是将一个输入分配给多个输出，如图 6-28 中"交易 4"所示。这类交易有时被商业实体用作分配资金，例如给多个雇员发工资的情形。

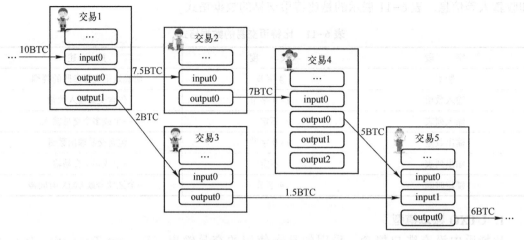

图 6-28　UTXO 模型

2. 输入和输出

交易的输入输出具体实例如下。

```
In
"Previous tx"：f5d8ee39a430901c91a5917b9f2dc19d6d1a0e9cea205b009ca73dd04470b9a6
"Index"：0
"ScriptSig"：304502206e21798a42fae0e854281abd38bacd1aeed3ee3738d9e1446618c4571d1090db
022100e2ac980643b0b82c0e88ffdfec6b64e3e6ba35e7ba5fdd7d5d6cc8d25c6b241501

Out：
"Value"：5000000000
"scriptPubKey"：OP_DUP OP_HASH160 404371705fa9bd789a2fcd52d2c580b65d35549d OP_EQUAL-
VERIFY OP_CHECKSIG
```

输入中的"Previous tx"是之前交易的 Hash 值，"Index"是引用交易的编号，"ScripSig"是一个解锁脚本。输出中的"Value"记录金额，是以聪为单位的数值。"ScriptPubKey"是锁定脚本。简单来说，交易输入是指向之前的 UTXO 的指针。若想支付 UTXO，一个交易的输入也需要包含一个解锁脚本，以用来满足 UTXO 的支付条件。解锁脚本通常是一个签名，用来证明对于在锁定脚本中比特币地址的所有权。输出中记录金额和锁定脚本，用于限制只有收方可以花费这笔 UTXO。几乎所有的输出都能创造一定数量的可用于支付的比特币，也就是 UTXO。这些 UTXO 记录在区块链中等待所有者在未来使用它们。

3. 创币交易

每一个区块中的第一笔交易是一个特殊交易，称为创币交易或 Coinbase 交易。创币交易中记录着通过挖矿而新产生的比特币信息，用来给记账的矿工发奖励。奖励金额包括创币奖励和区块中所有交易的交易费总和。币交易的输入与标准交易输入不同，不需要指定一个 UTXO，而是包含一个"Coinbase"输入，标准交易的输入结构和创币交易的输入结构对比见表 6-12。创币交易不包含解锁脚本字段，这个字段被创币数据代替，长度为 2～100 字节，除了必须以区块高度开始外，矿工可以任意填充 Coinbase 数据的其余部分。

表 6-12　标准交易的输入结构和创币交易的输入结构对比

标准交易输入			创币交易输入		
字段	长度	描述	字段	长度	描述
交易哈希值	32 字节	指向要花费的 UTXO	交易哈希值	32 字节	不引用任何交易，全 0
交易输出索引	4 字节	被花费 UTXO 的索引号	交易输出索引	4 字节	值为全 1
解锁脚本长度	1~9 字节	解锁脚本的长度	Coinbase 长度	1~9 字节	Coinbase 数据长度
解锁脚本	变长	解锁 UTXO 中锁定脚本	Coinbase 数据	变长	以区块高度开始的字符串
序列号	4 字节	交易替换功能，未启用	序列号	4 字节	交易替换功能，未启用

6.4.4　挖矿算法

比特币系统中的共识机制采用的是工作量证明算法（Proof of Work，PoW），俗称"挖矿"。传统支付系统都依赖于一个中心认证机构，依靠中心机构提供的结算服务来验证并处理所有的交易。比特币没有中心机构，几乎所有的完整节点都有一份比特币账本的备份，这份账本可以被视为认证过的记录。区块链并不是由一个中心机构创造的，它是由比特币网络中的所有节点各自独立竞争完成的。换句话说，比特币网络中的所有节点，依靠节点间不稳定的网络连接所传输的信息，最终得出同样的结果并维护了同一个公共账本。在此过程中，不依靠中心机构而达成的共识机制就是工作量证明算法。共识机制验证比特币交易的有效性，确保比特币系统安全，在没有中央权力机构的情况下实现全网共识。挖矿同时也是发币机制和激励机制，新币发行和交易费会激励矿工的行动与网络安全保持一致。通过共识验证被添加到区块链上的交易称为确认（Confirmed）交易。比特币拥有者只能花费确认交易中得到的比特币。共识过程如图 6-29 所示，共识是数以千计的独立节点遵守了简单的规则、通过异步交互自发形成的产物，共识过程如下。

- 每个全节点对交易进行独立验证。验证通过的交易存储在交易池中，并广播至全网。
- 矿工们通过算力来竞争记账权，即竞争成为记账节点。
- 矿工们会在交易池中选取若干交易并增加一个用于发行新比特币的 Coinbase 交易存入区块体内。
- 计算区块体内交易集合的 Merkle 根哈希值记入区块头，并填写区块头的其他元数据，其中随机数置为零。
- 随机数加 1，计算当前区块头的双 SHA256 哈希值是否小于等于目标值。不断更改随机数，直至计算出符合目标值的随机数。
- 最先计算出正确随机数的矿工向全网广播新生成的区块，成为记账节点。
- 每个节点对新区块进行验证，验证通过后链接到本地维护的区块链上。
- 节点们共同维护区块链，一段时间后，在工作量证明机制下选择累积工作量最大的区块链来同步相应数据。

为什么要通过算力竞争记账权？简单理解 PoW 共识机制就是矿工通过提交一个证明，用来确认矿工做过一定量的工作。这个证明由工作量证明谜题解出，算力越大解出谜题的概率就越高，谁先解出答案，谁就获得了记账权利。这个谜题就是找到一个随机数，使得新区块头的哈希值小于当前难度目标值。也就是说，SHA256（SHA256（前一区块哈希 ‖ 版本号

‖时间戳‖当前难度值（Bits）‖ Merkle 根哈希‖随机数））≤目标值（Target）。这里用到了哈希算法的一个性质，哈希值很难反向推导出原始数据。也就是说当 Hash(X) = Y，从 X 计算出 Y 是很容易的，但是很难从 Y 推到出 X。所以，矿工们需要大量的算力求出区块头中的随机数。比特币系统引入节点的算力竞争来保证数据一致性和共识的安全性，但是其不足也很明显，会引发资源浪费的问题。

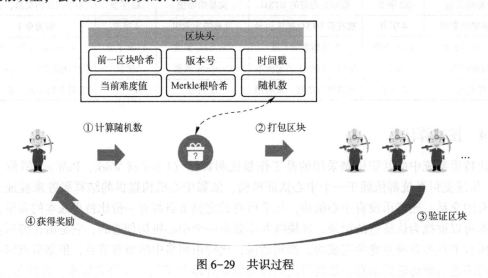

图 6-29 共识过程

随着硬件设备的发展，全球算力逐步提升，比特币挖矿难度值也在发生变化。难度值的调整是在每个完整节点自动发生的，每隔 2016 个区块统一自动调整难度目标值，使得每 10 分钟产生一个区块。

- 新难度值=旧难度值×(过去 2016 个区块花费时长/20160 分钟)。
- 目标值=最大目标值/难度值。
- 最大目标值= 0x00000000FFFFFFFFFFFFFFFFFFFFFFFFFFFFFFFFFFFFFFFFFFFFFFFFFFFFFFFFFF。

比特币受到高度关注的原因之一是能够在决策权高度分散的去中心化系统中，使得各节点对区块数据的有效性和一致性达成共识。即使真正确认一笔交易大约要花费 60 分钟的时间，但是在当时来说还是可以接受的。决策权的分散性往往与共识效率成反比，共识机制的安全性和高效性一直是分布式计算领域的重要研究问题。

6.4.5　比特币分叉

比特币网络的拓扑结构不是基于地理位置组织起来的。比特币节点分布全球，同一个网络中相互连接的节点，可能在地址位置上相距甚远。在真实的比特币网络内，节点间的距离是根据"跳"来衡量的。当有两个候选区块同时想要延长最长区块链时，分叉事件就会发生。比较常见的分叉是两个矿工几乎同时找到了符合要求的随机数并广播给系统中的其他节点，离他们较近的节点会验证和同意这个候选区块。其结果是，一些节点收到了一个候选区块，而另一些节点收到了另一个候选区块，这时两个不同版本的区块链就出现了。此时系统会产生暂时性的分叉，区块链会继续延续下去。一段时间后，所有节点会选择最长或最大累积难度的链作为主链，这样整个比特币网络最终会收敛到一致的状态。

除此之外，比特币系统也会经历不断更新迭代的过程。比特币节点分布非常广泛，在无法强制控制的情况下，很容易发生一些节点更新了系统而另一部分节点还在使用旧版本系统的情况。当新旧版本不兼容时，之后产生的区块将无法连接到同一条链上，就会产生分叉。比特币分叉可以分为软分叉和硬分叉，如图 6-30 所示。软分叉是指比特币协议更新后，部分节点由于没有更新系统，导致产生不合法的区块，会发生临时性的分歧。硬分叉是指区块链发生了永久性的分歧，会导致出现新的币种。

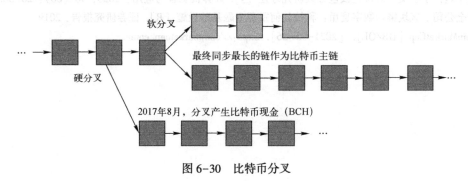

图 6-30　比特币分叉

6.5　习题

1. 什么是比特币？比特币与区块链是什么关系？
2. 简述比特币密钥和地址的生成过程。
3. 简述比特币钱包的作用和种类。
4. 简述比特币的交易流程。
5. 简述比特币区块链的存储结构。
6. 简述比特币的共识过程。
7. 什么是 UTXO 账本模型？和传统的账户模型有什么差别？

参考文献

［1］NAKAMOTO S, BITCOIN A. A peer‐to‐peer electronic cash system［EB/OL］. https://bitcoin. org/bitcoin. pdf.

［2］JAKOBSSON M, JUELS A. Proofs of work and bread pudding protocols［M］//Secure information networks. Springer, Boston, MA, 1999：258-272.

［3］Böhme R, CHRISTIN N, EDELMAN B, et al. Bitcoin：Economics, technology, and governance［J］. Journal of economic Perspectives, 2015, 29（2）：213-38.

［4］YERMACK D. Is Bitcoin a real currency? An economic appraisal［M］//Handbook of digital currency. Academic Press, 2015：31-43.

［5］NARAYANAN A, BONNEAU J, FELTEN E, et al. Bitcoin and Cryptocurrency Technologies：A Comprehensive Introduction［M］. Princeton：Princeton University Press, 2016.

［6］ANDREAS M A. 精通比特币［M］. 2 版影印版. 南京：东南大学出版社, 2018.

［7］宋波, 张鹏, 汪晓明, 等. 区块链开发指南［M］. 北京：机械工业出版社, 2018.

［8］中国区块链技术和应用发展白皮书［R］. 北京：工业和信息化部信息化和软件服务业司, 2016：1-5.

[9] 袁勇，王飞跃. 区块链技术发展现状与展望 [J]. 自动化学报，2016，42 (4)：481-494.

[10] 何蒲，于戈，张岩峰，鲍玉斌. 区块链技术与应用前瞻综述 [J]. 计算机科学，2017，44 (04)：1-7+15.

[11] 沈鑫，裴庆祺，刘雪峰. 区块链技术综述 [J]. 网络与信息安全学报，2016，2 (11)：11-20.

[12] 秦波. 比特币与法定数字货币 [J]. 密码学报，2017，4 (2)：176-186.

[13] 张中霞，王明文. 区块链钱包方案研究综述 [J]. 计算机工程与应用，2020，56 (06)：28-38.

[14] 中金公司. 区块链与数字货币：科技如何重塑金融基础设施 [R]. 证券研究报告，2019.

[15] CoinMarketCap [DB/OL]. [2021-05-26]. https://coinmarketcap.com/.

第7章 以 太 坊

以太坊是首个内置图灵完备编程语言的公有链，其目标是构建新一代智能合约和去中心化应用平台。相比于全球账本的比特币，以太坊可以看作是全球计算机允许全球范围内任何人利用智能合约在平台中创建和运行去中心化应用（Decentralized Application, DApp）。截至 2021 年 1 月，以太坊市值仅次于比特币，是目前最为流行的智能合约开发平台。本章将首先概述以太坊发展历程，然后重点介绍以太坊体系架构、核心概念以及挖矿过程，最后概述以太坊钱包、客户端和浏览器。

7.1 以太坊发展历程

以比特币为代表的区块链 1.0 主要应用于加密货币领域，为了防止因操作失误或恶意攻击等行为导致的死循环，大多通过基于堆栈的脚本语言控制交易过程以保证加密货币结算安全。然而，脚本语言是一种非图灵完备的、缺少状态的编程语言，从而极大限制了区块链应用范围。2013 年，Vitalik Buterin 将智能合约引入区块链创立了以太坊（Ethereum），使得区块链具备实现上层业务逻辑、承载垂直行业应用的能力，从而推动区块链由 1.0 时代进入 2.0 时代。

按照以太坊最初的规划，以太坊发展将分成 4 个阶段，即 Frontier（前沿）、Homestead（家园）、Metropolis（大都会）和 Serenity（宁静）。前 3 个阶段是以太坊 1.0，第 4 个阶段 Serenity 是以太坊 2.0。每个阶段都会发生过渡性的硬分叉，以确保以太坊可以不断地优化和提升。截至目前，以太坊发生过的硬分叉有：Ice Age（冰河时代）、Homestead（家园）、The DAO、Tangerine Whistle（橘子口哨）、Spurious Dragon（伪龙）、Byzantium（拜占庭）、Constantinople/St. Petersburg（君士坦丁堡和圣彼得堡）、Istanbul（伊斯坦布尔）、Muir Glacier（缪尔冰川）等，如图 7-1 所示。

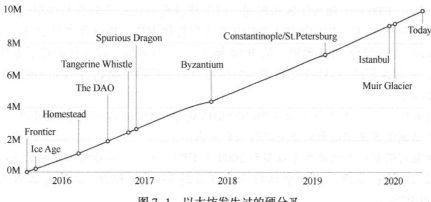

图 7-1　以太坊发生过的硬分叉

硬分叉（Hard Fork）是指以不支持前向兼容的方式升级网络，网络在某个特定区块上被激活，未升级节点拒绝已经升级节点产生的区块。具体地讲，网络升级是指对以太坊底层协议进行更改，创建新规则以改进系统。一般地，硬分叉需要与社区以及各种以太坊客户端的开发者们进行合作和沟通，确保所有节点在区块激活之前都会升级到新版本，从而保证旧链终究会被废弃而不会导致链条分裂。否则会因为版本的不兼容使得区块链分成两条链。与之相对的是支持前向兼容方式升级的软分叉（Soft Fork），未升级节点接受已升级节点产生的区块。尽管软分叉中新旧节点仍然处于同一条区块链上，但其前向兼容性使得只能在已有结构下做修改，升级空间有限。此外，未升级节点对新规则的不理解导致放松了对区块有效性校验，可能会导致安全问题。

7.1.1 Frontier 阶段

2013 年 12 月，Vitalik Buterin 第一次描述了以太坊，之后便发布了题为"下一代智能合约和去中心化应用平台"的以太坊白皮书（Ethereum White Paper），介绍了以太坊的出发点、设计理念和基本原理。2014 年 1 月，Vitalik Buterin 在美国佛罗里达州迈阿密举行的北美比特币会议上正式公布了以太坊项目。随后 Gavin Wood 加入了以太坊担任 CTO，并于 2014 年 1 月完成了以太坊的概念验证原型（Proof of Concept-1，PoC-1），这是 C++版本以太坊客户端 Cpp-Ethereum 的最初原型。2014 年 3 月，以太坊团队发布了 PoC-3，并最终将以太坊总部搬到了瑞士楚格州。

2014 年 4 月，Gavin Wood 发布了题为"以太坊：一个安全的去中心化的通用交易账本"的以太坊黄皮书（Ethereum Yellow Paper），通过大量的定义和公式详细地描述了以太坊的技术实现细节以及以太坊虚拟机（EVM）的运行机制。随后在 2014 年 4 月 17 日发表了题为"DApps：What Web 3.0 Looks Like"的文章，阐述了其对"后斯诺登"时代 Web 3.0 形态的构想，体现在 4 个组件上，即静态内容发布（Static Content Publication）、动态消息（Dynamic Messages）、机器信任的交易（Trustless Transactions）和一个集成的用户界面（An Integrated User-Interface）。后来，以太坊客户端被 C++、Go、Python、Java、JavaScript、Haskell、Rust 这 7 种不同语言实现，为以太坊快速可持续发展奠定了基础。2014 年 6 月，以太坊团队发布了 PoC-4，并加速向 PoC-5 发展。

1. 以太坊预售

2014 年 7 月，在瑞士楚格州成立了以太坊基金会（Ethereum Foundation），由其发布了以太币（Ether, ETH）的预售计划和规则。以太坊基金会是一个非营利性组织，主要负责管理 ETH 销售资金，并为以太坊技术和应用的发展提供支持。2014 年 7 月 22 日，以太坊团队发布了 PoC-5 以配合 ETH 预售。从 2014 年 7 月 24 日开始，以太坊进行了为期 42 天的 ETH 预售，一共募集到 31531 个比特币，根据当时的比特币价格折合 18439086 美元。具体预售细节如下。

- 预售时所使用的比特币地址是 36PrZ1KHYMpqSyAQXSG8VwbUiq2EogxLo2，在比特币区块链浏览器里可以看到每一笔转入和转出。
- 在预售前两周一个比特币可以买到 2000 个 ETH，一个比特币能够买到的 ETH 数量随着时间递减；最后一周一个比特币可以买到 1337 个 ETH。最终售出的 ETH 数量是 60102216。
- $0.099x$（$x=60102216$ 为发售总量）个 ETH 被分配给在比特币融资之前参与开发的早

期贡献者；另外一个 0.099x 将分配给长期研究项目。

- 以太坊正式发行时有 60102216+60102216×0.099×2=72002454 个 ETH。

自上线时起，在 PoW 阶段，计划每年最多有 60102216×0.26=15626576 个 ETH 被矿工挖出，在 1~2 年内转成 PoS 后，每年产出的 ETH 将减少。

2. 以太坊诞生

2014 年 8 月，Gavin Wood 发布了以太坊智能合约的高级开发语言 Solidity。开发者可以利用 Solidity 开发智能合约并部署在以太坊上且由 EVM 解释执行。2014 年 10 月，以太坊团队发布了 PoC-6，区块生成时间从 60 秒减少到 12 秒，并使用了新的基于 GHOST 的协议。2014 年 11 月，以太坊团队在柏林组织了第一届以太坊开发者会议（Devcon-0），以推动以太坊向着高可靠、高安全和高可扩展性的方向发展。2015 年 1 月，以太坊团队发布了 PoC-7。2015 年 2 月，以太坊团队发布了 PoC-8。2015 年 3 月，以太坊团队发布了一系列关于发布创世区块的声明。2015 年 4 月，以太坊开发者资助项目 DEVgrants 成立，该项目旨在为以太坊的开发者提供开发资金，以推动以太坊持续优化。

2015 年 5 月 9 日，以太坊团队发布最后一个 PoC-9，为 Frontier 预先测试网络 Olympic。Olympic 又被称为以太坊 v0.9，是以太坊的首个公共测试网络，网络标识符（Network Identifier, NetworkID）为 0。NetworkID 用以标识网络层，NetworkID 不一致的节点无法建立连接。为了更好地测试以太坊发布后的运行情况，Vitalik Buterin 宣布对 Olympic 开展 14 天左右的测试活动，为参与 Olympic 压力测试的人们提供 25000 个 ETH 奖励。测试要求是在网络上乱发交易并疯狂破坏网络状态，进而了解如何应对这种高负载情况。对 Olympic 的测试活动共设置了 4 类测试任务，包括交易活动、虚拟机使用、挖矿能力和一般性惩罚。每一类设置一个 2500ETH 的大奖，一个或多个 100ETH 到 1000ETH 的小奖以及 0.1ETH-5ETH 的参与奖。该测试活动持续了 14 天左右。

2015 年 7 月 30 日，以太坊团队正式发布了 NetworkID 为 1 的 Frontier，标志着以太坊网络正式诞生运行。与此同时，替代 Olympic 的 Frontier 测试网络 Morden 上线，NetworkID 为 2。由于臃肿区块链的长同步时间以及 Geth 和 Parity 客户端之间的共识问题，Morden 于 2016 年 11 月被废弃，由测试网络 Ropsten 取代。以太坊创世区块中有 8893 个交易，是 2014 年 ETH 公开发售时用户购买 ETH 发生的交易数据，以太坊创世区块如图 7-2 所示。

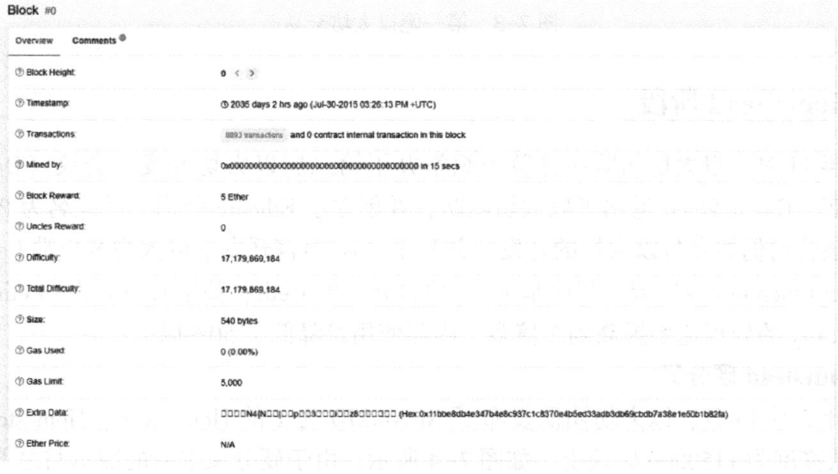

图 7-2　以太坊创世区块

总体而言，Frontier 是以太坊的原始状态，其并不是一个安全可靠的系统，其主要特征体现如下。

- 区块奖励。矿工每挖出以太坊中一个新区块并得到确认后可获得 5 个 ETH 的奖励。
- GasLimit 设置。为了给矿工提供一段缓冲时间以帮助他们配置客户端同时熟悉以太坊相关操作，Frontier 将每个区块的 GasLimit 硬编码为 5000，而完成一笔交易通常至少需要 21000 Gas，因此早期的以太坊只能进行挖矿操作。随后，将每个区块的 Gas 上限（GasLimit）由 5000 提高到一个默认的目标值 3141592。然而，由于每个区块的 Gas 上限是逐步调整的，即允许矿工将当前区块的 Gas 上限调整为上一个区块 Gas 上限上下浮动 1/1024（0.0976%），因此在区块高度为 46147 里面打包了第一笔以太坊交易，如图 7-3 所示。
- 金丝雀合约（Canary Contract）。Frontier 中引入了具有中心化保护机制的金丝雀合约，用来及时阻止网络中出现的错误操作或无效交易。若合约被赋值为 1，客户端就能识别出这是一条出错的链，并在挖矿时避开这条无效链。
- 命令行客户端。Frontier 中没有图形化操作界面，所有客户端操作只能通过命令行实现。因此，早期使用者大多局限于熟悉以太坊并具备操作经验的专业人员。

图 7-3　第一笔以太坊交易

7.1.2　Homestead 阶段

2015 年 11 月，以太坊团队在伦敦组织举办了第二届以太坊开发者会议（Devcon-1）。2015 年年底，Gavin Wood 退出了以太坊团队，并创立了 Ethcore 公司，后改名为 Parity Technologies。该公司仍然参与以太坊的开发，并基于 Rust 语言开发了以太坊客户端 Parity，现已改名为 OpenEthereum 客户端。相比基于 Go 语言开发的 Geth、基于 C++开发的 eth 等以太坊客户端，Parity 的处理速率提高到 2 倍多，内存使用量降低了 50% 以上。

1. Homestead 硬分叉

2016 年 3 月 14 日，以太坊团队发布了 NetworkID 为 1 的 Homestead。Homestead 硬分叉发生在区块高度为 1150000 区块上，如图 7-4 所示。由于硬分叉之后的版本与之前的版本不能兼容，因此所有节点必须完成版本升级才能同步更新主链数据进行挖矿操作。

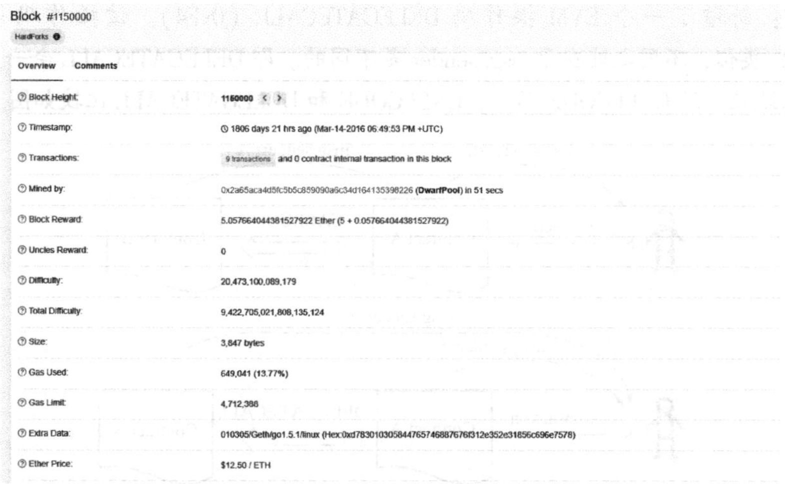

图 7-4　Homestead 硬分叉区块

总体而言，相比 Frontier，Homestead 主要的改进如下。

- 取消了金丝雀合约，移除了以太坊的中心化功能。
- 在 Solidity 中引入了新操作码 DELEGATECALL（0xF4）。
- 上线了 Mist 钱包，提供了图形界面的 Mist 钱包客户端，使得普通用户也可以方便地体验和使用以太坊。

Homestead 升级是以太坊改进提案（Ethereum Improvement Proposal，EIP）的最早实施案例之一。EIP 描述了以太坊平台标准，包括核心协议规范、客户端 API 和合约标准等。任何人都可以使用 EIP 模板（EIP Template）编写并通过 Pull Request 方式提交给以太坊 EIP 列表。EIP 分多种类型，每种类型都有自己的 EIP 列表，例如标准序列（Standard Track）提案类里有核心层改进（Core）、网络层改进（Networking）、接口层改进（Interface）和应用层意见征集（ERC）等；其他还有元提案类和信息提案类。一个成功的 EIP 通常会经历"草案（Draft）→最后召集（Last Call）→已接受（Accepted）→最终（Final）"等过程。Homestead 升级过程包含了如下 3 条 EIP。

- EIP-2：主要的硬分叉改变，见表 7-1。

表 7-1　主要的硬分叉改变

EIP-2	内　　容
EIP 2.1	通过交易创建合约的费用由 21000 增加到 53000。利用操作码 CREATE（0xF0）创建子合约不受影响
EIP 2.2	所有交易签名中签名值 s 比 secp256k1n/2 大的交易签名现在被认定无效。ECDSA 恢复预编译合约保持不变并且将继续接受高 s 值；若某个合约需要恢复以前的比特币签名，那么该功能就能起到作用了
EIP 2.3	如果一个合约没有收到足够的 Gas 来支付整个操作过程，那么合约创建将会失败，例如抛出没有 Gas 异常，而非留下一个空白合约
EIP 2.4	改变了挖矿难度调整算法，即如果区块在不到 10 秒内挖出，则增加难度；如果区块在 20 秒内挖出，则降低难度；如果区块在 10~20 秒之间挖出，则什么也不做；在一段长的时间内实现 10~20 秒的出块时间，从而实现平均 15 秒的目标 新的区块难度调整算法为：block_diff = parent_diff +［难度调整］+［难度炸弹］， ［难度调整］= parent_diff // 2048 * max｛1 - (timestamp - parent. timestamp) // 10，-99｝ ［难度炸弹］= int $(2^{block. number // 100000 - 2})$ 注：// 代表整数除法，INT 代表向下取整函数

- EIP-7：新增了一个 EVM 操作码 DELEGATECALL（0xF4）。该操作码与 CALLCODE（0xF2）类似，不同之处在于 msg. sender 是不同的。即 DELEGATECALL 会一直使用原始调用者的地址，而 CALLCODE 不会，CALLCODE 和 DELEGATECALL 比较如图 7-5 所示。

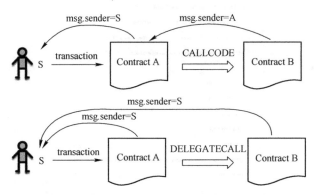

图 7-5 CALLCODE 和 DELEGATECALL 比较

- EIP-8：DEVp2p 线路协议、RLPx 发现协议和 RLPx TCP 传输协议的实现过程应该满足向前兼容性。应该根据伯斯塔尔法则（Postel's Law）实现 EIP-8 所定义行为的客户端，确保以太坊上使用的所有客户端都能适应未来的网络协议升级。

2. The DAO 硬分叉

2016 年 4 月 30 日，德国初创公司 Slock. it 发起了 The DAO（Decentralized Autonomous Organization）项目，并开启为期 28 天的众筹过程。该项目原本只是想利用以太坊来开发他们的"通用共享网络（Universal Sharing Network）"，后来扩展到去中心化的共享经济领域。每个参与众筹的人通过使用 ETH 购买 DAO 币，持有 DAO 币的参与者具有审查项目和投票表决的权利，其中投票权重与出资额相关。传统风投基金中，投资策略是由经验丰富的基金经理等专业人士制定的；而 The DAO 则是基于 The DAO 众筹项目中参与者的群体智慧。2016 年 5 月 28 日，众筹结束后共募集了超过 1150 万个 ETH。2016 年 6 月 9 日，以太坊开发者 Peter Vessenes 指出 The DAO 智能合约存在递归调用漏洞。2016 年 6 月 14 日，以太坊团队提出了修复方案，等待 The DAO 成员审核。2016 年 6 月 17 日，黑客发起针对 The DAO 智能合约漏洞的攻击，不断地从 The DAO 中分离资产，并向一个匿名地址转移了 360 万个 ETH，几乎占据 The DAO 所募集 ETH 总量的 1/3。根据该合约的设计，这些资金需要被冻结 28 天才能被成功转移。

随后 Vitalik Buterin 在以太坊官方博客发布了题为"CRITICAL UPDATE Re：DAO Vulnerability"的公告，提出基于分叉的解决方案。首先进行软分叉，使得从区块高度 1760000 开始，所有关于 The DAO、ChildDAO 的交易都将无效，以此来阻止黑客将 ETH 转移，然后再进行一次硬分叉将这些 ETH 找回。2016 年 6 月 18 日，开放交易验证后，社区号召用户发送大量垃圾交易以阻塞以太坊网络，从而可以减缓 The DAO 资产被转移的速度。2016 年 6 月 19 日，黑客再次发起了攻击，转移了少量的 The DAO 资产。2016 年 6 月 22 日，白帽子通过使用与黑客同样的方法将剩余 2/3 未被盗取的资产转移到了一个安全的子 DAO 中。2016 年 6 月 24 日，以太坊社区提交了软分叉提案。2016 年 6 月 28 日，Felix Lange 指出软分叉提案存在 DoS 攻击风险，能够让黑客伪造 Gas，并通过广播大量无效却标有高价 Gas 的智能合约，吸引矿工验证它们，从而使得整个区块不能去处理真实有效的交易。2016 年 6 月 30 日，Vitalik Buterin 提出硬分叉设想。2016 年 7 月 15 日，建立了退币合约，提供给硬分叉后的以太坊执行，使投资者可以从 The DAO 取回资金。2016 年 7 月 20 日，在超过 85%的算力支持下，以太坊在区块高度为 1920000 上发生了硬分叉，The DAO 硬分叉区块如图 7-6 所示。区块被强制恢复到攻击之前的状态，此后产生了以太坊（ETH）和以太经典（ETC）两条独立的区块链。为了避免一个交易在签名之后被重复提交到不同链上，一般需要在签名数据中加入链标识符（Chain Identifier，ChainID），例如 ETH 和 ETC 的 NetworkID 都是 1，但 ETH 的 ChainID 为 1，ETC 的 ChainID 为 61。

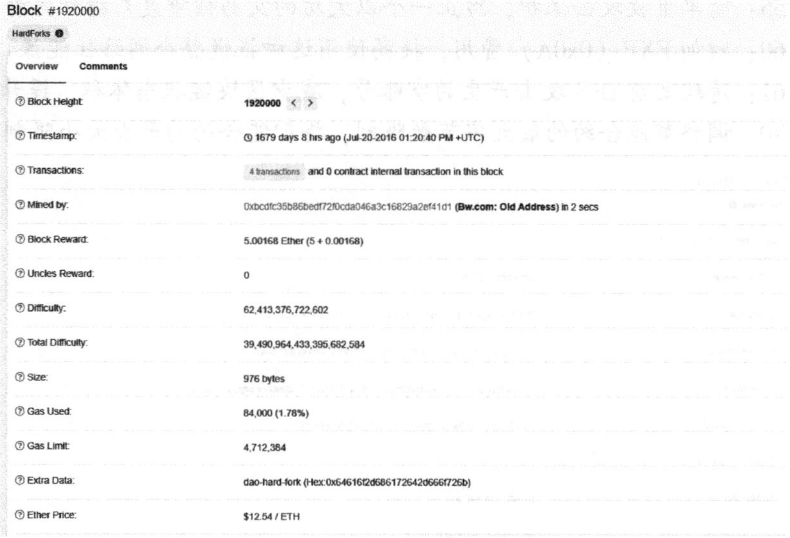

图 7-6　The DAO 硬分叉区块

3. Tangerine Whistle 硬分叉

当前，频繁的拒绝服务攻击（Denial of Service，DoS）已经严重影响以太坊正常运行，导致支持 ETH 存取服务的交易所和钱包都出现了延迟。为了缓解 DoS 攻击，2016 年 10 月 18 日，以太坊在区块高度为 2463000 上发生了硬分叉，Tangerine Whistle 硬分叉区块如图 7-7 所示。该升级过程仅包含 1 个 EIP，即 EIP-150，该提案通过修改一些 IO 密集 EVM

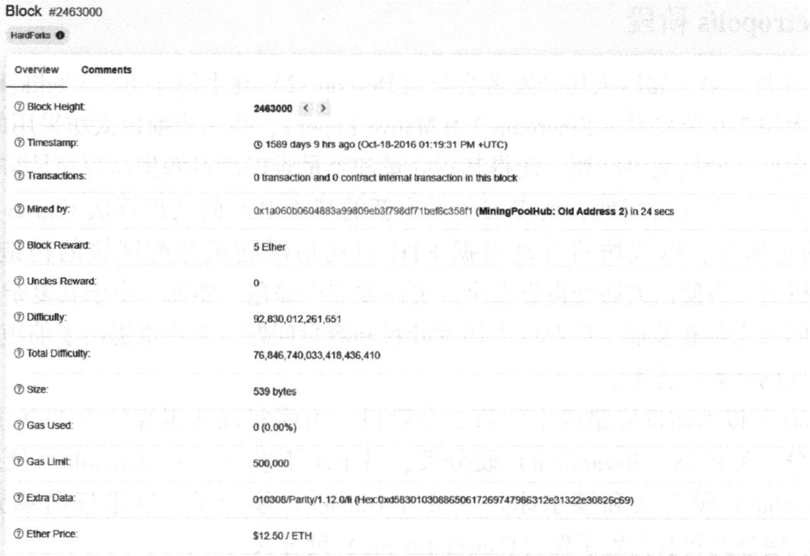

图 7-7　Tangerine Whistle 硬分叉区块

操作码的 Gas，以抵御垃圾交易攻击。例如，将 EXTCODESIZE 的 Gas 费用由 20 提高到 700，CALL、DELEGATECALL 和 CALLCODE 的 Gas 费用均由 40 提高到 700 等。

4. Spurious Dragon 硬分叉

为了缓解网络肿胀拥堵，提高网络交易速度。2016 年 11 月 22 日，以太坊在区块高度 2675000 上发生了 Spurious Dragon 硬分叉，Spurious Dragon 硬分叉如图 7-8 所示。该升级过程主要包括 4 个 EIP。

- EIP-155：简单重放攻击保护，防止一个以太坊的交易被重复广播到另外一条链上。
- EIP-160：增加 EXP（0x0A）费用，提高使用这种拖慢整个网络性能操作码的门槛。
- EIP-161：清理之前 DoS 攻击产生的空账号，减少区块链状态体积，提升网络性能。
- EIP-170：调整智能合约的最大字节数限制，将智能合约的最大大小限制为 24 KB。

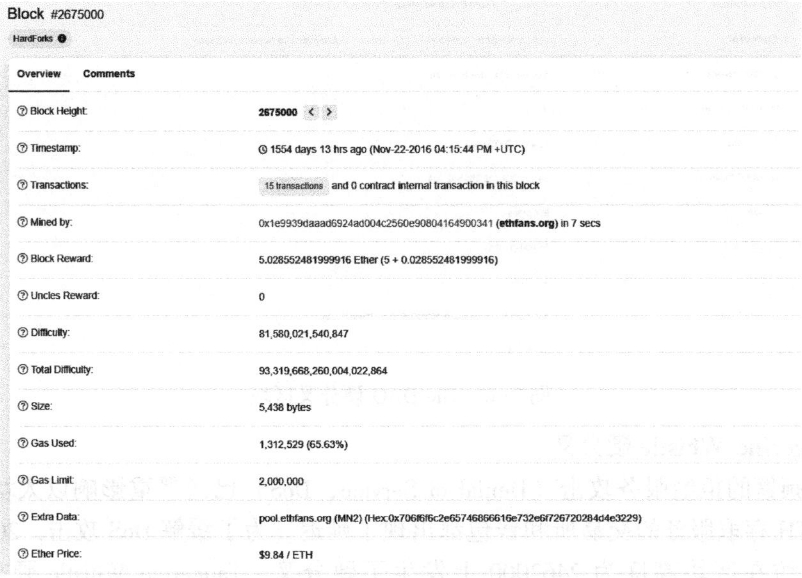

图 7-8　Spurious Dragon 硬分叉区块

7.1.3　Metropolis 阶段

2016 年 9 月，第三届以太坊开发者会议（Devcon-2）在上海举办，Vitalik Buterin 在会上发布了以太坊 2.0 紫皮书（Ethereum 2.0 Mauve Paper），指出当前以太坊采用的 PoW 共识算法存在效率低、能耗大等问题，使得其吞吐量和容量难以满足海量高频交易需求。针对现有以太坊共识算法存在的问题，紫皮书中提出新的基于 PoS 的共识算法 Capser，通过购买 ETH 获得的记账权，以太坊将自动根据 ETH 占比情况随机分配区块的构造和收益权。Capser 共识机制有望使以太坊变得更安全、更高效和更绿色。然而，由于其复杂性，仍然需要精力和时间去完善和验证。针对以太坊吞吐量和容量问题，紫皮书提出了缩短区块产生间隔时间和分区两种解决方案。

Metropolis 是以太坊发展路线中的第 3 个阶段，主要实现共识算法由 PoW 向 PoS 的过渡。该阶段分为拜占庭（Byzantium）硬分叉、君士坦丁堡（Constantinople）硬分叉、伊斯坦布尔（Istanbul）硬分叉和缪尔冰川（Muir Glacier）硬分叉。这里仅简单介绍拜占庭（Byzantium）硬分叉和君士坦丁堡（Constantinople）硬分叉。

1. Byzantium 硬分叉

Byzantium 硬分叉是 Metropolis 的第 1 个阶段，主要调整包括：引入 zk-SNARK 增强隐私性、修改区块的难度调整方法为过渡到 PoS 做准备、调整区块奖励、推迟难度炸弹等。2017 年 10 月 16 日，以太坊在区块高度 4370000 上完成了 Byzantium 硬分叉，如图 7-9a 所示。在此之前的 2017 年 9 月 19 日，以太坊在测试网络 Ropsten 中区块高度 1700000 进行了硬分叉测试，如图 7-9b 所示。Ropsten 替代了存在问题的 Morden，其 NetworkID 和 ChainID 都为 3。表 7-2 列出了 Byzantium 硬分叉升级过程全部的 ETPs。

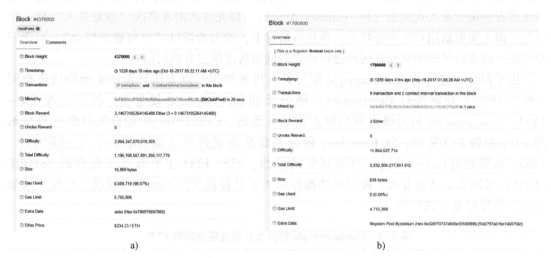

图 7-9　Byzantium 硬分叉区块

a）主网硬分叉区块　b）测试网硬分叉区块

表 7-2　Byzantium 硬分叉升级过程全部的 ETPs

EIPs	内　容
EIP-100	修改区块中难度调整方法，将叔区块加入难度调整，将现有难度调整计算公式由 $parent\_diff // 2048 * max\{1-(timestamp-parent.timestamp)//10,-99\}$ 调整为 $parent\_diff // 2048 * max\{(1+len(parent.uncles)-(timestamp-parent.timestamp)//9),-99\}$
EIP-140	增加 EVM 恢复操作码 REVERT（0xFD），允许在不消耗 Gas 条件下回滚交易并返回数据
EIP-196	增加椭圆曲线 alt_bn128 上的加法和标量乘法（Addition and Scalar Multiplication）等操作的预编译合约，在 GasLimit 允许情况下执行简洁的非交互式零知识证明（Zero-Knowledge Succinct Non-Interactive Argument of Knowledge，zk-SNARK）验证
EIP-197	增加椭圆曲线 alt_bn128 上最佳配对（Optimal ate Pairing）的预编译合约，同 EIP-196 一起对 zk-SNARK 执行有效的链上验证
EIP-198	增加对大整数模幂运算的支持
EIP-211	增加 EVM 操作码 RETURNDATASIZE（0x3D）和 RETURNDATACOPY（0x3E），使得合约函数能返回任意长度的数据
EIP-214	增加 EVM 操作码 STATICCALL（0xFA），允许调用其他合约或者自身，但不允许调用合约创建（CREATE）、触发事件（LOG）、存储写入（SSTORE）和合约销毁（SELFDESTRUCT）等引起状态改变的操作码
EIP-649	将 Metropolis 的难度炸弹（Difficulty Bomb）延迟到 Homestead 硬分叉区块之后的 300 万个左右区块，同时将区块奖励由 5ETH 降低到 3ETH，同时将叔区块奖励调整为（uncle. number+8-block. number）× 3/8，侄区块奖励调整为 3/32 ETH
EIP-658	在收据中嵌入交易状态码，用以标识顶级函数调用成功还是失败

2. Constantinople 硬分叉

Constantinople 硬分叉是 Metropolis 的第 2 个阶段，原计划于 2018 年 10 月 9 日在 Ropsten 中进行硬分叉测试，然而在 2018 年 10 月 5 日发现升级网络版本存在漏洞，于是推迟到 2018 年 10 月 13 日。后因 EIP-1234 遭到矿工抵制导致硬分叉升级版本未被激活。2018 年 12 月 7 日，以太坊开发团队决定于 2019 年 1 月 16 日在主网区块高度 7080000 上激活 Constantinople 硬分叉。然而在 2019 年 1 月 15 日，安全审计公司 ChainSecurity 公司通过以太坊基金会的 Bug 悬赏计划向以太坊开发团队披露了 EIP-1283 中存在一个漏洞，将导致 Constantinople 硬分叉后容易遭受重入式攻击（Re-entrancy Attack），即允许攻击者多次"重新进入"同一个函数，而无须更新用户的事务状态。在这种情况下，攻击者可以"重复撤回资金"。出于安全考虑，以太坊开发团队和社区经过讨论之后同意再度推迟升级时间。

由于原计划进行的 Constantinople 硬分叉一再被推迟，以太坊开发团队最终决定在同一区块高度上分别进行 Constantinople 硬分叉和 St. Petersburg 硬分叉。除了移除 EIP-1283，Constantinople 的升级内容与推迟前是一致的，Constantinople 硬分叉升级过程全部的 ETPs 如表 7-3 所示。St. Petersburg 硬分叉是从测试网络（如 Ropsten）中移除 EIP-1283，从而撤销 Constantinople 对测试链的修改。EIP-1283 主要改变了操作码 SSTORE（0x55）的净 Gas 计量方式，使得某些操作只需要消耗较少的 Gas 即可完成，然而正因如此也容易导致重入式攻击。

表 7-3 Constantinople 硬分叉升级过程全部的 ETPs

EIPs	内　容
EIP-145	增加了 3 个 EVM 按位移动（Bitwise Shifting）操作码：SHL（0x1B）——256 位左移；SHR（0x1C）——256 位右移；SAR（0x1D）——int256 右移位
EIP-1014	增加了 EVM 操作码 CREATE2（0xF5），使用可提前预测合约地址的合约创建方法，与操作码 CREATE 使用 keccak256(RLP(sender_address, nonce))[12:] 计算合约地址不同，CREATE2 计算合约地址为：keccak256(0xff ++ sender_address ++ salt ++ keccak256(init_code)))[12:]，其中 sender_address 是大小为 20 字节的合约创建者地址，salt 是大小为 32 字节的盐值，init_code 是要部署合约的字节码
EIP-1052	增加了 EVM 操作码 EXTCODEHASH（0x3F），指定地址的合约字节码的哈希值
EIP-1234	将 Metropolis 的难度炸弹（Difficulty Bomb）延迟到 Homestead 硬分叉区块之后的 500 万个左右区块，同时将区块奖励由 3ETH 降低到 2ETH，同时将叔区块奖励调整为（uncle. number + 8 − block. number）×2/8，侄区块奖励调整为 2/32 ETH。

2019 年 2 月 28 日，以太坊在调整后新的区块高度 7280000 上完成了 Constantinople 硬分叉，如图 7-10 所示。Constantinople 升级的目的主要包括：新增可提前预测合约地址的合约创建方法，更好地支持基于状态通道或者链下交易的扩容解决方案；推迟难度炸弹爆炸的时间并调整区块奖励，保证不会在 PoS 实现之前使以太坊停止出块。尽管原定于 2019 年 1 月 16 日进行的 Constantinople 升级在激活前被推迟，但在此之前已被应用于测试网络中。St. Petersburg 升级目的是从测试网络（如 Ropsten）中移除 EIP-1283，从而撤销 Constantinople 对测试链的修改。

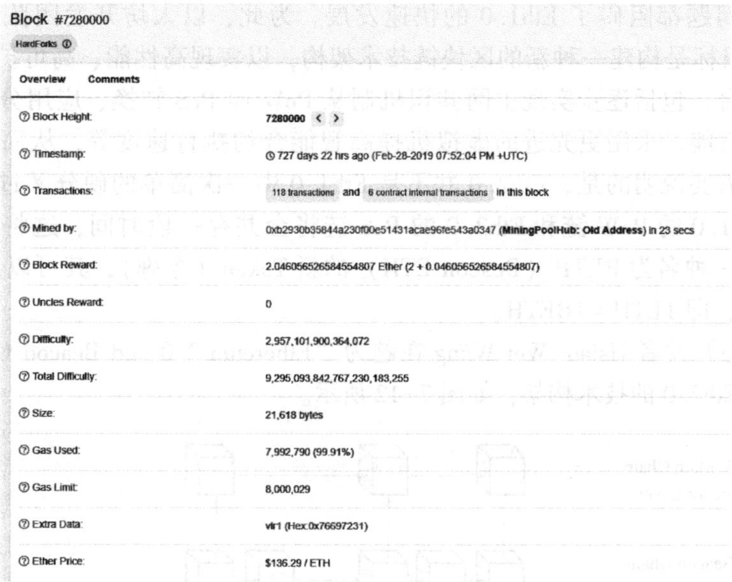

图 7-10　Constantinople 硬分叉区块

7.1.4　Serenity 阶段

2020 年 12 月 1 日，以太坊 2.0（Eth2.0）启动了创世区块，信标链（Beacon Chain）正式上线，标志着以太坊正式进入了以太坊发展路线中的第 4 个阶段——Serenity 阶段。图 7-11 所示为信标链的创世区块信息。

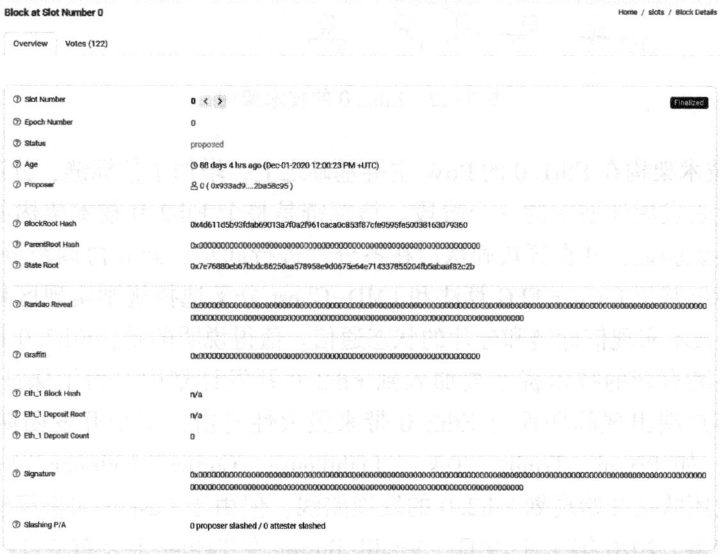

图 7-11　信标链的创世区块

以太坊 1.0（Eth1.0）采用 Ethash PoW 共识算法，交易执行过程中需要耗费节点算力进行哈希运算，面临资源开销大、性能低、可扩展性差等问题。当前，Eth1.0 的交易处理速率（TPS）平均在 13 秒左右，并且 Gas 机制使得交易频率高的用户需要支付高额手续费，这些问题都阻碍了Eth1.0的快速发展。为此，以太坊开发团队和社区提出了Eth2.0，主要目标是构建一种新的区块链技术架构，以实现高性能、高可扩展、低成本的分布式通用平台，包括逐步实现主网共识机制从PoW向PoS转换、应用分片技术大幅提升以太坊交易性能、采用更先进的虚拟机提高智能合约执行速度等，从而满足规模化应用场景需要。需要说明的是，Eth2.0并不是Eth1.0中一次简单的硬分叉过程。按照发展路线规划，Eth1.0的PoW链和Eth2.0的PoS链将会共存一段时间，这将导致共存期内Eth2.0会产生一种名为BETH（Beacon ETH）的新Token（令牌），其可以由Eth1.0中的ETH转化生成，即1ETH=1BETH。

以太坊核心开发者Hsiao-Wei Wang在题为"Ethereum 2.0 and Beacon Chain Validator"报告中介绍了Eth2.0的技术构架，如图7-12所示。

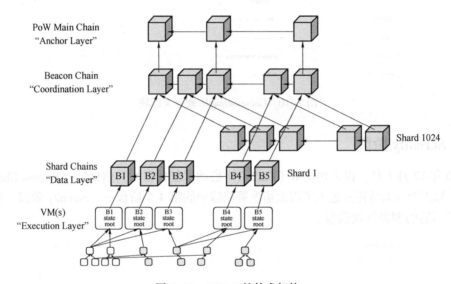

图7-12　Eth2.0的技术架构

该Eth2.0技术架构在Eth1.0的PoW主链基础之上，增加了信标链、分片链和虚拟机等功能层，分别代表发展计划中的一个阶段。信标链是整个Eth2.0技术架构的核心，负责最终交易状态的共识验证，并在区块确认后在各分片进行同步，同时协调跨分片的状态通信。具体地讲，信标链基于Casper FFG算法和LMD-Ghost分叉选择规则实现区块更新，通过交联（Crosslink）技术实现信标链和分片的状态通信。值得说明的是，Eth2.0是一个长周期的开发项目，会不断有新的技术提案被加入到Eth2.0开发计划中。为了保证Eth2.0的可靠性，防止单一客户端出现问题而对Eth2.0带来毁灭性打击，多个开发团队上线了不同的Eth2.0客户端，如Prysm、Trinity、Teku、Lighthouse、Cortex、Lodestar、Nimbus等。2019年，以太坊开发团队就开始规划Eth2.0的发展路线，但由于Casper共识算法的稳定性使得开发进度较为缓慢。2020年3月19日，Vitalik Burten在Twitter上公布了自己对Eth2.0未来5~10年的发展路线图，如图7-13所示。

总体而言，按照Eth2.0的发展规划，现阶段处于发展早期的阶段0，距离Eth2.0实际落地应用还有不小差距，Eth2.0发展阶段图如图7-14所示，具体介绍如下。

214

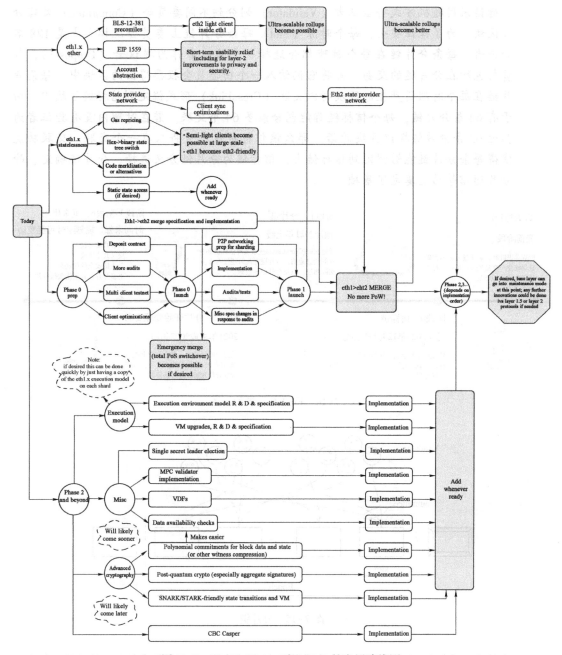

图 7-13　Vitalik Burten 对 Eth2.0 的发展路线图

- 阶段 0：信标链（Beacon Chain）。该阶段的主要任务是上线 PoS 共识算法并启动信标链。该阶段的信标链只支持质押（Staking），并不支持转账和智能合约，因而暂时无法投入使用。为了同时与 Eth1.0 主链和 Eth2.0 信标链交互，通常用户需要安装两类客户端，即 Eth1.0 客户端，如 Geth、OpenEthereum、Nethermind 等；以及 Eth2.0 客户端，如 Prysm、Trinity、Teku 等。

- 阶段 1：分片链（Shard Chains）。为了降低开发难度，该阶段将以太坊原计划分成 1024 条分片链降低到 64 条分片链。分片链如图 7-15 所示，每个周期（Epoch）内信标链采用随机方式将验证者（Validator）划分到不同委员会（Committee）处理分片区块。为了保证安全，每个时隙（Slot）每条分片链上委员会规模至少是 128 名验证者。每条分片链在每个时隙都会选择一个验证者作为提议者（Proposer），负责打包所在分片链的交易，并将它们纳入一个由委员会投票得出的区块中。每条分片链在每个时隙所产生的区块将以交联（CrossLink）形式锚定到信标链区块中。由于有 64 条分片链，每个信标链都能包含最多 64 个交联。若在时隙内没有验证者为其他 63 条分片链提议区块的话，那么该信标链区块中将只有一个交联。交联功能使得每条分片链能够锚定到信标链上，信标链为分片链分叉选择、分片链确定、跨分片通信等功能奠定了基础。

以太坊1.0

先前阶段

PoW共识机制，矿工通过显卡挖矿获得收益、交易处理速度慢，每秒处理交易约为15笔

阶段1：分片链

预计2021年上线

通过交联(CrossLinks)技术实现信标链和分片的状态通信。分片链在此时还没有多少实际用途，只是存储原始数据

阶段3~阶段6：更多优化

时间未知，规划随时可能变动

轻客户端协议
交叉共享协议
与主链安全性相耦合
更多分片，甚至是指数级分片
……

阶段0：信标链

已于2020年12月1日上线

信标链是整个以太坊2.0网络的"指挥和控制中心"，在此阶段，并未有实际作用

阶段2：分片开始处理交易

2021年末或2022年初

从这个阶段开始，以太坊2.0网络应该可以用在实际的应用上了。后续智能合约也将在分片链激活

图 7-14　Eth2.0 发展阶段图

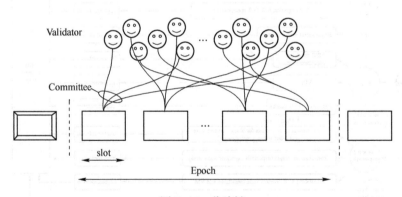

图 7-15　分片链

- **阶段 2：虚拟机（eWASM）**。该阶段将支持智能合约运行的新虚拟机 eWASM。每个分片链将支持部署智能合约，分片链上的节点将支持存储账户、合约和状态等信息，并能进行跨分片链的状态通信，例如跨分片转账。因此，相比阶段 1 中通过信标链完成状态同步，本阶段中分片具有处理状态能力，实现了分片链从数据分片到状态分片的转变。

随后，Eth2.0 将进一步优化网络以满足生态增长的需求，Eth1.0 的 PoW 主链可能正式退出历史舞台，也可能过渡为 Eth2.0 上的一个分片链而长期存在，具体采用何种路线尚在讨论之中。这一阶段重要的技术升级包括支持分片轻客户端状态协议、交叉共享协议、与主链安全性相耦合、更高阶的指数分片来进一步提高吞吐量。

7.2 以太坊系统架构

本书首先介绍以太坊技术体系，重点概述以太坊层次功能，然后分别介绍以太坊模型和以太坊区块结构，最后介绍以太坊所采用的 Merkle Patricia 树结构及相关编码方法。

7.2.1 以太坊技术体系

以太坊作为区块链 2.0 的典型代表，通过内置图灵完备编程语言实现去中心化技术平台，将区块链应用范围由加密货币领域拓展到垂直行业应用。按照以太坊发展计划，随着信标链的上线，当前已由 Eth1.0 进入了 Eth2.0 时代，并且处于 Eth2.0 的阶段 0，距离 Eth2.0 技术体系完善还有不少差距。Eth2.0 在共识算法、分片技术、虚拟机等方面进行了技术创新，主要解决 Eth1.0 所存在的挖矿资源耗费大、交易性能低、可扩展性差等问题。

以太坊技术体系结构可分 7 层，如图 7-16 所示，由下至上依次是存储层、数据层、网络层、共识层、激励层、合约层、应用层。

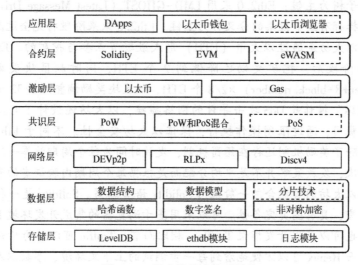

图 7-16 以太坊技术体系结构

- **存储层**。以太坊的 go-ethereum、cpp-ethereum、pyethapp 等实现的客户端采用 LevelDB 数据库，基于 Rust 实现的 OpenEthereum 客户端采用 RocksDB。LevelDB 是 Google 开源的键值对（Key-Value）非关系型数据库，是基于日志结构合并树（Log -Structured Merge Tree）的典型实现。go-ethereum 中所有区块数据都存储在 LevelDB 中，对 LevelDB 的操作是通过 ethdb 模块实现的，包括 interface.go（定义数据库增删改查的接口）、database.go（封装 levelDB 的代码）、memory_database.go（基于内存的数据库，不会持久化到文件，只在测试时使用）和 database_test.go（测试用例）。
- **数据层**。以太坊的数据层主要定义了数据结构、数据模型、哈希函数、签名算法等。Eth2.0 未来在阶段 1 时将会引入分片技术提高以太坊性能。以太坊的数据结构保护区块头和区块体，区块头中不仅存有针对交易数据的交易 Merkle 根哈希值，还存有针对账户状态的状态 Merkle 根哈希值以及针对交易执行日志的收据 Merkle 根哈希值。值得注意的是，以太坊中 Merkle 根计算使用的都是 Merkle Patricia 树，哈希函数采用的是 Keccak256，数字签名采用的是 ECDSA。此外，以太坊采用基于账户的数据模型，从而方便查询账户余额或业务状态数据。

- 网络层。以太坊节点通信采用的是网络协议族 DEVp2p，包含有 RLPx、Discv4 等。RLPx 是以太坊安全数据传输协议，利用椭圆曲线集成加密方案（Elliptic Curve Integrated Encryption Scheme，ECIES）生成公私钥，用于传输共享对称密钥，之后节点通过共享密钥加密承载数据，以实现数据传输保护。Discv4 是现阶段 Eth1.0 所使用的节点发现协议，计划在 Eth2.0 中使用迭代版本 Discv5。Discv4 是一种类 Kademlia 协议，通过异或运算函数计算节点距离实现节点发现。不同的是，Discv4 并不需要使用 Kademlia 的 STORE 和 FIND_VALUE 命令。

- 共识层。目前 Eth1.0 采用 Ethash PoW 共识算法，Eth2.0 采用 Ethash PoW 和 Casper FFG 混合共识，其中 Eth1.0 主链采用 Ethash PoW、信标链采用 Casper FFG。在解决区块分叉方面，Eth1.0 采用 GHOST（Greedy Heaviest-Observed Sub-Tree）协议，即选择最重子树为主链；Eth2.0 采用 LMD-GHOST（Latest Message Driven GHOST）协议，即选择拥有最多投票的分叉作为主链。Eth2.0 未来阶段将完全过渡到 PoS 协议。

- 激励层。以太坊是通过以太币（ETH）形式激励节点参与挖矿的。Eth1.0 在经历过 Metropolis 阶段后，挖矿奖励已降低到 2 个 ETH，同时叔区块奖励调整为（uncle. number+8-block. number）×2/8 个 ETH，侄区块奖励调整为 2/32 个 ETH。为了抵御"死循环"操作或 DoS 攻击导致的网络瘫痪，以太坊还设计了 Gas 用以计量执行操作所需费用，通过限制操作执行，保证以太坊安全性。不同于 Eth1.0，Eth2.0 中的信标链除了奖励机制还存在惩罚机制，发放时间为每个周期结算一次而非每出一个块结算一次，发放策略并不是平均分配而是根据每个周期内验证者的表现来分配。

- 合约层。以太坊的智能合约一般采用 Solidity 语言编写。Solidity 是一种面向合约的静态类型语言，具有图灵完备性。可以采用基于浏览器的集成开发环境 Remix 进行编写和编译，也可以采用开发框架 Truffle。相比而言，Truffle 可以作为构建依赖项包含在项目中，而 Remix 可以方便地看到每一步调试的上下文环境、参数以及操作码等具体到底层的信息。以太坊客户端以交易形式将编译好的字节码部署到区块链上，并由 EVM 解释执行。Eth2.0 在阶段 2 将采用虚拟机 eWASM 替代 EVM，以提高执行速率、可扩展性和灵活性。

- 应用层。应用层主要包括去中心化应用（DApp）、以太坊钱包、浏览器等。通常 App 的数据交互由中心化或者分布式服务器完成，而 DApp 的数据交互是由部署在区块链上的智能合约完成的，具有去中心化属性。以太坊钱包用来管理用户公私钥对，若私钥丢失则账户余额将无法使用，为此需要保证私钥的安全性。一般私钥表现为二进制数、Keystore+密码、助记码等不同形式，通常会采用多处和分离备份、多重签名、纸钱包等不同方式，以达到防盗、防丢、风险分散等目的。当前以太坊钱包有很多，典型的如 Mist、MyEtherWallet、MetaMask、imToken 等。以太坊浏览器主要用来查看区块、交易、合约等信息，如 Etherscan、Ethplorer、Etherchain、Blockchain. com 等。

7.2.2 以太坊状态模型

以太坊本质上是一个基于交易的状态机（Transaction-based State Machine）。状态机是指表示有限个状态以及在这些状态之间的转移（Transition）和动作（Action）等行为的数学模型。也就是说，状态机拥有一系列状态并能根据输入的不同将一个状态切换到另一个状态。Gavin Wood 发布的以太坊黄皮书指出，在以太坊状态模型中，每笔交易都将导致以太坊的全局状态发生改变，基本状态转移模型如图 7-17 所示。该过程形式化定义为 $\sigma_{t+1}=\gamma(\sigma_t,T)$，其中 σ_t 和 σ_{t+1} 分别表示当前全局状态和下一个全局状态，γ 表示以太坊状态转换函数，T 表示一笔交易。

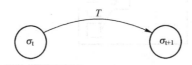

图 7-17　基本状态转移模型

以太坊的基本处理单元是区块，每个区块中包含多笔交易 $B=(\cdots,(T_0,T_1,\cdots))$，因而以太坊的状态模型可形式化表示为 $\sigma_{t+1}=\prod(\sigma_t,B)=\Omega(B,\gamma(\gamma(\sigma_t,T_0),T_1)\cdots)$，其中 Ω 被称为区块确定性状态转移函数（Block-Finalisation State Transition Function）；B 是包含交易集合的区块。每当挖出区块 B 之后，将顺序执行交易 $(T_0,T_1,\cdots)$ 改变节点的全局状态，同时挖出该区块的节点将得到奖励。

总体而言，以太坊状态模型中的每个区块对应一个状态，从创世区块开始，每一个区块交易的执行将促使以太坊全局状态的转变，以太坊状态模型如图 7-18 所示。具体地讲，下一个全局状态是在上一个全局状态中执行交易或其他操作产生。当一个区块所有交易执行完成后，将使得以太坊进入新的全局状态。整个状态转变过程将记录一些相关数据，如交易树根节点的哈希值 transactionRoot，收据树根节点哈希值 receiptsRoot，状态树根节点哈希值 stateRoot 等，具体产生过程将在 7.2.3 节中介绍。

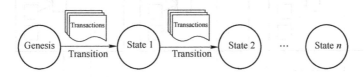

图 7-18　以太坊状态模型

7.2.3 以太坊区块结构

以太坊的每个区块由区块头和区块体组成，其中区块头用来存储全局状态、交易信息、收据信息、挖矿参数等元数据，并通过区块哈希形成链式结构；区块体用来存储交易集合和叔区块集合，以太坊区块结构如图 7-19 所示。

以太坊中区块头和区块体的数据结构定义可以参见 go-ethereum/core/types/block.go，如图 7-20 所示。

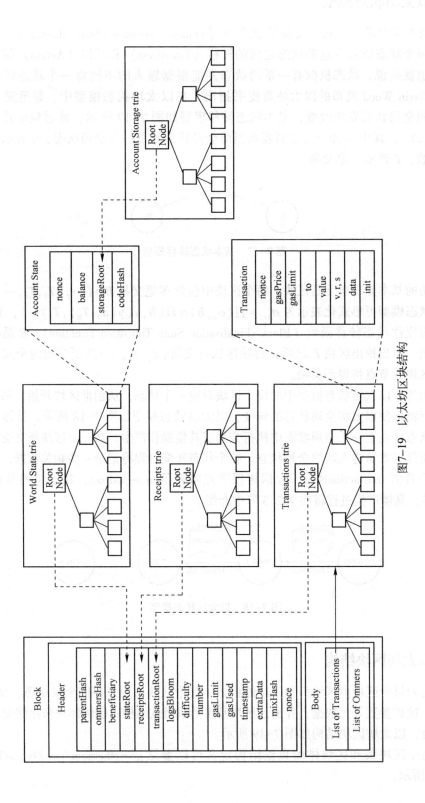

图7-19 以太坊区块结构

```
66  //go:generate gencodec -type Header -field-override headerMarshaling -out gen_header_json.go
67
68  // Header represents a block header in the Ethereum blockchain.
69  type Header struct {
70      ParentHash   common.Hash    `json:"parentHash"       gencodec:"required"`
71      UncleHash    common.Hash    `json:"sha3Uncles"       gencodec:"required"`
72      Coinbase     common.Address `json:"miner"            gencodec:"required"`
73      Root         common.Hash    `json:"stateRoot"        gencodec:"required"`
74      TxHash       common.Hash    `json:"transactionsRoot" gencodec:"required"`
75      ReceiptHash  common.Hash    `json:"receiptsRoot"     gencodec:"required"`
76      Bloom        Bloom          `json:"logsBloom"        gencodec:"required"`
77      Difficulty   *big.Int       `json:"difficulty"       gencodec:"required"`
78      Number       *big.Int       `json:"number"           gencodec:"required"`
79      GasLimit     uint64         `json:"gasLimit"         gencodec:"required"`
80      GasUsed      uint64         `json:"gasUsed"          gencodec:"required"`
81      Time         uint64         `json:"timestamp"        gencodec:"required"`
82      Extra        []byte         `json:"extraData"        gencodec:"required"`
83      MixDigest    common.Hash    `json:"mixHash"`
84      Nonce        BlockNonce     `json:"nonce"`
85  }
```

a)

```
161  // Body is a simple (mutable, non-safe) data container for storing and moving
162  // a block's data contents (transactions and uncles) together.
163  type Body struct {
164      Transactions []*Transaction
165      Uncles       []*Header
166  }
167
```

b)

图 7-20   以太坊区块数据结构

a) 以太坊区块头   b) 以太坊区块体

下面对这两种数据结构的字段进行详细说明，分别见表 7-4 和表 7-5。

表 7-4   以太坊区块头结构说明

字　段	类　型	说　　明
ParentHash	common. Hash	父区块头的 Keccak256 哈希值
UnclesHash（aka. ommersHash）	common. Hash	叔区块集合 Keccak256 哈希值
Coinbase	common. Address	打包该区块的 160 位矿工地址，用于接收挖矿奖励
Root（aka. stateRoot）	common. Hash	状态树根节点的 Keccak256 哈希值
TxHash	common. Hash	交易树根节点的 Keccak256 哈希值
ReceiptHash	common. Hash	收据树根节点的 Keccak256 哈希值
Bloom（aka. logsBloom）	Bloom	交易收据日志组成的 Bloom 过滤器
Difficulty	* big. Int	当前区块的难度值
Number	* big. Int	当前区块高度
GasLimit	uint64	当前区块允许消耗的 Gas 上限值
GasUsed	uint64	当前区块所有交易实际消耗的 Gas 之和
Time	* big. Int	当前区块产生的 UNIX 时间戳
Extra	[ ]byte	当前区块的附加数据，长度不固定的 byte 数组，最长 32 位
MixDigest	common. Hash	混合哈希值，与 Nonce 组合用于工作量证明
Nonce	BlockNonce	区块产生时长度为 64 位的随机值

表 7-5   以太坊区块体结构说明

字　段	类　型	说　　明
Transactions	[ ] * Transaction	当前区块中交易集合
Uncles（aka. Ommers）	[ ] * Header	当前区块中叔区块集合

除了挖矿参数信息以外，以太坊区块头中重点是所存储的 3 棵树的根哈希值，即状态树的根哈希值（stateRoot）、交易树的根哈希值（transactionRoot）、收据树的根哈希值（receiptsRoot）。以太坊合约账户还保存有存储树的根哈希值（storageRoot），是状态树的一部分，用来存储智能合约的状态变量值。这 3 棵树都是采用默克尔–帕特里夏树（Merkle Patricia Tree/Trie，MPT）进行组织的，具体计算过程将在 7.2.4 节中介绍。

- 状态树（State Tree/Trie）。以太坊中每个区块都有一棵状态树，其中以太坊账户集合构成了状态树的叶子节点。以太坊账户分外部拥有账户和合约账户，有关账户的详细内容将在7.3.1节中介绍。状态树组织结构如图7-21所示，通过 MPT 迭代计算生成代表全局状态的 stateRoot 并存储到区块头，其中 Key 为账户地址的 Keccak256 值，Value 为账户状态的 RLP 编码值。RLP 编码是可逆的，因而可根据 RLP 的编码规则逆向解析出账户状态。若节点账户发生改变，则其所在的 MPT 分支哈希值也将会发生改变，从而导致 stateRoot 更新。此外，合约账户还保存有存储树根哈希值（storageRoot）和代码哈希值（codeHash）。storageRoot 同样由存储树经过 MPT 迭代计算生成，其中合约变量集合构成了存储树的叶子节点，Key 为合约变量数据索引的 Keccak256 值，Value 为变量数据的 RLP 编码值。存储树是账户状态的一部分，该值随着合约存储区的增加、删除、改动而不断变更。代码存储是只读的，它是合约账户所执行的代码，首次创建完毕后就不可以再更改了。

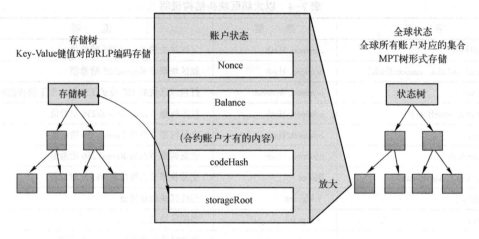

图7-21　状态树组织结构

- 交易树。以太坊中每个区块都有一棵交易树，用以组织当前区块打包的所有交易。交易的具体执行顺序由矿工决定。矿工在完成交易排序后，调用本地 EVM 执行交易操作码变更对应的账户状态，同时收取相应的交易费，有关交易详细内容将在7.3.2节中介绍。以太坊交易集合构成了交易树的叶子节点，同样通过 MPT 迭代计算生成代表交易信息的 transactionRoot 并存储到区块头，交易树组织结构如图7-22所示，其中 Key 为交易编号的 RLP 编码值，Value 为交易数据的 RLP 编码值。

- 收据树。以太坊中每个区块都有一棵收据树，用于组织交易收据（Receipt），其中 Receipt 类似银行转账后收到的交易电子回单。Receipt 集合构成了收据树中的叶子节点，同样采用 MPT 进行组织生成 receiptsRoot 并存储到区块，收据树组织结构如图7-23所示。Receipt 通常采用键值对方式进行组织管理，其中 Key 是交易编号的 RLP 编码值，Value 是对交易后状态、交易真实花费的 Gas、交易产生的日志集合、日志的索引结构等进行 RLP 编码后的数据结构。日志通常包含了日志产生的源地址、日志话题、日志数据（可选）等内容。

222

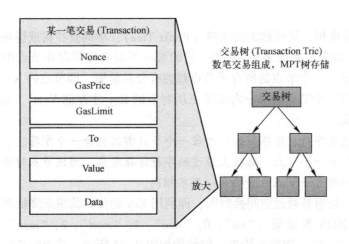

图 7-22　交易树组织结构

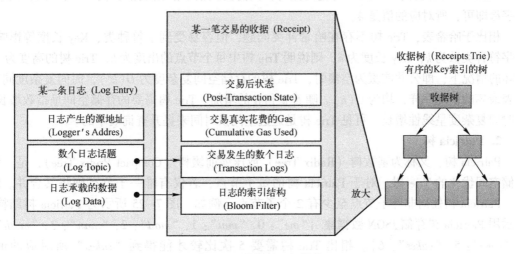

图 7-23　收据树组织结构

通过这 3 棵树能较好地解决如下查询问题。

1）查询某笔交易是否存在；若存在，查询是否包含在特定的区块中。

2）查询某智能合约在过去 30 天中产生的所有事件（例如众筹合约的转账事件）。

3）查询某账户是否存在；若存在，查询该账户对应的余额。

4）查询某账户调用智能合约产生的输出结果。

具体而言，通过交易树可以解决问题 1），通过收据树可以解决问题 2），通过状态树可以解决 3）和 4）。然而，这些查询问题在比特币中大都没有得到较好的解决，查询复杂度较高。

7.2.4　Merkle Patricia 树

默克尔-帕特里夏树（Merkle Patricia Tree/Trie，MPT）是一种融合 Merkle 树和 Patricia 树并进行了优化的数据结构，其中 Merkle 树用于交易存在性或完整性的校验，Patricia 树用于优化字典树（Trie Tree）的空间利用率，同时提升读写效率。

1. Trie 树

Trie 树，即字典树，又被称为前缀树（Prefix Tree）、单词查找树或键树，是用来管理键值（Key-Value）映射关系的多叉树。Trie 树的 Key 不是直接保存在节点中，而是由节点所在树中的位置决定。一个节点的所有子节点都拥有公共前缀，即节点的 Key。不是所有节点都有对应值，只有叶子节点或部分内部节点所对应的 Key 才存储 Value。总体而言，Trie 树具有如下基本性质。

- 根节点不包含字符，除根节点以外每一个节点都只包含一个字符。
- 从根节点到某一个节点，路径上经过的字符连接起来，为该节点对应的 Key。
- 每个节点的所有子节点包含的 Key 互不相同。

Trie 树的总体思想是通过空间换时间，即利用 Key 的公共前缀来降低查询时间开销。例如，若给定一个 JSON 数据集 $\{$ "*me*"：0，"*mat*"：1，"*mad*"：2，"*man*"：3，"*math*"：4，"*cake*"：5，"*cakes*"：6$\}$，则构造的 Trie 树结构如图 7-24 所示，其中深色节点表示在该处存储了 Value。当要查找 "*math*" 对应的值时，只需要从根节点出发依次找到 m，a，t，h 这 4 个字母即可，所对应的值是 4。

相比于哈希表，Trie 树不存在哈希冲突问题，但容易受到字符种类、Key 长度等影响。若字符种类数为 k，Key 长度为 n，则说明 Trie 树中每个节点的出度为 k，Trie 树的高度为 n。最坏的情况下，即公共前缀为空集时，Trie 树的存储空间复杂度为 $O(k^n)$，时间复杂度同哈希表最坏的情况一样，均为 $O(n)$。随着 k 和 n 的增加，Trie 树需要的存储空间呈指数增长，而时间复杂度呈线性增长。可见 Trie 树是通过空间换时间来提升查询效率的。

2. Patricia 树

Patricia 树，又称为基数树（Radix Tree）或压缩前缀树（Compact Prefix Tree），是一种存储空间优化的 Trie 树。对于 Patricia 树的每个节点，若仅有唯一子节点则将其合并。因此，Patricia 树任何非叶子节点至少有 2 个子节点。例如，图 7-25 所示为 Patricia 树结构，表示用 Patricia 树存储 JSON 数据集 $\{$ "*me*"：0，"*mat*"：1，"*mad*"：2，"*man*"：3，"*math*"：4，"*cake*"：5，"*cakes*"：6$\}$。相比 Trie 树需要 5 次比较才能得到 "*cakes*" 所对应的值，Patricia 树只需要 2 次。

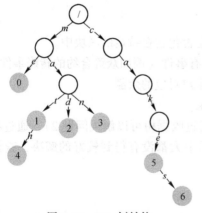

图 7-24　Trie 树结构

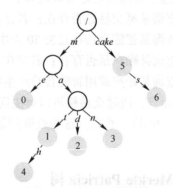

图 7-25　Patricia 树结构

3. MPT 结构

MPT 是一种用来组织以太坊中账户状态集、交易数据集、收据数据集、合约状态存储集等的数据结构，融合了 Merkle 树和 Patricia 树的优点，例如可利用 Merkle 证明快速校验账户和交易的存在性与完整性，可存储任意长度的键值对数据等。在此基础上，以太坊对 MPT 进行了一定的优化，包括使用哈希值而非内存地址引用 MPT 中的节点以提高 Patricia 树的安全性，引入了 4 种节点类型以尽量压缩整体的树高、降低操作的复杂度。4 种节点类型分别如下。

- 空节点（NULL）。表示空串，用 NULL 表示。
- 叶子节点（Leaf Node）。表示为键值对（Key, Value），只存在于分支节点中。Key 存储的是插入数据的十六进制前缀（Hex-Prefix, HP）编码，Value 存储的是插入数据的 RLP 编码。
- 扩展节点（Extension Node）。表示为键值对（Key, Value），用来处理具有公共前缀的数据。通过扩展节点可以扩展出一个存在多分支的分支节点，其中 Key 存储的是公共前缀部分的 HP 编码，Value 存储的是扩展出的分支节点的哈希值。
- 分支节点（Branch Node）。表示为键值对（Key, Value），用来表示 MPT 中所有拥有超过 1 个子节点的非叶子节点。Key 是一个长度为 16 的数组，数组下标对应十六进制的 0~F，数组内容为分支节点的哈希值。第 17 个元素存储 Value。在不具备公共前缀时，可以通过分支节点进行扩展得到不同前缀节点。一般情况下，最后的 Value 通常为空。若一个 Key 在这个分支终止了，那么存储相应的 Value。可见，分支节点既可以表示查询终止，也可以对外扩展新节点。

以太坊中利用 Keccak256 哈希根节点生成 256 位的哈希值并存储到以太坊区块头中，即 32 个字节，64 个十六进制字符，每个字符 4 位，代表半个字节（nibble）。现以一个简化的账户状态集合为例描述优化后的 MPT 构建过程，实际 Key 为账户地址的 Keccak256 哈希值，Value 为账户状态的 RLP 编码值，即 RLP（[nonce, balance, codeHash, storageRoot]）。MPT 优化结构如图 7-26 所示，假若现在有 4 个账户状态需要通过 MPT 进行组织并存储到以太坊中。首先利用扩展节点处理公共前缀 a7，其中扩展节点的 Key 存储的是 a7 的 HP 编码，Value 存储扩展出的分支节点的哈希值；然后通过分支节点的 Key 数组中的下标为 1、7、f 存储的分支节点哈希值分别进行扩展，Value 存储为空；随后生成叶子节点，其中 Key 为插入数据的 HP 编码，Value 为插入数据的 RLP 编码。

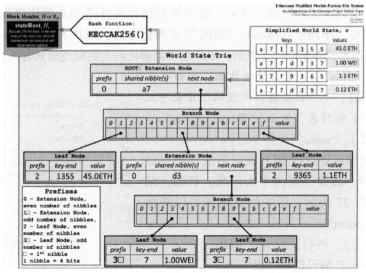

图 7-26　MPT 优化结构

225

4. HP 编码

为了在叶子节点和扩展节点持久化到数据库之前进行区分，以太坊提出了十六进制的前缀（Hex-Prefix，HP）编码，通过在 Key 之前增加一个字节编码来表示 Key 所映射的值是 Value 还是分支节点的哈希值。在编码之前，若发现节点 Key 末尾字节的十六进制编码值为 16，则表示该节点是叶子节点，需要将该末尾字节去掉。然后，在 Key 之前增加一个字节，对终止符的状态和奇偶性进行编码，其中高 4 位的 nibble（半字节）用来编码节点类型，低 4 位的 nibble（半字节）用来编码 Key 长度的奇偶性。具体的 HP 编码规则见表 7-6。

表 7-6　HP 编码规则

节点区分编码（该字节的高 nibble）	节点类型	Key 长度奇偶性	该字节的低 nibble
0	扩展节点	偶数	补 0
1	扩展节点	奇数	第一个 nibble
2	叶子节点（结束）	偶数	补 0
3	叶子节点（结束）	奇数	第一个 nibble

为了方便理解，表 7-7 列出了一些 HP 编码规则实例。

表 7-7　HP 编码规则实例

十六进制编码	HP 编码结果	说　明
[1, 2, 3, 4, 5]	\0x11\0x23\0x45	无结束标记、Key 长度为奇数、高 nibble 为 1、低 nibble 为 Key 的第一个 nibble
[0, 1, 2, 3, 4, 5]	\0x00\0x01\0x23\0x45	无结束标记、Key 长度为偶数、高 nibble 为 0、低 nibble 为 0
[0, 1, 2, 3, 4, 16]	\0x30\0x12\0x34	有结束标记、去掉 16 后 Key 的长度为奇数、高 nibble 为 3、低 nibble 为 Key 的第一个 nibble
[0, 1, 2, 3, 4, 5, 16]	\0x20\0x01\0x23\0x45	有结束标记、去掉 16 后 Key 的长度为偶数、高 nibble 为 2、低 nibble 为 0

5. RLP 编码

递归长度前缀（Recursive Length Prefix，RLP）编码是以太坊中用于数据序列化和反序列化的主要方法。以太坊中区块、交易、账户等数据会先经过 RLP 编码序列化之后再持久化存储到数据库中。不同于 protobuf、BSON 等序列化方法，RLP 不定义任何特定数据类型，而只是以嵌套数组形式存储结构化数据。RLP 编码能够处理的数据类型只有两类，具体如下。

- 字符串（String）：一串二进制数据，例如字节数组。
- 列表（List）：一个嵌套递归的结构，里面可以包含字符串和列表，例如 ["What", ["is", "your"], [ ], "name", [["?"]]]

```
01.    type Entity struct {
02.        AccountNonce uint64
03.        Price        *big.Int
04.        Payload      []byte
05.        S            *big.Int
06.        More         struct {
07.            CreateTime uint64
08.            Remark       string
09.        }
10.    }
11.
```

其他数据类型若要进行 RLP 编码需要转换成以上两类中的一种，转换规则由个人定义。例如，结构体实例如图 7-27 所示，图中的结构体可以转换成字节数组 [AccountNonce, Price, Payload, S, [CreateTime, Remark]]，然后进行 RLP 编码。

图 7-27　结构体实例

总体而言，RLP 编码规则见表 7-8。

表 7-8　RLP 编码规则

类　　型	十六进制范围	十进制范围	编码方法	实　　例
单个字节	[0x00, 0x7f]	[0, 127]	字节内容本身，可当作 ASCII 编码使用	• RLP(a) = 0x61 • RLP(15) = 0x0f
length(string)≤55	[0x80, 0xb7]	[128, 183]	RLP(string) = [0x80 + length(string), string]	• RLP(" ") = 0x80 • RLP(1024) = RLP(\x04\x00) = [0x82, 0x04, 0x00] • RLP("dog") = [0x83, 'd', 'o', 'g']
length(string)>55	[0xb8, 0xbf]	[184, 191]	RLP(string) = [0xb7 + length(string) 的二进制字节数(1~8), length(string), string]	• RLP("Lorem ipsum dolor sit amet, consectetur adipisicing elit") = [0xb8, 0x38, 'L', 'o', 'r', 'e', 'm', ' ', ..., 'e', 'l', 'i', 't']
length(list)≤55, length(list) = list 包含项的数量+list 包含各项的长度	[0xc0, 0xf7]	[192, 247]	RLP(string) = [0xc0 + length(list), list 中各元素项的 RLP 编码]	• RLP([ ]) = [0xc0] • RLP(["cat", "dog"]) = [0xc8, 0x83, 'c', 'a', 't', 0x83, 'd', 'o', 'g'] • RLP([[], [[]], [[], [[]]]]) = [0xc7, 0xc0, 0xc1, 0xc0, 0xc3, 0xc0, 0xc1, 0xc0]
length(list)>55	[0xf8, 0xff]	[248, 255]	RLP(string) = [0xf7 + length(list) 的二进制字节数(1~8), length(list), list 中各元素项的 RLP 编码]	RLP(["The length of this sentence is more than 55 bytes, ", "I know it because I pre-designed it"]) = [0xf8 0x58 0xb3 'T', 'h', 'e', ...

例如图 7-28 所示为待编码的结构体数据，将其元素作为叶子节点转换为字节数组后分别计算 RLP 编码，最后将每个元素的 RLP 编码进行拼接，生成最终的 RLP 编码值，具体编码过程及结果如图 7-29 所示。

```
01.    items := []interface{}{
02.        uint64(333013),
03.        common.FromHex("0xfb8f2d4ae37582cb7ae307196d6e789b7f8ccb665d34ac77000000000"),
04.        toBig("37788494754494904754064770007423869431791776276838145493898599251081614922324"),
05.        []interface{}{
06.            uint64(131231012),
07.            "交易扩展信息",
08.        },
09.    }
10.
```

图 7-28　待编码的结构体数据

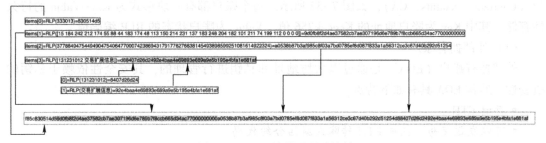

图 7-29　RLP 编码过程及结果

7.3　以太坊核心概念

本节主要介绍以太坊核心概念，包括账号、交易、密钥文件、以太币、GHOST 协议、Gas、EVM 等。

227

7.3.1 账户

不同于比特币基于交易的数据模型，以太坊是基于账户的数据模型。与银行账户概念类似，以太坊的账户主要用来管理账户余额和相关操作，并且可根据账户地址查询以太坊账户的余额信息。账户余额或状态变更是通过交易执行实现的。不同的是，以太坊账户的创建过程不受第三方管理人员限制，任何人都可以通过所拥有的联网设备客户端创建一个或多个账户，并且这些账户是匿名的。

1. 账户结构

账户（Account）是以太坊的基本单元，每个账户都对应一个状态。账户地址（Account Address）可以用来快速查询对应的账户状态（Account State），账户状态的改变是通过交易执行或合约操作实现的，以太坊账户如图 7-30 所示。

图 7-30　以太坊账户

以太坊的账户状态由 4 个部分组成，如图 7-31 所示。

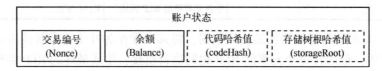

图 7-31　以太坊的账户状态

- 交易编号（Nonce）：账户发起交易数量编号。
- 余额（Balance）：账户存储的 ETH（单位为 Wei，1 ETH = 10^{18} Wei）。
- 代码哈希值（codeHash）：如果有的话，则为账户的合约代码哈希值。
- 存储树根哈希值（storageRoot）：合约存储变量的 MPT 哈希值（默认为空）。

2. 账户类型

以太坊中存在两类账户，即外部拥有账户（Externally Owned Accounts，EOA）和合约账户（Contract Accounts，CA），如图 7-32 所示。每个账户都有一块形式为 Key-Value 的持久性存储，其中 Key 为账户地址的 Keccak256 值，Value 为账户状态的 RLP 编码值。

（1）外部拥有账户

外部拥有账户（EOA）是通过以太坊地址和私钥进行管理的，其安全性依赖于私钥的机密性。通常 EOA 具有如下特点。

- 存储 ETH。
- 可以发送交易，包括 ETH 转账或激活合约代码。
- 地址由公钥生成。
- ETH 由私钥控制。
- 没有相关的代码。

（2）合约账户

合约账户（CA）是通过智能合约来进行管理的，具有如下特点。

- 存储 ETH。

外部拥有账户 (Externally Owned Account)　　　　合约账户 (Contract Account)

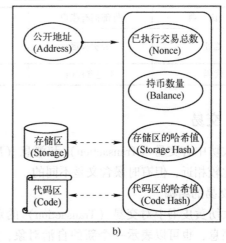

图 7-32　以太坊账户类型

a) 外部拥有账户　b) 合约账户

- 有关联的合约代码。
- Eth1.0 的合约地址由合约创建者地址和该地址发出过的交易数量（即 Nonce）计算；Eth2.0 提供了提前预测合约地址的方法。
- 合约代码的执行是通过交易或者其他合约消息触发（调用）。
- 合约代码可以执行图灵完备的操作，也对自己的持久性存储进行读写，但不能遍历账户的存储。
- 合约代码每次执行消息调用时，都有一块新的被清除过的内存。内存可以按字节寻址，但读写的最小单元是 32 字节。

（3）两种账户比较

以太坊的设计是将区块链作为一个通用的管理对象状态转换的去中心化平台。而以太坊区块链上的所有对象状态转换行为都是由各账户发送的交易所触发的。EOA 可以通过发送交易到合约账户来调用合约，但需要提供这些参数：EOA 地址、合约账户地址、数据（包括调用合约账户里面的方法及传递的参数）。此外还需要通过应用程序二进制接口（Application Binary Interface，ABI）来实现。合约代码被编译成 EVM 字节码，由参与到网络的每个节点的 EVM 执行，并通过 EVM 和 RPC 接口与底层区块链交互。

简单而言，外部拥有账户的状态就是余额，不包含代码，而合约账户的状态包含余额、代码执行情况及合约的存储。用户可以通过创建和签名一笔交易从一个 EOA 发送消息，而每当合约账户收到一条消息时，合约账户内部的代码就会被激活，允许它对内部存储进行读取、写入、发送其他消息和创建合约。两种账户之间的关系见表 7-9。

表 7-9　外部拥有账户和合约账户之间的关系

对 比 项	外部拥有账户	合 约 账 户
以太币余额	有	有
传输内容	交易	交易或消息
控制	私钥	合约代码

对 比 项	外部拥有账户	合 约 账 户
地址	公钥决定	Eth1.0 由合约创建者地址和 Nonce 计算得到； Eth2.0 可以提前预测合约地址
代码	不包含代码	包含代码

7.3.2　交易

以太坊中有交易（Transaction）和消息（Message）两个概念，这两个概念有时候表达的含义比较相近，但有时候含义是不同的。

1. 交易的结构

以太坊黄皮书中对交易（Transaction）的定义是：由 EOA 签名的数据包。其既可以表示一个消息，也可以表示一个新的自治对象，如智能合约。交易会被记录到区块链的区块中，也就是说，一个交易有可能表示发送一个消息，也有可能表示部署一个智能合约。

图 7-33 所示为以太坊的交易结构，主要包括如下元素。

- Nonce：发送交易编号，防止重放攻击。
- To：交易接收者的地址或者合约地址。
- v、r、s：签名相关参数，通过这 3 个参数可以计算出发送者公钥和地址。
- Value：发送者发给接收者的 ETH。
- Data：存储发送到合约的消息。
- GasLimit 值：限制交易执行计算步骤 Gas 的最大数量。
- GasPrice 值：发送者愿意支付的 Gas 价格。一个单位的 Gas 代表执行一个原子指令，比如一个计算步骤。

图 7-34 所示为以太坊一笔交易的信息。

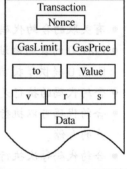

图 7-33　以太坊的交易结构

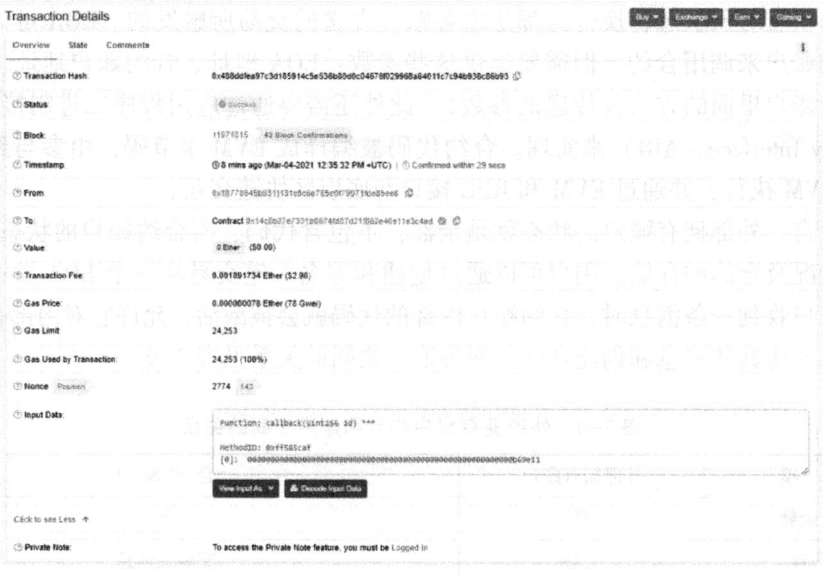

图 7-34　以太坊一笔交易的信息

2. 消息的结构

以太坊黄皮书中对消息（Message）的定义是：在两个账户之间传输的数据（如字节数组）和值（如以太币）。消息既可能在自治对象（如智能合约）确定性操作时产生，也可能在交易签名时产生。也就是说，消息主要用于账户之间进行数据和以太币的传输，是一种 EVM 内部的参数传递，不会被记录在区块链上。通常可以将消息看成是 EVM 中的函数调用，主要包括以下元素。

- 消息发送者。
- 消息接收者。
- Value 域：消息发送到合约地址的 ETH。
- 可选数据域：合约的实际输入数据。
- GasPrice 值：发送者愿意支付的 Gas 价格。
- GasLimit 值：限制消息触发合约代码执行 Gas 的最大数量。

值得注意的是，本书采用的是以太坊黄皮书里面使用的 GasLimit，而在以太坊白皮书里使用的是 STARTGAS。虽然使用的符号不同，但两者表达的意思完全相同。

3. 交易和消息的关系

交易与消息的关系如图 7-35 所示。具体而言，消息除了是由合约账户而不是外部拥有账户生成之外，其他与交易类似。因而，消息有时候也被称为"内部交易"。当正在执行代码的合约执行 CALL 或者 DELEGATECALL 操作码时，消息就产生了。与一个交易类似，消息会引导它的接收账户执行自身的代码，因而合约账户之间也可以互相调用。

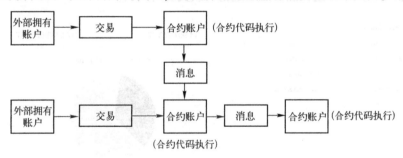

图 7-35　交易和消息关系

7.3.3　密钥文件

每个以太坊的 EOA 都有一对公私钥，其中 EOA 账户地址由公钥生成，具体生成过程为：用 Keccak 哈希函数处理椭圆曲线公钥，然后取经哈希后哈希值的最后 20 个字节即为 EOA 账户地址。

密钥文件的私钥都是用户创建账户时所设置的密码来加密的。每个公私钥对都被编码存放在一个密钥文件 Keyfile 中。Keyfile 采用 JSON 格式，在以太坊节点数据目录中的 keystore 子目录下能找到，并且可以用文本编辑器打开。值得注意的是，Keyfile 需要经常备份，否则如果丢失了，账户里的以太币也就无法找回了。

7.3.4　以太币

1. 以太币的概念

为了激励矿工参与以太坊网络，维持以太坊运行，与比特币类似，需要发行以太坊区块链上的数字货币，即以太币（Ether，ETH）。以太坊所有的账户管理操作和智能合约的部署都需要支付 ETH 才能正常运行。ETH 作为以太坊的原生代币，有两个用途：一方面分布式应用程序需要为每一步操作支付费用，从而避死循环或者恶意攻击者浪费计算资源；另一方面以太币被作为对那些贡献计算资源参与挖矿的矿工的奖励。

ETH 的最小货币单位是 Wei，其他单位还有 Kwei、Mwei、Gwei、szabo、finny、Ether，其转换关系见表 7-10。

表 7-10　以太坊货币单位转换关系

货币符号	转换关系
Wei	1 Wei
Kwei（babbage）	1 Kwei = 1e3 wei
Mwei（lovelace）	1 Mwei = 1e6 wei
Gwei（shannon）	1 Gwei = 1e9 wei
szabo（microether）	1 szabo = 1e12 wei
finney（milliether）	1 finney = 1e15 wei
Ether	1 ether = 1e18 wei

2. 以太币的获取

当前以太币（ETH）整体分布情况如图 7-36 所示，由创世区块 ETH、挖矿 ETH 两部分组成。目前获得以太币的途径主要是通过挖矿或交易所购买。

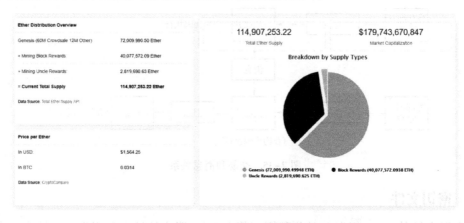

图 7-36　以太币（ETH）整体分布情况

（1）挖矿

以太坊每生成一个新区块，挖出这一区块的矿工将获得一定数量的 ETH 奖励，具体包括如下。

1）静态奖励。

静态奖励是指每挖出一个新区块并得到确认后，该矿工就会得到 ETH 的静态奖励，同时还获得该区块上的燃料 Gas，具体价值取决于当前的 Gas 单价。在 Byzantium 硬分叉以后，静态奖励已经由 5ETH 降低到 3ETH。随后在 Constantinople 硬分叉以后，静态奖励已经由 3ETH 降低到 2ETH。也就是说，在 Metropolis 阶段以后，静态奖励已经降低为 2ETH 了。未来以太坊挖矿的静态奖励将随着时间的推移而逐渐减少，未来矿工的奖励将主要依靠从交易发起者所支付的燃料 Gas 中获得。

2）动态奖励。

动态奖励包括两个部分：叔区块奖励和叔区块链接奖励。叔区块是指符合难度条件，但是区块里的交易不被确认的孤块（Orphan Block）。如图7-37所示，假设在区块i的基础上，矿工打包了一些新交易生成了区块i+1，并广播给其他节点。在此期间，其他矿工又分别产生了区块(i+1)-1 和区块(i+1)-2。由于区块i+1、区块(i+1)-1 和区块(i+1)-2 都指向区块i，即区块i是它们的父区块，区块(i+1)-1 和区块(i+1)-2 在逻辑上都是区块i的兄弟区块。但由于区块(i+1)-1 和区块(i+1)-2 没有被链到主链上，因而都可以看作是叔区块（孤块）。它们都可能被区块i+2至区块i+7中的任意区块所链接，但不允许被重复引用。

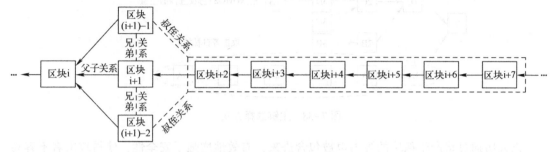

图7-37 叔区块

总体而言，叔区块主要特点如下。
- 叔区块必须是区块的前2层至前7层的祖先的直接子区块。
- 一个区块最多引用两个叔区块。
- 被引用过的叔区块不能被重复引用。
- 交易费用不会分配给叔区块。
- 产生叔区块的矿工将获得的奖励为：(叔区块 ID+8-当前区块 ID)×区块奖励/8。
- 将叔区块链接到区块链上的奖励为：每链接一个叔区块获得 ETH 为区块奖励/32 个，最多链接两个叔区块。

（2）货币兑换

2017 年 9 月 4 日，中国人民银行、中央网信办、工业和信息化部、工商总局、银保监会、证监会、保监会发布《关于防范代币发行融资风险的公告》中提出要加强代币融资交易平台的管理。随后，国内以比特币中国、火币网、OKCoin 等代表的主要加密货币交易所相继发布关闭公告，如火币网于 2017 年 9 月 14 日发布了"火币网关于停止人民币交易业务的公告"，指出 2017 年 9 月 15 日起，火币网暂停注册、人民币充值业务，9 月 30 日前通知所有用户即将停止交易，10 月 31 日前，依次逐步停止所有数字资产兑人民币的交易业务。当前，部分公司对业务进行了相关调整，并在海外开展数字资产交易业务。

7.3.5 GHOST 协议

由于以太坊产生区块的速度比比特币产生区块的速度要快很多，因此更容易出现区块链分叉产生孤块。为了解决该问题，2013 年 12 月 Yonatan Sompolinsky 和 Aviv Zohar 提出了贪婪最重可观察子树（Greedy Heaviest Observed Subtree，GHOST）协议，又被称为"幽灵"协议，通过在计算哪条链"最长"的时候把孤块也包含进来，解决当前快速确认的区块链因为区块的高作废率而受到低安全性困扰的问题。不同于根据最长链原则选择主链，GHOST 协议是根据最重子树选择主链。如图 7-38 所示，区块链在区块 0 处分叉为区块 1A 和区块 1B，其中包含区块 1A 的子树（攻击者的自私挖矿）共有 6 个区块，而包含区块 1B 的子树共有 12 个区块，因而根据 GHOST 协议选择包含区块 1B 的子树为主链。在此基础上，若使用最长链原则，则 0←1B←2D←3F←4C←5B 为主链；若使用 GHOST 协议，则 0←1B←2C←3D←4B 为主链。

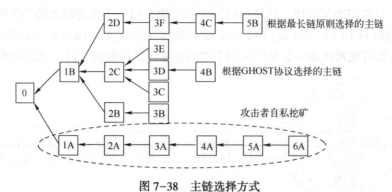

图 7-38 主链选择方式

以太坊通过将产生孤块的算力也被包含进来，有效地增强了安全性，使得攻击者不容易追上一个带叔区块的主链。同时通过给叔区块奖励，也避免出现像比特币那样计算力高度集中的矿池，因为矿池相对来说不像单个挖矿节点那样容易产生孤块。

7.3.6 Gas

1. Gas 的概念

矿工各自运行自己的 EVM，验证区块中的交易并在 EVM 中运行与这些交易相关联的合约代码。以太坊网络的每个节点都会进行相同的计算并存储结果值，目的是在不需要可信第三方的情况下达成共识。显然，智能合约在以太坊网络所有节点中被多次重复执行，耗费了大量的计算资源，因而鼓励用户将能在链下完成的操作都不放到链上进行。此外，智能合约可以执行图灵完备的操作，其中就包括循环操作。因而，攻击者的恶意行为或者开发者的不当操作都可能使以太坊节点的 EVM 所运行的合约代码进入死循环，导致系统崩溃。

针对上述问题，为了限制以太坊节点操作的工作量和阻止滥用计算资源的行为，同时支付操作费用以激励参与计算的节点，当交易或消息触发 EVM 的合约代码时，会指定每一步操作所消耗的燃料，即 Gas。一些常见命令所消耗的 Gas 见表 7-11。

表 7-11 一些常见命令所消耗的 Gas

QUICKSTEP	FASTESTSTEP	FASTSTEP	MIDSTEP	SLOWSTEP	EXTSTEP
2	3	5	8	10	20
ADDRESS	DUP	MUL	ADDMOD	JUMPI	BLOCKHASH
ORIGIN	SWAP	DIV	MULMOD	EXPBASE	BALANCE
CALLER	PUSH	MOD	JUMP		EXTCODESIZE
CALLVALUE	ADD	SDIV			EXTCODECOPYBASE
CALLDATASIZE	SUB	SMOD			

QUICKSTEP	FASTESTSTEP	FASTSTEP	MIDSTEP	SLOWSTEP	EXTSTEP
CODESIZE	LT	SIGNEXTEND			
GASPRICE	GT				
COINBASE	SLT				
TIMESTAMP	SGT				
NUMBER	EQ				
DIFFICULTY	AND				
GASLIMIT	OR				
POP	XOR				
PC	NOT				
MSIZE	BYTE				
GAS	CALLDATALOAD				
	CALLDATACOPY				
	CODECOPY				
	MLOAD				
	MSTORE				
	MSTORE8				

2. Gas 与以太币

Gas 和以太币（ETH）是以太坊中两种不同的计量单位，其中 Gas 存在于 EVM 中；而以太币存在于以太坊账户中，最小货币单位为 Wei。Gas 用来衡量执行每一步操作所需要支付的费用，其价格由以太币来表示。用户可以通过向以太坊账户中充值以太币，由以太坊客户端自动购买用户指定操作最大支出的 Gas，同时在操作结束时将剩余的 Gas 转换成以太币返还到用户的以太坊账户。Gas 单位与具备自然成本的运算单位一致，而以太币价格通常会随着市场调节出现价格波动。为了避免以太币价格波动影响 Gas 价格的变化，因而将 Gas 与以太币两者分开，以保持 Gas 的真实花费相同。

3. Gas 和交易费

每笔交易都要求包含一个 GasLimit 和它愿意为每个 Gas 支付的费用。矿工具有选择是否打包该笔交易并收取相应交易费的权利。当前所有交易最终都需要由矿工选择，用户选择支付交易费的多少将会影响该笔交易被打包到区块中需要等待的时长。

- 若交易用于运算步骤所需的 Gas 总量（包括原始消息和一些可能触发的其他消息），小于或等于交易中所包含 GasLimit，那么该交易就会进行。
- 若交易用于运算步骤所需的 Gas 总量大于交易中所包含 GasLimit，则所有操作都会被复原，但是交易仍然是有效的，矿工仍然会收取交易费。

由于所需的 Gas 总量是预估的，并且矿工只对所消耗的 Gas 收费，因而多余的 Gas 会被退还给交易发送者账户。然而无论执行到什么位置，一旦 Gas 被耗尽就会触发一个 Out of Gas 异常，同时当前对所有状态所做的修改都将被回滚。因此为了保障交易的正常执行，许多用户会支付高于 GasLimit 的交易费。

4. 交易费估算

一笔交易预估需要支付的交易费 Cost = GasUsed×GasPrice，其中 GasUsed 表示该笔交易所消耗的 Gas 总量，GasPrice 表示该笔交易中单位 Gas 的价格（换算成以太币）。

（1）GasUsed

EVM 的每个操作都会消耗一定量的 Gas，具体见表 7-11。GasUsed 是执行所有操作所需要 Gas 的总和。若要估算 GasUsed，可以采用 web3. eth. estimateGas 和 eth_estimateGas 来实现。

（2）GasPrice

GasPrice 是交易中 Gas 的单价，由交易的发起者来设置。例如，一笔交易｛from：web3. eth. accounts［0］，data：tokenCompiled. token. code，gas：1000000｝，gas 参数表示该交易最多能使用多少 Gas。交易里还可以再加一个参数 GasPrice，GasPrice 可由交易发起者自行设置，甚至可设置为 0。虽然矿工有权以任意次序打包任何交易，但是 GasPrice 通常会决定该笔交易会经过多久被矿工打包进区块。矿工可以选择优先打包 GasPrice 高的交易，GasPrice 低的交易可能要等很久或者不会被打包进区块。

在以太坊 Frontier 中有一个默认的 GasPrice，即 $5×10^{10}$ Wei。如果大量的交易都使用默认的 GasPrice，那么基本上就很难有矿工去接受一个更低的 GasPrice 交易。因而，GasPrice 是动态变化的，GasPrice 均值图如图 7-39 所示，图中显示了 2016 年到 2021 年 GasPrice 的波动情况。可见，GasPrice 是受市场的供求关系，即通过矿工和交易发起者之间的博弈来调控的。在以太坊客户端可以通过调用 eth. gasPrice 来查看当前的 GasPrice。

图 7-39　GasPrice 均值图

例如，若假设已经将两个数字发送给以太坊合约代码，只考虑以太坊合约代码执行一步乘法操作 MUL，由表 7-11 可知 MUL 消耗 5 Gas，即 GasUsed = 5 Gas；按照 2021 年 3 月 1 日的 GasPrice[⊖]，即 GasPrice = 118. 599 Gwei，则交易费如下。

$$Cost = GasUsed×GasPrice = 5. 92995e11Wei = 5. 92995e-7\ ETH$$

⊖　获取地址为 https://ethstats. net/

5. 区块 GasLimit

区块 GasLimit 是指单个区块最多允许的 Gas 总量，以此来决定单个区块中能容纳多少笔交易。例如，若有 5 笔交易 Tx_1、Tx_2、Tx_3、Tx_4、Tx_5 的 GasLimit 分别是：10、20、30、40 和 50。若区块 Block 的 GasLimit 是 100，那么 Tx_1、Tx_2、Tx_3、Tx_4 就可以被打包进 Block 中。由于矿工有权选择将哪些交易打包进区块，因而，另一个矿工可以选择打包 Tx_1、Tx_4、Tx_5。若尝试将一个超过当前区块 GasLimit 的交易打包，则该交易会被拒绝，并且以太坊客户端会返回"交易超过 GasLimit"的错误。

某时刻以太坊区块的 GasLimit 是 6710024 Gas，若交易的 GasLimit 均设为 21000 Gas，则表示大约有 319 笔交易可以被打包到一个区块中，区块的平均产生时间大约需要 15~20 秒。此外，允许矿工调整区块 GasLimit，幅度为 1/1024 （0.0976%）。

区块 GasLimit 是由网络上的矿工决定的，大多数以太坊客户端会设置默认最小区块 GasLimit 为 4712388。矿工可以选择调整该 GasLimit，但大多数情况下都使用该默认值。若要调整 GasLimit，矿工需要使用一个挖矿软件，如 ethminer，连接到 Geth 或者 Parity 以太坊客户端。Geth 和 Parity 都有更改配置的选项。

7.3.7 EVM

1. EVM 存储空间

以太坊虚拟机（Ethereum Virtual Machine，EVM）是智能合约的执行环境，运行在所有参与以太坊网络的计算机上。运行 EVM 的任一计算机都会成为以太坊网络中的一个节点，作为验证过程的一部分。因而 EVM 可看作是由许多互相连接的计算机组成的。

EVM 是一个完全独立的沙盒，在 EVM 内部运行的合约代码不能接触到网络、文件系统或者其他进程，而且不同合约之间也只有有限的访问权限。任何人都可以将写好的智能合约编译成 EVM 字节码（EVM Bytecode），部署到以太坊区块链上，由 EVM 解释执行。因而，任何人都可以为所有权、交易格式和状态转换函数创建商业逻辑。EVM 可以访问 3 种存储数据的空间。

- 栈（Stack）：EVM 不是基于寄存器，而是基于栈的虚拟机，如图 7-40 所示。栈最多容纳 1024 个元素，每个元素为 32 字节，即虚拟机的位宽为 256 位，其目的是使之能够方便地应用于 256 位的 Keccak 哈希算法和椭圆曲线计算。对栈的访问仅限于其顶端，允许复制最顶端的 16 个元素中的一个到栈顶，或者是交换栈顶元素和下面 16 个元素中的一个。所有操作都只能取最顶端的两个（或一个、或更多，取决于具体的操作码）元素，并把结果压入栈顶。可以把栈上的元素放到存储区或者内存中。但是无法只访问栈上指定深度的那个元素，在那之前必须要把指定深度之上的所有元素都从栈中弹出才行。

- 内存（Volatile Memory）：内存与计算机内存概念一样，是一段易失性存储区，初始时被设置为 0。当虚拟机启动后，内存就处在不断变化中，记录程序运行时的指令和数据。当虚拟机关机后，所保存的数据将被擦除。

- 持久性存储（Persistent Storage）：存储区是接入以太坊网络的计算机都会同步到本地磁盘上的区块链的一部分，形式为 Key-Value 的存储，如图 7-41 所示。Key 和 Value 都是 32 字节，与计算结束即重置的栈和内存不同，存储内容将长期保持，初始时被设置为 0。

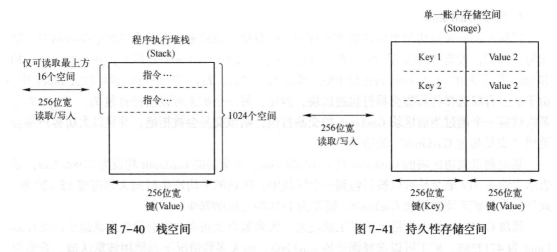

图 7-40　栈空间　　　　　　　　　　　图 7-41　持久性存储空间

2. EVM 运行原理

EVM 的整体运行过程如图 7-42 所示，输入数据仅限于 EOA 调用 CA 所携带的数据，以及其他 EVM 通过函数调用所携带的数据；输出数据为修改后的账户状态数据库（StateDB）以及日志。EVM 在执行过程中产生的日志文件也会被记录，以 MPT 形式组织成交易的收据树并将收据树根哈希记录到以太坊区块头中。

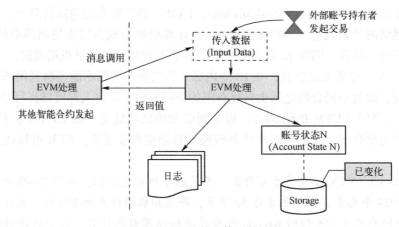

图 7-42　EVM 的整体运行过程

具体到 EVM 的处理过程，一笔交易将会被转换为一个 Message 对象传入 EVM，EVM 会根据 Message 生成一个 Contract 对象。若是普通转账交易，则直接修改账户状态数据库（StateDB）中对应的账户余额。需要说明的是，每笔交易会收取 21000 的固定 Gas 费用。在此基础上，若交易包含有 data 字段数据，则需要按照字节数量进行收费。若是智能合约创建或调用，则 Contract 会根据合约地址 CodeAddr，从 StateDB 中加载对应字节码，并送入解释器（Interpreter）执行，EVM 处理执行过程如图 7-43 所示。Contract 中还包含有 GasLimit，用以标识能够执行操作步骤的上限。

EVM 解释器的执行过程如图 7-44 所示。EVM 的每个操作码占用 1 个字节，最多包含 256 个操作码。首先程序寄存器会从合约代码中读取一个操作码，然后从 JumpTable 中检索出对应的 operation，即找到与其相关联的函数集合，具体过程将由调用合约的参数决定。随后计算该操作需要消耗的 Gas，若超过 GasLimit，则执行失败并返回 Out of Gas 错误；若不

238

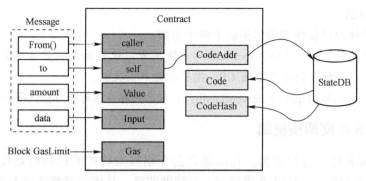

图 7-43 EVM 处理执行过程

超过 GasLimit，则调用 execute（）执行代码函数。若代码执行完毕后 Gas 还有剩余，此时 EVM 会按照约定退还给发送方相应的 Gas 找零。

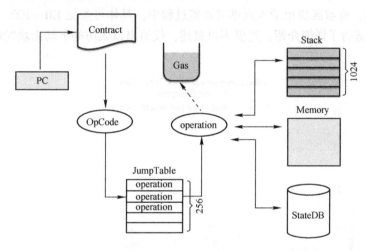

图 7-44 EVM 解释器的执行过程

7.4 以太坊挖矿

本节介绍以太坊挖矿算法 Ethash，包括 Ethash 挖矿算法目标、Ethash 难度调整机制以及 Ethash 挖矿算法过程等。

7.4.1 Ethash 挖矿算法目标

比特币的 PoW 是算力密集型挖矿算法，使得普通计算机难以形成与 ASIC 芯片专有矿机挖矿的竞争优势，从而提高了挖矿准入门槛、加剧了算力中心化的风险。为此，以太坊提出了基于内存要求高的计算难题（Memory-hard Mining Puzzle）挖矿算法，以遏制那些计算能力强但在内存访问上没有优势的 ASIC 芯片专有矿机。

Eth1.0 版本采用基于 PoW 的挖矿算法叫作 Ethash，建立在对 Dagger-Hashimoto 算法进行大量修改的基础之上。当前，以太坊已经进入了 Eth2.0（Serenity）中的阶段 0，目前采用 PoW 和 PoS 混合共识机制，即主链采用 PoW 算法，信标链采用 PoS 算法（Casper FFG 算法）。按照以太坊发展计划，Eth2.0 中将完全转向 PoS 共识算法。这里只介绍 Eth1.0 所采用的 Ethash 挖矿算法。

Ethash 的总体设计目标主要包括以下两个方面。

- 抵抗专有芯片矿机（ASIC-resistance）：使用专门优化的芯片产生的挖矿优势应该尽可能地小，小到即使使用普通 CPU 挖矿也能产生收益。
- 轻客户端可验证（Light client verifiability）：轻客户端应该有能力验证每一个块的真实性。

7.4.2 Ethash 难度调整机制

在介绍 Ethash 挖矿过程之前，先回顾之前介绍以太坊挖矿过程的难度调整方法。在 Homestead 硬分叉过程中，Eth1.0 进行过一次难度调整，具体调整算法可参见 EIP-2.4，主要思想是如果区块在不到 10 秒内挖出，则增加难度，如果区块在 20 秒内挖出，则降低难度；如果区块在 10~20 秒之间挖出，则什么也不做，在一段长的时间内实现 10~20 秒的出块时间。后来在 Metropolis 阶段的 Byzantium 硬分叉过程中，Eth1.0 进一步调整了挖矿过程的难度计算方法，将叔区块也纳入到难度调整过程中，具体可参见 EIP-100。在本章的以太坊发展历程中均进行了详细介绍，这里不再赘述，仅给出以太坊的平均出块时间，如图 7-45 所示。

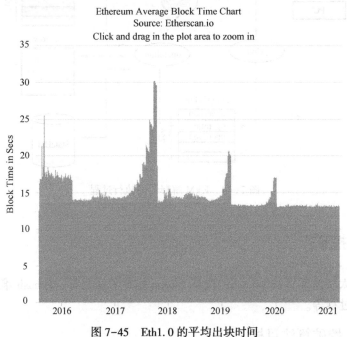

图 7-45　Eth1.0 的平均出块时间

7.4.3 Ethash 挖矿算法过程

Ethash 挖矿算法主要包括生成种子（Seed）、利用 Seed 生成伪随机数据集（Cache）、利用 Cache 生成数据集（DAG）、挖矿过程和验证过程如图 7-46 所示。

1. 生成种子

对于每一个区块，通过扫描区块头计算出一个种子（Seed），该 Seed 只与当前区块有关。具体计算方法为将区块哈希值与 Nonce 连接成一个 40 字节的数组，然后经过哈希函数生成长度为 64 的字节数组。

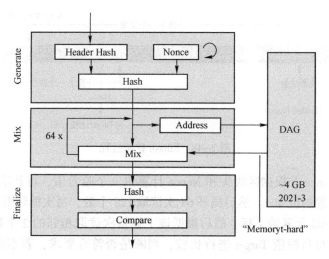

图 7-46　挖矿和验证过程

2. 生成伪随机数据集

伪随机数据集（Cache）的计算方式与 Scrypt 类似，通过 Seed 计算出第一个元素，然后依次进行哈希。后一个位置的数据为前一个位置数据的哈希值，从而生成初始大小为 16M 的伪随机数组。该数组主要用于轻客户端验证。每隔 30000 个区块会重新生成新的 Seed，并利用新的 Seed 生成新的 Cache。新 Cache 大小会增加初始 Cache 大小的 1/128，即 128 K。

3. 利用 Cache 生成 DAG

DAG（数据集）中的每个元素都是基于 Cache 生成的。DAG 初始化大小为 1G，每隔 30000 个区块会更新 DAG 大小，增大初始大小的 1/128，即 8M。根据 investoon.com 数据显示，截至 2021 年 3 月，以太坊 DAG 的大小已超过 4G。DAG 的生成过程如图 7-47 所示。

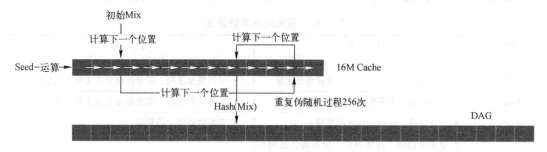

图 7-47　DAG 的生成过程

首先通过 Cache 中的第 $i\%Cache\_Size$ 个元素生成初始的 Mix。然后循环 256 次，每次根据当前的 Mix 值计算下一个需要访问的 Cache 元素的下标。随后用这个 Cache 元素和 Mix 求出新的 Mix 值。由于初始 Mix 值不同，因而访问 Cache 的序列也是不同的。最后返回 Mix 的哈希值，即得到 DAG 中第 i 个元素值。重复这一过程直到完全生成 DAG 的所有元素。

4. 挖矿过程

由于矿工是直接访问内存的并且只需要在 DAG 上进行挖矿，为了提高挖矿效率，矿工需要在其内存中保存 DAG。若每次都从 16M 的 Cache 重新生成，那么需要进行很多重复的计算，从而导致挖矿效率大大降低。Ethash 挖矿过程如图 7-48 所示。

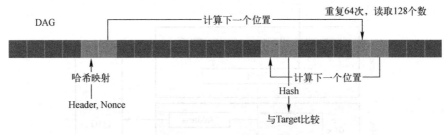

图 7-48　Ethash 挖矿过程

首先初始化 Nonce 并根据区块头和 Nonce 计算出一个哈希值，将其映射到 DAG 中的某个位置并读取该位置的值 Mix。然后循环 64 次读取 128 个数，每次循环根据当前的 Mix 值求出下一个要访问 DAG 元素的下标，然后根据该下标每次读取相邻的 2 个数。最后计算出一个哈希值，并将其与目标值 Target 进行比较，判断是否符合要求，若不满足要求，则递增 Nonce 值直到满足要求。

5. 验证过程

验证者包括轻客户端基于 Cache 计算得到指定位置的元素，验证这个元素集合的哈希值是否小于目标值 Target。相比而言，由于 Cache 所需存储空间较小并且指定位置 DAG 元素容易计算，因此验证过程只需要普通 CPU 和内存即可完成。

7.5　以太坊钱包

以太坊钱包是用来管理以太坊账户密钥和地址的。私钥有不同的表现形式，例如随机生成的 256 位二进制数字形式；keystore & password 形式，即公私钥被 password 加密保存为一份 JSON 文件存储在 keystore 目录下，并备份 keystore 和对应的 password；助记码形式。一旦私钥遭到泄露，以太坊账户资产将会被攻击者窃取。常见的以太坊钱包见表 7-12。

表 7-12　常见的以太坊钱包

类型	优　势	劣　势
Mist	• 安全性高，不需要经过第三方发起交易。 • 节点未同步完成之前无法查看地址余额	• 无法调整 GasPrice。 • 对网络要求高，需要连接节点才能发起交易
Parity	• 安全性高，不需要经过第三方发起交易	• 对网络要求高，需要连接节点才能发起交易
MyEtherWallet	• 方便快捷，连网即可发起交易	• 交易时需要上传私钥
imToken	• 移动端钱包，操作界面十分友好，连网即可发起交易。 • 中国团队，客服好沟通，反应速度快	• 未开源
MetaMask	• 通过添加钱包插件将 Chrome 变成兼容以太坊的浏览器	• 不支持自动显示 ERC20 代币
Legder	• 安全性高	• 官方软件功能差，无法调整 GasLimit 和 GasPrice。 • 价格贵并且较难买到

这里仅以以太坊官方钱包 Mist 为例进行介绍，Mist 支持 Windows、Mac、Linux 系统，用户可以到 https://github.com/ethereum/mist/releases 下载 Windows、Mac、Linux 系统所对应的最新版以太坊钱包和浏览器。以太坊官方钱包和浏览为 Ethereum Wallet and Mist 0.9.0。基于该版本，这里介绍以太坊钱包的使用方法。具体安装过程本书不做详述，值得注意的

是，要使用以太坊钱包，需要同步以太坊区块链上的所有区块信息，以太坊钱包同步界面如图 7-49 所示。

图 7-49 以太坊钱包同步界面

截至 2021 年 3 月 4 日，以太坊区块高度已经超过 11970000。每个区块的大小不是固定的，而是由 GasLimit 决定的，以太坊平均区块大小如图 7-50 所示。目前以太坊数据规模已经达到 TB 级，若要同步全网所有区块，则需要大量存储空间和时间开销。

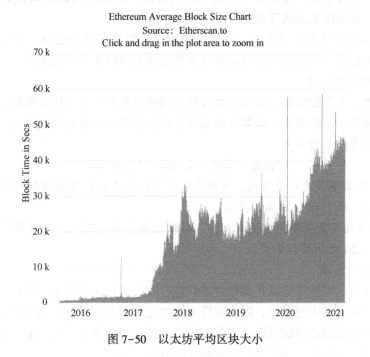

图 7-50 以太坊平均区块大小

7.6 以太坊客户端

以太坊客户端与 Java 虚拟机和 .NET 运行环境类似，能运行以太坊程序。为了满足不同需求，丰富以太坊生态系统，以太坊客户端被多种不同的语言实现，具有不同类型，以太坊客户端的类型见表7-13。

表 7-13　以太坊客户端的类型

客户端	语言	开发者	Homestead 发布版本
go-ethereum	Go	以太坊基金会	geth-v1.4.3
Parity(OpenEthereum)	Rust	PartiyTech	Parity-v1.1.0
cpp-ethereum	C++	以太坊基金会	eth-v1.2.4
pyethapp	Python	以太坊基金会	pyethapp-v1.2.1
ethereumjs-lib	JavaScript	以太坊基金会	ethereum-lib-v3.0.0
EthereumJ	Java	< ether. camp >	ethereumJ-v1.2.0
ruby-ethereum	Ruby	Jan Xie	ruby-ethereum-v0.9.1
ethereumH	Haskell	BlockApps	尚无 Homestead 版本

除 ethereumH 外，其他客户端都有 Homestead 兼容版本。目前，go-ethereum 和 parity 是最常用的以太坊客户端。这里仅对每个以太坊客户端进行简单的介绍，详细的安装过程可参见各官网说明。

1. go-ethereum

go-ethereum 客户端通常被称为 geth，它是个命令行界面，执行在 Go 上实现的以太坊节点。通过安装和运行 geth，可以参与到以太坊前台实时网络并可以实现挖矿、创建智能合约、发送交易、查询历史区块等功能。

go-ethereum 提供两种启动方式：主网络快速启动和测试网络启动。虽然主网络和测试网络默认是分离状态，但在使用的时候最好还是使用不同的账户进行操作。

（1）主网络快速启动

作为使用者，大多数情况下使用以太坊客户端的时候并不关心历史数据，启动一个节点只是为了创建账户、交易资金、部署合约及与合约进行交互。在此情况下，geth 客户端提供了快速同步启动方法，命令为：

$geth --fast --cache=512 console

- fast 参数开启了快速同步模式。该模式通过下载更多的数据来换取处理以太坊网络的历史数据，属于 CPU 密集型配置。
- cache 参数指定数据库内存存储大小，有助于提升同步时间。此范围可根据机器配置在 512M~2G 之间进行调整。

（2）测试网络启动

作为开发人员，可能需要发布所创建的智能合约或进行一些交易。然而，一般的开发者不会直接将合约部署在主网络中，因为这样一旦发生错误将损失账户里面的以太币。为此，通常通过以太坊节点启动测试网络而不是主网络，测试网络除了使用测试以太币外，其余与主网络基本相同。geth 客户端提供了启动测试网络的命令：

$geth --testnet --fast --cache=512 console

其他参数与主网络的参数一样，只不过测试网络参数会重新配置 geth 实例。

- 在原来默认的 ethereum 目录下生成一个专门用来存放测试数据的 testnet 目录。
- 由原来的主网络切换到测试网络，同时使用不同的 P2P 启动节点，不同的网络 ID 和创世状态。

2. Parity（OpenEthereum）

Parity 定位于"最快速、最轻巧、最强劲"的以太坊网络客户端，由前以太坊 CTO Gavin Wood 成立的 Ethcore 开发。Ethcore 现已改名为 PartiyTech，正式从以太坊独立，并在 2016 年 10 月发布了 Polkadot 项目，主要研究跨链任意消息通信。目前，以太坊客户端 Parity 已改名为 OpenEthereum。Parity 由 Rust 语言编写，在可靠性、性能和代码清晰度方面都有所增强。尽管 Parity 的处理能力和效率有了大幅提升，但是在 2017 年 Parity 多签名电子钱包 1.5 版本被曝出合约代码漏洞，导致攻击者从 3 个高安全的多签名合约中窃取了超过 15 万的以太币。

3. cpp-ethereum

cpp-ethereum 通常被称为 eth，执行在 C++ 上实现的以太坊节点。eth 由前以太坊 CTO Gavin Wood 于 2013 年发起，其受欢迎程度位列 geth（Go 客户端）和 Parity（Rust 客户端）之后。该代码非常便于移植，并已在各种各样的操作系统和硬件上成功使用。然而，在 2015 年年末和 2016 年年初，eth 很多开发者转移到 Slock.it 和 Ethcore 项目上，紧接着 eth 的项目资金被削减了 75%。

4. pyethapp

pyethapp 是以 Python 为基础的客户端，旨在提供一个易扩展的代码库。pyethapp 利用 pyethereum 和 pydevp2p 等以太坊核心组件来实现客户端，其中 pyethereum 用来实现以太坊虚拟机、挖矿等功能，而 pydevp2p 用来实现以太坊节点发现、加密传输等功能。

5. ethereumjs-lib

ethereumjs-lib 是以太坊黄皮书所描述的以太坊核心功能的 JavaScript 库，包括虚拟机、区块链管理、区块、交易、账户、RLP、Trie、Ethash、utils、devp2p、devp2p-dpt 等模块。

6. EthereumJ

EthereumJ 是以太坊协议的纯 Java 实现，最早由 Roman Mandeleil 开发，现在由 <ether.camp> 资助。以太坊白皮书描述了其概念设计，以太坊黄皮书提供了该协议的形式化定义。

7. ethereumH

ethereumH 由 Haskell 语言实现，能使用户连接到以太坊区块链，但是并没有提供以太坊 Homestead 兼容版本。

7.7 习题

1. 概念题

1）以太坊解决了比特币的哪些问题？

2）以太坊的发展经历过哪几个阶段，每个阶段进行了哪些重大升级？

3）简述以太坊技术体系，每层提供哪些功能服务？

4）简述以太坊区块结构，并说明区块头中的 3 棵树是如何构建的？有哪些作用？

5）什么是 Merkle Patricia Tree/Trie？以太坊对其进行了哪些方面的优化？

6）以太坊账户类型有哪些？它们之间有何区别？

7）以太坊中交易和消息的概念是什么？有何区别？

8）什么是 GHOST 协议？

9）以太币和 Gas 有何关系？

10）以太坊虚拟机可访问存储数据的空间有哪些？各自有何特点？

11）简述以太坊挖矿算法 Ethash 的过程。

2. 操作题

1）请根据 RLP 编码规则实现本章中所给出实例的编码过程和结果。

```
01.    items := []interface{}{
02.        uint64(333013),
03.        common.FromHex("0xfb8f2d4ae37582cb7ae307196d6e789b7f8ccb665d34ac77000000000"),
04.        toBig("37788494754494904754064770007423869431791776276838145493898599251081614922324"),
05.        []interface{}{
06.            uint64(131231012),
07.            "交易扩展信息",
08.        },
09.    }
10.
```

2）请下载任何一种以太坊客户端，通过客户端在测试链上完成一笔以太币的交易过程。

参考文献

［1］朱建明，高胜，段美姣，等．区块链技术与原理［M］．北京：机械工业出版社，2018．

［2］邹均，于斌，庄鹏，邢春晓，等．区块链核心技术与应用［M］．北京：机械工业出版社，2018．

［3］邹均，张海宁，唐屹，等．区块链技术指南［M］．北京：机械工业出版社，2016．

［4］以太坊的指南针［OL］．https://github.com/laalaguer/ethereum-compass．

［5］以太坊技术与实现［OL］．https://learnblockchain.cn/books/geth/part0.html．

［6］Ethereum Improvement Proposal［OL］．https://github.com/ethereum/EIPs/tree/master/EIPS．

［7］ANTONOPOULOS A M，WOOD G．Mastering Ethereum［M］．New York：O'REILLY，2018．

［8］WOOD G．Ethereum：A secure decentralised generalised transaction ledger［R］．Ethereum project yellow paper 151.2014（2014）：1-32．

［9］BUTERIN V．A next-generation smart contract and decentralized application platform［R］．white paper 3.37 （2014）．

［10］BUTERIN V．Ethereum 2.0 mauve paper［R］．Technical report，2016．

［11］COCK T．图解以太坊虚拟机 EVM［OL］．https://blog.csdn.net/TurkeyCock/article/details/83786471．

第 8 章　Hyperledger Fabric

Hyperledger Project 于 2015 年由 Linux 基金会创办，是一个开源的区块链研发孵化项目，致力于提供企业级商用区块链平台。Hyperledge Project 发起了包括 Fabric、Sawtooth、Iroha、Burrow、Cello 等在内的多个区块链项目，其中 Fabric 受到了最广泛的关注。本章将介绍 Hyperledger Project 子项目 Hyperledger Fabric 的相关基础知识，包括项目发展历史、系统架构、交易流程、核心模块、开发框架等，从宏观上分析 Hyperledger Fabric 的设计逻辑和运行机制，并从微观上剖析各核心组件的设计理念与实现原理，旨在使读者能够对 Hyperledger Fabric 有一个尽可能全面的了解。

8.1　Hyperledger 项目概述

Hyperledger（中文名为超级账本）是 Linux 基金会发起的以推进区块链数字技术和交易验证为目的的开源项目。Hyperledger 的目标是在简化业务流程的同时，让成员合作共建开放平台，以满足来自不同行业各种用户的需求。Hyperledger 的创始成员包括 IBM、Intel、思科等公司，目前加入 Hyperledger 的机构和公司已经超过 200 个，且项目成员数量仍在快速增长。

在 Hyperledger 项目成立之初，Linux 基金会就已经收到了包括 IBM 代码库、DAH 代码库和 Blockstream 代码库在内的多个库。随着行业的发展，单一的项目已经无法满足业务的需求，因此 Hyperledger 逐步由单一的项目发展成了一个项目组。目前 Hyperledger 已经不是某个具体的技术，而是代表一组区块链技术框架的集合。

8.1.1　Hyperledger 项目背景

2009 年，中本聪在密码朋克邮件组中发布了比特币白皮书，并于 2009 年上线了比特币系统。随着对比特币及其相关技术的深入研究，人们发现以比特币为代表的数字货币的设计是完全开放的、去中心化的和非授权的，任何人在没有确定身份的情况下都能参与。在以比特币和以太坊为代表的区块链框架中，需要无数的算力来完成 PoW 算法以达到整个网络的稳定，因此运行基于这些技术架构的系统是昂贵的。这一特性和现有的绝大多数体系都存在冲突，如果直接将现有区块链框架投入应用会存在很大的问题。但同时，区块链公开、透明、不可篡改的一些特点在非数字货币领域存在广阔的应用场景。这些矛盾的存在是对新技术出现的呼唤，在这种情况下 Hyperledger 应运而生。

Hyperledger 提供了一种允许创建授权和非授权的新型区块链模型，通过提供以身份识别为代表的服务，Hyperledger 使各企业可以更好地应对实际生产中的应用需求。Hyperledger 分布式账本技术充分利用了点对点网络的特性，其具有的去中心化、公开透明、不可篡改等优势使得该技术在金融行业具有极大的应用潜力。

8.1.2 Hyperledger 项目介绍

Hyperledger 项目组目前一共包含 16 个正式项目，每个正式项目都包含若干个模块，Hyperledger 正式项目及其模块如图 8-1 所示。这些正式项目和模块都是开源项目，任何人都可以下载并进行学习和研究。如果是技术人员还可以申请成为 Hyperledger 相关项目或者模块的开发者，为 Hyperledger 的发展贡献自己的力量。

图 8-1 展示了 Hyperledger 项目组中的正式项目及其模块，除了图中展示的项目及其模块之外还有一些项目并没有出现在这张图中，这些未出现的项目是一些例如测试案例的辅助性项目，这里不再赘述，辅助性项目的详细信息可以通过 Hyperledger 的 Github 网站获取。

Hyperledger 的 16 个正式项目解决了区块链的核心基础问题，比如分布式账本、区块链结构浏览器、不同区块链之间的价值交换等。下面介绍这 16 个正式项目的详细信息。

(1) Hyperledger Fabric

Hyperledger Fabric 是 Hyperledger 的核心项目，在 Hyperledger 项目中占据十分重要的地位。Hyperledger Fabric 是一种分布式的共享账本，在设计方面采用了模块式结构，系统组件能够根据实际需要进行灵活配置。Hyperledger Fabric 最初由 IBM 开发，目前由整个 Linux 基金会共同维护。Hyperledger Fabric 是本章重点介绍的区块链技术框架，关于 Hyperledger Fabric 的详细信息可以参考本章后续内容。

(2) Hyperledger Explorer

Hyperledger Explorer 是一个用来对区块链进行配置管理、区块和交易数据查询、节点管理的工具。同时，Hyperledger Explorer 还可以对区块链执行部署智能合约、更新智能合约等常用操作。Hyperledger Explorer 的愿景是支持 Hyperledger 下面的所有区块链产品，目前 Hyperledger Explorer 支持 Fabric、Iroha 等多种区块链，未来将逐步实现对更多区块链的监管。Hyperledger Explorer 由 IBM、Intel 和 DTCC 发起，目前代码由 Linux 基金会负责维护。

(3) Hyperledger Iroha

Hyperledger Iroha 使开发者和 Hyperledger 之间的互动性更强，在开发者需要使用分布式账本技术的时候，Iroha 会提供非常强大的帮助。Iroha 采用 C++开发，基于领域驱动 C++设计，在移动应用方面也提供了很好的支持。Iroha 目前采用新的 BFT 共识算法。

Hyperledger Iroha 项目由 Makoto Takemiya、Toshiya Cho、Takahiro Inaba 和 Mark Smargon 等人提出，目前项目已经提交给 Linux 基金会负责管理，项目源代码被托管在 Github 中。

(4) Hyperledger Burrow

Hyperledger Burrow 发布于 2014 年 12 月，是 Hyperledger 中首个源于以太坊框架的项目，它采用了以太坊虚拟机（EVM）中的一部分技术配置，首次将模块化的、带有经过许可的智能合约解释器提供给区块链客户端。

(5) Hyperledger Indy

Hyperledger Indy 是一个专注于区块链生态系统的数字身份工具。在传统社会中的每个人可能拥有多个身份，例如公司员工、车主、房屋所有人等，这些身份都存在于各自独立的系统中，互相之间没有联系。Hyperledger Indy 提供基于区块链或其他分布式账本技术的工具、代码库和模块化组件用于实现独立的数字主权身份，真正实现了跨账本、跨区块链应用的不同身份之间的交互操作。

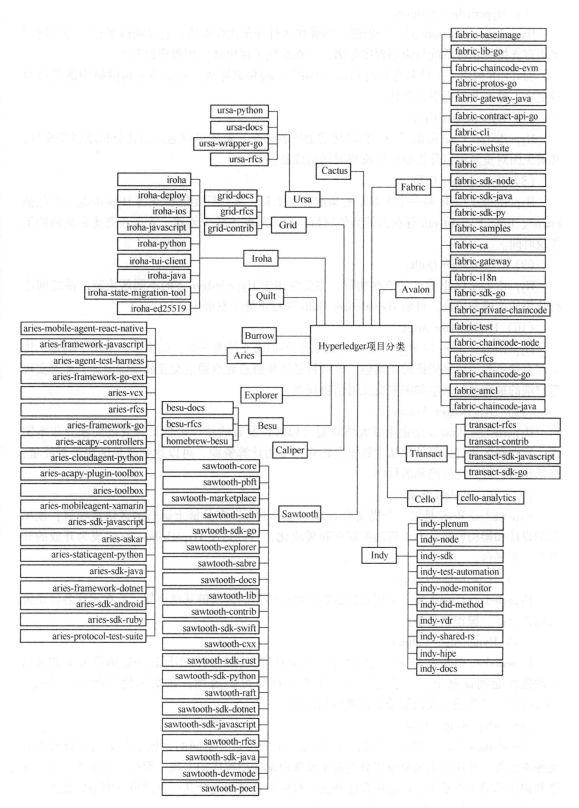

图 8-1　Hyperledger 正式项目及其模块

（6）Hyperledger Sawtooth

Hyperledger Sawtooth 是一个创建、部署和运行分布式账本的企业区块链平台，通过使用多语言支持将核心系统与应用程序分离，从而简化了区块链应用程序的开发。

Sawtooth 采用了一种名为计时验证（PoET）的共识算法，使得参与到网络中的节点数量更多，整个共识也更加健壮。

（7）Hyperledger Ursa

Hyperledger Ursa 提供了一个模块化的加密软件库，希望可以通过简化分析增强安全性，并避免因对重复项目分析而产生浪费时间的现象。

（8）Hyperledger Cello

Hyperledger Cello 是一个 Fabric 的集成管理工具，其目标是能够兼容 Hyperledger 下包括 Fabric、Iroha 和 Sawtooth 等在内的其他项目，最大限度地减少创建、管理和终止区块链的工作及时间。

（9）Hyperledger Quilt

Hyperledger Quilt 是一种支付协议，主要应用于 Hyperledger 下的不同区块链产品之间进行价值的传递和转换。目前 Hyperledger Quilt 项目正处于发展中。

（10）Hyperledger Aries

Hyperledger Aries 以 Hyperledger Ursa 提供的加密支持为基础，提供了一个用于创建、传输和存储可验证数字凭证的工具包。该项目是区块链点对点通信交互的基础设施，能够实现客户端的加密钱包共享和账本交互通信协议等。

（11）Hyperledger Avalon

Hyperledger Avalon 是企业以太坊联盟（EEA）发布的基于可信计算规范的独立账本实现，旨在将区块链计算处理从主链安全转移到专用计算资源，可以达到改善区块链吞吐量、降低延迟、提高交易隐私的目的。

（12）Hyperledger Besu

Hyperledger Besu 是第一个提交给 Hyperledger 的可以在公链上运行的区块链项目，该项目的设计和架构策略致力于简洁的界面和模块化，目标是使 Hyperledger Besu 成为开放的开发和部署平台。

（13）Hyperledger Cactus

Hyperledger Cactus 是一个用来打通各区块链体系的区块链基础框架，旨在实现各区块链之间的通信、操作和交易。

（14）Hyperledger Caliper

Hyperledger Caliper 是一个能够让用户使用自定义样例测试不同区块链解决方案的通用区块链性能测试框架。由于充分考虑了伸缩性与可扩展性，在实际使用时 Hyperledger Caliper 并不难实现与主流运维监控系统的集成。

（15）Hyperledger Grid

Hyperledger Grid 构建了一个供应链解决方案的平台，不同的是该平台集成了分布式分类账本组件。此项目不是分布式分类账本或客户端应用程序的实现，而是一个包含技术、框架和协作库的生态系统，让应用程序开发人员可以选择最适合其行业或市场模型的组件。

（16）Hyperledger Transact

Hyperledger Transact 专为多项目而设计，它提供了一个独立于平台的库，用于通过智能合约执行事务，使用户能够更快地集成各种智能合约技术。Hyperledger Transact 的开发汲取了来自 Superbook 中多个项目的经验，代表了 Hyperledger 向组件化的不断发展。

8.2 Hyperledger Fabric 概述

8.2.1 发展历史与现状

Fabric 是由 IBM、DAH 等企业于 2015 年年底提出的第一个基于联盟链场景的开源项目，从发布至今，Hyperledger Fabric 陆续更新了以 v0.6、v1.0、v1.4、v2.0 为代表的多个版本，在功能和性能上都在不断进行优化。在 2017 年以前，Fabric 最稳定的版本是 v0.6，其特点是结构简单，应用模块、成员管理模块和 Peer 节点构建起了 Fabric v0.6 的主要框架，尤其是 Peer 节点，承载了系统的许多关键功能。正因为如此，系统在扩展性、安全性、可维护性等方面都出现了很多问题，v0.6 的 Fabric 也没有在实际生产环境中得到大规模的应用。为了解决 v0.6 中存在的问题，Fabric 于 2017 年 7 月推出了 v1.0，有针对性地做出了改进和重构。v1.0 最为关键的改动是将 Peer 节点的一些功能独立分拆了出来，Orderer 节点就是其中的一个典型改动。在新版本中，Orderer 节点全权负责了系统的共识服务，共识服务和记账服务被解耦，记账节点的动态加入或退出得到了实现。除此之外，v1.0 还基于新架构创建了多通道结构，整个区块链网络被划分为多个逻辑上的通道，每个节点可以根据自己需要参加的交易来选择加入相应的通道，大大提高了业务适应性。之后，Fabric 又分别于 2019 年和 2020 年陆续推出 v1.4 和 v2.0，从操作开发的易用性、数据隐私的增强、链码生命周期管理等多方面对系统进行了优化和提升。

8.2.2 整体架构

Hyperledger Fabric 的系统逻辑架构示意图如图 8-2 所示，Hyperledger Fabric 在应用层面为开发人员提供了 CLI 命令行终端、事件模块、客户端 SDK、链码 API 等接口，为上层应用提供了身份管理、账本管理、交易管理、智能合约管理等区块链服务，具体说明如下。

- 身份管理：获取用户注册证书及其私钥，用于身份验证、消息签名和验证等。
- 账本管理：提供多种方式查询与保存账本数据。
- 交易管理：各组件相互配合，对提案消息请求背书，在进行合法性检查后请求交易排序，并打包成区块，在交易得到验证后提交账本。
- 智能合约管理：负责对系统链码、用户链码进行安装、实例化（部署）等操作，以便后续的链码调用。

从底层视角看，Hyperledger Fabric 提供了成员关系服务、共识服务、链码服务、安全与密码服务等服务，具体如下。

- 成员关系服务：Fabric-CA 节点提供成员登录注册服务，负责接收申请并授权新用户证书与私钥，管理身份证书的生命周期等。MSP 组件则用于授权管理操作，例如基于身份证书对资源实体进行身份验证。
- 记账与共识服务：在 Fabric 版本中，由 Peer 节点全权负责记账与共识服务，Peer 节点集成了全要业务功能，但从 Fabric v1.0 开始，共识服务从 Peer 节点中完全分离出来。在 Fabric v1.0 及之后的版本中，Endorser 背书节点先对提案消息进行模拟执行并

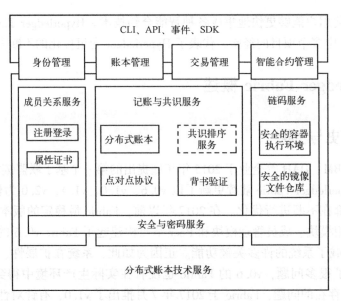

图 8-2　Hyperledger Fabric 的系统逻辑架构示意图

对模拟执行结果等进行背书，然后提交到 Orderer 排序节点共识组件（如 Solo、Kafka、PBFT 等）对交易进行排序并打包出块，最后由 Committer 记账节点验证交易并提交账本。整个服务过程以 Gossip 消息协议作为基础，提供 P2P 网络通信机制，用来实现高效数据分发与状态同步，保证节点账本的一致性。

- 链码服务：基于 Docker 容器为链码提供运行环境，支持多种语言开发的链码程序（智能合约），具有良好的可扩展性。同时，提供完善的镜像文件仓库管理机制，支持快速环境部署与测试。
- 安全与密码服务：将安全与密码服务封装为 BCCSP 组件，提供密钥生成、消息签名与验签、加密与解密、获取哈希函数等服务功能，具有可插拔组件特性，还支持扩展定制的密码安全服务算法（如国密等）。

8.2.3　运行架构

Hyperledger Fabric 在运行时的重要组件包括 CA 节点、Client 客户端节点、Peer 节点、Orderer 排序节点等，具体的运行时架构示意图如图 8-3 所示。

（1）CA 节点

CA 节点部署可选组件（如 Fabric CA）以提供用户管理和证书服务（如用户注册和证书颁发）。

（2）Client 客户端节点

Client 客户端节点部署用户应用程序或 CLI 命令行终端，在登记注册用户获取合法的证书与私钥后，能够执行用户程序或命令。

（3）Peer 节点

Peer 节点包括 4 种具体的节点角色：Endorser 背书节点、Committer 记账节点、Leader 节点和 Anchor 节点，功能不同的 Peer 节点可以运行在同一个物理服务器节点上。Endorser 节点负责 Fabric 网络的背书工作，先后执行启动链码容器模拟执行签名提案，对模拟执行结果读写集、交易提案等进行签名背书等流程。Committer 记账节点是负责维护区块链和账本结

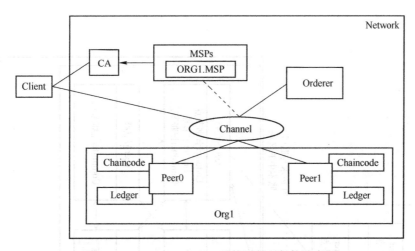

图 8-3 Hyperledger Fabric 系统运行时架构示意图

构的节点，该节点会定期从 Orderer 排序节点获取排序后区块里的交易，对这些交易进行最终检查。Leader 节点代表所在组织（通常对应于一个 MSP 组件）通过 Deliver( ) 服务接口与 Orderer 排序节点进行连接，请求指定通道的账本区块数据，并将接收到的批量区块转发给组织内其他节点。Anchor 节点是组织中与其他组织进行信息交换的节点，负责将其他组织的消息在本组织内进行广播，用于跨组织通信场景。

（4）Orderer 排序节点

目前，Hyperledger Fabric 中的 Orderer 排序节点主要提供基于单个节点的排序服务（如 Solo 类型，仅用于测试）和基于多个节点（集群）的排序服务（如 Kafka 类型和 PBFT 类型等）。

Orderer 排序节点通过 Broadcast( ) 服务接口接收包括普通交易消息、配置交易消息在内的交易消息请求，之后依次将消息提交给共识组件进行排序，并添加到本地缓存交易消息列表，最后遵循出块规则（如出块时间配置、区块字节数限制、配置交易消息单独出块等）切割打包成新区块，提交给 Orderer 排序节点的本地账本。同时，Orderer 排序节点还可以处理 Deliver( ) 服务接口的区块请求消息，从本地账本获取请求的区块数据发送给组织的 Leader 节点，最终实现对通道组织内的其他所有节点的广播。

8.2.4　交易流程

Hyperledger Fabric 正常启动后，用户使用 Fabric CA 节点或其他工具（如 cryptogen 等）基于客户端节点生成合法身份证书、签名私钥等文件，获得合法节点身份，进入 Fabric 网络。之后，用户就能正常发送交易到网络中进行交易处理，Hyperledger Fabric 系统的交易处理流程示意图如图 8-4 所示。

1）Client 节点发送签名提案消息到 Endorser 背书节点请求处理。Client 节点构造签名提案消息，通过调用 Endorser 背书服务客户端的 ProcessProposal( ) 接口提交消息到 Endorser 背书节点，请求模拟执行交易提案并签名背书。

2）Endorser 背书节点模拟执行交易提案并签名背书。Endorser 背书节点收到签名提案消息之后的具体步骤如下：

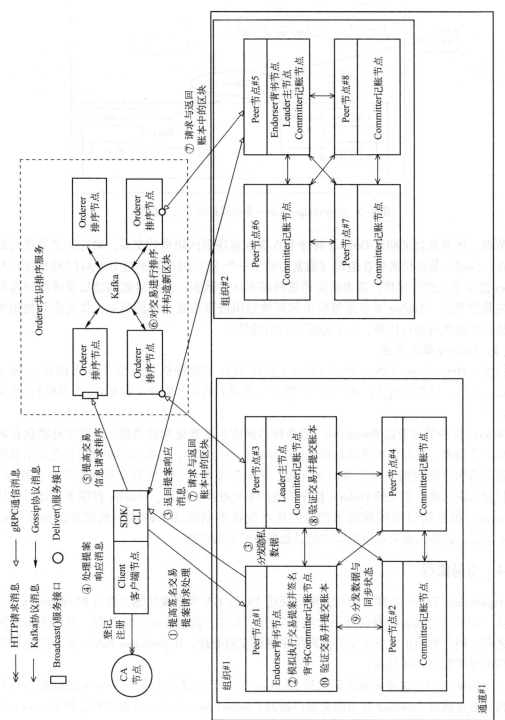

图8-4 Hyperledger Fabric系统的交易处理流程示意图

- 检查签名提案消息的格式合法性与签名有效性，具体包括通道头部、签名头部、签名域、交易 ID、消息扩展域的 ChaincodeId 属性与 PayloadVisibility 可见性模式等。
- 对于签名提案消息的创建者，检查其是否拥有指定通道上的通道访问权限。
- 检查并启动链码容器，模拟执行交易提案，并将模拟执行结果暂时保存在交易模拟器中，用于后续的排序共识与交易验证。
- 调用 ESCC（背书管理系统链码）对该提案消息的模拟结果读写集等进行签名背书。

3）Endorser 背书节点返回提案响应消息给客户端，同时向授权节点分发隐私数据（明文）。目前，模拟执行结果读写集包含公有数据（包括公共数据与隐私数据哈希值）与私有数据。其中，公有数据的处理过程和上述过程相同，但如果结果中还有有效的隐私数据，则 Endorser 背书节点通过 Gossip 消息协议将隐私数据发送给通道内授权的其他节点，同时交由 transient 隐私数据存储对象暂时保存到本地的 transient 隐私数据库（LevelDB），并在提交账本时存储到隐私数据库。

4）Client 节点处理提案响应消息。Client 节点从 Endorser 背书节点在上一步回复的提案响应消息中获取背书结果并检查提案响应消息状态的合法性，直到收集到了足够多的符合要求的背书签名信息。

5）Client 节点发送交易数据给 Orderer 排序节点请求排序。一旦收集到数量足够的符合要求的 Endorser 背书签名，Client 节点就会构造合法的签名交易消息，并通过 Broadcast( ) 服务接口将该消息提交给 Orderer 排序节点，请求交易排序处理。其中，配置交易消息不需要经过 Endorser 背书节点处理。

6）Orderer 排序节点对交易进行排序并构造新区块。Orderer 排序节点对满足通道处理要求的合法交易消息（如普通交易消息、配置交易消息等）进行排序并达成一致观点，对一段时间内接收的一批交易消息按照打包交易的出块规则构造新区块，创建应用通道或更新通道配置并提交账本。

7）Leader 节点请求 Orderer 排序节点发送通道账本区块。Leader 节点通过 Deliver( ) 服务接口代表组织从 Orderer 排序节点请求通道账本上所有的区块数据，并通过 Gossip 消息协议分发到组织内的其他 Peer 节点。如果请求的区块数据不存在，则 Orderer 排序节点默认阻塞等待，直到指定区块创建完成并提交账本，再将该区块发送给 Leader 节点。

8）Committer 记账节点验证交易并提交账本。Committer 记账节点对区块与隐私数据执行如下检查，并提交至本地账本。如果不存在隐私数据，则跳过隐私数据的相关检查与提交账本的步骤。

- 对交易消息进行检查，包括格式的正确性、签名的合法性等。
- 调用 VSCC（验证系统链码）验证收集的签名背书结果是否符合指定的背书策略。
- 对模拟结果中公有数据（即区块数据，含有公共数据与隐私数据哈希值）的读写集执行 MVCC（Multi-Version Concurrency Control，多版本并发控制）检查，针对单个键查询、键范围查询、隐私数据哈希值 3 种情况，检查读数据版本与交易时的账本是否一致，并将存在冲突的交易标记为无效交易。
- 验证模拟结果中隐私数据的正确性，遍历区块中有效交易隐私数据的读写集哈希值，取出对应交易的原始隐私数据读写集明文，重新计算其哈希值并对两者进行比较，对交易的隐私数据的真实性进行检查。
- 将所有的公有数据（区块数据）和私有数据（隐私数据）分别保存到区块数据文件

和隐私数据库（LevelDB）中，建立区块索引信息到区块索引数据库，将最新的有效交易数据（包含公共数据读写集、隐私数据读写集、隐私数据读写集哈希值）更新到状态数据库，最后将区块数据中经过 Endorser 背书的有效交易数据同步到历史数据库。同时，清理 transient 隐私数据库中的过期数据。

9）Leader 节点分发数据与状态同步。Leader 节点基于消息协议将区块数据分发到组织内的其他节点上，节点之间通过反熵算法等机制主动拉取缺失的数据和节点身份信息等，确保所有节点上的账本数据等信息的同步性。

10）Committer 记账节点验证交易并提交账本（同步骤 8）。

至此，Hyperledger Fabric 系统上的一次完整交易处理流程即告结束。

8.3　Hyperledger Fabric 核心模块

8.3.1　Peer 节点

Peer 节点是一个物理概念（与之相对的，通道是一个逻辑概念，并不存在实体），是网络上负责维护账本状态并管理链码的节点，作为账本和链码的载体，Peer 节点是整个 Hyperledger Fabric 体系的基础设施。Peer 节点存储包括账本、链码在内的关键数据，并且执行例如背书、链码等特定的程序。所有的账本查询以及账本修改必须通过链码来操作，所有的链码操作必须通过 Peer 节点唤起，所以 SDK 或者应用需要存取账本数据都必须通过 Peer 节点。

Peer 节点功能模块在 Hyperledger Fabric 架构中提供了用户与系统交互的接口，支持 node 子命令（Start 和 Status），用于启动 Peer 节点功能服务器提供服务，包括 EventHub 事件服务器、Deliver Events 事件服务器、链码支持服务器、Admin 管理服务器、Endorser 背书服务器、Gossip 消息服务器等。同时，Peer 节点功能模块还支持 channel、chaincode、logging、version 等子命令，用于创建 Hyperledger Fabric 系统上的应用通道、链码、日志等对象并进行管理。Peer 节点中重要的节点角色包括 Endorser 背书节点和 Committer 记账节点，下面对这两类节点做具体介绍。

1. Endorser 背书节点

Endorser 背书节点是在 Peer 节点启动过程中创建的，通过注册到本地 gRPC 服务器（7051 端口）提供服务，具体负责对请求服务的签名提案消息执行启动链码容器、模拟执行链码、签名背书等流程。所有提交到账本的普通交易消息都需要经过指定的 Endorser 背书节点签名认可，以签名提案消息、模拟执行结果、背书信息为代表的消息会在客户端检查收到足够的签名背书信息后被打包成签名交易消息，发送给 Orderer 排序节点用于后续的排序出块。因此，Endorser 背书节点承担着 Hyperledger Fabric 系统上 "信用背书机构" 的角色。

目前，ProcessProposal 服务接口被 Endorser 背书节点用于处理客户端提交的签名提案消息。在 Endorser 背书节点的工作流程中，节点首先检查消息中请求的链码容器对象是否已经启动，即通过全局链码支持服务实例 theChaincodeSupport 检查本地维护的链码运行时环境字典 chaincodeMap，查看该字典中是否已经注册了指定链码规范名称关联的链码运行时环境对象。如果对象尚未注册，则表示对应的链码容器尚未启动，此时将启动链码容器来提供链码运行时环境，并将其注册到 chaincodeMap 字典中，以管理容器的运行状态与处理链码消息。

Endorser 背书节点的 ProcessProposal( ) 方法在链码模拟执行之前为当前交易（即链 ID 不为空字符串的情况）创建了关联的交易模拟器。在每次调用链码或通知做好准备等待链码调用之前，交易模拟器都将绑定到构造的交易上下文对象，同时注册到 txCtxs 字典中（该字典用于管理交易提案消息的交易标识 txCtxID 与交易上下文对象之间的映射关系），负责访问账本数据、记录模拟执行结果等操作。同时，如果调用链码结束或通知就绪，则删除 txCtxs 字典中该交易上下文对象的键值对。

在链码模拟执行结束后，Endorser 背书节点会调用 ESCC（Endorsement System Chaincode）背书管理系统链码，利用本地签名者实体对模拟执行结果进行签名背书，然后将模拟执行结果、背书签名、链码执行响应消息等封装起来，作为提案响应消息回复给请求客户端。

2. Committer 记账节点

Committer 记账节点是 Fabric 网络中负责验证交易与提交账本并与其他节点定期进行信息交换的节点。在账本被提交之前，Committer 记账节点需要验证包括交易消息格式的正确性、签名的合法性等在内的交易数据的有效性，并调用 VSCC（Validation System Chaincode，验证系统链码）验证消息的合法性以及指定背书策略的有效性。然后，节点将执行 MVCC（Multi-Version Concurrency Control）对读写冲突进行检查并标记交易的有效性。最后，将区块数据和隐私数据分别提交到区块数据文件和隐私数据库，创建索引信息并保存到区块索引数据库，将有效交易更新至状态数据库，将 Endorser 背书的有效交易数据同步到历史数据库，同时清理缓存隐私数据的 transient 隐私数据库。

在实际应用中，通道上同一个组织（通常对应一个 MSP（Membership Service Provider）组件对象）加入的所有 Peer 节点都默认成该组织的 Committer 记账节点，接收该组织内传播的区块数据或隐私数据，并验证交易数据与提交账本。Committer 记账节点的功能模块包括交易验证模块（或称为交易验证器）与账本提交模块（或称为账本提交器），具体说明如下。

- 交易验证器（Validator 接口）：定义了 Validate 方法，用于验证区块中交易数据的合法性，包括交易格式的合法性、背书策略的有效性等。
- 账本提交器（Committer 接口）：定义了 CommitWithPvtData 方法，执行 MVCC（Multi-Version Concurrency Control）检查，基于状态数据检查模拟执行结果中的读写冲突，标记其中的无效交易，再提交区块与隐私数据对象到账本中。

8.3.2 Orderer 排序节点

Orderer 排序节点是共识服务的网络节点，负责接收交易、产生区块，并且对共识机制的策略进行管理，有点类似于比特币里的矿工。在 Hyperledger Fabric 中，一组排序节点运行排序服务、为 Peer 节点提供原子性广播服务。排序服务为客户端和 Peer 节点提供了共享通信通道，通道提供包含交易的消息广播服务（如 Broadcast 和 Deliver）。客户端可以通过这个通道向所有的节点广播（Broadcast）消息，通道也可以向连接到该通道的节点投递（Deliver）消息。

通常，Hyperledger Fabric 启动时需要先启动 Orderer 排序节点，在创建系统通道提供正常服务后，其他角色的 Peer 节点才能进行工作。因此，Orderer 排序节点相当于 Hyperledger Fabric 系统的"中枢神经系统"，其服务模块关系与架构示意图如图 8-5 所示。

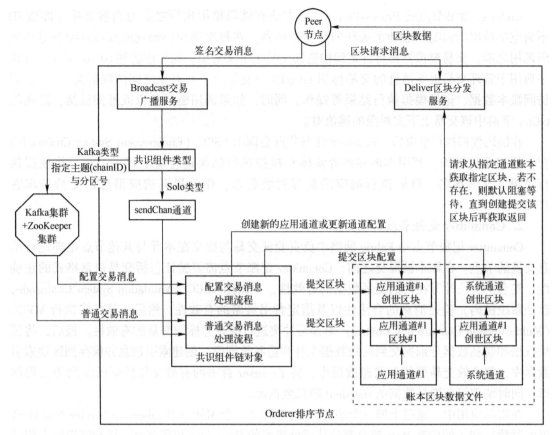

图 8-5 Orderer 排序节点的服务模块关系与架构示意图

Orderer 排序节点启动后基于创世区块初始化系统通道，创建 Orderer 排序服务器，封装 Broadcast 服务处理句柄、Deliver 服务处理句柄与多通道注册管理器对象，并提供 Broadcast( ) 交易广播服务接口与 Deliver( ) 区块分发服务接口。同时，Orderer 排序服务器还提供了多通道注册管理器 Registrar 对象，封装了所有通道的链支持对象字典、共识组件字典、区块账本工厂对象等组件，负责创建管理系统通道与所有应用通道，维护通道配置、区块账本对象、共识组件等核心资源，创建通道上的共识组件链对象提供 Orderer 共识排序服务，从而实现对交易消息排序，切割打包构造新区块并提交账本等功能。目前，Orderer 排序服务器负责接收与处理两类交易消息，具体如下。

- 配置交易消息（ConfigMsg）：通道头部类型是 CONFIG_UPDATE 的通道配置交易消息，含有最新的通道配置信息，在经过滤处理后可能转换为通道头部类型为 ORDERER_TRANSACTION 或 CONFIG 的配置交易消息，分别用于创建新的应用通道或更新通道配置。同时，通道配置交易消息将被单独打包成新区块，并提交至系统通道账本与应用通道账本。
- 普通交易消息（NormalMsg）：通道头部类型是 ENDORSER_TRANSACTION 等的标准交易消息（经过 Endorser 背书的交易消息或其他非配置交易消息），含有改变世界状态的模拟执行结果读写集，经过 Endorser 节点签名背书后打包发送到 Orderer 排序节点请求处理。经过通道消息处理器过滤后，将合法交易提交到共识组件链对象进行排序，再按照交易出块规则生成新区块，并提交到通道账本。

1. Broadcast 服务消息处理

Orderer 排序服务器基于 Broadcast ( ) 接口接收交易广播服务请求。服务器首先调用 Broadcast 服务处理句柄的 Handle ( ) 方法建立消息处理循环, 接收与处理客户端提交的普通交易消息、配置交易消息等请求消息, 经过滤后的消息将被发送到通道绑定的共识组件链对象 (如 Solo、Kafka、PBFT 等类型) 进行排序。接着, 排序后的交易被添加到本地待处理的缓存交易消息列表, 并按照交易出块规则构造新区块, 提交到 Orderer 排序节点指定通道账本的区块数据文件中。

通常, 请求节点通过调用 GetBroadcastClientFnc ( ) → GetBroadcastClient ( ) 函数以获取 Broadcast 服务客户端。该函数先调用 common. NewOrdererClientFromEnv ( ) 函数, 基于 Orderer 配置 (服务地址等) 创建 Orderer 服务客户端。接着, 调用 oc. Broadcast ( ) → OrdererClient. Broadcast ( ) 方法创建 gRPC 连接对象 conn, 再执行 ab. NewAtomicBroadcastClient(conn). Broadcast(context. TODO ( )) 函数, 完成对 Broadcast ( ) 服务接口的调用, 并创建 Broadcast 服务客户端 bc (包含 grpc. ClientStream 类型客户端通信流), 与 Orderer 排序节点建立 gRPC 服务连接。

2. Deliver 区块分发服务

在进行 Deliver 区块分发服务时, 服务器将接收的服务请求交由 Deliver 服务处理句柄的 Handle ( ) 方法处理, 建立消息处理循环, 负责接收与处理客户端提交的区块请求消息。接着, Deliver 服务处理句柄循环从本地账本获取区块数据, 依次发送给请求节点 (如 Leader 节点)。如果账本中还未生成指定区块, 则 Deliver 服务处理句柄默认一直阻塞等待, 直到该区块创建完成并提交账本后再回复给请求节点。

通常, 请求节点调用 newDeliverClient ( ) 函数以获取 Deliver 服务客户端, 该函数先调用 common. NewOrdererClientFromEnv ( ) 函数, 基于 Orderer 配置 (服务地址等) 创建 Orderer 服务客户端。接着, 调用 oc. Deliver ( ) → OrdererClient. Deliver ( ) 方法, 根据相关参数创建与 Orderer 排序节点的 gRPC 连接 conn, 并基于该连接调用 ab. NewAtomicBroadcastClient(conn). Deliver(context. TODO ( )) 函数, 请求调用 Deliver ( ) 服务接口, 创建 Deliver 服务客户端, 与 Orderer 排序节点建立 gRPC 服务连接, 提供 Send (* common. Envelope) 接口发送交易消息请求。

3. 共识排序服务

Orderer 共识组件提供 HandleChain ( ) 方法创建通道绑定的共识组件链对象, 包括 Solo、Kafka、PBFT 等类型, 属于通道共识组件的重要实现模块。共识组件链对象提供 Orderer 共识排序服务, 负责关联通道的交易排序、打包出块、提交账本、通道管理等工作。

在处理配置交易消息时, Client 节点首先基于 Broadcast 服务客户端向 Orderer 排序节点提交通道配置交易消息, 请求创建新的应用通道。Orderer 排序节点使用系统通道的链支持对象作为消息处理器 processor 过滤处理该消息, 接着, Orderer 排序节点在将当前排序后的配置交易消息单独打包成区块的同时, 调用 processor. Configure ( ) → Chain. Configure ( ) 方法重新构造配置交易消息, 提交给通道绑定的共识组件链对象请求排序。同时, 将当前排序后的配置交易消息单独打包成区块 (即新应用通道的创世区块)。然后, 通过区块写组件调用 ch. support. WriteConfigBlock ( ) → bw. registrar. newChain ( ) 方法保存到该通道账本的区块数据文件中, 再创建新的应用通道及其链支持对象, 注册到多通道注册管理器的 chains 字典上, 启动绑定的共识组件链对象。最后, 将新应用通道的创世区块保存到系统通道账本中。此时，Client 节点可以提交通道配置交易消息，以请求更新通道配置。Broadcast 服务处理句柄的 Handle( )方法可以正常获取该通道的链支持对象 processor（实际上是该链支持对象的消息处理器）过滤处理该消息，并调用 processor. Configure( )方法重新构造消息，转发给该通道绑定的共识组件链对象请求排序，再打包出块与更新通道配置，最后保存到当前通道账本中。

在接收到普通交易消息时，共识组件链对象提供 Order( )方法给 Broadcast 服务处理句柄进行处理，先提交到共识排序后端请求排序，再将排序后的交易添加到本地待处理的缓存交易消息列表，按规则打包出块并提交账本。类似于通道配置交易消息，采用相同的共识组件链对象处理普通交易消息只是在同一个消息处理循环中、分别由不同的 case 语句分支进行处理。

8.3.3 Chaincode

Hyperledger Fabric 中的链上代码（Chaincode）就是智能合约，简称为链码。链码通常由开发人员使用 Go 语言（也支持 Java、Node. js 等语言）编写，是分布式账本的状态处理逻辑，主要用于执行交易和访问状态数据。编写合约就是实现链码接口中的 Init 和 Invoke 函数，以执行状态初始化和读写状态数据。链码运行在背书节点，但不同于传统区块链，链码无须在所有的背书节点上运行。在部署链码时，可以依据背书策略让链码运行在部分指定的背书节点。背书策略定义了执行链码所需的背书节点数量及组合（如一个链码至少要被 n 个背书节点中的任意 k 个节点执行并签名），用户可根据不同应用所需的信任模型灵活地定义背书策略。在可信环境下，执行链码的背书节点数目越少，系统资源被占用得也越少，也会越快收集全执行结果，空闲的背书节点可同时执行其他链码，从而实现了 Hyperledger Fabric 智能合约的并行执行。另外，指定链码仅在可信节点上部署运行，可避免合约逻辑与交易数据在不可信节点上的传播与泄露。链码不能直接运行在区块链节点上，因为若含有漏洞或恶意代码就会直接威胁到区块链节点的安全，所以链码必须运行在隔离的沙箱环境中。链码与宿主系统之间、链码与链码之间被沙箱执行环境有效隔离、互不干扰，这就限定了漏洞或恶意代码的影响范围。Hyperledger Fabric 使用轻量级的 Docker 容器作为沙箱，基于 Docker 自身提供的隔离性和安全性，保护了宿主机不受容器中恶意合约的攻击，也防止了容器之间的相互影响。

在 Hyperledger Fabric 中，链码一般分为系统链码和用户链码。系统链码用于协助 Fabric 节点完成包括系统配置、背书、校验等在内的工作。Hyperledger Fabric 的系统链码有如下 5 种类型。

- 配置系统链码（Configuration System Chaincode, CSCC）：负责处理记账节点上的各类配置信息。
- 生命周期系统链码（Lifecycle System Chaincode, LSCC）：负责用户链码的生命周期管理。
- 查询系统链码（Query System Chaincode, QSCC）：提供查询记账节点的账本数据。
- 背书管理系统链码（Endorsement System Chaincode, ESCC）：负责背书流程，支持对背书策略的管理，在对提交的交易提案的模拟执行结果进行签名后创建响应消息返回给客户端。
- 验证系统链码（Validation System Chaincode, VSCC）：主要功能是在记账前对区块和交易进行验证。

作为 Hyperledger Fabric 的内置链码，系统链码用于 Fabric 节点自身逻辑的处理，而用户链码却大不相同。在实际的应用场景下，需要开发人员编写出相适应的基于分布式账本状态的业务处理代码，这就是用户链码。用户链码在整个 Fabric 架构中起着十分重要的作用，在通过相应接口与账本状态进行交互的同时，它还为应用程序提供了调用接口。

链码是 Hyperledger Fabric 的重要组成部分，关于 Fabric 链码管理的内容较多，详细部分将在 8.4.4 节中介绍。

8.3.4 MSP

1. MSP 概述

在 Hyperledger Fabric 网络中，公钥基础结构（Public Key Infrastructure，PKI）能够帮助参与者在特定的网络环境中进行身份验证，是各参与方实现安全通信的基石。

在 Hyperledger Fabric 网络中，MSP（Membership Service Provider）采用传统的 PKI 分层模型，使用符合 X.509 标准的证书作为身份，其主要功能是对身份进行验证和对允许访问网络的规则进行定义，是一个对网络中的组成成员进行身份管理与验证的模块组件，其具体作用如下。

- 管理用户 ID。
- 对每一个想要加入网络的节点进行验证。
- 为客户发起的交易提供凭证，在节点（如 Client、Peer、Orderer 等）进行数据传输时验证各节点的签名。

2. MSP 分类

MSP 在 Hyperledger Fabric 中按级别有如下分类。

- 网络 MSP：对整个 Hyperledger Fabric 网络中的成员进行管理，定义参与组织的 MSP，对组织成员中的成员进行授权。
- 通道 MSP：负责通道内组织成员的授权管理。
- Peer MSP：Peer MSP 仅仅对定义它的 Peer 节点适用，其执行的功能与通道 MSP 完全相同。
- Orderer MSP：类似于 Peer MSP，Orderer MSP 也仅对定义它的 Orderer 节点适用，功能与通道 MSP 相同。
- User MSP：每一个组织都可以拥有多个不同的用户，都在其 Organization 节点的文件系统上定义，仅适用于该组织（包括该组织下的所有 Peer 节点）。

3. MSP 的逻辑结构

MSP 的逻辑结构如图 8-6 所示（与实际的物理结构有所不同）。

图 8-6　MSP 逻辑结构

- RCA（根 CA）：文件夹包含由此组织信任的根 CA 的自签名 X.509 证书列表，在一个 MSP 文件夹中至少要有一个根 CA X.509 证书。根 CA 指出了所有可用于证明成员属于对应组织的其他证书的来源，因此它是最重要的一个文件夹。

- ICA（中间 CA）：包含此组织信任的 Intermediate CA 的 X. 509 证书列表，内部的每个证书必须由 MSP 中的某个根 CA 或中间 CA 签发。若是中间 CA，则该中间 CA 的证书签发 CA 信任链必须最终能够连上一个受信任的根 CA。
- OU（组织单位）：包含了组织单元的一个列表，列表中的成员被认为是由该 MSP 所代表组织的一部分。组织单元是可选的，若管理单元没有被列出，则默认 MSP 中的所有身份都是组织的成员。
- Admin（管理员）：文件夹包含了一个身份列表，其中的身份为该组织定义的管理员。对于标准的 MSP 类型来说，在这个列表中应该有一个或者多个 X. 509 证书。
- ReCA（撤销证书）：撤销证书文件夹中存储着身份被撤销的参与者的身份识别信息。对基于 X. 509 的身份来说，这些身份识别信息就是主体密钥标识符（Subject Key Identifier，SKI）和权限访问标识符（Authority Access Identifier，AKI）的字符串对，并且无论何时使用 X. 509 证书，这些标识符都会被检查以用来确认证书是否被撤销。
- 签名证书（SCA）：该文件夹包含了节点的身份，即一个 X. 509 证书。通道 MSP 中不使用"签名证书"文件夹，但是本地 MSP 中必须拥有该文件夹。
- KeyStore（私钥库）：该文件夹包含了节点身份文件夹里的节点身份以密码方式匹配的签名秘钥，可用来对数据进行签名。
- TLS RCA（TLS 根 CA）：该文件夹包含了受该组织信任来进行 TLS 通信的根 CA 的自主签名 X. 509 证书的列表。TLS 通信的一个例子是，Peer 节点为接收更新过的账本，需要连接一个排序节点，此时就可能会发生 TLS 通信。
- TLS ICA（TLS 中间 CA）：该文件夹包含了在通信时该 MSP 所代表的组织所信任的中间 CA 证书列表。

8.3.5 Gossip

1. Gossip 概述

Gossip 是去中心化网络中应用范围最广的一种分布式协议，各节点或进程利用 Gossip 协议来实现信息交换，从而实现数据的同步。Gossip 协议的流程可以大致简化为：去中心化网络中的某个节点将需要传送的数据发送到网络中固定数量的其他节点，数据沿着网络中的节点一个接一个地传播，最终使网络中的所有节点都能够收到该数据。这里只对 Gossip 协议做一个大概的介绍，协议的流程、数据的传输方式在后面有具体介绍。

Gossip 协议主要有以下特征。

- Gossip 协议是概率性的，某节点进行通信的目标节点是随机选择的。
- 强扩展性：网络允许节点的任意增加和减少，新增加节点的状态最终会与其他节点一致。
- 低延迟：发送节点不必确认接收节点是否收到了消息。
- Gossip 协议没有为节点指定角色，即使有节点接收信息失败也不会阻碍其他节点继续发送数据的进程。
- 容错性：即使节点从某一节点接收消息失败，也可以从其他的节点接收消息的副本。

2. Gossip 数据传输

Gossip 协议的目的是将数据分发到网络中的每一个节点。在不同的具体应用场景中，

Gossip 数据分发协议采用了推送（Push-based）和拉取（Pull-based）两种数据传输方式来保证网络中的每个节点都能够接收到对应的数据，以达到保持数据实时同步的目的。

（1）Gossip 推送方式

Gossip 推送方式示意图如图 8-7 所示，推送数据传输方式的步骤如下。

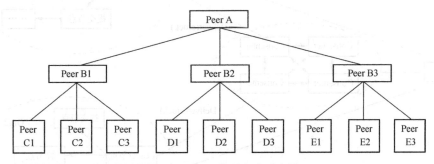

图 8-7　Gossip 推送方式示意图

1）网络中的某个节点随机选择 N 个节点作为接收数据的节点。

2）该节点向选中的这 N 个节点传输相应的信息。

3）接收到信息的节点处理所接收的数据。

4）接收到数据的节点再从第一步开始重复执行。

（2）Gossip 拉取方式

Gossip 拉取方式示意图如图 8-8 所示，拉取数据传输方式的步骤如下。

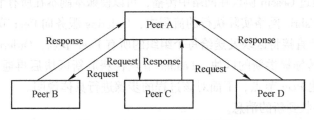

图 8-8　Gossip 拉取方式示意图

1）节点周期性地随机选择 N 个节点进行通信，询问有没有最新的信息。

2）收到通信请求的节点向请求节点回复其最近未收到的信息。

3. Hyperledger Fabric 中的 Gossip

Fabric 中的 Gossip 消息是连续的，且每一条传输的 Gossip 消息都有相应的签名，这样可以防止消息被分发给不在同一通道中的其他节点，也能防止参与者发送伪造消息的情况发生。

基于 Gossip 的数据传播协议在 Hyperledger Fabric 网络中主要用于实现以下 3 个功能。

● 通过不断对处于活跃状态的成员节点进行识别和监测节点离线状态，以实现对通道成员的管理。

● 将账本数据对通道中所有节点进行广播，发现自身存在缺失区块的节点可以通过从通道中其他节点获取正确的数据以实现数据同步。

● 通过允许点对点状态传输更新账本数据，保证新连接的节点以最快的速度实现数据同步。

Hyperledger Fabric 中的 Gossip 协议执行流程如图 8-9 所示，在各组织的 Leader 节点收到新区块后，会随机选择 N 个节点分发接收到的区块。同时，为了保持数据同步，每个节点会在后台周期性地与其他随机的 N 个节点的数据进行比较。

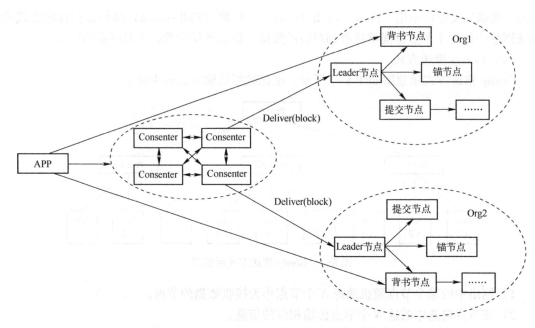

图 8-9　Hyperledger Fabric 中的 Gossip 协议执行流程

4. Hyperledger Fabric 的数据同步实现

在 Hyperledger Fabric 分布式区块链网络中，每个 Peer 节点都负责维护一个分类账本的副本，新区块产生后通过 Gossip 协议在网络中传播，可以使账本副本在所有节点之间保持同步。

在 Hyperledger Fabric 网络实际执行的流程中，Ordering 服务向 Peer 节点分发新区块的过程是这样的：不同于直接将区块发送给每个组织的所有 Peer 节点，Ordering 服务只向每个组织中的 Leader 节点传输提供新的区块，Leader 节点在获取新区块后再通过 Gossip 传输协议将新区块传输到其他 Peer 节点，下面对该过程的步骤进行具体说明。

1) Peer 节点接收到新的消息。
2) 该节点与预先指定数量的其他 Peer 节点进行通信并发送消息。
3) 接收到消息的每一个 Peer 节点重复上一步的步骤。
4) 以此类推，直到所有的 Peer 节点都收到新的消息。

上述数据传输过程基于推送（Push-based）的方式，可以在一定程度上完成 Peer 节点的信息同步。但在 Fabric 网络中，有时会发生节点因为宕机等原因而无法工作的情况，这时就需要有区块丢失情况存在的节点使用基于拉取（Pull-based）的数据传输方式来主动向其他节点请求丢失的数据。在 Hyperledger Fabric 网络中，Peer 节点之间定期交换的数据包括分类账本数据和成员资格数据，成员资格数据是一个标明了各节点状态的列表，通过该列表，各 Peer 节点可以很容易地知道其他节点是否处于正常工作的状态。在这种机制下，因网络延迟、故障等各种原因错过新区块广播的节点仍旧可以通过与工作状态良好的节点进行通信，以实现自身的数据同步。

Gossip 容错机制如图 8-10 所示，作为 Peer 节点通信的基础，Gossip 协议无须其他固定连接对数据传播进行维护，为 Fabric 提供了良好的容错与可扩展机制。

另外，某些节点可以加入多个不同的通道，但是由于采用的消息分发策略是基于节点通道订阅的机制，通道之间实现了相互隔离，节点无法将区块传播给不在通道中的节点。

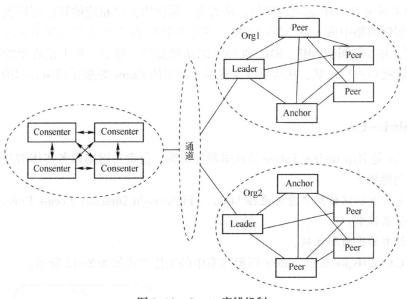

图 8-10　Gossip 容错机制

8.3.6　BCCSP

区块链加密提供商（Blockchain Cryptographic Service Provider，BCCSP）为 Fabric 提供加密标准和相应算法的实现。基于 BCCSP 模块可实现 Fabric 联盟链网络共同的安全与密码服务，为上层应用提供安全的、可插拔的成员身份管理（Membership Service Provider，MSP）、共识服务和链码服务。

BCCSP 模块封装了基于软件实现的 SW（Software）和基于硬件实现的 PCAS11（一种公钥加密标准）两类 BCCSP 实例，每类实例提供包括密钥的生命周期管理、哈希、签名验证及加解密 4 大类功能接口供上层服务调用。BCCSP 模块支持的密码算法主要有哈希密码算法、对称密码算法和非对称密码算法 3 类，各类算法支持的应用场景如图 8-11 所示，可通

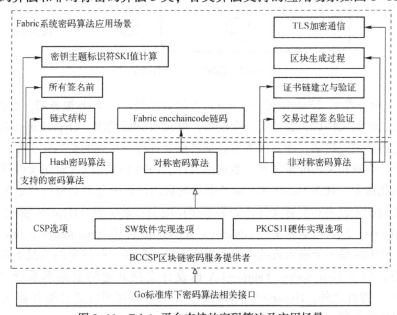

图 8-11　Fabric 平台支持的密码算法及应用场景

过 CSP 选项来指定 BCCSP 选项的实例,从而为上层应用提供相应的算法调用支持。若需要在 Fabric 联盟链网络中嵌入基于国密支持,首先需要在 BCCSP 底层实现中嵌入基于国密的 BCCSP 实例,并提供国密 SM3、SM2 和 SM4 的功能接口,然后,将上层应用的密码算法调用接口与国密接口进行关联,从而最终实现基于国密的 Fabric 联盟链网络共同的安全与密码服务。

8.3.7　Fabric-CA

Fabric-CA 是 Hyperledger Fabric 的证书颁发机构,负责对网络内各实体的身份证书进行管理,主要功能如下。

- 注册身份或以注册用户身份连接 LDAP (Lightweight Directory Access Protocol)。
- 颁发登录证书。
- 进行证书的更新和注销。

Fabric-CA 在 Hyperledger Fabric 框架体系中的工作方式如图 8-12 所示。

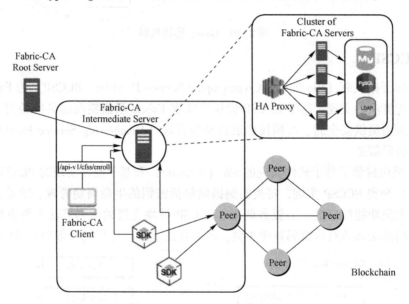

图 8-12　Fabric-CA 工作方式

Fabric-CA 服务器端 (Fabric-Ca-Server) 可以看作是一个 Web 服务器,在执行了 Go 代码编译生成的二进制文件后,会监听一个端口,处理收到的请求。Hyperledger Fabric-CA 服务器在使用之前必须先启动,而在服务器启动之前会进行一系列的初始化工作,包括确定服务器的主目录,生成相关的配置文件、数据库文件、PEM 格式的 CA 证书文件等。如果之前没有执行初始化命令,则在 Fabric-CA 服务器端的启动过程中会自动进行初始化操作,即从主配置目录搜索相关证书和配置文件,如果不存在则会自动生成。Hyperledger Fabric-CA 默认数据库为 SQLite,默认数据库文件 fabric-ca-server. db 位于 Hyperledger Fabric-CA 服务器的主目录中。SQLite 是一个嵌入式的小型数据库系统,但在一些特定的情况下 Fabric-CA 需要集群来支持,所以 Hyperledger Fabric-CA 也设计支持其他的数据库系统 (如 MySQL、PostgreSQL 等)。除此之外,Hyperledger Fabric-CA 服务器还可以通过服务器端的配置连接到指定的 LDAP 服务器。

Fabric-CA 客户端（Fabric-Ca-Client）本质上是一个向 CA 服务器端发送请求的程序，通过执行编译成的二进制文件并带上不同参数，向 CA 服务器端发送相应的 http 请求。Fabric-CA 客户端命令可以与服务器端进行交互，主要包括如下 5 个子命令。

- Enroll：注册获取 ECert。用户注册时需要首先打开一个新的终端，设置 fabric-ca-client 所在路径，然后设置 Hyperledger Fabric-CA 客户端主目录。通过调用在 7054 端口运行的 Hyperledger Fabric-CA 服务器来注册 ID 为 admin 且密码为 pass 的标识。
- register：登记用户。注册成功后的用户可以使用 register 命令发起登记请求，设置登记请求的目的是授予注册标识类型适当的权限。
- getcainfo：获取 CA 服务的证书链。通常，MSP 目录的 cacerts 目录必须包含其他证书颁发机构的证书颁发机构链，代表 Peer 节点的所有信任根。在终端窗口中使用该命令可以用来从其他 Fabric-CA 服务器实例提取证书链。
- reenroll：重新注册。如果注册证书即将过期或已被盗用，则可以使用 reenroll 命令以重新生成新的签名证书材料。
- revoke：撤销签发的证书身份。身份或证书都可以被撤销，撤销身份会撤销其所拥有的所有证书，并且将阻止其获取新证书。被撤销后，Hyperledger Fabric-CA 服务器将拒绝从此身份收到的所有请求。使用 revoke 命令的客户端必须拥有足够的权限（hf. Revoker 为 True，并且撤销动作执行者所在机构必须包括被撤销者所在机构）。

从图 8-12 可以看出，Fabric-CA 服务器具有树状结构，根 CA 是整个树状结构的根节点，根节点下可以存在多个中间 CA 服务器，并且每个中间 CA 服务器都可以配置一个 CA 服务器集群，CA 服务器集群通过前置的 HA proxy 实现负载均衡。为了实现对身份和证书的跟踪，集群中的所有 Fabric-CA 服务器都共享相同的数据库，唯一需要注意的是，若配置了 LDAP，那么所有身份信息都将保存在 LDAP 而非数据库中。Fabric-CA 提供了两种与 CA 服务器交互的方式，一种是通过 Client 调用，另一种则是通过 SDK 调用。虽然调用方式不同，但两种方式都是通过 REST API 进行的。

8.4 Hyperledger Fabric 核心功能

8.4.1 身份管理

Fabric 和其他区块链的最大区别是：Fabric 的网络不是公开的，若想进入网络必须获取授权。类似比特币、以太坊的区块链是典型的公有链，在公有链区块链网络中，参与者加入网络是没有门槛的，但是如想要获取交易的记账权就需要付出代价（算力），这就是经常提到的 PoW 算法（工作量证明算法）。通过使用 PoW 算法，节点需要付出高昂的成本才可以进行造假，这在一定程度上遏制了单点造假情况的发生。

Hyperledger Fabric 网络没有采用公有链的思路，而是采用基于 PKI 规范的成员服务提供商（Membership Service Provider，MSP），对所有想要进入网络的成员进行授权。关于 MSP 的工作原理在 8.3.4 节中已进行过详细介绍，本节就 MSP 组件对身份证书有效性进行认证的过程进行介绍。

bccspmsp 对象的 validateIdentity( ) 方法被用于验证指定身份对象（如 identity 类型）是否属于 MSP 组件的有效身份对象，身份证书有效性验证通过必须满足 3 个条件，具体如下。

- 身份证书符合 X.509 证书标准，且存在该证书到根 CA 证书或中间 CA 证书可验证的证书路径。validateIdentity()方法调用 getCertificationChainForBCCSPIdentity()方法获取该身份证书的证书验证链 validationChain，即构造其到根 CA 证书池的认证签发路径上的证书所组成的有序证书链。
- 身份证书不属于证书撤销列表。validateIdentity()方法调用 validateIdentity-AgainstChain()方法检查该身份证书是否属于 MSP 组件的证书撤销列表，从而基于证书验证链 validationChain 判断该身份证书的有效性。
- 身份证书至少包含一个 MSP 组件的组织单元。validateIdentity()方法调用 internal-ValidateIdentityOusFunc()→validateIdentityOUsV1()方法，验证身份证书的组织单元与 MSP 组件包含的组织单元是否存在交集。

1. 验证证书合法性与证书路径

getCertificationChainForBCCSPIdentity()方法调用 getValidationChain()方法，获取该身份证书的证书验证链。getValidationChain()方法首先调用 msp. getValidityOptsForCert()方法，获取证书验证选项。再将其与证书 cert 作为参数，调用 getUniqueValidationChain()→cert. Verify()方法，获取证书验证链列表 validationChains，即构建从指定证书 cert 到根 CA 证书池证书的证书链来验证其真实性。其中，该链的第一个证书对象是 cert，并且最后一个证书对象来自根 CA 证书池。

接着，getUniqueValidationChain()方法会返回 validationChains 证书验证链列表中的第一个证书验证链对象 validationChains[0]，并确保该对象至少包含 cert 证书与根证书这两个证书。

最后，getUniqueValidationChain()方法读取 certificationTreeInternalNodesMap 字典中该证书索引对应的值（True 或 False），以判断该 parent 证书是否为 MSP 证书信任树中的一个叶子节点（False），从而判断上级 CA 签名 cert 证书的合法性。

2. 验证证书撤销列表

validateIdentityAgainstChain()方法通过 MSP 对象调用 validateCertAgainstChain()方法，验证当前证书是否属于证书撤销列表。validateCertAgainstChain()方法首先获取上级签发 CA 证书的使用者密钥标识符 SKI，遍历 MSP 组件所有的证书撤销列表 msp. CRL，获取每个证书撤销列表的颁发机构密钥标识符 AKI。接着，基于字节比较 SKI 与 AKI 是否相同。若两者匹配，则继续检查该列表中每个撤销证书的序列号 rc. SerialNumber。如果该序列号与指定身份证书的序列号 cert. SerialNumber 相同，则调用 CheckCRLSignature()方法，继续检查上级签发 CA 节点是否为该证书撤销列表的签名者。如果确定仍然是同一个签名者，则说明指定身份证书 cert 已经撤销。

3. 验证 MSP 组件的组织单元

validateIdentityOUsV1()方法可检查指定身份实体对象的组织单元与 MSP 组件的组织单元是否存在交集。该方法首先遍历该身份实体的 id. GetOrganizationalUnits()方法，获取其组织单元标识列表。对于其中的每个组织单元标识对象 OU，在 MSP 组件的组织单元标识列表 msp. ouIdentifiers[OU. Organizational-UnitIdentifier]中获取对应的组织单元证书标识符 ID 列表 certificationIDs。接着，遍历 certificationIDs 列表并获取证书标识符 ID，将其与指定的证书标识符 ID（即 OU. CertifiersIdentifier）进行比较。若两者匹配一致，则说明指定身份实体中存在属于 MSP 组件的组织单元。

Fabric 1.3 版中还增加了 IDEMIX 类型的 MSP 组件，采用了零知识证明的方法以提供身份验证与隐私保护功能。这使得在不披露被验证者身份信息的情况下，就可以向验证方证明自己的合法身份并完成交易，具有不可链接性（Linkability），即无法从单个身份执行的多个交易中分析出是由同一个身份实体提交的，实现了真正意义上的匿名隐私保护特性。

8.4.2 账本管理

1. Fabric 账本数据结构

分类账本保存着所有的历史交易，区块链的特性使得存储的这些数据具有有序且不可篡改的特性。

Hyperledger Fabric 中的账本由世界状态（World State）和区块链（Blockchain）两部分组成，Fabric 账本数据结构如图 8-13 所示，图中分别使用 3 个部分表示了区块链账本数据的组成结构及其对应关系。

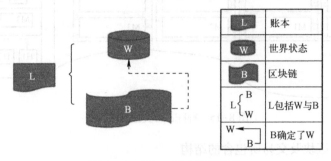

图 8-13 Fabric 账本数据结构

- L 代表账本：账本包含区块链与世界状态。
- B 代表区块链：由多个区块组成的链。
- W 代表世界状态：数据的最新值。

世界状态在 Hyperledger Fabric 中是一个比较重要的概念，它以键值对的方式保存在一个 NoSQL 数据库中，代表了一组分类账本数据状态的最新值。Key 对应的 Value 可以是一个简单的值，也可以由一组键值对组成的复杂数据组成，有关世界状态的数据组织结构如图 8-14 所示。

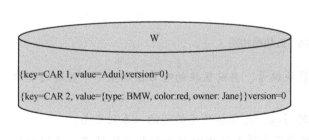

W	账本的世界状态
{key=K, value=V} version=0	带有 Key=k 的分类账本状态，它包含一个简单的 value 值 V，状态版本为 0
{key=K, value={KV}} version=0	带有 Key=k 的一个分类账本状态，它包含一组以键值对 {KV} 表示的状态数据，状态版本为 0

其中 W 数据内容：
{key=CAR 1, value=Adui}version=0}
{key=CAR 2, value={type: BMW, color:red, owner: Jane}}version=0

图 8-14 世界状态的数据组织结构

区块链是一个记录交易日志的文件系统，它由 N 个由哈希值链接的块构成，每个区块包含一系列的多个有序交易。区块头包含了记录在此区块中的交易的哈希值和前一个区块头的哈希值。通过这种方式，分类账本中的所有交易都以有序和加密的形式连接在一起，哈希链的存在有效保护了账本数据的完整性。

Fabric 区块链的结构图如图 8-15 所示，以区块 B2 为例，T5、T6、T7 是其中的具体事务，H2 是 B2 的区块头，其中包括 T5、T6、T7 的加密散列值以及 B2 前一区块 B1 的等效散列值。

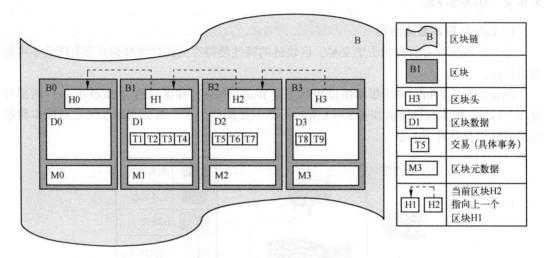

图 8-15　Fabric 区块链的结构图

下面详细分析区块及交易所包含的结构。

1）区块：每一个区块都由以下 3 部分组成，区块结构图如图 8-16 所示。

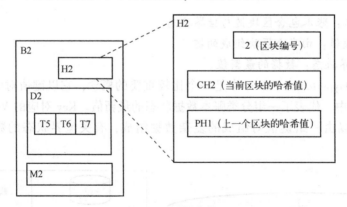

图 8-16　区块结构图

- 区块头（Block Header）：区块头由区块编号、当前区块的哈希值和上一个区块的哈希值组成，在创建区块时写入。
- 区块数据（Block Data）：在创建块时写入，包含按顺序排列的一系列交易。
- 区块元数据（Block Metadata）：此部分包含写入区块的时间和相应的证书、公钥和签名等。

2）交易：区块中的区块数据包含了一系列交易的详细结构，该交易记录了世界状态的变化，Fabric 交易结构如图 8-17 所示。

正如图 8-17 所示，以区块 B1 中区块数据 D1 的事务 T4 为例，一个事务包含以下 5 个部分。

- 事务头（Header）：包含一些有关事务的基本元数据。

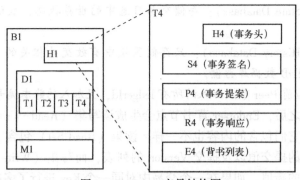

图 8-17 Fabric 交易结构图

- 事务签名 (Signature)：包含使用客户端应用程序私钥创建的加密签名，用于保护事务内容无法被篡改。
- 事务提案 (Proposal)：是链码对分类账本进行更新的基本信息，包含要调用链码的函数名称、调用所需的输入参数。
- 事务响应 (Response)：调用链码模拟执行后获取世界状态的前后值，将其作为读写集 (Read-Write Set) 返回给客户端。
- 背书列表 (Endorsement)：包含多个来自所需组织的背书签名，以满足所需的背书策略。

2. 数据存储

Hyperledger Fabric 内部将区块链以文件的形式进行存储，每个区块文件拥有一个默认的文件前缀 blockfile_，后面紧跟 6 位数字作为名称。

Orderer 排序节点本身只会保存一份账本，而在 Peer 节点中，除了存储账本之外，还需要维护状态数据库、历史数据库、区块索引这些内容，数据库、区块索引交互示意图如图 8-18 所示。

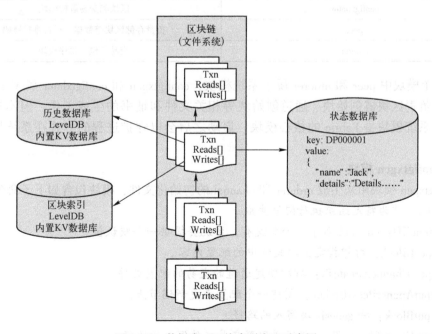

图 8-18　数据库、区块索引交互示意图

- 状态数据库（State Database）：存储交易日志中的世界状态，默认用来存储的数据库是 LevelDB。
- 历史数据库（History Database）：只存储区块中有效交易相关的 Key，不存储 Value，同样使用 LevelDB 数据库存储。
- idStore：存储当前 Peer 节点加入的所有 ledgerId，且加入的账本编号都具有全局唯一性。

在交易模拟执行之后，Endorser 背书节点会生成读写集（Read-Write Set），这其实是读集和写集两个集合，它们包含的内容也不一样。读集（Read Set）包含了交易模拟执行期间读取的唯一键、对应的提交值以及提交 Version 的列表，而写集（Write Set）则包含一个唯一键列表和交易写入的新值。如果在一个交易中对同一个 Key 进行了多次更改，则只会保留最后修改的值，当交易需要读取指定的 Key 值时，只会返回已经过提交的状态值（已修改但未提交的值无法被读取）。另外，如果在事务模拟期间执行的是范围查询，那么读写集中还将添加范围查询及其结果，使用 query-info 来表示。

Peer 节点中的 Committer 角色节点使用读写集的读集部分来进行交易的有效性检查。在验证阶段，验证的逻辑是将每个 Key 的版本号与状态数据库的世界状态进行比较，在结果匹配的情况下才认为交易有效。

在交易通过了有效性检查后，Committer 角色节点会使用写集来更新世界状态。在更新期间，对于写集中存在的每个 Key，世界状态中对应的 Value 与版本号都会被更新。

8.4.3 交易管理

Fabric 中有 4 个核心模块负责交易管理，这 4 个模块见表 8-1。

表 8-1　Fabric 负责交易管理的 4 大模块及其功能

模块名称	功能
configtxgen	区块和交易生成模块
configtxlator	区块和交易解析模块
peer	负责存储区块链数据，运行维护链码
orderer	交易打包、排序模块

这 4 个模块中 peer 和 orderer 属于系统模块，configtxgen 和 configtxlator 属于工具模块。工具模块负责区块链创始块、通道创始块等相关文件和证书的生成工作，但不参与系统的运行。系统模块是 Fabric 的核心模块，启动之后会以守护进程的方式在系统后台长期运行。

1. configtxgen 模块

configtxgen 模块用来生成 orderer 和 channel 的初始化文件，模块包含如下子命令。
- asOrg：作为特定组织执行配置生成。
- channelID：channel 名字，如果没有，系统会提供一个默认值。
- inspectBlock：打印指定区块文件中的配置内容。
- inspectChannelCreateTx：打印创建通道的交易的配置文件。
- outputAnchorPeersUpdate：创建一个配置来更新锚节点。
- outputBlock：将 genesis 块写入的路径。
- outputCreateChannelTx：将通道配置交易文件写入的路径。

- profile：与配置文件节点有关的信息。
- version：显示版本信息。

configtxgen 模块的配置文件包含 Fabric 系统初始块、Channel 初始块文件等信息，该配置文件定义了整个系统的结构和通道结构，系统配置信息中设置了系统 Orderer 排序节点的信息以及系统包含的组织数。

2. configtxlator 模块

configtxlator 模块可以把区块链的二进制文件转化成 JSON 格式的文件，便于用户阅读和理解。configtxlator 模块包含如下 3 个命令。

- help：显示帮助信息。
- start：启动 configtxlator REST 服务器。
- version：显示版本信息。

其中 start 命令包含如下两个参数。

- --hostname：configtxlator REST 服务器绑定的 IP 地址。
- --port：configtxlator REST 服务器绑定的端口。

configtxlator 的 REST 服务提供了解码、编码、计算配置更新、交易打包 4 个功能，下面分别介绍这 4 个功能的作用。

- 解码：将指定目录下的特定区块文件转换成 JSON 格式的文件。
- 编码：将 JSON 格式的文件转化成区块链文件。
- 计算配置更新：对比配置文件 config.pb 和 updated_config.pb 间的差异，并提取其中的差异生成相应区块链格式的文件 config_update.pb。
- 交易打包：将 JSON 格式的交易文件打包成交易格式的文件。

3. peer 模块

由于集成了 Fabric 系统中较多的关键功能，peer 模块是 Fabric 系统使用最多的模块。peer 模块在 Fabric 中被称为主节点模块，负责实现存储区块链数据、运行维护链码、提供对外服务接口等功能。peer 模块中常用的命令如下。

- chaincode：进行 chaincode 相关操作，相关子命令包括 package、signpackage、install、instantiate、invoke、upgrade 等。
- channel：进行 channel 相关操作，相关子命令包括 create、fetch、join、list、update 等。
- logging：动态查看或配置节点的日志等级，相关子命令包括 getlevel、setlevel、revertlevels 等。
- node：启动 Peer 节点服务器。
- version：显示当前 Peer 服务器的版本。

peer 的配置文件包括 logging、peer、vm、chaincode、ledger 这 5 大部分。

（1）配置文件中的 logging

logging 节点定义了 peer 模块中所有模块的日志级别和日志格式，每个模块的日志级别可以根据业务的需求定义成不一样的格式。

（2）与 Peer 节点相关的配置

Peer 节点定义了 peer 模块一般的配置信息，Peer 节点的选项比较多，下面将分类进行介绍。

1）第1类：通用属性。

- id：Peer 节点的编号。
- networkId：Peer 节点的网络编号。
- listenAddress：Peer 节点的监听地址。
- chaincodeListenAddress：chaincode 的监听地址。
- address：访问地址。
- addressAutoDetect：锚节点地址。
- gomaxprocs：最大有效数。
- fileSystemPath：区块等数据的存放路径。
- mspConfigPath：当前节点 MSP 文件的路径。

2）第2类：与 gossip 有关的配置项。

- bootstrap：启动节点后向哪些节点发起 gossip 连接，以加入网络。这些节点与本地节点需要属于同一组织。
- endpoint：本节点在同一组织内的 gossip id，默认为 peer.address。
- useLeaderElection：用户主节点的生成方式。
- orgLeader：当前节点是否为用户主节点。
- maxBlockComitToStore：保存到内存中区块个数的上限，超过则丢弃。
- maxPropagationBurstLatency：保存消息的最大时间，超时则转发给其他节点。
- maxPropagationBurstSize：保存消息的最大个数，超过则转发给其他节点。
- propagateIterations：消息转发的次数。
- propagatePeerNum：推送消息给指定个数的节点。
- pullInterval：拉取消息的时间间隔。
- pullPeerNum：从指定个数的节点拉取消息。
- requestStateInfoInterval：从节点拉取状态信息（StateInfo）消息的间隔。
- publishStateInfoInterval：向其他节点推送状态信息消息的间隔。
- publishCertPeriod：启动后，在心跳消息中嵌入证书的等待时间。
- stateInfoRetentionInterval：状态信息消息的超时时间。
- skipBlockVerification：是否不对区块消息进行校验，默认为 False。
- dialTimeout：gRPC 连接拨号的超时时间。
- connTimeout：建立连接的超时时间。
- recvBuffSize：收取消息的缓存大小。
- sendBuffSize：发送消息的缓存大小。
- digestWaitTime：处理摘要数据的等待时间。
- requestWaitTime：处理 Nonce 数据的等待时间。
- responseWaitTime：终止拉取数据处理的等待时间。
- aliveTimeInterval：定期发送 Alive 心跳消息的时间间隔。
- aliveExpirationTimeout：Alive 心跳消息的超时时间。
- reconnectInterval：断线后重连的时间间隔。
- externalEndpoint：节点被组织外节点感知时的地址，默认为空，代表不被其他组织所感知。

3) 第 3 类：与事件有关的配置项。

- address：事件监听器地址。
- buffersize：事件消息缓存数，超过该值会被阻塞。
- timeout：队列阻塞的超时时间。

4) 第 4 类：与 tls 有关的配置项。

- enabled：是否激活 tls。
- cert：服务身份验证证书。
- key：服务的私钥文件。
- rootcert：根服务器证书。
- serverhostoverride：tls 握手时制定的服务名称。

5) 第 5 类：与 BCCSP 有关的配置项。

BCCSP 为密码库相关配置，包括算法和文件路径等，具体可以参考相关文档。

(3) 与 vm 节点相关的配置

vm 节点定义 peer 和 docker 交互的相关配置，配置项的详细注释如下。

- endpoint：docker 服务器 Daemon 的地址，默认取端口的套接字。
- tls：启动 docker 的 tls 证书。
- attachStdout：是否将 docker 消息绑定到指定的输出。
- NetworkMode：chaincode 容器的网络命名模式。
- Dns：是否启用域名服务器。
- LogConfig：docker 容器的日志配置信息。
- Type：日志类型。
- Memory：占用内存。

(4) 与 chaincode 节点相关的配置

chaincode 定义了与链码相关的配置，配置项的详细注释如下。

- peerAddress：chaincode 中的 peer 服务器地址。
- builder：本地的编译环境为 docker 镜像。
- golang：Go 语言版的 chaincode 的基础镜像。
- car：car 格式的 chaincode 生成镜像文件时的基础镜像。
- java：Java 语言版的 chaincode 的基础镜像。
- node：Node 语言版的 chaincode 的基础镜像。
- startuptimeout：启动 chaincode 容器时的超时时间，超过这个时间认为启动失败。
- executetimeout：执行 Invoke 和 Init 方法时的超时时间，超过这个时间认为执行失败。
- mode：chaincode 的运行模式，net 为网络模式、dev 为开发模式。dev 模式下，可以在容器外运行 chaincode。
- keepalive：peer 节点和 chaincode 直接的心跳时间。
- system：系统 chaincode 的开关。
- logging：chaincode 的日志级别。

(5) 与 ledger 节点相关的配置

ledger 节点定义了与账本相关的配置，配置项的详细注释如下。

- state：状态存储数据库的配置。

- stateDatabase：数据库类型，目前支持 golevelDB 和 CouchDB。
- couchDBConfig：CouchDB 相关的参数。
- enableHistoryDatabase：是否保存状态的历史数据库，在生产系统中建议开启。

4. orderer 模块

orderer 模块是 Fabric 中负责对不同客户端发送的交易进行排序和打包的模块。orderer 模块包含的命令如下。

- help：显示帮助信息。
- start：启动 Orderer 节点。
- version：显示版本信息。
- benchmark：测试运行 orderer。

orderer 模块的配置文件一共由 5 个部分组成，分别是 General、FileLedger、RAMLedger、Kafka、Debug，下面将分别介绍这 5 个部分的配置信息。

（1）与 General 节点相关的配置

General 节点中包含了 orderer 模块的基本控制信息，节点配置项的具体注释如下。

- LedgerType：账本的类型，有 ram、json、file 3 种类型可以选择。ram 表示账本的数据保存在内存中，一般用于测试环境。json 和 file 表示账本数据保存在文件中，在生产环境中一般推荐使用 file。
- ListenAddress：orderer 服务器监听的地址，如果服务器有多个网卡，一般需要指明监听的具体地址。
- ListenPort：监听端口。
- Enabled：启用 tls 时的相关配置。
- PrivateKey：私钥文件。
- Certificate：证书文件。
- RootCAs：根证书文件。
- ClientAuthEnabled：启用客户端证书验证。
- ClientRootCAs：客户端根证书。
- LogLevel：日志级别。
- LogFormat：日志格式。
- GenesisMethod：初始块的来源方式，支持 provisional 或 file。provisional 表示 Genesis Profile 选项指定的内容在默认的配置文件中的配置是自动生成的，file 使用 GenesisFile 指定的初始文件。
- GenesisProfile：初始块的 profile，在 configtxgen 模块的配置文件中指定。
- GenesisFile：初始块文件的路径。
- LocalMSPDir：orderer 模块 msp 文件的路径。
- LocalMSPID：orderer 模块的编号，在 configtxgen 模块的配置文件中指定。
- Enabled：是否启动 go 的 profile 信息。
- Address：go 的 profile 信息的访问地址。
- Default：采用的密码机制，SW 为软件程序的实现方式，PKCS11 为硬件的实现方式。
- Hash：算法类型。

（2）与 FileLedger 节点相关的配置

FileLedger 节点中包含了 orderer 模块与账本文件相关的配置信息，节点配置项的详细注释如下。

- Location：账本文件的路径。
- Prefix：账本存放在临时目录时的目录名，如果已经指定了 Location 的值，则该选项无效。

（3）与 RAMLedger 节点相关的配置

RAMLedger 节点中包含了与 orderer 模块账本的存储方式有关配置信息，只包含一个配置项 HistorySize，表示 LedgerType 类型为 RAM 时内存中保存的区块的数目，超过这个数目的区块将被放弃。

（4）与 Kafka 节点相关的配置

Kafka 节点中包含了 orderer 模块与连接 Kafka 相关的信息，需要注意的是，如果 orderer 节点的排序模式未选择 Kakfa，那么该节点的所有配置均无效。

Kafka 节点配置项的详细注释如下。

- Retry：如果 orderer 在启动的时候，Kafka 还没有启动或者 Kafka 宕机时重试的次数。
- ShortInterval：操作失败短重试状态下重试的时间间隔。
- ShortTotal：短重试状态下最多重试的时间。
- LongInterval：长重试状态下重试的时间间隔。
- LongTotal：长重试状态下最多重试的时间。
- DialTimeout：等待超时时间。
- ReadTimeout：读超时时间。
- WriteTimeout：写超时时间。
- RetryMax：最大重试次数。
- RetryBackoff：重试消息超时时间。
- Verbose：Kafka 客户端的日志级别，在 orderer 的运行日志中显示 Kafka 的日志信息。
- Enabled：是否启动 tls。
- PrivateKey：私钥文件。
- certificate：Kafka 的证书。
- rootCAs：验证 Kafka 的根证书。
- version：Kafka 的版本号。

（5）与 Debug 节点相关的配置

Debug 节点中包含了 orderer 模块与调试相关的选项，节点配置项的详细注释如下。

- BroadcastTraceDir：广播服务的每个请求将写入此目录中的文件。
- DeliverTraceDir：支付服务的每个请求将写入此目录中的文件。

8.4.4 链码管理

从前面的内容可以了解到，链码是开发人员为提供分布式账本状态处理逻辑而编写的代码，用于操作分布式账本中的数据。但是链码编写完成后，并不能立刻使用，而是必须经过一系列的操作之后才能应用在 Hyperledger Fabric 网络中，进而处理客户端提交的交易。这一系列的操作由链码的生命周期来负责管理。

1. 系统链码管理

目前，Fabric 定义了 5 种系统链码结构，包括 CSCC、ESCC、LSCC、QSCC 与 VSCC（Fabric 1.2.0 版以后将 ESCC 与 VSCC 分离出来并封装为插件），系统链码封装了链码名称、链码路径、链码实体对象等属性，负责实现系统配置管理、提案背书签名、链码生命周期管理、账本和链信息查询、交易验证管理等公共系统功能。系统链码用于管理系统相关资源与提供特殊功能，不允许用户随意操作和修改，以达到保护系统运行与资源安全的目的，与操作系统 OS 中的系统调用十分类似，而用户链码则允许自定义智能合约功能，支持用户链码命令进行部署与升级。

在 Peer 节点启动时，系统链码默认在程序中完成了初始化，所有默认的系统链码容器都通过调用 registerChaincodeSupport→scc.RegisterSysCCs 函数注册到全局系统链码容器模板字典 typeRegistry 中。特别注意的是，系统链码不支持 install、instantiate、upgrade 等命令对其进行操作。

系统链码的实例化是通过在 Peer 节点启动时，调用 deploySysCC 函数来实现的，默认的 5 个系统链码逐一启动后，Peer 节点便有能力提供系统链码服务，并将系统链码容器模板对象注册到 typeRegistry 字典中。系统链码容器启动成功后，会请求注册到 Endorser 背书节点，在 Endorser 背书节点上创建对应的链码运行时环境对象，并注册到全局链码支持服务实例 theChaincodeSupport 的链码运行时环境字典 chaincodeMap 中，该字典负责维护当前节点上的链码规范名称与链码运行时环境对象之间的映射关系。系统链码容器名称为 ChaincodeName-ChaincodeVersion，启动容器前根据该容器名称从全局系统链码容器实例字典 instRegistry 中查询并获取对应的链码容器实例。如果对象不存在，则首先通过 typeRegistry 字典获取系统链码容器模板对象，以构造系统链码容器实例，然后在 instRegistry 字典中进行注册。

全局链码支持服务实例 theChaincodeSupport 不会重复注册具有相同链码规范名称的链码运行时环境对象，Peer 节点上也不会重复注册具有相同系统链码容器实例名称的容器实例对象。因此，Peer 节点上所有通道中相同名称和相同版本的系统链码共享同一个系统链码容器对象。事实上，链码容器是一种无状态的链码运行时环境对象，它不保存任何与交易相关的数据，只能通过与 Endorser 背书节点的通信请求来获取与保存状态数据等。Endorser 背书节点（Peer 侧）通过使用执行链码前创建的交易上下文对象字典，在通道上查找与此次交易关联的交易模拟器以访问账本数据，并记录所有模拟执行结果读写集。

实际上，系统链码容器是利用 InprocVM 类型虚拟机启动 inprocContainer 类型容器（基于 goroutine 实现的）的，与 Endorser 背书节点之间基于两个 Go 通道建立双向通信，并创建链码消息处理句柄处理接收的链码消息。因此，Peer 节点在加入通道时需要调用 CSCC 系统链码，在 inprocContainer 类型容器中创建本地通道的链结构对象，用于接收与保存该通道的账本数据，并将该链结构对象保存至 Peer 节点全局变量 chains 中的链结构字典。该字典用于管理通道的链 ID 到链结构之间的映射关系。这样，Peer 节点就能通过 chains.list 字典管理本地所有应用通道上的账本、通道配置等资源。

2. 用户链码管理

经过正常的链码打包（可选）、安装与实例化（部署）操作流程后，用户链码能够正常执行链码调用操作并提供自定义的智能合约功能。需要注意的是，用户链码的启动方式不同于系统链码容器的启动方式，用户链码的实例化操作需要通过相关服务接口，请求 Endorser

背书节点上已经部署的 LSCC 系统链码间接启动用户链码容器（Docker 容器）。

Peer 节点加入指定的应用通道后，客户端节点可以先后执行 install 安装链码命令和 in-stantiate 实例化链码命令，将用户链码安装到 Endorser 背书节点的指定路径并构造 deploy 部署命令的提案请求消息发送给 Endorser 背书节点请求处理。Endorser 背书节点通过 LSCC 系统链码将实例化数据保存到通道账本的状态数据库中，然后启动链码部署规范指定用户链码名称的 Docker 容器，并调用链码的 Init 方法初始化链码执行环境，从而提供正常链码服务。

同时，Endorser 背书节点可创建 Docker 容器对应的链码运行时环境对象，并注册到链码支持服务实例 theChaincodeSupport 的链码运行环境字典 chaincodeMap 中，用户链码的 Docker 容器名称是 NetworkID-PeerID-ChaincodeName-ChaincodeVersion。在启动用户链码的 Docker 容器之前，链码支持服务实例 theChaincodeSupport 会检查是否已经存在相同链码规范名称的链码运行时的环境对象，防止启动相同链码规范名称的链码容器。因此，与系统链码类似，同一个 Peer 节点所有通道上相同名称和相同版本的用户链码同样共享同一个用户链码容器。

用户链码的 Docker 容器与 Endorser 背书节点之间的双向通信是基于 gRPC 连接来实现的，双方都建立了链码消息处理循环，利用消息处理句柄及其 FSM（有限状态机）处理所接收的链码消息。

3. 用户链码生命周期

Hyperledger Fabric 为用户链码提供了打包与签名（package/signpackage）、安装（install）、实例化（instantiate）、调用（invoke）、升级（upgrade）和查询（query）6 个用于管理链码生命周期的命令。当 Orderer 排序节点与 Peer 节点启动完毕之后，Client 客户端节点首先执行 peer channel create 命令，发送通道配置交易消息到 Orderer 排序节点，请求创建新的应用通道。接着，执行 peer channel join 命令，将 Peer 节点加入应用通道。在本地 Peer 节点上创建该通道的链结构对象（peer. chain 类型），用于管理该通道上的账本数据、通道配置等。然后，分别执行 peer chaincode package/install/instantiate 命令打包、安装与实例化（部署）用户链码。最后，执行 peer chaincode invoke 命令，调用执行已安装的链码，并执行 peer chaincode query 命令查询链码调用结果。以上就是用户链码的完整生命周期，SDK 客户端会将上述底层细节进行封装以便于开发应用程序，具体如下。

（1）链码打包与签名

链码包（SignedCDS）由以下 3 个部分组成。

- 由 ChaincodeDeploymentSpec（CDS）格式定义的链码。
- 一个可选的实例化策略，能够对用作背书的策略进行描述。
- 拥有链码实体的一组签名。

链码签名的主要目的如下。

- 建立链码的所有权。
- 允许验证链码包中的内容。
- 允许检测链码包是否被篡改。

链码打包的方法有两种：一种是打包成能被多个所有者所拥有的链码，这需要初始化创建一个被签名的链码包，然后将其按顺序传递给其他所有者进行签名；另一种则是打包成被单个所有者持有的链码。CDS 可以选择由所有者集合进行签名，从而创建一个链码包

（SignedChaincodeDeploymentSpec，SignedCDS），SignedCDS 包括以下 3 个部分。

- 源码、链码名称以及版本号。
- 链码的实例化策略，表示为背书策略。
- 链码所有者的列表，由背书策略定义。

当在某些通道上实例化链码时，背书策略是可以被指定的，用于提供给合适的 MSP 主体。如果没有指定实例化策略，则默认链码实例化的创建者可以是任一 MSP 管理者。每一个链码的所有者通过将 SignedCDS 与链码所有者的身份（例如证书）组合并签署组合结果来对 CDS 进行背书。

（2）链码安装

安装交易将链码的源代码打包成 CDS 规定的格式，然后安装到通道中的背书节点上。当安装的链码包只包含一个 CDS 时，将使用默认初始化策略并包括一个空的所有者列表。需要注意的是，链码的安装是针对节点的，每次安装只对单个节点有效，具体需要安装的节点可以由相应的背书策略来决定。链码只安装在需要执行的 Endorser 背书节点是出于安全角度的考虑，该机制可以防止未授权节点对链码逻辑的获取。没有被安装链码的节点虽然不能执行链码，但是仍可以验证链上交易并提交账本。

（3）链码实例化（部署）

实例化调用生命周期系统链码（LSCC）用于创建及初始化通道上的链码。链码能够被绑定到任意数量的通道上，以及在每个通道上进行单独的操作。无论链码安装及实例化到多少个通道上，每个通道的状态都是隔离的。实例化的创建者必须满足包含在 SignedCDS 内链码的实例化策略，而且还必须是通道的写入器（作为通道创建的一部分被配置），这样可以防止部署链码的流氓实体或者欺骗者在未被绑定的通道上执行链码。默认的实例化策略是任意通道 MSP 的管理员，因此链码实例化交易的创建者必须是通道管理员之一。当交易提案到达背书节点后，背书节点会根据实例化策略验证创建者的签名。

（4）链码调用

只有已经完成实例化操作的链码才能被调用，运行该命令时可以通过-c 选项参数指定具体的调用方法名称及其参数列表。Endorser 背书节点请求指定链码容器调用链码的 Invoke 方法，根据参数执行具体的命令方法，同时使用交易模拟器暂时记录模拟执行结果，并将该结果、背书信息等封装成新的签名交易消息，发送给 Orderer 排序节点请求排序。需要注意的是，invoke 命令不需要指定链码版本，而是默认调用指定通道上已经实例化或升级的最新版本链码。如果发现当前节点没有启动链码容器，则在调用链码之前自行启动链码容器。

（5）链码升级

链码的升级通过改变其版本号（作为 SignedCDS 的一部分）实现。SignedCDS 其他的部分，如所有者及实例化策略等都是可选的。然而，链码的名称必须是一致的，否则会被当作另外一个新的链码。在升级前，必须将新版本的链码安装到有需求的背书节点上。升级也是一种交易，会把新版本的链码绑定到通道中。升级只能在一个时间点对一个通道产生影响，其他通道仍然运行旧版本的链码。由于可能有多个版本的链码同时存在的情况，升级过程不会自动删除老版本链码，用户必须手动操作删除过程。在升级期间，链码的 Init 函数也会被调用，执行有关升级的数据或者使用数据重新进行初始化，在升级链码的期间避免对状态进行重置。

（6）链码查询

链码查询用于查询 Peer 节点本地账本中的状态数据，与 invoke 命令类似，同样调用最新版本链码，请求链码容器执行已经实例化链码的 Invoke 方法中定义的具体命令方法。不同的是，由于只是查询相关状态的数据，query 命令执行完毕后通常不需要生成签名交易消息发送到 Orderer 排序节点请求排序，而是直接返回查询结果到客户端。

事实上，Fabric 采用交易模拟器暂时记录交易模拟执行结果读写集，再提交到 Orderer 排序节点排序出块，并广播到通道上的其他节点进行验证后再提交到账本。在此之后才能查询到有效的交易数据，而不是实时提交更新到所有节点的本地账本中。因此，链码实例化、调用、升级等涉及状态数据写集合的操作都不具有强事务性，执行链码操作后无法保证实时查询到状态数据的最新值。

8.5 Hyperledger Fabric 开发

8.5.1 开发语言

1. GO 语言

（1）概述

Go 语言（即 Golang）是谷歌的 Robert Griesemer、Rob Pike 和 Ken Thompson 开发的一种静态强类型、编译型语言。Go 语言优化了多处理器系统应用程序的编程，用 Go 语言编译的程序能够与 C 或 C++代码的执行速度相媲美，同时还支持更加安全的并行进程。由于上述优势，大多数区块链项目（如以太坊、Fabric 等）都使用 Go 语言进行开发。

Go 语言是区块链平台开发的重要语言。在学习区块链平台使用的过程中，为了更好地理解这些平台的技术特性，有时候需要阅读相关项目的源代码，因此，熟练掌握 Go 语言的基本语法特性是十分必要的。

（2）Go 语言的路径

Go 语言的包路径是 Go 语言中比较容易出错的部分，有关 Go 语言的包路径问题可以参考专门的资料，这里不再详细说明。开发人员可以把所有的 Go 项目包括 Fabric 源代码和所有链码代码都存放在 GOPATH 设定的路径下面，这种方法也许不是最好的项目结构组织方式，但是能很大程度地减少出错的概率。如果开发人员对 Go 语言比较熟悉，可以选择自己熟悉的项目组织方式。

（3）Go 语言的 IDE 工具

Goland 是 Go 语言集成开发环境，提供了代码提示、语法错误提示、程序调试等功能，可以通过 https://www.jetbrains.com/go/下载。

2. Node. js

Node. js 由 Ryan Dahl 开发，于 2009 年 5 月发布，是一个基于 Chrome V8 引擎的 JavaScript 运行环境，使用了一个事件驱动、非阻塞式 I/O 的模型，具有轻量、高效的特性。与 Go 语言相比，Node. js 这门语言本身与区块链开发的关系不大，但是很多优秀的基于区块链的开源项目都是基于 Node. js 开发的，这些应用对今后学习和使用区块链技术提供了很好的借鉴作用。

8.5.2 运行环境

1. 操作系统的配置

目前主流的区块链平台基本上都支持 Linux、macOS、Windows 这 3 个常用的操作系统，但是考虑各平台本身的特性，建议在 Linux 或者 macOS 系统中部署和测试区块链平台。Linux 推荐 CentOS 或 Ubuntu 这两个平台。如果没有条件，可以选择虚拟机器软件 xbox 或者 vmware 来安装一台虚拟的操作系统。

各区块链平台对操作系统的版本要求是不一致的，开发人员可以根据实际需求，查找学习各区块链平台对相应操作系统的要求。

2. Docker

Docker 是一个开源的应用容器引擎，基于 Go 语言并遵从 Apache2.0 协议开源。Docker 最大的贡献就在于它允许开发者将他们的应用以及依赖包打包到一个可移植的容器中，用于之后在 Linux 机器上发布。容器完全使用沙箱机制，相互之间不会有任何接口，更重要的是容器性能开销极低。Docker 通过对应用组件进行封装、分发、部署、运行等生命周期管理，在应用组件层面达到了"一次封装，到处运行"的效果。

docker-compose 是 Docker 官方的开源项目，是一个定义和运行多容器 Docker 应用程序的工具，负责实现对 Docker 容器集群的快速编排。docker-compose 将所管理的容器分为 3 层，分别是工程（Project）、服务（Service）以及容器（Container）。docker-compose 运行目录下的所有文件（如 docker-compose. yml、extends 文件或环境变量文件等）组成一个工程，若无特殊指定工程名即为当前目录名。一个工程可包含多个服务，每个服务中定义了容器运行的镜像、参数、依赖，一个服务可包括多个容器实例。docker-compose 并没有解决负载均衡的问题，因此需要借助其他工具实现服务发现及负载均衡。docker-compose 只有在 Linux 系统中需要安装，macOS 和 Windows 系统中都集成了 compose 工具，因此不需要重新安装。

在实际生产场景下，经常会遇到某项任务需要多个容器相互配合完成工作的情况，一个典型的例子就是 Web 项目的实现。这种情况下，除了 Web 服务容器本身，后端往往还需要加上一个数据库服务容器，甚至还需要负载均衡容器。

8.5.3 开发框架

本节以 Linux Ubuntu 系统为例，展示了 Fabric 网络环境配置及启动的过程，在 Fabric 网络搭建完毕后，研究人员可以根据具体需求进行开发。

1. 替换软件源

Ubuntu 系统内置的软件源下载速度会有较大的波动，建议将系统软件源替换成国内的软件源。

1）进入/etc/apt 目录。

```
cd /etc/apt
```

2）备份 source. list 文件。

```
sudo cp /etc/apt/sources. list /etc/apt/sources. list_backup
```

3）打开 sources. list 文件进行修改，添加国内的软件源镜像（以阿里云为例）。

```
sudo vi /etc/apt/sources. list
```

添加了阿里云镜像的文件，阿里云镜像替换完毕如图 8-19 所示。

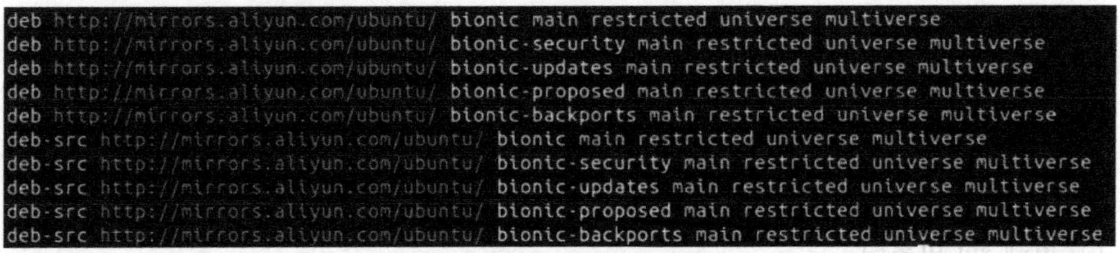

```
deb http://mirrors.aliyun.com/ubuntu/ bionic main restricted universe multiverse
deb http://mirrors.aliyun.com/ubuntu/ bionic-security main restricted universe multiverse
deb http://mirrors.aliyun.com/ubuntu/ bionic-updates main restricted universe multiverse
deb http://mirrors.aliyun.com/ubuntu/ bionic-proposed main restricted universe multiverse
deb http://mirrors.aliyun.com/ubuntu/ bionic-backports main restricted universe multiverse
deb-src http://mirrors.aliyun.com/ubuntu/ bionic main restricted universe multiverse
deb-src http://mirrors.aliyun.com/ubuntu/ bionic-security main restricted universe multiverse
deb-src http://mirrors.aliyun.com/ubuntu/ bionic-updates main restricted universe multiverse
deb-src http://mirrors.aliyun.com/ubuntu/ bionic-proposed main restricted universe multiverse
deb-src http://mirrors.aliyun.com/ubuntu/ bionic-backports main restricted universe multiverse
```

图 8-19 阿里云镜像替换完毕

4）对 apt-get 进行更新。

```
sudo apt-get update
sudo apt-get upgrade
```

2. Git 和 curl 的安装

1）Git 的安装。

● 对 apt-get 进行更新。

```
sudo apt-get update
```

● 在 Ubuntu 上安装 Git。

```
sudo apt install git
```

● 在 Ubuntu 上配置 Git。

```
git config --global user. name "用户姓名"
git config – global user. email "邮箱地址"
```

2）curl 的安装。

```
sudo apt installcurl
```

3. Go 的安装和配置

1）进入根目录。

```
cd ~
```

2）下载压缩包。

```
wget https://studygolang. com/dl/golang/go1. 13. 4. linux-amd64. tar. gz
```

3）对压缩包解压。

```
tar –xzf go1. 13. 4. linux-amd64. tar. gz
```

4）把根目录下的 go 文件夹移动到/usr/local/目录下。

```
mv go/ /usr/local/
```

5）修改环境变量。

```
vi ~/. bashrc
```

6）添加以下代码到环境变量。

```
export GOROOT=/usr/local/go
export GOPATH=$HOME/go
export PATH=$PATH:/usr/local/go/bin
```

7) 更新环境变量。

```
source ~/.bashrc
```

8) 测试是否安装成功。

```
go version
```

4. docker 的安装和配置

1) 更新 apt 包索引。

```
sudo apt-get update
```

2) 下载安装工具。

```
sudo apt-get install apt-transport-https ca-certificates software-properties-common
```

3) 添加官方密钥。

```
curl -fsSL https://download.docker.com/linux/ubuntu/gpg | sudo apt-key add -
```

4) 加入 apt 仓库。

```
sudo add-apt-repository "deb [arch=amd64] https://download.docker.com/linux/ubuntu
$(lsb_release -cs) stable"
```

5) 更新 apt 包索引。

```
sudo apt-get update
```

6) 安装 docker-ce。

```
sudo apt-get install docker-ce
```

7) 添加 docker 镜像 (以阿里云为例)。

```
sudo mkdir -p /etc/docker
sudo vi /etc/docker/daemon.json
```

8) 将下面内容添加到 daemon.json 文件中。

```
{
    "registry-mirrors": ["https://obou6wyb.mirror.aliyuncs.com"]
}
```

9) 重启 docker。

```
sudo systemctl daemon-reload
sudo systemctl restart docker
```

10) 添加当前用户权限, 其中 username 是用户名。

```
sudo usermod -aG docker username
sudo chmod -R 777 /var/run/docker.sock
```

11) 测试。

输入如下命令, 如果出现图 8-20 所示的内容, 则说明 docker 配置完毕。

```
docker version
```

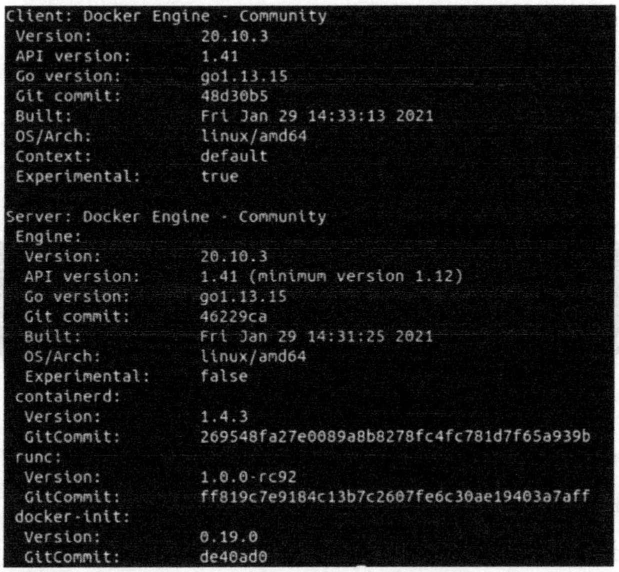

图 8-20　docker 安装配置完毕

5. docker-compose 的安装

1）下载 docker-compose。

```
sudo curl -L https://github.com/docker/compose/releases/download/1.26.0/docker-compose-
$(uname -s)-$(uname -m) -o /usr/local/bin/docker-compose
```

2）允许其他用户执行 compose 相关命令。

```
sudochmod +x /usr/local/bin/docker-compose
```

3）测试。

输入如下命令，如果出现图 8-21 所示的内容，则说明 docker-compose 配置完毕。

```
docker-compose version
```

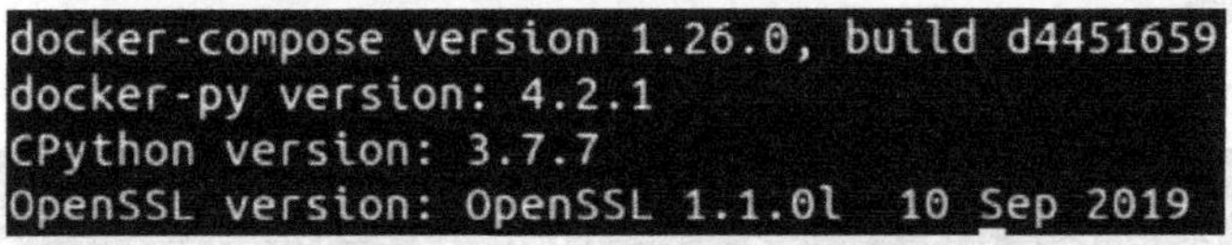

图 8-21　docker-compose 安装配置完毕

6. fabric 的安装

1）创建并进入工作目录。

```
mkdir-p $GOPATH/src/github.com/hyperledger/
cd $GOPATH/src/github.com/hyperledger/
```

2）从 Github 复制源码。

```
git clone https://github.com/hyperledger/fabric/git
```

下载完 fabric 后，fabric 目录下的 scripts 文件会出现 bootstrap.sh 文件。

3）进入 fabric 目录。

```
cd go/src/github.com/Hyperledger/fabric
```

4）下载 fabric-samples。

```
git clone https://github.com/hyperledger/fabric-samples/git
```

5）检测 bootstrap.sh 文件的二进制文件版本。

bootstrap.sh 文件的二进制文件版本如图 8-22 所示，相关二进制文件版本号分别为 2.3.1 和 1.4.9。

```
# if version not passed in, default to latest released version
VERSION=2.3.1
# if ca version not passed in, default to latest released version
CA_VERSION=1.4.9
```

图 8-22　bootstrap.sh 文件的二进制文件版本

6）进入 fabric-samples 目录。

```
cd go/src/github.com/Hyperledger/fabric/fabric-samples
```

7）下载两个二进制文件。

```
wget https://github.com/hyperledger/fabric/releases/download/v2.3.1/hyperledger-fabric-linux-amd64-2.3.1.tar.gz
wget https://github.com/hyperledger/fabric-ca/releases/download/v1.4.9/hyperledger-fabric-ca-linux-amd64-1.4.9.tar.gz
```

8）在该目录下解压压缩包。

```
tar -xzf hyperledger-fabric-linux-amd64-2.3.1.tar.gz
tar -xzf hyperledger-fabric-ca-linux-amd64-1.4.9.tar.gz
```

9）下载 docker 镜像。

在放置 bootstrap.sh 文件的目录下面执行以下命令。

```
./bootstrap.sh -s -b
```

10）测试。

```
docker images
```

如果出现图 8-23 所示的内容，则说明镜像部署成功。

```
$ sudo docker images
REPOSITORY                  TAG       IMAGE ID       CREATED        SIZE
hyperledger/fabric-tools    2.3       d3f075ceb6c6   2 weeks ago    454MB
hyperledger/fabric-tools    2.3.1     d3f075ceb6c6   2 weeks ago    454MB
hyperledger/fabric-tools    latest    d3f075ceb6c6   2 weeks ago    454MB
hyperledger/fabric-peer     2.3       1e8e82ab49af   2 weeks ago    56.5MB
hyperledger/fabric-peer     2.3.1     1e8e82ab49af   2 weeks ago    56.5MB
hyperledger/fabric-peer     latest    1e8e82ab49af   2 weeks ago    56.5MB
hyperledger/fabric-orderer  2.3       12f8ed297e92   2 weeks ago    39.6MB
hyperledger/fabric-orderer  2.3.1     12f8ed297e92   2 weeks ago    39.6MB
hyperledger/fabric-orderer  latest    12f8ed297e92   2 weeks ago    39.6MB
hyperledger/fabric-ccenv    2.3       55dda4b263f6   2 weeks ago    502MB
hyperledger/fabric-ccenv    2.3.1     55dda4b263f6   2 weeks ago    502MB
hyperledger/fabric-ccenv    latest    55dda4b263f6   2 weeks ago    502MB
hyperledger/fabric-baseos   2.3       fb85a21d6642   2 weeks ago    6.85MB
hyperledger/fabric-baseos   2.3.1     fb85a21d6642   2 weeks ago    6.85MB
hyperledger/fabric-baseos   latest    fb85a21d6642   2 weeks ago    6.85MB
busybox                     latest    b97242f89c8a   6 weeks ago    1.23MB
hyperledger/fabric-ca       1.4       dbbc768aec79   4 months ago   158MB
hyperledger/fabric-ca       1.4.9     dbbc768aec79   4 months ago   158MB
hyperledger/fabric-ca       latest    dbbc768aec79   4 months ago   158MB
```

图 8-23　Fabric 镜像部署成功

7. 运行 fabric 网络

1）进入 test-network 目录。

```
cd go/src/github.com/Hyperledger/fabric/fabric-samples/test-network
```

2）启动网络。

```
./network.sh up
```

如果出现图 8-24 所示的内容，则说明 fabric 网络启动成功。fabric 启动成功之后会输出正在运行的 docker 容器。

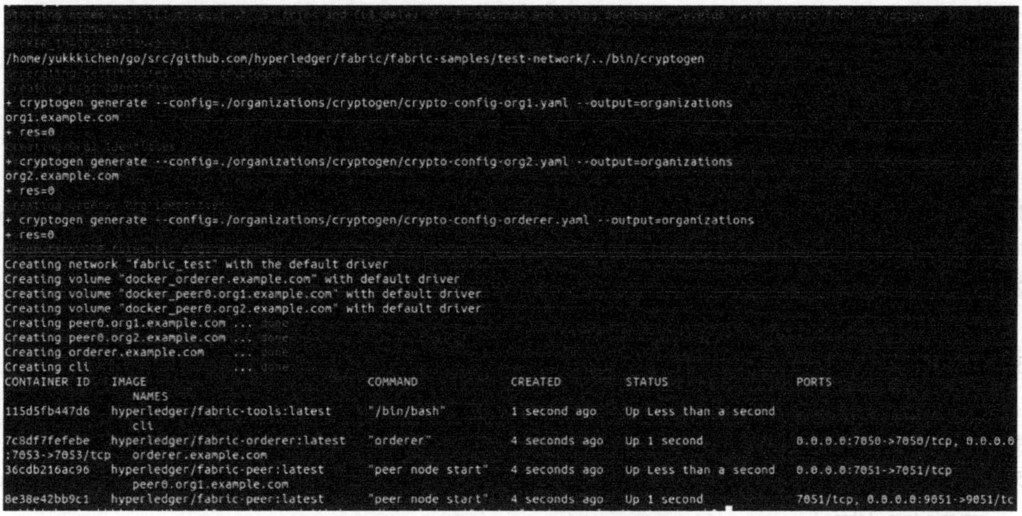

```
/home/yukkkichen/go/src/github.com/hyperledger/fabric/fabric-samples/test-network/../bin/cryptogen

+ cryptogen generate --config=./organizations/cryptogen/crypto-config-org1.yaml --output=organizations
org1.example.com
+ res=0

+ cryptogen generate --config=./organizations/cryptogen/crypto-config-org2.yaml --output=organizations
org2.example.com
+ res=0

+ cryptogen generate --config=./organizations/cryptogen/crypto-config-orderer.yaml --output=organizations
+ res=0
Creating network "fabric_test" with the default driver
Creating volume "docker_orderer.example.com" with default driver
Creating volume "docker_peer0.org1.example.com" with default driver
Creating volume "docker_peer0.org2.example.com" with default driver
Creating peer0.org1.example.com  ...
Creating peer0.org2.example.com  ...
Creating orderer.example.com     ...
Creating cli                     ...
CONTAINER ID   IMAGE                              COMMAND             CREATED          STATUS                   PORTS
               NAMES
115d5fb447d6   hyperledger/fabric-tools:latest    "/bin/bash"         1 second ago     Up Less than a second
               cli
7c8df7fefebe   hyperledger/fabric-orderer:latest  "orderer"           4 seconds ago    Up 1 second              0.0.0.0:7050->7050/tcp, 0.0.0.0
:7053->7053/tcp    orderer.example.com
36cdb216ac96   hyperledger/fabric-peer:latest     "peer node start"   4 seconds ago    Up Less than a second    0.0.0.0:7051->7051/tcp
               peer0.org1.example.com
8e38e42bb9c1   hyperledger/fabric-peer:latest     "peer node start"   4 seconds ago    Up 1 second              7051/tcp, 0.0.0.0:9051->9051/tc
```

图 8-24　fabric 网络启动成功

8.6　习题

1. 从底层视角来看，Hyperledger Fabric 提供了哪些服务？
2. 简述 Hyperledger Fabric 系统运行时的架构。
3. 简述 Hyperledger Fabric 的交易流程。
4. Peer 节点包含了哪几种类型，分别负责实现什么功能？
5. Hyperledger Fabric 系统链码包含了哪几种类型，分别负责实现什么功能？
6. 简述 MSP 的逻辑结构。
7. MSP 如何实现对身份的验证？
8. 简述 Gossip 数据分发协议的推送方式及其步骤。
9. 简述 Hyperledger Fabric 中负责交易管理的模块及其功能。
10. Hyperledger Fabric 的账本由哪些部分组成，分别是怎么存储的？

参考文献

[1] 陈树宝，郑少华，佟艳娟．Hyperledger Fabric 核心技术［M］．北京：电子工业出版社，2019.
[2] 黎跃春，韩小东，付金亮．Hyperledger Fabric 菜鸟进阶攻略［M］．北京：机械工业出版社，2019.

［3］ 李鑫. Hyperledger Fabric 技术内幕：架构设计与实现原理 ［M］. 北京：机械工业出版社，2019.

［4］ 杨毅. Hyperledger Fabric 开发实战——快速掌握区块链技术 ［M］. 北京：电子工业出版社，2018.

［5］ 冯翔. 区块链开发实战：Hyperledger Fabric 关键技术与案例分析 ［M］. 北京：机械工业出版社，2018.

［6］ 陈剑雄，张董朱. 深度探索区块链 Hyperledger ［M］. 北京：机械工业出版社，2018.

［7］ 曹琪，阮树骅，佟艳娟，陈兴蜀，等. Hyperledger Fabric 平台的国密算法嵌入研究 ［J］. 网络与信息安全学报，2021，7 （1）：65-75.

［8］ SOUSA J, BESSANI A, VUKOLIC M. A byzantine fault-tolerant ordering service for the hyperledger fabric blockchain platform ［C］//2018 48th Annual IEEE/IFIP International Conference on Dependable Systems and Networks （DSN）. IEEE, 2018：51-58.

［9］ ANDROULAKI E, BARGER A, BORTNIKOV V, et al. Hyperledger Fabric：a distributed operating system for permissioned blockchains ［C］//Proceedings of the Thirteenth EuroSys Conference （EuroSys's 18）. Association for Computing Machinery, 2018：1-15.

［10］ CACHIN C, VUKOLIC V. Blockchain Consensus Protocls in the Wild ［C］//31st International Symposium on Distributed Computing （DISC）, （2017）：1-16.

［11］ CACHIN C. Architecture of the hyperledger blockchain fabric ［C］//Workshop on Distributed Cryptocurrencies and Consensus Ledgers, Zurich, 2016：310.

［12］ VALENTA M, SANDNER P. Comparison ofEthereum, Hyperledger Fabric and Corda ［R］. FSBC Working Paper, 2017.

［13］ VUKOLIC M. Hyperledger fabric：towards scalable blockchain for business ［R］. Tech. rep. Trust in Digital Life 2016. IBM Research, 2016.

［14］ JONES R. BLOCKCHAIN TECHNOLOGIES FOR BUSINESS ［OL］. https：//wiki. hyperledger. org/.

［15］ IBM. Blockchain basics：Hyperledger Fabric ［OL］. https://developer. ibm. com/articles/blockchain-basics-hyperledger-fabric/.

［16］ THE LINUX FOUNDATION. Hyperledger White Paper ［OL］. https://www. hyperledger. org/learn/white-papers.